Springer-Lehrbuch

Kurt Kugeler · Peter-W. Phlippen

Energietechnik

Technische, ökonomische und
ökologische Grundlagen

Mit 334 Abbildungen

Springer-Verlag
Berlin Heidelberg New York London
Paris Tokyo Hong Kong Barcelona

Prof. Dr.-Ing. Kurt Kugeler
Dr.-Ing. Peter-W. Phlippen

Universität-GH-Duisburg
Lehrstuhl für Energietechnik
'Lotharstraße 1–21
4100 Duisburg

ISBN 3-540-52865-2 Springer-Verlag Berlin Heidelberg NewYork
ISBN 0-387-52865-2 Springer-Verlag NewYork Berlin Heidelberg

CIP-Titelaufnahme der Deutschen Bibliothek
Kugeler, Kurt:
Energietechnik: Technische, ökonomische und ökologische Grundlagen / Kurt Kugeler ; Peter-W. Phlippen.
Berlin ; Heidelberg ; NewYork ; London ; Paris ; Tokyo ; HongKong ; Barcelona : Springer, 1990
  (Springer-Lehrbuch)
  ISBN 3-540-52865-2 (Berlin ...)
  ISBN 0-387-52865-2 (NewYork ...)
NE: Phlippen, Peter-Wilhelm:

Druck: Color-Druck Dorfi GmbH, Berlin; Bindearbeiten: Lüderitz & Bauer, Berlin
2160/3020/543210 – Gedruckt auf säurefreiem Papier

Vorwort

Dieses Buch ist aus Vorlesungen über Energietechnik und Energiewirtschaft entstanden, die der erstgenannte Verfasser in den vergangenen zehn Jahren an der Universität-Gesamthochschule-Duisburg gehalten hat. Hörer waren in der Regel Studenten des allgemeinen Maschinenbaus, für die eine Vorlesung über Energiewirtschaft nach dem Vordiplom an der genannten Hochschule verpflichtend ist.

Als Zielsetzung sowohl bei der Durchführung der Vorlesung als auch bei der Abfassung dieses Buchs standen drei wesentliche Aspekte im Vordergrund: Es sollen zum ersten grundlegende Kenntnisse über Fakten und Zusammenhänge in der Energiewirtschaft vermittelt werden. Dieser Gesichtspunkt ist angesichts der langfristig steigenden Bedeutung der Weltenergiewirtschaft sowie der damit unmittelbar verbundenen Umweltfragen von großer Bedeutung. Zweitens soll eine Einführung in Methoden, die zur Beurteilung von Prozessen der Energiewirtschaft unumgänglich sind, gegeben werden. Bei der Vielfalt technischer Prozesse, die in der Energiewirtschaft insgesamt von Bedeutung sind, kann dieser Ansatz naturgemäß nur recht unvollkommen bleiben. Hinweise auf weiterführende Literatur sollen dem Leser bei Bedarf ein vertieftes Studium dieser Fragestellung ermöglichen. Schließlich sollen in diesem Buch einige Verfahren zur Beurteilung der wirtschaftlichen Bedingungen von Verfahren in der Energietechnik erläutert werden. Hiermit soll er in den Stand versetzt werden, wichtige Zusammenhänge selbständig beurteilen zu können. Dieser Aspekt scheint den Verfassern für Ingenieure besonders wichtig zu sein, da sich alle technischen Entscheidungen im Rahmen von Kompromissen im Spannungsfeld von Technik, Ökonomie und Ökologie an wirtschaftlichen Gegebenheiten orientieren. Die Fähigkeit, wirtschaftliche Zusammenhänge beurteilen zu können, ist damit für den in der Praxis tätigen Ingenieur von größter Bedeutung. Auch hier können natürlich im Rahmen einer Einführung nur erste Hinweise gegeben werden.

Als Leser dieses Buches werden folglich Studenten des Maschinenbaus sowie in der Praxis tätige Ingenieure, die sich einen allgemeinen Überblick über energiewirtschaftliche Fragen verschaffen wollen, angesprochen. Es sei ausdrücklich betont, daß hier keine Konkurrenz zu verfügbaren ausgezeichneten Werken über Einzelaspekte der Energietechnik und der Energiewirtschaft geschaffen werden kann und soll.

Die Verfasser hegen die Hoffnung, daß der Leser nach dem Studium des Buches in den Stand versetzt wird, energietechnische Verfahren bilanzieren und beurteilen sowie Tendenzen in der Energiewirtschaft kompetent bewerten zu können. Diese Fähigkeit wird in der Zukunft angesichts der zu erwartenden Entwicklungen in der Energiewirtschaft, beispielsweise der Substitution von Energieträgern, der Erfüllung der Anforderungen im Hinblick auf den rationellen Einsatz von Energie, wachsender Anforderungen für den Umweltschutz und des Einsatzes von regenerativen Energiequellen, von zukünftigen Ingenieuren in besonderem Maße gefordert werden.

Den Verfassern ist es ein besonderes Anliegen all denen zu danken, die beim Zu-standekommen dieses Buches behilflich waren. Für wertvolle Hinweise und die Mühe des Korrekturlesens sei den Herren Dipl.-Ing. A. Hurtado, Dr.-Ing. M. Kugeler, Dr.-Ing. P. Schmidtlein und Dipl.-Ing. P. Schreiner recht herzlich ge-dankt. Die Zeichnungen wurden mit großer Sorgfalt von Frau E. Templin und Frau R. Przewosnik angefertigt. Dem Springer Verlag sei für die Geduld sowie für die Sorgfalt bei der Herausgabe dieses Buches unser ausdrücklicher Dank ausgesprochen.

K. Kugeler
P. W. Phlippen

Duisburg, im April 1990

Inhaltsverzeichnis

1 Übersicht über die Energiewirtschaft

1.1 Bedeutung der Energiewirtschaft

Eine ausreichende, gesicherte und kostengünstige Versorgung mit Energie ist von größter Bedeutung für das Funktionieren eines Gemeinwesens. Die Energiewirtschaft hat für die einzelnen Staaten, insbesondere für die hochindustrialisierten, eine zentrale Bedeutung erlangt. Diese Feststellung sei hier durch einige Zahlenbeispiele belegt:

- Die Energiewirtschaft der BRD ist derzeit durch einen Energieeinsatz von rund $370 \cdot 10^6$ t SKE/a gekennzeichnet. Setzt man als mittlere Energiekosten für die eingesetzten Primärenergieträger Öl, Erdgas, Kohle und Uran rund 350 DM/t SKE ein, so sind in der Energiewirtschaft schon für die Beschaffung der Rohenergie jährlich etwa $130 \cdot 10^9$ DM erforderlich. Damit sind ca. 10 % des Bruttosozialproduktes für die Beschaffung von Rohenergie aufzuwenden. Spätere Umwandlungen in Sekundärenergieträger, wie sie der Energiemarkt erfordert, sind hierbei kostenmäßig noch nicht erfaßt.

- In der Elektrizitätswirtschaft der BRD werden jedes Jahr etwa $400 \cdot 10^9$ kWh erzeugt. Rechnet man als Mittelwert mit einem Strompreis beim Verbraucher von 0,2 DM/kWh, also einschließlich Transport- und Verteilungskosten, so resultiert für diese Branche ein Umsatz von $80 \cdot 10^9$ DM/a.

- Für spezielle industrielle Produkte, z.B. Stahl, hat die ausreichende Bereitstellung von kostengünstiger Energie entscheidende Bedeutung für die Konkurrenzfähigkeit. Bei einem spezifischen Kokseinsatz von etwa 400 kg Koks/t Stahl und einem Kokspreis von rund 400 DM/t fallen bei der Produktion von Stahl schon Energiekosten für den Koks von 160 DM/t Stahl an. Rechnet man noch die Kosten für elektrische Energie hinzu, so resultiert ein Energiekostenanteil von rund 25 % an den Herstellungskosten z.B. für Feinblech, für Chlor rund 50 %, für Hüttenaluminium etwa 45 % und für Kunststoffe im Mittel 30 %. Ähnliche Relationen gelten für viele weitere industrielle Produkte, die für unser Leben wichtig geworden sind.

- Die weltweite Energieversorgung wird eine Verdopplung der Energiedarbietung von heute etwa $10 \cdot 10^9$ t SKE/a innerhalb der nächsten Jahrzehnte erfordern. Zur Bereitstellung dieser riesigen zusätzlichen Energiemengen sind Kapitalinvestitionen von immenser Höhe notwendig.

- Langfristig zeichnet sich eine Erschöpfung der billigen, leicht gewinnbaren Energievorräte ab. Es sind zwar weitere große, aber zumeist sehr teure Energievorräte nutzbar, die das Problem der weltweiten Finanzierung der Erschließung noch weiter verschärfen werden.

- In unterentwickelten Ländern ist eine Steigerung des Lebensstandards ohne Unterstützung der Entwicklung der dortigen Energiewirtschaft durch hochentwickelte Staaten kaum denkbar. Hier entsteht die Forderung, rationelle Energienutzungsverfahren, die in höchstem Maße dem gesteigerten Bedürfnis nach Umweltschutz Rechnung tragen, zu entwickeln und weltweit zu verbreiten. Diese Forderung wird sich voraussichtlich auch auf die Frage der CO_2-Emission erstrecken, eventuell müssen sehr bald Substitutionsprozesse für fossile Energieträger durch vermehrten Einsatz von regenerativen Energieträgern und Kernenergie eingeleitet werden.

Es ist insgesamt erkennbar, daß die Bedeutung der Energiewirtschaft langfristig stark ansteigen wird und daß damit alle Bemühungen des effektiven umweltschonenden Einsatzes der Energie verstärkt werden müssen.

1.2 Weltenergieversorgung

In den vergangenen Jahrzehnten ist der Primärenergieverbrauch weltweit stark angestiegen. Derzeit (1989) werden rund $10 \cdot 10^9$ t SKE eingesetzt. In den Jahren zwischen 1950 und 1980 hat sich der Bedarf jeweils innerhalb eines Zeitraumes von etwa 15 Jahren verdoppelt, d.h. die jährliche Zuwachsrate betrug rund 5 % (s. Abb. 1.1). Auch Einbrüche im Energieverbrauch, etwa bedingt durch Weltkriege oder Ölpreiskrisen in den 70er Jahren, führten im Weltmaßstab und langfristig betrachtet nur zu geringfügigen Trendbeeinflussungen [1.1 - 1.4].

Die Versorgung der Menschen mit Energie geschieht weltweit auf sehr unterschiedlichem Niveau. Bei einem heutigen Weltenergieverbrauch von $10 \cdot 10^9$ t SKE/a und einer Weltbevölkerung von $5 \cdot 10^9$ Menschen liegt der derzeitige Mittelwert bei 2 t SKE/ Pers. a. Insbesondere in den westlichen Ländern und im Ostblock wird bezogen auf den Mittelwert spezifisch weitaus mehr Energie umgesetzt. Dagegen liegen die Beträge in Schwellen- und Entwicklungsländern teils wesentlich niedriger (s. Abb. 1.2). Nur geringste Energiemengen stehen offenbar in Afrika und in Südostasien zur Verfügung. Hier ist der Prokopf-Verbrauch sogar rückläufig. In den westlichen Industriestaaten sowie in den USA haben in den letzten Jahren Maßnahmen zur rationellen Energienutzung gewisse Fortschritte erzielt, so daß dort der Verbrauch nicht mehr so stark ansteigt oder gar stagniert. Im Ostblock ist der spezifische Energieeinsatz offenbar im Vergleich zum wirtschaftlichen Ergebnis noch recht hoch. Detaillierte Analysen zum Zusammen-

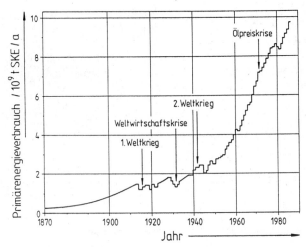

Abb. 1.1.   Primärenergieverbrauch der Welt

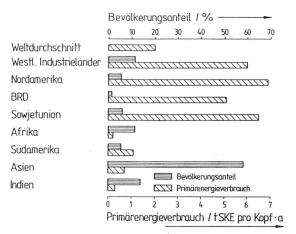

Abb. 1.2.   Spezifischer Prokopf-Energieverbrauch im Jahr 1986

hang zwischen spezifischem Energieverbrauch und Bruttosozialprodukt wurden in den letzten Jahren durchgeführt und haben zu Ergebnissen entsprechend Abb. 1.3a geführt. Offenbar besteht bei allen methodischen Unsicherheiten in der Erfassung sehr wohl eine gewisse Korrelation zwischen diesen beiden Größen. Es ist bemerkenswert, daß auch die Lebenserwartung der Menschen mit steigendem Bruttosozialprodukt zunimmt (s. Abb. 1.3b). Demnach ist ein ausreichender Lebensstandard Voraussetzung für eine hohe Lebenserwartung. Ein ausreichender Lebensstandard setzt aber eine adäquate Energieversorgung voraus.

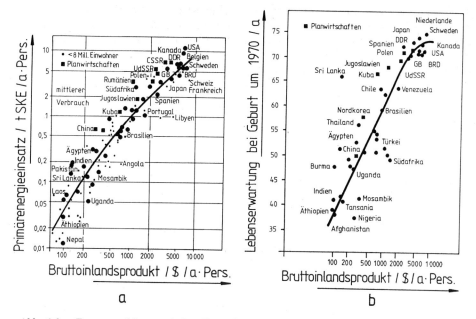

Abb. 1.3.   Zusammenhänge zwischen Bruttoinlandsprodukt und

a: Primärenergieeinsatz, b: Lebenserwartung

Es wird heute erwartet, daß zumindest für die nächsten Jahrzehnte noch ein Anstieg der Weltbevölkerung eintritt. Die Schätzungen weisen im Jahre 2000 rund $6 \cdot 10^9$ auf der Erde lebende Menschen aus, deren Versorgung mit Energie gesichert werden muß. Selbst wenn drastische Maßnahmen zur Beschränkung des weltweiten Bevölkerungswachstums ergriffen werden, ist davon auszugehen, daß im Jahr 2020 rund $8,5 \cdot 10^9$ Menschen zu versorgen sind. Wird beispielsweise der heutige Prokopf-Verbrauch von 2 t SKE/Pers. a zugrunde gelegt, so wären dann weltweit jährlich $17 \cdot 10^9$ t SKE bereitzustellen. Ein mögliches Scenario zur Gestaltung der Energieversorgung wurde jüngst von der Weltenergiekonferenz [1.5] vorgestellt (s. Abb. 1.4). Es sei darauf hingewiesen, daß dieses als ein Modell mit unterstelltem niedrigen Wirtschaftswachstum angesehen wird. Bei mäßigem Wirtschaftswachstum wird dagegen im Jahre 2000 ein Bedarf von rund $15 \cdot 10^9$ t SKE/a und im Jahre 2020 von $25 \cdot 10^9$ t SKE/a erwartet.

Tab. 1.1.   Vorräte an Energieträgern (10^9 t SKE)

Energieträger	heute wirtschaftlich/ technisch gewinnbar	geologische Vorräte	Bemerkung
Erdöl	156	1900	
Erdgas	122	400	
Kohle	780	11 000	
Uran	260 (15 000)	> 10 000 ($6 \cdot 10^5$)	Klammerwerte gelten für Brutreaktoren

Die hier genannten Zahlen werden zu großer Besorgnis Anlaß geben. Die Probleme bestehen in der Kapitalbeschaffung zur Erschließung der neuen zusätzlichen Energiequellen, in der Frage der verfügbaren Ressourcen sowie in der Problematik einer Zulässigkeit derartig hoher anthropogener Energieumsätze. Es sei hier bereits auf das CO_2- und das damit offensichtlich verbundene Klimaproblem hingewiesen (s. Kapitel 24). Eine wesentliche notwendige Information ist die der Größe und der Verfügbarkeit von Energievorräten. Hier wird üblicherweise zwischen Vorräten unterschieden, die mit heutiger Technik und unter heutigen Bedingungen wirtschaftlich gewonnen werden können und solchen, die aus geologischer Sicht nachgewiesen oder vermutet werden (s. Tab. 1.1). Als anschau-

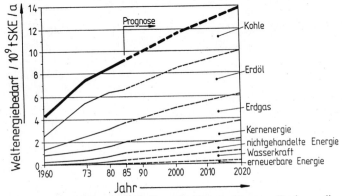

Abb. 1.4.   Entwicklung des Weltenergiebedarfs sowie Erwartungen zur Deckung dieses Bedarfs [1.5] (Scenario mit niedrigem Wirtschaftswachstum)

liches Beispiel für diesen Unterschied sei hier das Erdöl angeführt. Die als wirtschaftlich mit heutigen Techniken gewinnbaren Mengen orientieren sich am heutigen Weltölpreis von ca. 20 $/barrel, während die geologischen Reserven z.B. Ölsände und Ölschiefervorkommen umfassen. Aus diesen Ressourcen wird in Zukunft Erdöl gewonnen, welches erheblich teurer angeboten werden muß (Schätzung 30 bis 100 $/barrel). Diese Vorräte sind, wie hinlänglich bekannt ist, sehr unterschiedlich über die Kontinente verteilt. Besonders krass ist diese Ungleichheit der Verteilung beim Öl (10^9 t SKE): Nordamerika 13,4, Süd- und Mittelamerika 19,3, Europa 5,9, Osteuropa und UdSSR 15,7, Ferner Osten 7, Naher Osten und Nordafrika 94,1).

Neben den fossilen Energievorräten und Uran bzw. Thorium zur Kernenergienutzung stehen der Menschheit grundsätzlich die regenerativen Energiequellen zur Verfügung. Es sind dies Solarenergie mit einer globalen Gesamteinstrahlung von rund 10^{12} t SKE/a und Erdwärme mit einer geothermischen Gesamtenergie von $3,6 \cdot 10^{10}$ t SKE/a, die zur Erdoberfläche geleitet wird. Eine ständig steigende Nutzung dieser nicht versiegenden Ressourcen unter wirtschaftlich rentablen Bedingungen zu erreichen, wird im nächsten Jahrhundert die wesentliche Aufgabe der Energiewirtschaft sein. Hinweise zu technischen Möglichkeiten finden sich in Kapitel 19.

1.3   Reichweite der Energievorräte

Die Frage der Reichweite von Energievorräten muß angesichts der wachsenden Weltbevölkerung und eines wahrscheinlich zunehmenden weltweiten Prokopf-Verbrauchs beurteilt werden. Unter der Annahme, daß die Zahl der Menschen mit α_1 %/a und der spezifische Prokopf-Verbrauch mit α_2 %/a steigen wird, ergibt sich für den Weltenergiezuwachs folgendes Bild (s. Abb. 1.5). Im Einzelnen gilt für die Energieeinsätze E_i in den Jahren i und für die Zuwachsrate q

$$E_0 , E_1 = E_0 q, E_2 = E_0 q^2, ... E_n = E_0 q^n , \tag{1.1}$$

$$q = \left(1 + \frac{\alpha_1}{100}\right)\left(1 + \frac{\alpha_2}{100}\right) . \tag{1.2}$$

Nach n Jahren würde dann kumulativ eine Energiemenge

$$E_{ges} = E_0 (1 + q + ... + q^n) = E_0 \frac{1 - q^{n+1}}{1 - q} \tag{1.3}$$

umgesetzt sein. Als Reichweite der Energievorräte E_{ges} kann bei einem Anfangswert von E_0 und einer Steigerungsrate q die Größe n definiert werden als

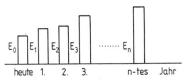

Abb. 1.5.   Qualitatives Modell für den Zuwachs des Weltenergieverbrauchs

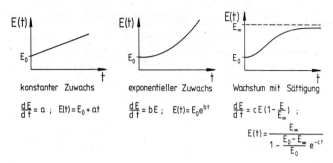

Abb. 1.6. Prognosemodelle zur Behandlung des Zuwachses beim Energieverbrauch

$$n = \frac{\ln\left(1 + \dfrac{E_{\text{ges}}}{E_0}\,(q-1)\right)}{\ln q} - 1 \; . \tag{1.4}$$

Geht man z.B. von heute wirtschaftlich gewinnbaren Vorräten an fossilen Brennstoffen von 1500 $\cdot\,10^9$ t SKE aus, so resultiert bei Werten $\alpha_1 = 2\,\%/\text{a}$, $\alpha_2 = 1\,\%/\text{a}$ und $E_0 = 10 \cdot 10^9$ t SKE/a ein Wert von $n = 56$ Jahren. Da die einzelnen fossilen Energieträger ja derzeit bevorzugt entsprechend der Bequemlichkeit ihrer Handhabung eingesetzt werden, wird es wahrscheinlich wesentlich früher zu Erschöpfungserscheinungen bei Erdgas und Erdöl kommen.

In den Ausführungen zuvor wurde ein stetig ansteigender Energieverbrauch unterstellt. In der Energiewirtschaft können aber drei sehr unterschiedliche Modelle diskutiert werden, die in Abb. 1.6 gegenübergestellt sind. Insbesondere das Modell des Wachstums mit Sättigung scheint zukünftigen Erfordernissen angepaßt zu sein, obwohl die bisherige Entwicklung der Weltenergiewirtschaft ein exponentielles Wachstum zeigt. Prognosen über kurzfristige Entwicklungen in der Energiewirtschaft sind mit großen Unsicherheiten behaftet, wie beispielsweise ein Blick auf die Zuwachsraten des elektrischen Energieverbrauchs in der BRD in den vergangenen Jahrzehnten zeigt (s. Abb. 1.7).

Fossile Energieträger haben langfristig betrachtet nur eine begrenzte Bedeutung für die Weltenergieversorgung. Geht man von $1500 \cdot 10^9$ t SKE als verfügbarer Gesamtenergiemenge aus, so reichen diese Vorräte bei einem unterstellten mittleren Verbrauchswert von $20 \cdot 10^9$ t SKE/a rund 75 Jahre. Selbst wenn beträchtliche Anteile der vermuteten Energievorräte genutzt werden könnten, bliebe die Zeitspanne zur möglichen Nutzung fossiler Energieträger auf wenige Jahrhunderte beschränkt. Mit Verweis auf die Ausführungen zur CO_2-Problematik in

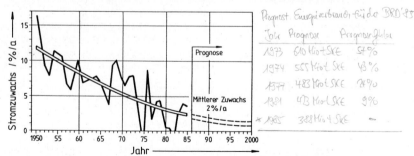

Abb. 1.7. Zuwachsraten bei der Erzeugung von elektrischer Energie in der BRD [1.6]

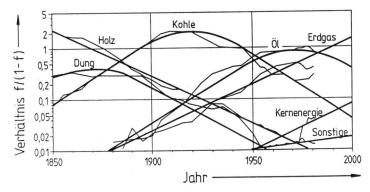

Abb. 1.8. Substitutionseffekte in der Weltenergiewirtschaft während der vergangenen Jahrzehnte (ƒ Anteil am Gesamtverbrauch) [1.7]

Kapitel 24 wird eine derart weitreichende Nutzung von fossilen Brennstoffen nicht möglich sein. Ein langfristiger Ersatz durch andere Energiequellen wie Kernspaltung, regenerative Energiequellen oder eventuell auch Kernfusion entspricht der natürlichen Entwicklung in der Energiewirtschaft, die auch in der Vergangenheit durch kontinuierlich aufeinanderfolgende Phasen der Nutzung verschiedener Energieträger gekennzeichnet war (s. Abb. 1.8). Ablösungs- und Substitutionsvorgänge sind also auch in der Energiewirtschaft altbekannte Erscheinungen.

1.4 Energieversorgung in der BRD

In der BRD hat sich der Primärenergieeinsatz innerhalb der letzten drei Jahrzehnte mehr als verdoppelt. Im wesentlichen ist diese Phase durch die Ablösung von Kohle als wesentlichem Energieträger durch Öl und Erdgas gekennzeichnet (s. Abb. 1.9). Nach wie vor besteht mit einer Quote von 70 % eine starke Importabhängigkeit der Energiewirtschaft der BRD (s. Abb. 1.9c), die auch voraussichtlich langfristig bestehen bleiben wird.

Ein sehr stark vereinfachtes Fließschema (s. Abb. 1.10) für die Energiewirtschaft in der BRD weist aus, daß die Primärenergie zunächst mit einem bestimmten Umwandlungswirkungsgrad in Sekundärenergie, sodann in Endenergie und schließlich in Nutzenergie umgewandelt wird. Der Nutzenergieanteil beträgt bezogen auf den Primärenergieeinsatz derzeit im Mittel nur 26,5 %. Bemühungen, Energie rationeller einzusetzen, werden daher in den nächsten Jahren noch verstärkt fortgesetzt werden müssen (s. auch Kapitel 18). Tatsächlich sind die Zusammenhänge für die einzelnen Primärenergieträger sowie für ihre gegenseitige Verknüpfung sehr komplex, wie mit Blick auf die Steinkohlebilanz der BRD verdeutlicht werden möge (s. Abb. 1.11). Demnach wird die Kohle zur Hälfte in Kraftwerken zur Stromerzeugung eingesetzt, während rund 30 % in Kokereien zur Kokserzeugung verwendet werden. Viele kleine Verbraucher und spezielle Verwendungen schaffen zahlreiche Querverbindungen. Für die weiteren Primärenergieträger Braunkohle, Mineralöl, Erdgas, Kernenergie und Wasserkraft werden jedes Jahr ähnliche Energieflußdiagramme erstellt und veröffentlicht [1.8].

Die Endenergie wird in den wichtigen Sektoren Industrie, Haushalt, Kleinverbrauch und Verkehr gemäß den in Tab. 1.2 ausgewiesenen Beträgen umgesetzt.

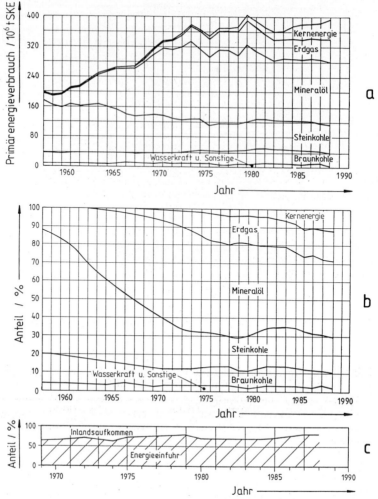

Abb. 1.9. Entwicklung des Primärenergieeinsatzes in der BRD

a: gesamter Primärenergieeinsatz
b: Anteile der Primärenergieträger
c: Primärenergieimporte

Die nach wie vor überragende Bedeutung von Ölprodukten für die Energiewirtschaft der BRD, insbesondere in den Sektoren Verkehr und Haushalt sowie Kleinverbrauch wird aus dieser Tabelle unmittelbar deutlich. Techniken der rationellen Energienutzung wie z.B. Fernwärme haben immer noch eine vergleichsweise geringe Bedeutung. Die echten Energiebedürfnisse der Gesellschaft sind die Bereitstellung vom Heizwärme, Warmwasser und Prozeßwärme sowie Licht, Kraft und Information. Interessant ist daher eine Darstellung der Endenergienutzung, welche unter diesen Gesichtspunkten erstellt ist. Es erweist sich auch hier wiederum die überragende Bedeutung der Raumheizung (s. Tab. 1.3) sowie von Prozeßwärme in der Industrie und Kraft im Verkehr. Demnach ist Licht beispielsweise nur mit 1,8 % am Endenergieaufkommen beteiligt.

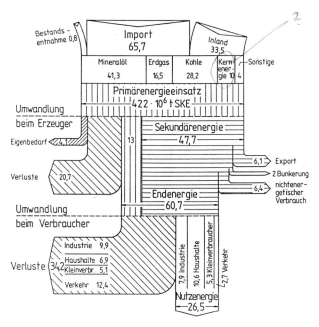

Abb. 1.10. Fließschema von Energieverbrauch und -umwandlung in der BRD
(1987, $422 \cdot 10^6$ t SKE $\hat{=}$ 100 %)

Tab. 1.2. Prozentualer Endenergieumsatz nach Sektoren und Energieträgern
(BRD, 1987, Endenergie: $256{,}7 \cdot 10^6$ t SKE)

Sektor	Strom	Fern-wärme	Ölpro-dukte	Gase	feste Brenn-stoffe	gesamt
Industrie	7,6	0,5	4,7	9,8	6,6	29,2
Haushalt	4,8	1,2	12,7	8,3	1,7	28,7
Kleinver-brauch	3,9	1,0	8,1	3,6	0,6	17,2
Verkehr	0,5	-	24,3	-	-	24,8
gesamt	16,8	2,7	49,8	21,7	8,9	-

Tab. 1.3. Prozentuale Aufteilung der Endenergie auf die Energiebedürfnisse
(BRD, 1987, Endenergie $256{,}7 \cdot 10^6$ t SKE/a)

Sektor	Raumwärme	Warmwasser	Prozeß-wärme	Kraft	Licht/Information
Industrie	3,25	0,2	20,1	5,2	0,43
Haushalt	22,42	3,3	0,9	1,5	0,43
Kleinver-brauch	9,07	1,7	2,12	3,38	0,9
Verkehr	0,35	-	-	24,71	0,04
Summe	35,09	5,2	23,12	34,79	1,8

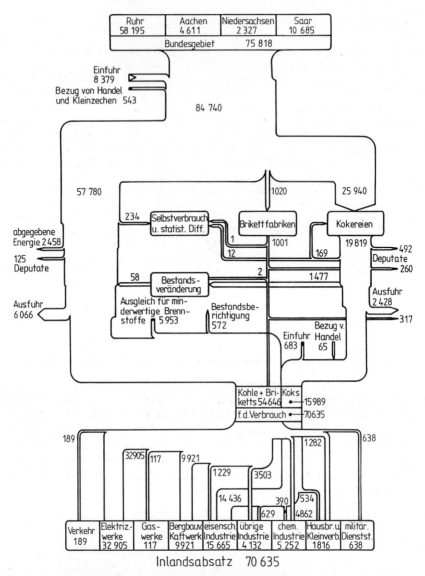

Abb. 1.11.   Steinkohlebilanz (1000 t) im Jahre 1987 [1.9]

Im Rahmen der Darstellung der derzeitigen Verhältnisse in der Energiewirtschaft der BRD sei abschließend darauf hingewiesen, daß die heute als wirtschaftlich gewinnbar ausgewiesenen Energiereserven der BRD im wesentlichen nur aus Kohle bestehen. $24 \cdot 10^9$ t SKE Steinkohle und $10 \cdot 10^9$ t SKE Braunkohle stehen nur $165 \cdot 10^6$ t SKE Öl und $54 \cdot 10^6$ t SKE Erdgas gegenüber. Bezüglich dieser Energieträger wird also immer eine hohe Importabhängigkeit bestehen bleiben. Die vermuteten geologischen Vorräte an Steinkohle sind mit $230 \cdot 10^9$ t SKE sehr hoch, allerdings liegt diese Kohle teils in Tiefen von über 2000 m, so daß ihre Gewinnung sehr aufwendig und teuer sein würde.

1.5   Elektrizitätswirtschaft in der BRD

In der Gesamtenergiewirtschaft nimmt die Elektrizitätswirtschaft [1.10 - 1.14] eine gewisse Sonderstellung ein. Dies ist in der BRD zum einen dadurch begründet, daß fast ein Drittel des Primärenergieeinsatzes zur Erzeugung von elektrischer Energie unter Einsatz praktisch aller Energieträger dient, zum anderen findet dieser Sekundärenergieträger in allen Bereichen der Energiewirtschaft Verwendung, wodurch ein komplexes Gebilde mit weitgehenden Vernetzungen entsteht. Die Bedeutung der Elektrizitätswirtschaft für unser Dasein kann mit einigen Zahlen über die Prokopf vorhandene installierte Kraftwerkskapazität und zum jährlichen Prokopf-Stromverbrauch veranschaulicht werden (s. Tab. 1.4).

Tab. 1.4.   Installierte spezifische Kraftwerksleistung und Prokopf-Stromverbrauch in einigen Staaten

Land	installierte Kraftwerks-kapazität (kW/Pers.)	Prokopf-Stromverbrauch (kWh/Pers. a)
BRD	1,5	6700
USA	3	10 800
Brasilien	0,4	1450
China	0,08	400
Indien	0,05	250

Die ausreichende und kostengünstige Bereitstellung von Elektrizität ist für die Herstellung von industriellen Produkten unabdingbar. So werden z.B. für die Herstellung von Aluminium etwa 12 000 kWh/t benötigt. Insgesamt sind dadurch rund 50 % der Herstellungskosten energiebedingt. Starke regionale Unterschiede bei den Bereitstellungskosten für elektrische Energie führen damit zwangsläufig zu Verlagerungen industrieller Tätigkeiten. Die Industrie verbraucht derzeit rund 40 % der in der BRD bereitgestellten elektrischen Energie (s. Abb. 1.12), Hauptabnehmer ist die chemische Industrie.

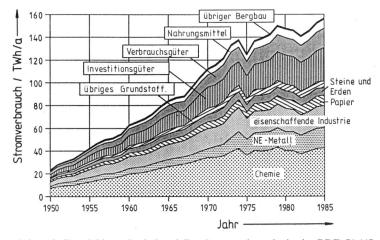

Abb. 1.12.   Sektorale Entwicklung des industriellen Stromverbrauchs in der BRD [1.11]

Tab. 1.5.   Installierte Kraftwerksleistung in der BRD (Ende 1986)

Energieträger	Öffent-lich (MW)	Industri-ell (MW)	Bundes-bahn (MW)	gesamt (MW)	Anteil (%)
Laufwasser	2484	224	146	2854	2,8
Pumpspeicher	3696	-	193	3889	3,9
Kernenergie	19 719	-	155	19 874	19,7
Braunkohle	12 775	820	-	13 595	13,5
Steinkohle	14 948	4864	470	20 282	20,1
Steinkohlen-Mischfeuerung	10 717	2042	190	12 949	12,8
Öl	10 548	1751	-	12 299	12,3
Gas	10 274	3328	215	13 817	13,7
Sonstige	668	543	-	1211	1,2
Summe	85 829	13 572	1369	100 770	100

Tab. 1.6.   Stromerzeugung und Brennstoffverbrauch aller Kraftwerke der BRD (1986)

Energieträger	Stromerzeugung (10^9 kWh/a)	Brennstoffäquivalent (10^6 t SKE/a)
Wasser	18,544	5,69
Kernenergie	119,58	38,624
Braunkohle	83,214	28,212
Steinkohle	135,695	42,2
Heizöl	12,512	3,864
Erdgas	25,35	6,948
sonstige Gase	9,039	3,165
Sonstige	4,332	1,4
gesamt	408,266	130,103

Zur Erzeugung der benötigten Mengen an elektrischer Energie werden in der BRD verschiedene Kraftwerkssysteme eingesetzt. Tab. 1.5 gibt einen Überblick über die bei den öffentlichen Versorgungsunternehmen, bei Industrieunternehmen sowie bei der Bundesbahn vorhandenen Kraftwerkskapazitäten. Der jährliche Kapazitätszuwachs ist in den vergangenen Jahren von rund 8 %/a auf derzeit 2,5 %/a gesunken. Für die nächsten Jahre wird ein Wert von etwa 2 %/a erwartet. Der Einsatz der Kraftwerke zur Erzeugung elektrischer Energie führte im Jahre 1986 auf die in Tab. 1.6 ausgewiesenen Produktionsmengen. Kohle und Kernenergie decken damit derzeit über 83 % des Verbrauchs ab. Die mittlere zeitliche Auslastung der Kraftwerke richtet sich im wesentlichen nach den jeweiligen wirtschaftlichen Bedingungen, Einzelheiten hierzu sind in Kapitel 21 und 22 dargestellt.

Tab. 1.7.   Elektrischer Energieverbrauch in den Sektoren (BRD, 1987)

Sektor	Verbrauch (10^9 kWh/a)	Anteil (%)
Haushalt	99,594	26,78
Kleinverbrauch	29,262	7,87
Industrie	152,104	40,90
Verkehr	3,118	0,84
Sonderverträge	46,477	12,50
gesamt	371,91	-

Beim Verbrauch elektrischer Energie hat sich in den letzten Jahren in der BRD insgesamt eine Abnahme der jährlichen Zuwachsrate gezeigt, in Abb. 1.7 wurde diese Entwicklung, die eine Annäherung an einen Wert von 2 %/a vermuten läßt, bereits dargestellt. Die elektrische Energie wird im wesentlichen in den Sektoren Haushalt und Industrie eingesetzt, aber auch Sondervertragskunden haben einen erheblichen Anteil am Gesamtverbrauch (s. Tab. 1.7). Eine gewisse Bilanzierung der Erzeugung und Verteilung elektrischer Energie sowie von Im-, Export und

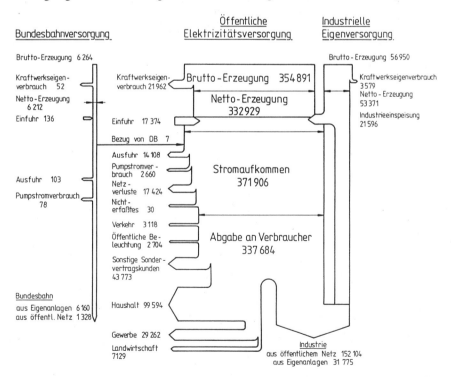

Abb. 1.13.   Fluß der elektrischen Energie (10^6 kWh/a) in der BRD im Jahre 1987 [1.11]

der Verknüpfung von öffentlichen und industriellen Betrieben einschließlich der Bundesbahn geht aus Abb. 1.13 hervor. Das Verhältnis zwischen genutzter und insgesamt erzeugter elektrischer Energie betrug demnach rund 0,8, d.h. 20 % der erzeugten elektrischen Energie gehen bedingt durch den Kraftwerkseigenverbrauch, durch Netzverluste usw. verloren. Auf vielfältige spezifische Fragen der Elektrizitätswirtschaft wie etwa Auslastungsfragen, Einsatz von Kraftwerken oder eventuelle spätere Verwendung von elektrischer Energie in anderen Branchen, z.B. im Verkehr, wird in späteren Kapiteln noch eingegangen.

1.6   Spezielle Aspekte der Energiewirtschaft

Wie schon in den vorangegangenen Abschnitten angedeutet, sind bei der Energieumwandlung und -nutzung bestimmte Ketten zu betrachten und zu bewerten. Zunächst sei daran erinnert, daß die heute verfügbaren und zum Teil auch genutzten Energieformen der potentiellen Energie zuzurechnen sind, die durch Energie aus Sonneneinstrahlung früherer Zeiten entstanden ist (s. Abb. 1.14). Regenerative Energie stammt aus der laufenden Sonneneinstrahlung. Schließlich verfügt die Menschheit bereits über die Technik zur Kernspaltung aus der Gruppe der potentiellen Energie durch Kernumwandlung.

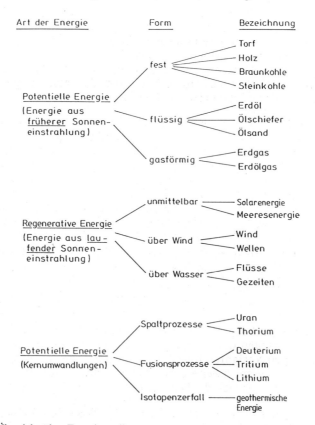

Abb. 1.14.   Übersicht über Energiequellen

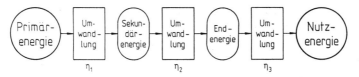

Abb. 1.15.   Schema zur Umwandlung von Primärenergie in Nutzenergie

Ausgehend von der Rohenergie, zumeist als Primärenergie bezeichnet, wird durch eine Umwandlungskette Nutzenergie bereitgestellt (s. Abb. 1.15). Das Verhältnis Nutzenergie zu Primärenergie kann durch einen Gesamtnutzungsgrad

$$\eta_{ges} = \prod_i \eta_i \qquad (1.5)$$

gekennzeichnet werden. Dieser Wert ist mitunter äußerst gering.

So gilt z.B. für die Bereitstellung von Licht etwa folgender Energiefluß: Aus 100 % Kohle als Primärenergieträger wird im Kraftwerk mit einem Wirkungsgrad $\eta_1 = 0{,}37$ elektrische Energie erzeugt. Bei Transport und Verteilung der elektrischen Energie gehen rund 10 % verloren, d.h. es ist $\eta_2 = 0{,}9$. Schließlich wird in der Leuchte nur ein Anteil von rund 10 % der eingespeisten elektrischen Energie in die Nutzenergie Licht umgewandelt, d.h. es gilt $\eta_3 = 0{,}1$. Der Rest wird als Wärme abgestrahlt. Für η_{ges} resultiert damit ein Wert von 0,033.

Derartige Ketten der Energieumwandlung sind heute für die meisten Prozesse analysiert und bekannt, der mittlere Nutzungsgrad beträgt, wie schon in Abschnitt 1.4 dargelegt, in der BRD derzeit nur 26,5 %. Zusätzlich ist meist das wirkliche Energiebedürfnis noch kleiner als die Nutzenergie. Besonders auffällig ist dies im Bereich des Verkehrs, wo bekanntlich die Nutzenergie als mechanische Energie an der Antriebswelle rund 25 % und das Nutzenergiebedürfnis zur Überwindung der Rollreibung etwa 5 % beträgt.

Für die Umwandlung von Primärenergie in Nutzenergie gilt insgesamt das Schema in Abb. 1.16, wonach immer eine Umwandlung über die Zwischenstufen elektrische Energie, Brennstoffe oder Rohstoffe erfolgt. Elektrische Energie erweist sich dabei als universell einsetzbar, während die beiden anderen Energieformen nur recht begrenzt eingesetzt werden können. Speziell hinsichtlich der Erzeugung und Nutzung von elektrischer Energie ergeben sich einige interessante Gesetzmäßigkeiten, die anschaulich in einem Dreieck zwischen potentieller Energie, mechanischer Energie und elektrischer Energie dargelegt werden können (s. Abb. 1.17). Alle Umwandlungsprozesse, die über die innere Position "Wärme" laufen, sind hinsichtlich ihres maximal erreichbaren Wirkungsgrades durch den Carnotfaktor

$$\eta_C = 1 - \frac{T_U}{T_O} \qquad (1.6)$$

mit T_U als unterer und T_O als oberer Prozeßtemperatur bestimmt. Alle Prozesse, die über die Außenseiten des Dreiecks laufen, sind von dieser Beschränkung unabhängig. Bei diesen Verfahren ist der Wirkungsgrad durch Unvollkommenheiten der Prozeßführung, beispielsweise durch Wärme- und Reibungsverluste, limitiert. In dieses Schema ordnen sich die heute gebräuchlichen Wärmekraftwerke ein:

- Gas- und Dampfturbinenkraftwerke auf der Basis von Kohle, Öl, Gas und Kernenergie als Energiequellen,

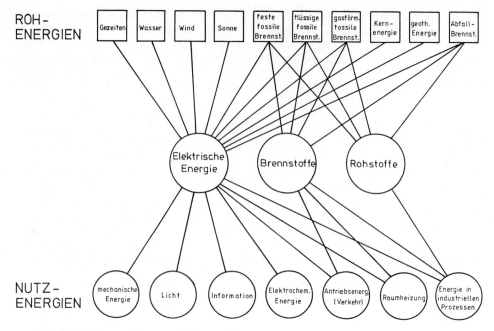

Abb. 1.16.   Umwandlung von Rohenergie in Nutzenergie

- Dieselkraftwerke auf der Basis von Ölprodukten,
- Wasserkraftwerke, Windenergiekonverter und Gezeitenkraftwerke,
- Solarkraftwerke auf der Grundlage von fotovoltaischen Zellen oder von solarthermischen Kreisprozessen.

Auch die Nutzung von elektrischer Energie zur Erzeugung von mechanischer Energie wird durch dieses Schema erfaßt.

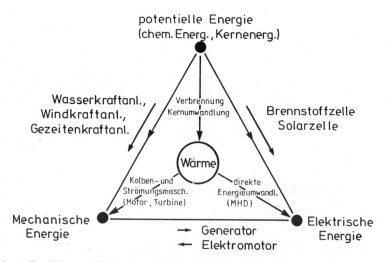

Abb. 1.17.   Wege zur Erzeugung und Nutzung von elektrischer Energie

Energiewirtschaftliche Prozesse unterliegen vielfältigen Randbedingungen, die in den folgenden Kapiteln noch ausführlich erörtert werden. Hier sei nur kurz auf einige Aspekte hingewiesen. So ist die Entwicklung der Nutzung einzelner Energieträger in den verschiedenen Bedarfssektoren sehr unterschiedlich, da z.B. andere Energieträger als Konkurrenten auftreten. Gezeigt ist dies in Abb. 1.18a z.B. für Öl. Bei der Stromerzeugung hat Kernenergie in einigen EG-Ländern zu einem massiven Rückgang des Öleinsatzes geführt. Im Sektor Raumheizung hat sich Gas als attraktiv zur Substitution von Öl herausgestellt, während in der Industrie insbesondere durch Verbesserung der Wirkungsgrade Einsparungen erreicht werden konnten. Nur im Energiebedarfssektor Transport und Verkehr hat der Ölverbrauch trotz erheblicher Einsparungsbemühungen wegen des stark gestiegenen Bedarfs an Verkehrsleistungen zugenommen.   Für Substitutionsprozesse sind Schwankungen der Energiepreise (s. Abb. 1.18b) als wichtige Einflußgrößen anzusehen.   Hinsichtlich   der   Versorgungssicherheit   eines Wirtschaftsgebietes ist eine möglichst große Zahl von Lieferländern vorteilhaft (s. Abb. 1.18c). Die einstige starke Abhängigkeit von den OPEC-Lieferungen wurde in den letzten Jahren reduziert, an deren Stelle ist beim Öl die Versorgung aus Nordseequellen getreten. Angesichts der riesigen Ölvorräte in den der OPEC an-

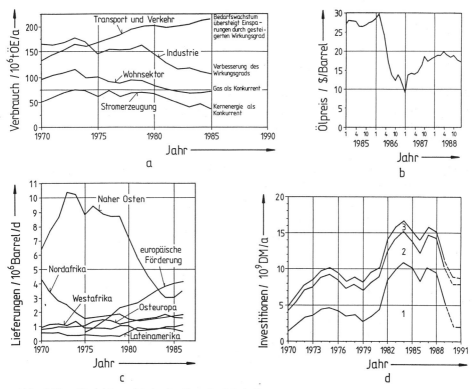

Abb. 1.18.   Gesichtspunkte in der Energiewirtschaft

a: Ölverbrauch in Westeuropa nach Bedarfssektoren (ÖE $\hat{=}$ Öleinheit) [1.15]
b: Spotmarktpreise für Rohöl der Sorte Brent [1.15]
c: Rohölversorgung Westeuropas nach Herkunftsländern [1.15]
d: Investitionen der öffentlichen Elektrizitätsversorgung in der BRD
        (1: Erzeugungsanlagen, 2: Verteilungsanlagen, 3: Sonstiges) [1.11]

geschlossenen Ländern wird sich dieser Trend in Zukunft möglicherweise wieder ändern und langfristig sogar umkehren. Auch Investitionen in der Energiewirtschaft sind starken zeitlichen Schwankungen unterworfen (s. Abb. 1.18d), wie hier für die Elektrizitätswirtschaft dargestellt ist. Zudem verschiebt sich das Gewicht bei den Investitionen. Waren z.B. 1982 erst 16 % der Investitionen für Umweltschutzmaßnahmen an den Erzeugungsanlagen zu tätigen, so stieg dieser Anteil bis 1987 auf 61 %. Da Investitionen in diesem Bereich wegen der langen Nutzungszeiten (bis zu 40 Jahren ab Beginn der Verwirklichung) weitreichende Folgen sowohl für die Unternehmen als auch für die Volkswirtschaft haben, müssen Fragestellungen der Energiewirtschaft umfassend und auch vor dem Hintergrund der Entwicklung der Weltenergiewirtschaft untersucht werden.

Eine Beurteilung, ob Energieanlagen im Hinblick auf die Energiebereitstellung einen positiven oder negativen Beitrag leisten, wird durch die Begriffe der energetischen Amortisationszeit und des Erntefaktors gegeben. Die energetische Amortisationszeit ist definiert als Quotient aus dem kumulierten Energieeinsatz für die Herstellung der Anlage sowie für die Bereitstellung der Betriebsmittel und aus der Jahresnettoerzeugung der Anlage:

$$
\tau_E = \frac{\sum\limits_i E_i}{\int_0^{1a} P_{el}\, dt} = \frac{\sum\limits_i E_i}{P_{el}^0\, T} \ . \tag{1.7}
$$

Der Erntefaktor dagegen ist als Quotient aus der Nettoerzeugung während der geplanten Lebensdauer und dem kumulierten Energieeinsatz für die Herstellung der Anlage und der Betriebsmittel über die Lebensdauer von N Jahren definiert.

$$
f_E = \frac{N \int_0^{1a} P_{el}\, dt}{\sum\limits_i E_i + N\,\varepsilon} = \frac{N\, P_{el}^0\, T}{\tau_E\, P_{el}^0 + N\,\varepsilon} \ . \tag{1.8}
$$

ε charakterisiert dabei jährliche energetische Aufwendungen zum Betrieb der Anlage. Charakteristische Werte für unterschiedliche Anlagen zur Stromerzeugung sind in Tab. 1.8 wiedergegeben. Während bei fossil gefeuerten Kraftwerken und Kernkraftwerken heute bereits sehr hohe Erntefaktoren erreicht werden - dies gilt auch in etwa für Windenergiekonverter - bestehen in dieser Hinsicht bei Fotovoltaikanlagen noch große Defizite.

Tab. 1.8.   Energetische Amortisationszeiten und Erntefaktoren für verschiedene Kraftwerkstypen [1.16]

Typ	Bemerkung	T (h/a)	τ_E (Monate)	f_E
Kernkraftwerk	LWR, 1300 MW$_{el}$	7000	2,2	108
Steinkohlekraftwerk	700 MW$_{el}$	5000	3,4	71,4
Windkraftanlage	500 kW$_{el}$	3000	8	30
Fotovoltaikanlage	monokristallin	1000	246	0,98
	multikristallin	1000	240	1
	amorph	1000	160	1,5

2 Allgemeine Gesichtspunkte bei der Behandlung energietechnischer Probleme

2.1 Prozeßanalysen

Energietechnische Prozesse bedürfen umfangreicher Analysen, um ausreichende Informationen über Aspekte wie z.B. Güte der Energieumwandlung oder -nutzung, Umwelteinflüsse sowie technische und wirtschaftliche Gesichtspunkte zu gewinnen. Für einen Prozeß, bei dem prinzipiell die in Abb. 2.1 dargestellten Einflußgrößen eine Rolle spielen, sind eine Vielzahl von Gesichtspunkten bestimmend. So sind im Rahmen einer Prozeßanalyse etwa folgende Informationen zu erarbeiten und zu bewerten:

- Produkte und Nebenprodukte,
- Einsatz an Energie, Roh- und Hilfsstoffen,
- Abfallstoffe (Arten, Mengen),
- Abwärmen,
- Wirkungsgrad,
- Rohstoffumsetzung,
- Emissionen,
- Produktmärkte und Marktentwicklung,
- konkurrierende Produkte, Entwicklung der Märkte für diese Produkte,
- konkurrierende Herstellungsverfahren,
- Anlagenverfügbarkeiten,
- Lebensdauer,
- Zuverlässigkeit,
- Störfallsicherheit,
- Restrisiken,
- Akzeptanzfragen,
- mögliche Anlagengrößen,
- Stand der Technik,
- Investitionskosten,
- Finanzierungsmöglichkeiten,
- Betriebskosten und Kostenentwicklung für Personal und Roh-/Hilfsstoffe,
- Bedienungsaufwand,
- Genehmigungsrichtlinien und
- Standortfragen.

Abb. 2.1. Einflußgrößen eines Prozesses

Man ersieht schon aus dieser Aufzählung, daß zu einer umfassenden Verfahrensbeurteilung weit mehr Arbeiten durchzuführen sind als etwa nur eine energetische Analyse. Entsprechend den angesprochenen Fragen wird es beispielsweise notwendig sein, folgende Arbeiten auszuführen:

- Aufstellen von Fließschemata,
- Erstellen von Apparatelisten, ·
- Funktionsbeschreibungen,
- Erstellen von Mengen- und Energiebilanzen für das Gesamtverfahren, für Bereiche sowie für Komponenten,
- Ermittlung von Wirkungsgraden, Umwandlungsgraden und Ausbeuten,
- Zusammenstellung der Anforderungen an die Apparate,
- Dimensionierung von Apparaten,
- Ermittlung von Bauteilbelastungen,
- Erstellung von Regelungskonzepten,
- Ermittlung besonderer Betriebsbedingungen,
- Beurteilung des Standes der Technik bei Verfahren und Komponenten
- Sicherheits- und Störfallanalysen,
- Analyse von Verfahrensvarianten und Verfahrensalternativen,
- Kostenermittlungen, Marktanalysen, Prognosen,
- Lebensdauerbeurteilungen,
- Optimierung von Verfahren und Komponenten,
- Behandlung von Genehmigungsfragen
- Untersuchung von Standortbedingungen,
- Beurteilung von Auswirkungen auf die Umwelt und
- Behandlung von Entsorgungsaspekten.

Um derartige umfangreiche Arbeiten durchführen zu können, müssen für die im Verfahren eingesetzten Stoffe, Prozesse sowie für die Apparate möglichst genaue und vollständige Informationen zusammengestellt werden. Gleiches gilt für die Fragen des Stoff- und Energietransportes, für Betriebsfragen sowie für die Kosten; Abb. 2.2 zeigt dazu eine Auflistung einiger wesentlicher Fakten. Als ein Beispiel dafür, welche Vielfalt von Gesichtspunkten schon bei der Planung oder Beurteilung einer einzelnen Komponente zu berücksichtigen ist, sei hier auf einige wesentliche Aspekte bei der Behandlung von Wärmetauschern, die in allen Bereichen der Energietechnik in großen Stückzahlen zum Einsatz kommen, hingewiesen.

- Thermodynamische Auslegung, Dimensionierung: α-Zahlen, k-Zahlen, logarithmische Temperaturdifferenzen, Heizflächenbelastung, volumetrische Leistung, Druckverlust, Rohrwandtemperatur, Apparateabmessung.
- Mechanische Auslegung und Werkstoffauswahl: Wandstärken, mechanische Spannungen im Normalbetrieb und in Störfällen, stationäre und instationäre thermische Spannungen, Beulen, Kriechen, Bersten, Ermüdung, Korrosion, Versprödung.
- Auslegung gegen Schäden durch Schwingungen, Erosion usw.
- Verschmutzungseffekte, primär- und sekundärseitig,
- Zugänglichkeit, Prüfbarkeit, Überwachung, Reparatur, Austauschbarkeit,
- Betriebskonzepte,
- Fertigungsverfahren,
- Baugrößen, Extrapolierbarkeit von Erfahrungen,
- Erprobungsmöglichkeit,
- Stand der Technik,
- Schadensfälle und
- Herstellungskosten.

1. Stoffe	physikalische Eigenschaften chemische Eigenschaften Qualitätsmerkmale Gefährlichkeit
2. Prozesse	physikalische Prozesse chemische Prozesse Voraussetzungen, Dauern, Verweilzeiten Abhängigkeit von Geschwindigkeit, Druck, Temperatur und Konzentration Hilfsstoffe, Katalysatoren, sonstige Hilfsmittel

3. Stoff- und Energietransport	mechanische Antriebe
	Austauschvorgänge (Gefälle von Druck,
	    Temperatur und Konzentration)
	Bilanzen (stationär, instationär)
	Ausbeuten (Gesamtausbeute, einzelne Komponenten,
	    Energie, Umsetzung, Ursachen von Verlusten)

4. Apparate	Prinzipien Schaltungen (innere und innerhalb der Anlage) Konstruktionen spezifische Leistungen Durchsätze, Bedarfswerte Temperaturen, Drücke, Stoffe Baustoffe, Resistenz, Herstellungsverfahren Dimensionierung, Statik, Festigkeit, Lebensdauer gegenseitige Abhängigkeiten und Wirkungen
5. Betrieb	Einstellung, Variation Regelung und Steuerung, Meßtechnik Bedienung, Personal, Organisation Wartung, Prüfung, Instandhaltung Reparatur Sicherheit erforderliche Genehmigungen
6. Kosten	Entwicklungskosten, Lebensdauer, Abschreibungsmodalitäten Verfügbarkeit Investitionskosten Betriebskosten Erlöse, Gewinne, Renditen Kostenentwicklungen Risiken

Abb. 2.2. Liste einiger notwendiger Informationen im Rahmen von Prozeßanalysen

Abschließend zu diesen allgemeinen Erörterungen sei noch eine Bemerkung zur notwendigen Tiefe der Bearbeitung angeführt. Diese richtet sich natürlich nach dem Stand eines Projektes. So wird man in der Detaillierungsphase einen weitaus höheren Aufwand als in einer ersten Phase zur Abschätzung der Sinnfälligkeit des Baus der in Rede stehenden Anlage treiben müssen. Generell sei jedoch auf eine allgemeine Regel für den tatsächlich getätigten Aufwand bezogen auf den notwendigen Gesamtaufwand in Abhängigkeit von der Zeit hingewiesen (s. Abb.

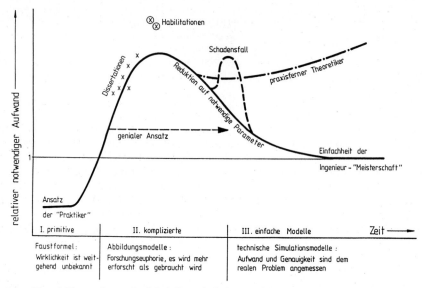

Abb. 2.3. Entwicklungsphasen für Modelle technischer Probleme [2.7]

2.3). Es ist demnach stets erforderlich, den tatsächlichen Aufwand in der Höhe des unbedingt notwendigen Aufwands zu halten, um zu praktikablen Realisierungszeiten für ein Projekt zu gelangen. Insbesondere für energietechnische Analysen sollte diese Regel konsequent befolgt werden. Nach Ablauf einer gewissen Zeitspanne zur Einführung neuer Techniken wird dieser ideale Zustand nach den vorliegenden Erfahrungen stets erreicht.

2.2 Bilanzgleichungen

Grundlagen aller für thermodynamische Systeme durchzuführende Analysen sind die Erhaltungssätze für Masse, Energie und Impuls. Energie- und Massenerhaltung sind in der klassischen Physik jeweils für sich getrennt erfüllt. In der Kernphysik, insbesondere bei Umwandlungsprozessen wie Kernspaltung, Kernfusion und Isotopenzerfall, gilt die Einstein'sche Masse-Energie-Äquivalenz, die die Gleichwertigkeit oder Umwandelbarkeit der beiden Größen ineinander beschreibt. Es gilt für die Gesamtenergie

$$E = m\,c^2\,,\tag{2.1}$$

mit E Energie, m Masse und c Lichtgeschwindigkeit. Unter Berücksichtigung der Geschwindigkeitsabhängigkeit der Masse im relativistischen Fall, kann die oben genannte Beziehung auch in der Form

$$E = \frac{m_0\,c^2}{\sqrt{1 - \dfrac{v^2}{c^2}}}\,,\tag{2.2}$$

mit m_0 Ruhemasse und v Geschwindigkeit der Masse wiedergegeben werden. Der wohlbekannte Grenzfall der klassischen Physik läßt sich aus dieser Gleichung durch Reihenentwicklung ableiten:

$$E \approx m_0\, c^2 + \frac{m_0}{2}\, v^2 + \frac{3}{8}\, m_0 \left(\frac{v}{c}\right)^4 + \dots .$$ (2.3)

Der Term $m_0\, c^2$ gibt die Ruheenergie der Masse wieder, während das zweite Glied die "klassische" kinetische Energie kennzeichnet.

Masse-, Energie- und Impulstransport in klassischen - hier technischen - Systemen werden durch Erhaltungsgleichungen beschrieben [2.1 - 2.6]. Im allgemeinen sind dies Darstellungen unter Verwendung partieller Differentialgleichungen. Meist sind diese Bilanzen nur durch Einführung von Näherungen und mit großem mathematischen Aufwand, heute zumeist numerisch, lösbar. Für viele technische und praktisch wichtige Fragestellungen können aber sofort geeignete Näherungsgleichungen für die Bilanzen verwendet werden, um zu bestimmten Aussagen zu gelangen. Hier sollen zunächst einige allgemeine Formulierungen angeführt werden, bezüglich spezieller Lösungsmöglichkeiten sei auf die Literatur verwiesen. In Abschnitt 2.4 finden sich eine Vielzahl vereinfachter Ansätze dieser Bilanzgleichungen für den praktisch-technischen Gebrauch.

Das System der Grundgleichungen nimmt für den Fall instationärer Vorgänge in kompressiblen Medien und unter der Voraussetzung temperaturunabhängiger Stoffwerte und Konzentrationen die im folgenden wiedergegebene Form an. Für die Kontinuitätsgleichung gilt allgemein und in kartesischen Koordinaten:

$$\frac{\partial \rho}{\partial t} + \nabla\, (\rho\, \vec{v}) = 0 \, ,$$ (2.4)

$$\frac{\partial \rho}{\partial t} + \frac{\partial}{\partial x}\, (\rho\, v_x) + \frac{\partial}{\partial y}\, (\rho\, v_y) + \frac{\partial}{\partial z}\, (\rho\, v_z) = 0 \, ,$$ (2.5)

mit t Zeit, ρ Dichte, $\vec{v}$ Geschwindigkeit. Die Impulsgleichung schreibt man in allgemeiner Form als:

$$\frac{\partial}{\partial t}\, (\rho\, \vec{v}) + \nabla\, \rho\, \vec{v}\, \vec{v} = -\nabla\, p + \rho\, \vec{g} + \vec{X} \, ,$$ (2.6)

mit $\vec{g}$ Erdbeschleunigung, $\vec{X}$ äußere Kräfte, p Druck. Im Spezialfall $\vec{X} = 0$ ergibt sich dann die Euler'sche Gleichung und für den Fall $\vec{X} = \eta\, \nabla^2\, \vec{v}$ die Navier-Stokes Gleichung, wenn mit η die Zähigkeit des Fluids eingeführt wird. Die Impulsgleichung setzt die Trägheitskräfte, d.h. die zeitliche Impulsänderung und den mit der Strömung mitgeführten Impuls, mit den Druckkräften, der Schwerkraft und gegebenenfalls der Zähigkeitskraft ins Gleichgewicht. In kartesischen Koordinaten können dann folgende drei Impulsgleichungen formuliert werden:

$$\frac{\partial}{\partial t}\, (\rho\, v_x) + \frac{\partial}{\partial x}\, (\rho\, v_x\, v_x) + \frac{\partial}{\partial y}\, (\rho\, v_x\, v_y) + \frac{\partial}{\partial z}\, (\rho\, v_x\, v_z)$$
$$= -\rho\, g_x - \frac{\partial p}{\partial x} + X_x \, ,$$ (2.7)

$$\frac{\partial}{\partial t}\, (\rho\, v_y) + \frac{\partial}{\partial x}\, (\rho\, v_y\, v_x) + \frac{\partial}{\partial y}\, (\rho\, v_y\, v_y) + \frac{\partial}{\partial z}\, (\rho\, v_y\, v_z)$$
$$= -\rho\, g_y - \frac{\partial p}{\partial y} + X_y \, ,$$ (2.8)

$$\frac{\partial}{\partial t} \left(\rho \, v_z \right) + \frac{\partial}{\partial x} \left(\rho \, v_z \, v_x \right) + \frac{\partial}{\partial y} \left(\rho \, v_z \, v_y \right) + \frac{\partial}{\partial z} \left(\rho \, v_z \, v_z \right)$$
$$= - \rho \, g_z - \frac{\partial p}{\partial z} + X_z \; . \tag{2.9}$$

Für die Energiegleichung erhält man schließlich:

$$\frac{\partial}{\partial t} \left(\rho \left(u + \frac{v^2}{2} \right) \right) + \nabla \, \rho \, \vec{v} \left(u + \frac{v^2}{2} \right) =$$
$$- \nabla p \, \vec{v} + \nabla \lambda \nabla T + \dot{Q} + \rho \, \vec{v} \, \vec{g} \; . \tag{2.10}$$

Der Term $- \nabla p \, \vec{v}$ steht für die differentielle Arbeit $p \, dv$, $\nabla \lambda \nabla T$ beschreibt die Wärmeübertragung durch Leitung, Q stellt die volumetrische Wärmequelle oder -senke dar und $\rho \, \vec{v} \, \vec{g}$ repräsentiert die potentielle Energie. In vielen praktischen Fällen kann diese schwer zu handhabende Formulierung vereinfacht werden, so daß sich folgende partielle Differentialgleichung für den Wärmetransport ergibt:

$$\rho \, c \left(\frac{\partial T}{\partial t} + v_x \, \frac{\partial T}{\partial x} + v_y \, \frac{\partial T}{\partial y} + v_z \, \frac{\partial T}{\partial z} \right) =$$
$$\lambda \left(\frac{\partial^2 T}{\partial x^2} + \frac{\partial^2 T}{\partial y^2} + \frac{\partial^2 T}{\partial z^2} \right) + \dot{Q} \; . \tag{2.11}$$

Hier sind die Änderung der inneren Energie mit der Zeit sowie der Energietransport durch Mitführung in der Strömung auf der linken Seite bilanziert mit dem Energietransport durch Wärmeleitung sowie mit vorhandenen Wärmequellen bzw. -senken auf der rechten. Auch diese Formulierung ist für viele praktische Anwendungen noch zu aufwendig, daher werden in Abschnitt 2.4 einige einfach zu handhabende Bilanzgleichungen für Mengen- und Energiebilanzen gegeben.

2.3 Bilanzhüllen

Vor der konkreten Aufstellung von Mengen- und Energiebilanzen müssen geeignete Bilanzhüllen festgelegt werden. Je nachdem, welche Information erarbeitet werden soll, sind Bilanzgebiete entsprechend Abb. 2.4 zu definieren. Als Beispiel für die Einteilung möglicher Bilanzgebiete und deren Zuordnung zur in Abb. 2.4 aufgestellten Gliederungsstruktur ist in Abb. 2.5 ein fossil gefeuertes Kraftwerk dargestellt. Innerhalb der Gesamtanlage kann als ein Teilbereich, beispielsweise der Dampferzeuger, betrachtet werden. Innerhalb des Dampferzeugers kann als eine Komponente der Verdampferbereich analysiert werden. Ein Einzelelement oder ein Teilbereich dieser Komponente sind Verdampferrohre. Innerhalb dieser wiederum können einzelne differentielle Volumenelemente betrachtet werden. Entsprechend der gewünschten Aussage ist der zweckdienliche Bilanzraum zu wählen. Soll z.B. der Gesamtwirkungsgrad eines Kraftwerks ermittelt werden, so ist eine Bilanzierung der Gesamtanlage nach Abb. 2.5a unumgänglich. Wenn kesseltechnische Fragen im Vordergrund des Interesses stehen, etwa die Ermittlung von Dampfmengen, Brennstoff-, Luft- und Rauchgasmengen oder die Schadstoffproduktion, so ist die Bilanzhülle um den Kessel allein zu legen (s. Abb. 2.5b). Sollen dagegen der Verdampfungsprozeß oder der Verbrennungsvorgang gesondert untersucht werden, so wird man zweckmäßig den Verdampferbereich allein betrachten (s. Abb. 2.5c). Im Rahmen von schon tiefergehenden

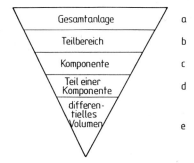

Abb. 2.4.   Mögliche Bilanzgebiete

Analysen, etwa zur Stabilität der Verdampfung, sind Einzelelemente des Verdampferbereichs als geeignete Bilanzhüllen anzusehen (s. Abb. 2.5d). Eine differentielle Betrachtung eines Rohrabschnittes schließlich (s. Abb. 2.5e) würde es bei dem hier wiedergegebenen Beispiel erlauben, auf Einzelheiten wie Wärmeübertragung, mechanische Auslegung und Werkstoffbeanspruchung einzugehen. Vor dem Aufstellen angepaßter Bilanzgleichungen ist also genau zu prüfen, wie weit eine Einengung des Bilanzgebietes getrieben werden muß. Auch sind rechtzeitig Überlegungen anzustellen, welcher Genauigkeitsgrad der Aussage erreicht werden muß, um ein brauchbares Ergebnis zu erzielen.

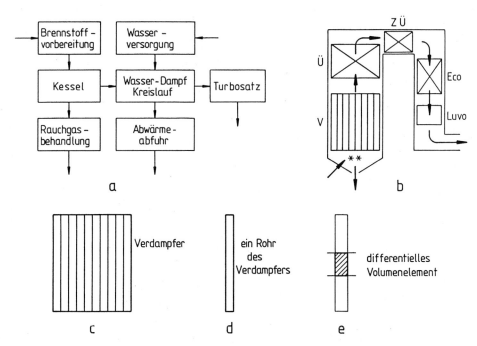

Abb. 2.5.   Beispiel zur Definition verschiedener Bilanzräume

a: gesamtes Kraftwerk, b: Kraftwerkskessel, c: Verdampfer, d: Verdampferrohr, e: Volumenelement aus dem Verdampferrohr

2.4 Spezielle Mengen- und Energiebilanzen

2.4.1 Mengenbilanzen

Zunächst seien integrale Formen der Mengenbilanz betrachtet. Unter der Annahme, daß die Größe eines betrachteten Gebiets ΔV zeitlich konstant ist, daß das System homogen und die Mengenkonzentration im Gebiet eine stetige Funktion ist, gilt für den Bilanzraum ΔV (s. Abb. 2.6)

$$\frac{\partial}{\partial t} \int_{\Delta V} C \, dV = \int_{\Delta F} \vec{\Phi} \, d\vec{f} + \int_{\Delta V} \omega \, dV \, . \tag{2.12}$$

Unter $C = C(x, y, z)$ sei dabei die Mengenkonzentration in ΔV verstanden, $\vec{\Phi}$ ist die aus ΔV durch $\Delta \vec{f}$ austretende Mengenstromdichte, während ω die Umwandlungsrate pro Zeit und Volumeneinheit kennzeichnet. Aus dieser integralen Formulierung läßt sich unter Benutzung des Gauß'schen Satzes eine differentielle Gleichung der Form

$$\frac{\partial}{\partial t} \int_{\Delta V} C \, dV = - \int_{\Delta V} \operatorname{div} \vec{\Phi} \, dV + \int_{\Delta V} \omega \, dV \tag{2.13}$$

ableiten. Diese Gleichung gilt für jedes beliebige Volumenelement. Daher kann der Übergang zu einer partiellen Differentialgleichung vollzogen werden:

$$\frac{\partial C}{\partial t} = - \nabla \vec{\Phi} + \omega \, . \tag{2.14}$$

In dieser Differentialgleichung hängen die Größen C, $\vec{\Phi}$, ω von den drei Ortskoordinaten und von der Zeit ab. Falls die Mengenkonzentration C in einem bestimmten Gebiet V ortsunabhängig ist, läßt sich die integrale Formulierung stark vereinfachen mit dem Ergebnis

$$V \frac{dC}{dt} = \left(\sum_i \Phi_i \right)_{\text{ein}} - \left(\sum_j \Phi_j \right)_{\text{aus}} + \omega V \, . \tag{2.15}$$

Φ_i bzw. Φ_j sind nun in das Gebiet V eintretende bzw. aus diesem Gebiet austretende Ströme. Oft sind die Größen C und ω nur schwach ortsabhängig. In diesen Fällen kann bei Einführung von Mittelwerten im Gebiet V nach

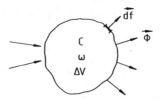

Abb. 2.6.   Zur Aufstellung einer integralen Mengenbilanz

$$C_m = \frac{1}{V} \int_V C \, dV \,, \tag{2.16}$$

$$\omega_m = \frac{1}{V} \int_V \omega \, dV \tag{2.17}$$

(2.15) benutzt werden, wenn man für C und ω die Mittelwerte C_m und ω_m verwendet.

Mengenbilanzen können ausgehend von den Beziehungen für Mengenkonzentration und die Mengenstromdichte auch als Materialbilanzgleichungen geschrieben werden.

$$\rho = \frac{dm}{dV} \,, \quad \vec{\Phi} = \rho \, \vec{v} \,, \tag{2.18}$$

$$V \frac{d\rho}{dt} = \left(\sum_i \rho_i \, \dot{V}_i \right)_{ein} - \left(\sum_j \rho_j \, \dot{V}_j \right)_{aus} + \omega \, V \,. \tag{2.19}$$

Von hier aus ist der Schritt zu Bilanzgleichungen für Massenströme sehr einfach zu vollziehen. Definiert man als Masse

$$m = \int_V \rho \, dV \,, \tag{2.20}$$

so folgt für die Bilanz ein- und austretender Massenströme

$$\frac{dm}{dt} = \left(\sum_i \dot{m}_i \right)_{ein} - \left(\sum_j \dot{m}_j \right)_{aus} + \omega \, V \,. \tag{2.21}$$

Als Beispiel für ein sehr häufig auftretendes Umwandlungsglied ω sei der Fall von chemischen Reaktionen mit

$$\omega = \sum_r M_r \sum_{k=1}^n r_k \, \xi_{rk} \tag{2.22}$$

erwähnt, mit M_r reagierende Massenanteile, r_k Reaktionsgeschwindigkeit der Reaktion k, ξ_{rk} stöchiometrische Koeffizienten für die Reaktionen.

Insbesondere bei der Bilanzierung chemischer Reaktionen empfiehlt sich die Verwendung von Molzahlen. Wenn sich die Molzahlen n_i durch chemische Reaktionen ändern, gilt unter der Voraussetzung eines konstanten Reaktionsvolumens für die Komponente i

$$\frac{dn_i}{dt} = V \sum_j \xi_{ij} \, r_j \,, \tag{2.23}$$

$$\frac{dC_i}{dt} = \sum_j \xi_{ij}\, r_j \,, \tag{2.24}$$

mit C_i Konzentration der Komponente i, ξ_{ij} stöchiometrischer Koeffizient der Komponente i in der j-ten Reaktionsgleichung und r_j Reaktionsgeschwindigkeit der j-ten Reaktion. Bei quasikontinuierlichen Reaktionen nimmt (2.23) die folgende Form an:

$$\frac{dn_i}{dt} = (\dot{n}_i)_{\text{ein}} - (\dot{n}_i)_{\text{aus}} + V \sum_j \xi_{ij}\, r_j \,. \tag{2.25}$$

Zum Abschluß der Betrachtungen zu Mengenbilanzen sei noch eine Stoffmengenbilanz unter Berücksichtigung konduktiver und konvektiver Ströme vorgestellt. Es sei

$$\begin{aligned}
\vec{\Phi}_i &= \vec{\Phi}_{i,\,\text{konvektiv}} + \vec{\Phi}_{i,\,\text{konduktiv}} \\
&= \overline{C_i}\, \vec{v} + (-D\,\nabla\, C_i)\,.
\end{aligned} \tag{2.26}$$

Als Umwandlungsglied dient beispielhaft der schon mehrfach verwendete Ausdruck

$$\omega_i = \sum_j \xi_{ij}\, r_j \,. \tag{2.27}$$

Dann folgt aus der integralen Beziehung zunächst eine Gleichung der Gestalt

$$\frac{\partial}{\partial t} \int_{\Delta V} \overline{C_i}\, dV = \int_{\Delta f} (\overline{C_i}\, \vec{v} - D\,\nabla C_i)\, d\vec{f} + \sum_j \left(\int_{\Delta V} \xi_{ij}\, r_j\, dV \right)\,. \tag{2.28}$$

Nach Anwendung des Gauß'schen Satzes zur Überführung des Oberflächenintegrals in ein Volumenintegral resultiert wiederum:

$$\frac{\partial \overline{C_i}}{\partial t} = -\nabla(\overline{C_i}\, \vec{v}) + D\,\nabla^2\, \overline{C_i} + \sum_j \xi_{ij}\, r_j \,. \tag{2.29}$$

Damit ist eine wohlbekannte partielle Differentialgleichung zweiter Ordnung für die mittlere Konzentration $\overline{C_i}$ im Volumen ΔV gewonnen. In vereinfachter Form ist diese Gleichung für technisch wichtige Fälle, z.B. bei der Behandlung chemischer Reaktoren, lösbar.

2.4.2 Energiebilanzen

Die einfachste Form der integralen Bilanzierung eines Volumenelements ΔV ergibt sich aus einer Betrachtung entsprechend Abb. 2.7. Im Gebiet herrsche eine Energiedichte Ψ, aus dem Gebiet treten Energieflüsse $\vec{\Phi}_E$ aus oder ein. Dann gilt:

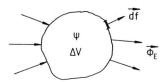

Abb. 2.7. Zur Ableitung einer integralen Energiebilanz

$$\frac{\partial}{\partial t} \int_{\Delta V} \Psi \, dV = \int_{\Delta f} \vec{\Phi}_E \, d\vec{f} \; . \tag{2.30}$$

Durch Anwendung des Gauß'schen Satzes kann das Oberflächenintegral auch hier in ein Volumenintegral überführt werden. Somit gewinnt man die differentielle Form der Energiebilanz

$$\frac{\partial \Psi}{\partial t} = - \nabla \vec{\Phi}_E \; . \tag{2.31}$$

Falls die Energiedichte und die Energieflüsse räumlich konstant sind, kann eine Umformung dieser Gleichung vorgenommen werden. Es seien mit dem Index j verschiedene Energiearten bezeichnet, k kennzeichne die Zahl der Ströme. So erhält man eine vereinfachte Form für die Differentialgleichung (2.31)

$$V \frac{d\Psi}{dt} = \left(\sum_j \sum_k \dot{E}_{jk} \right)_{ein} - \left(\sum_j \sum_k \dot{E}_{jk} \right)_{aus} \; . \tag{2.32}$$

Die Bilanzierung kann für eine Energieform alleine oder für mehrere Formen gleichzeitig vorgenommen werden. Umwandlungen von Energieformen ineinander können innerhalb der Bilanzgleichung durch ein spezielles Umwandlungsglied beschrieben werden. Setzt man für dieses Umwandlungsglied

$$\omega_{E_i} = \frac{d}{dV} \left(\frac{dE_i}{dt} \right) , \tag{2.33}$$

so folgt für die Integral- bzw. Differentialform der Energiebilanz

$$\frac{\partial}{\partial t} \int_{\Delta V} \Psi_i \, dV = \int_{\Delta f} \vec{\Phi}_{E_i} \, df + \int_{\Delta V} \omega_{E_i} \, dV \; , \tag{2.34}$$

$$\frac{\partial \Psi_i}{\partial t} = - \nabla \vec{\Phi}_{E_i} + \omega_{E_i} \; . \tag{2.35}$$

Analog zur bereits beschriebenen Vorgehensweise kann bei räumlicher Konstanz aller Energieflußgrößen wiederum eine Vereinfachung erfolgen

$$V \frac{d\Psi_i}{dt} = \left(\sum_{k=1}^{n} \dot{E}_{ik} \right)_{ein} - \left(\sum_{k=1}^{m} \dot{E}_{ik} \right)_{aus} + \omega_{E_i} V \qquad (2.36)$$

Wie schon erwähnt, kann die Energiegleichung unter Einschluß eines geeignet formulierten Umwandlungsgliedes für jede Energieform aufgestellt werden, so z.B. auch für mechanische Energie. Für die Änderung von kinetischer und potentieller Energie findet man:

$$\frac{d}{dt} (E_{kin} + E_{pot}) = \dot{E}_{kin} + \dot{E}_{pot} + p\,\dot{V} + \dot{W} - \dot{W}_V + \dot{E}_{mech,\,\omega} . \qquad (2.37)$$

Dabei steht $\dot{E}_{mech,\,\omega}$ für die Umwandlung von mechanischer Energie in eine andere Energieform, W_V drückt Verluste an mechanischer Energie durch reversible und irreversible Vorgänge aus und W enthält die Volumenänderungsarbeit $- \int p\,dV$. Bei Kompression ist $p\,dV$ negativ, bei Expansion dagegen positiv. $p\,dV$ ist dabei die Verschiebearbeit, die geleistet werden muß, um ein Fluid in ein System hinein- oder herauszudrücken. Stationäre Prozesse können mit Hilfe der Beziehung

$$\dot{E}_{kin} + \dot{E}_{pot} + p\,\dot{V} - \dot{W}_V = 0 \qquad (2.38)$$

behandelt werden. In der Regel kann diese Gleichung auch durch den Ausdruck

$$\frac{1}{2} \dot{m}\,v^2 + \dot{m}\,g\,z + p\,\dot{V} - \dot{W}_V = 0 \qquad (2.39)$$

ersetzt werden. Eine andere häufig benutzte Beziehung ist die Bernoulligleichung in der Form

$$\left(\frac{1}{2}\,v^2 + g\,z + \frac{p}{\rho} \right)_{ein} = \left(\frac{1}{2}\,v^2 + g\,z + \frac{p}{\rho} \right)_{aus} + \frac{W_V}{m} . \qquad (2.40)$$

Für viele praktische Anwendungen wird die technische Arbeit zwischen zwei Zuständen 1 und 2 betrachtet:

$$W_{techn,\,1 \to 2} = - \int_1^2 p\,dV + p_2 V_2 - p_1 V_1 = \int_1^2 V\,dp . \qquad (2.41)$$

Mit Hilfe dieser Definition kann die mechanische Energiegleichung (2.37) oft in geänderter Form in Ansatz gebracht werden:

$$\frac{d}{dt} (E_{kin} + E_{pot}) = \frac{1}{2}\,\dot{m}\,v^2 + \dot{E}_{pot} + \dot{W}_{techn} - \dot{W}_V + \dot{E}_{mech,\,\omega} . \qquad (2.42)$$

Bilanzgleichungen für die thermische Energie können in folgender Weise formuliert werden: Es sei die Energiedichte Ψ_{th} definiert durch

$$\Psi_{th} = \frac{d\,E_{th}}{dV} = \frac{d}{dV} (m\,c\,T) , \qquad (2.43)$$

mit c spezifische Wärmekapazität, T Temperatur. Falls die Größen räumlich konstant sind, gilt vereinfacht

$$\Psi_{th} = \rho\,c\,T . \qquad (2.44)$$

Für Vorgänge ohne Phasenänderung oder chemische Reaktionen folgt dann die Energiebilanz nur für die thermische Energie zu

$$V \frac{\mathrm{d}}{\mathrm{d}t} (\rho\, c\, T) = \dot{m} \int_{T_0}^{T} c\, \mathrm{d}T + \dot{Q} , \qquad (2.45)$$

mit $\dot{Q}$ als Wärmequellen im Gebiet V. Betrachtet man dagegen Prozesse mit Phasenänderung und chemischen Reaktionen, so ist die Gleichung zu erweitern, wobei für die Energie des Systems U eingeführt wird

$$\frac{\mathrm{d}U}{\mathrm{d}t} = \dot{m} \int_{T_0}^{T} c\, \mathrm{d}T + \dot{Q} + \dot{U}_\mathrm{W} + \dot{U}_\mathrm{R} . \qquad (2.46)$$

$U_\mathrm{W} = U_\mathrm{W}^{\mathrm{ein}} - U_\mathrm{W}^{\mathrm{aus}}$ kennzeichnen die Umwandlung einer Energieform in innere Energie und umgekehrt, $U_\mathrm{R} = U_\mathrm{R}^{\mathrm{ein}} - U_\mathrm{R}^{\mathrm{aus}}$ stellt ein Reaktionsenergieglied dar. Die Gleichung für die thermische Energie kann insgesamt auch in Form einer partiellen Differentialgleichung dargestellt werden mit

$$\rho\, c\, \frac{\partial T}{\partial t} = - \nabla (\rho\, c\, T\, \vec{v}) - \nabla \vec{q} + \omega_{\mathrm{th}} . \qquad (2.47)$$

Im speziellen Fall, daß mechanische Energie als Umwandlungsenergie zu betrachten ist, verwendet man häufig auch mit Vorteil die Beziehung

$$\frac{\mathrm{d}U}{\mathrm{d}t} = \frac{\mathrm{d}}{\mathrm{d}t} (m\, c\, T) = \left(\sum_i \dot{m}_i\, h_i \right)_{\mathrm{ein}} - \left(\sum_j \dot{m}_j\, h_j \right)_{\mathrm{aus}} \pm\ W_{\mathrm{mech}} \pm\ \dot{Q} , \qquad (2.48)$$

wobei + für dem System zugeführte und - für aus dem System entnommene Energieströme steht (s. Abb. 2.8). Für praktische Anwendungen besonders bedeutsam sind auch Formulierungen der Energiebilanzen für Enthalpien. Hier kann die Beziehung

$$\frac{\mathrm{d}H}{\mathrm{d}t} = \dot{m} \int_{T_0}^{T} c\, \mathrm{d}T + \dot{Q} + \dot{H}_\mathrm{R} + \dot{H}_\omega \qquad (2.49)$$

benutzt werden, mit H_ω Umwandlungsenergie und H_R Reaktionsenthalpie. Es sei daran erinnert, daß ausgehend von der Definition

$$H = U + p\, V$$

für kontinuierliche offene thermodynamische Systeme und isotherme Vorgänge

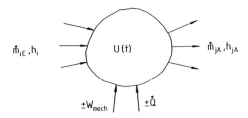

Abb. 2.8.   Energiebilanz mit Austausch von mechanischer Arbeit und Wärme

$$\left(\frac{\partial H}{\partial p} \right)_T = \frac{\partial}{\partial p} (U + p \, V)_T = \left(\frac{\partial U}{\partial p} \right)_T + p \left(\frac{\partial V}{\partial p} \right)_T + V \left(\frac{\partial U}{\partial p} \right)_T \quad (2.50)$$

gilt. Feststoffe und Flüssigkeiten sind quasi inkompressibel, so daß U allein eine Funktion der Temperatur ist. Bei Druckänderungen findet man so

$$\Delta H \big|_{p_1}^{p_2} = V \, (p_2 - p_1) \quad (2.51)$$

für diese Substanzen. Für Gase dagegen erhält man

$$p \left(\frac{\partial V}{\partial p} \right)_T = - T \left(\frac{\partial V}{\partial T} \right)_p , \quad (2.52)$$

$$\left(\frac{\partial H}{\partial p} \right)_T = V - T \left(\frac{\partial V}{\partial T} \right)_p , \quad (2.53)$$

und speziell für ideale Gase gilt dann

$$\left(\frac{\partial H}{\partial p} \right)_T = 0 . \quad (2.54)$$

Insgesamt bleibt noch festzuhalten, daß die technische Arbeit bei adiabaten Zu- standsänderungen gleich der Enthalpieänderung ist.

$$dH = dW_{\text{techn}} = V \, dp . \quad (2.55)$$

Bei reinem Wärmeaustausch mit der Umgebung ist der Wärmebetrag gleich der Enthalpieänderung

$$dH = dQ . \quad (2.56)$$

Finden beide Vorgänge gleichzeitig statt, so resultiert

$$dH = dQ + dW_{\text{techn}} . \quad (2.57)$$

2.5   Exergiebilanzen

Ausgehend von der Definition von Anergie und Exergie

$$E = E_{\text{ex}} + E_{\text{an}} , \quad (2.58)$$

$$E_{\text{an}} = \int_1^2 \frac{T_u}{T} \, dQ , \quad (2.59)$$

$$E_{\text{ex}} = \int_1^2 \left(1 - \frac{T_u}{T} \, dQ \right) , \quad (2.60)$$

können Exergiebilanzen aufgestellt und exergetische Wirkungsgrade bestimmt werden. Unzulänglichkeiten der Energieumwandlung und -nutzung werden so deutlicher als bei Verwendung von Energiebilanzen. Die oben angeführten Glei- chungen werden anhand von Abb. 2.9 verdeutlicht. Bevor auf Exergiebilanzen

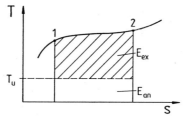

Abb. 2.9. Definition von Exergie und Anergie

eingegangen wird, seien in Tab. 2.1 wichtige Energieformen ihren entsprechenden exergetischen Formulierungen gegenübergestellt.

Tab. 2.1.   Energieformen und korrespondierende Exergien

Energieform	Energie	Exergie
kinetische Energie	$E = \dfrac{1}{2}\, m\,(v^2 - v_u^2)$	$E_{ex} = E$
potentielle Energie	$E = m\,g\,(z - z_u)$	$E_{ex} = E$
Arbeit (ohne Volumenänderung)	$E = W_{techn}$	$E_{ex} = E$
Arbeit (mit Volumenänderung)	$E = W_{12}$	$E_{ex} = W_{12} - p_u\,(V_2 - V_1)$
innere Energie (geschlossenes System)	$E = U$	$E_{ex} = U - U_u - T_u\,(S - S_u)$ $+\, p_u\,(V - V_u)$
Enthalpiestrom	$\dot E = \dot H$	$\dot E_{ex} = \dot H - \dot H_u - T_u\,(\dot S - \dot S_u)$
Wärme	$E = Q = m\,c\,T$	$E_{ex} = Q\,\dfrac{T - T_u}{T}$
Reaktionsenthalpie	$E = -\,\Delta\overline{H}_R$	$E_{ex} = -\,\Delta\overline{H}_R - T_u\,(\overline{S} - \overline{S}_u)$
chemische Energie	$E = H_u$	$E_{ex} \approx H_u$
elektrische Energie	$\dot E = U\,I$	$\dot E_{ex} = E$

Es seien nun die Exergie einer Wärmemenge und z.B. von technischer Arbeit bilanziert. Hierfür gilt:

$$\int_1^2 \left(1 - \frac{T_u}{T}\right) dQ + W_{techn}\big|_1^2 = \Delta E + \Delta E_V\,, \qquad (2.61)$$

mit ΔE Exergieänderung des Vorgangs und ΔE_V Exergieverlust. Allgemein gilt für den Exergieverlust

$$\Delta E_V = T_u\,\Delta S_V\,. \qquad (2.62)$$

Für die Exergieänderung kann ein Schema entsprechend Abb. 2.10 unterstellt werden. Für die Bilanzierung der Exergie gilt so

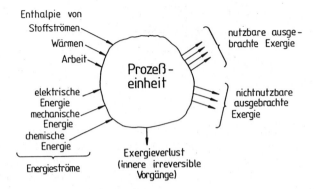

Abb. 2.10.   Zur Aufstellung von Exergiebilanzen

$$\sum_i (E_{ex_i})_{ein} = \sum_{i=1}^{l} (E_{ex_i})_{aus} + \sum_{i=l}^{m} (E_{ex_i})_{aus} + \sum \Delta E_V \, . \qquad (2.63)$$

$$\underbrace{}_{\substack{\text{nutzbare} \\ \text{Exergie}}} \quad \underbrace{}_{\substack{\text{nicht nutzbare} \\ \text{Exergie}}} \quad \underbrace{}_{\substack{\text{Exergie-} \\ \text{verlust}}}$$

Innere Exergieverluste entstehen durch Reibung, durch endliche Temperaturdifferenzen bei der Wärmeübertragung, durch Mischung, durch Energieumwandlung und bei chemischen Reaktionen. Äußere Exergieverluste entstehen z.B. dadurch, daß Enthalpieströme in die Umgebung abgeleitet werden, oder daß Wärmeverluste über die Systemgrenzen hinweg auftreten. Auch die Exergie der chemischen Energie von Abfallprodukten, die in die Umgebung abgeleitet werden, gehört zu den äußeren Exergieverlusten.

2.6   Wirkungsgrade

Eine Bewertung bilanzierter Prozesse geschieht mit Hilfe geeigneter Kennzahlen, die beispielsweise als Wirkungsgrad, Gütegrad oder Nutzungsgrad definiert werden können. Häufig wird der energetische Wirkungsgrad, oft auch als energetischer Gütegrad der Energieumwandlung bezeichnet, über die Beziehung

$$\eta = \frac{\text{energetischer Nutzen}}{\text{energetischer Aufwand}} \qquad (2.64)$$

festgelegt. Ausgangspunkt ist ein System gemäß Abb. 2.11 mit verschiedenartigen ein- und austretenden Energieströmen. Für dieses System gilt dann

$$\eta = \frac{\sum_j \dot{H}_{jA} + \sum_j \dot{Q}_{jA} + |W_{mech}|_A}{\sum_i \dot{H}_{iE} + \sum_i \dot{Q}_{iE} + |W_{mech}|_E} = 1 - \frac{\sum_k \dot{Q}_{V_k}}{\sum_i \dot{H}_{iE} + \sum_i \dot{Q}_{iE} + |W_{mech}|_E} \, , \qquad (2.65)$$

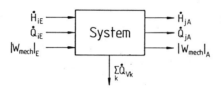

Abb. 2.11. Zur Definition eines energetischen Wirkungsgrades

wenn alle auftretenden Energieverluste mit $\sum Q_{V_k}$ bezeichnet werden. Bei den oben angeführten Definitionen sind mit H_i Enthalpieströme, mit $\dot{Q}_i$ Wärmeströme und mit $|W_{mech}|$ mechanische Leistungen bezeichnet. Alle austretenden Energieströme werden in die Bewertung mit einbezogen. Oft werden auch thermische Wirkungsgrade, z.B. bei Kreisprozessen, ermittelt. In diesem speziellen Fall wird nur die tatsächlich erwünschte Energieform, z.B. mechanische Arbeit, als energetischer Nutzen gewertet, während in dem Ausdruck $\sum_i \dot{Q}_{iE}$ alle dem Kreisprozeß zugeführten Energien summiert werden:

$$\eta_{th} = |W_{mech}|_A / \sum_i \dot{Q}_{iE} \qquad (2.66)$$

Im Rahmen von exergetischen Betrachtungen und Bewertungen werden exergetische Gütegrade der Energieumwandlung in Anlehnung an die Bezeichnungen in Abb. 2.12 festgelegt. Demnach gilt für den exergetischen Gütegrad der Umwandlung, wenn alle ausgehenden Ströme in die Bewertung einfließen oder wenn der Exergieverlust bekannt ist:

$$\zeta = \frac{\sum_j \dot{E}_{jA} + \sum_j \int \left(1 - \frac{T_u}{T}\right) d\dot{Q}_{jA} + |W_{mech}|_A}{\sum_i \dot{E}_{iE} + \sum_i \int \left(1 - \frac{T_u}{T}\right) d\dot{Q}_{iE} + |W_{mech}|_E} , \qquad (2.67)$$

$$\zeta = 1 - \frac{\sum_k \Delta \dot{E}_{V_k}}{\sum_i \dot{E}_{iE} + \sum_i \int \left(1 - \frac{T_u}{T}\right) d\dot{Q}_{iE} + |W_{mech}|_E} . \qquad (2.68)$$

Wird nur ein Exergiestrom als Produkt einer Anlage bewertet, so finden häufig exergetische Wirkungsgrade Verwendung, wie

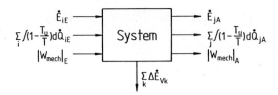

Abb. 2.12.   Zur Definition von exergetischen Gütegraden

$$\zeta^* = \frac{|W_{\text{mech}}|}{\sum_i \dot{E}_{\text{iE}}} \quad . \tag{2.69}$$

Güte- und Wirkungsgrade werden nicht nur für vollständige Prozesse oder Systeme definiert, sondern auch für einzelne Apparate oder Bereiche und dann oft zur Charakterisierung der Güte der Maschine verwendet.

Wenn bei einem Prozeß verschiedene mit Verlusten behaftete Schritte hintereinander ablaufen, so kann der Gesamtwirkungsgrad der Kette, z.B. der energetische, nach der Beziehung

$$\eta_{\text{ges}} = \prod_i \eta_{\text{i}} \tag{2.70}$$

aus den Wirkungsgraden der Einzelschritte ermittelt werden. Als Beispiel sei auf ein Kraftwerk verwiesen, bei dem Verluste bei der Dampferzeugung im Kessel (η_{K}), Verluste des Kreisprozesses (η_{th}), mechanische Verluste der Turbine (η_{mech}) sowie Verluste des Generators (η_{Gen}) multiplikativ in den Gesamtwirkungsgrad des Kraftwerks eingehen.

2.7   Darstellung von Mengen- und Energiebilanzen

Die Ergebnisse der Berechnungen von Mengen- und Energiebilanzen müssen in geeigneter Weise dargestellt werden. Hierzu eignen sich

- Tabellen,
- Kombinationen von Tabellen und Fließbildern,
- Bilanzen innerhalb eines Fließbildes und
- Sankey-Diagramme.

Wählt man eine tabellarische Darstellung von Bilanzen, so werden die einer Bilanzhülle zugeführten Mengen- und Energieströme sowie deren Summen eingetragen. Bei dieser Art der Darstellung ist eine leichte Summation und Kontrolle möglich. Zusammenhänge zwischen einzelnen Prozeßschritten sind allerdings schwer zu verfolgen. Wenn Tabellen zusammen mit Fließbildern des Prozesses dargestellt sind, werden die funktionalen Zusammenhänge verdeutlicht (s. Abb. 2.13a). Oft werden auch Massen- und Energieströme mit ins Fließbild aufgenommen. In diesem Fall wird das Verfahrensprinzip gut verdeutlicht, die Summierung von Strömen ist allerdings erheblich schwieriger. Bei Sankey-Diagrammen (s. Abb. 2.13c, d, e) werden die in eine festgelegte Bilanzhülle eintretenden sowie die aus ihr austretenden Ströme anschaulich durch bezogene

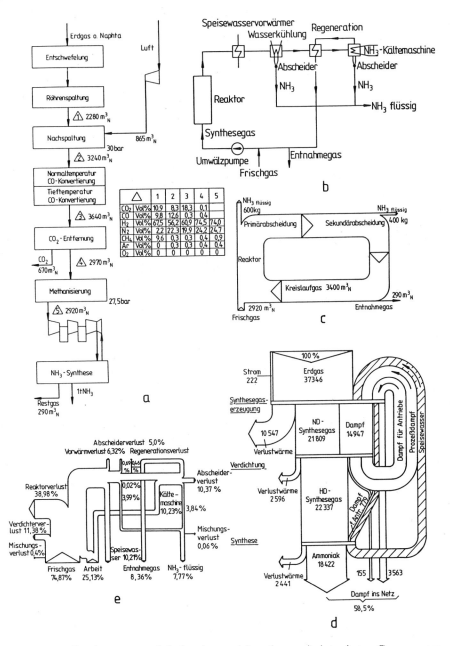

Abb. 2.13. Bilanzierungsarten bei der Ammoniaksynthese mit integrierter Gaserzeugung [2.8]

a: Blockflußbild mit Mengenangaben
b: Kreislaufschema
c: Sankey-Diagramm mit Mengenangaben
d: Sankey-Diagramm des Energieflusses (MJ)
e: Exergieflußdiagramm

Breiten dargestellt. Als Bezugsgröße werden meist bestimmende Eingangsgrößen gewählt. Derartige Fließbilder werden für Mengen-, Energie- und Exergieströme verwendet. Alle hier beschriebenen Darstellungsarten werden eingesetzt, um Zusammenhänge für sehr unterschiedliche Bilanzgebiete zu charakterisieren. So kann sich die Darlegung auf einzelne Apparate, Anlagenbereiche, Gesamtanlagen, Wirtschaftsbereiche, die Gesamtwirtschaft, z.B. Energieflußdiagramme von Ländern, oder auf sonstige Systeme, z.B. Energiehaushalt der Erde, Kohlenstoffkreislauf von Erde und Atmosphäre, beziehen.

2.8   Prozeßeinheiten in der Energietechnik

Alle Verfahren der Energietechnik werden praktisch immer aus ähnlichen Bausteinen aufgebaut. In der Verfahrenstechnik ist es seit langem üblich, sogenannte "Units" als grundlegende Verfahrenselemente zu behandeln. Es bietet sich auch in der Energietechnik an, Grundelemente in ähnlicher Art und Weise zu analysieren. Ein Kraftwerksprozeß z.B. besteht nur aus wenigen Grundbausteinen (s. Abb. 2.14). Wesentliche Komponenten sind Dampfturbinen, Gasturbinen, Verdichter, Speisepumpen, Rohrleitungen, Wärmetauscher, Dampferzeuger und Brennkammern, Speicher und Armaturen. Hinzu kommen heute nach Einführung von Rauchgasentschwefelungs- und Entstickungsanlagen auch Chemiereaktoren und Absorptionskolonnen. Zusätzlich sind in der industriellen Technik weitere Bausteine wie Verdampfer, Destillationseinrichtungen, Rektifizieranlagen, Mischeinrichtungen und Industrieöfen zu betrachten. Um Aussagen über die Wirkung in energietechnischen Anlagen zu erhalten, können diese Systeme durch Angabe relativ weniger charakteristischer Beziehungen beschrieben werden. Hierzu zählen Mengen- und Energiebilanzen, Exergiebilanzen, thermodynamische Zustandsfunktionen, spezielle Wirkungsgrade und abgeleitete cha-

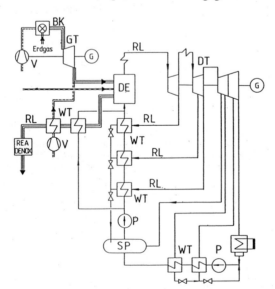

Abb. 2.14.   Schaltschema eines Kombiprozesses mit Ausweis wichtiger Bausteine

V: Verdichter, GT: Gasturbine, BK: Brennkammer, DT: Dampfturbine, DE: Dampferzeuger, WT: Wärmetauscher, RL: Rohrleitung, SP: Speicher, P: Pumpe

rakteristische Größen. Als besonders wichtige und anschauliche Beispiele für derartige energietechnische Bausteine werden hier im folgenden Dampfturbinen, Gasturbinen, Verdichter, Wärmetauscher und Rohrleitungen vorgestellt. Ausführungen zu weiteren Elementen sind teilweise in späteren Kapiteln enthalten.

In Kraftwerken, aber auch in verfahrenstechnischen Anlagen werden Dampfturbinen als wesentliche Komponenten eingesetzt. Die für energetische Analysen unabdingbaren Informationen sind in Abb. 2.15a zusammengestellt. Hier sei noch besonders auf den Verlauf des inneren Wirkungsgrades hingewiesen. Diese

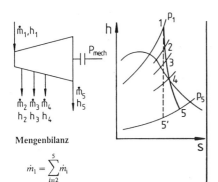

Mengenbilanz

$$\dot{m}_1 = \sum_{i=2}^{5} \dot{m}_i$$

Energiebilanz

$$\dot{m}_1 h_1 = \sum_{i=2}^{5} \dot{m}_i h_i + P_T + \sum_j \dot{Q}_{V_j}$$

Exergiebilanz

$$\dot{m}_1 e_1 = \sum_{i=2}^{5} \dot{m}_i e_i + P_T + \Delta \dot{E}_V$$

Thermodynamische Beziehungen

$$h = h(s, p, T) \quad , \quad s = s(T, p)$$

innerer Wirkungsgrad

$$\eta_i = \frac{h_1 - h_5}{h_1 - h_5'}$$

$$= f(\text{Einsatz}, p, T, P,$$
technische Ausführung,
Alter, Betriebsweise)

a

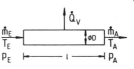
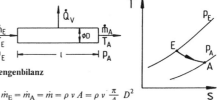

Mengenbilanz

$$\dot{m}_E = \dot{m}_A = \dot{m} = \rho \, v \, A = \rho \, v \, \frac{\pi}{4} D^2$$

Energiebilanz

$$\dot{H}_E + \dot{W}_{\text{pot E}} + \dot{W}_{\text{kin E}} = \dot{H}_A + \dot{W}_{\text{pot A}} + \dot{W}_{\text{kin A}} + \dot{Q}_V$$

$$\dot{m} \, h_E + \dot{m} \, g \, z_E + \frac{\dot{m}}{2} v_E^2 = \dot{m} \, h_A + \dot{m} \, g \, z_A + \frac{\dot{m}}{2} v_A^2 + \dot{Q}_V$$

Exergiebilanz

$$\dot{m} \, e_E + \dot{m} \, g \, z_E + \frac{\dot{m}}{2} v_E^2 = \dot{m} \, e_A + \dot{m} \, g \, z_A + \frac{\dot{m}}{2} v_A^2 + \Delta \dot{E}_V$$

Druckverlust
- inkompressible Medien

$$\Delta p = \left(\frac{\lambda}{D} l + \sum_i \xi_i \right) \frac{\rho}{2} v^2$$

- kompressible Medien

$$\Delta p = p_E \left\{ 1 - \sqrt{1 - \frac{\rho_E v_E^2 \lambda \, l (1 + \alpha) \, T_m}{p_E \, D \, T_E}} \right\}$$

(T_m = mittlere Temp., $\alpha = D \sum_i \xi_i / (\lambda \, l)$, $\lambda = f(\text{Re})$)

Pumpleistung
- inkompressible Medien

$$P = \dot{m} \, \frac{\Delta p}{\rho \, \eta_P}$$

- kompressible Medien

$$P = \frac{\dot{m} \, c_p}{\eta_P} \, T_E \left\{ \left(\frac{p_A}{p_E} \right)^{\frac{\kappa - 1}{\kappa}} - 1 \right\}$$

Wärmeverlust

$$\dot{Q}_V = \dot{m} \, c_p (T - T_u) \left[\exp \left(\frac{k \, A}{\dot{m} \, c_p} \right) - 1 \right] \quad \textbf{b}$$

Abb. 2.15. Charakteristische Beziehungen zur Behandlung von
a: Dampfturbinen, b: Rohrleitungen

Größe muß durch praktische Erfahrungen belegt werden und ist unter anderem auch stark lastabhängig.

Rohrleitungen sind als Verbindungselemente in allen energietechnischen Anlagen unumgänglich. Es kann sich um Führungssysteme für Gase, Flüssigkeiten, Dämpfe, Öle oder Flüssigmetalle handeln. Auch als eigenständige Systeme finden Transportleitungen für Fernwärme, Dampf, Rohöl oder Kohlenwasserstoffe, wie Erdgas, Wasserstoff, Kokereigas und Gichtgas, vielfältige Verwendung. Abb. 2.15b zeigt wichtige Zusammenhänge.

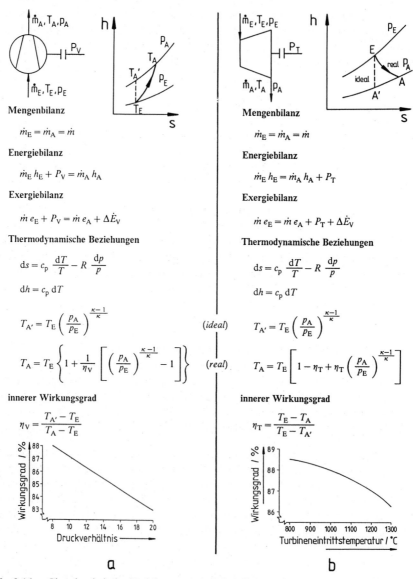

Mengenbilanz

$$\dot{m}_E = \dot{m}_A = \dot{m}$$

Energiebilanz

$$\dot{m}_E h_E + P_V = \dot{m}_A h_A$$

Exergiebilanz

$$\dot{m}\, e_E + P_V = \dot{m}\, e_A + \Delta\dot{E}_V$$

Thermodynamische Beziehungen

$$ds = c_p \frac{dT}{T} - R \frac{dp}{p}$$

$$dh = c_p\, dT$$

$$T_{A'} = T_E \left(\frac{p_A}{p_E} \right)^{\frac{\kappa-1}{\kappa}} \qquad (ideal)$$

$$T_A = T_E \left\{ 1 + \frac{1}{\eta_V} \left[\left(\frac{p_A}{p_E} \right)^{\frac{\kappa-1}{\kappa}} - 1 \right] \right\} \qquad (real)$$

innerer Wirkungsgrad

$$\eta_V = \frac{T_{A'} - T_E}{T_A - T_E}$$

Mengenbilanz

$$\dot{m}_E = \dot{m}_A = \dot{m}$$

Energiebilanz

$$\dot{m}_E h_E = \dot{m}_A h_A + P_T$$

Exergiebilanz

$$\dot{m}\, e_E = \dot{m}\, e_A + P_T + \Delta\dot{E}_V$$

Thermodynamische Beziehungen

$$ds = c_p \frac{dT}{T} - R \frac{dp}{p}$$

$$dh = c_p\, dT$$

$$T_{A'} = T_E \left(\frac{p_A}{p_E} \right)^{\frac{\kappa-1}{\kappa}}$$

$$T_A = T_E \left[1 - \eta_T + \eta_T \left(\frac{p_A}{p_E} \right)^{\frac{\kappa-1}{\kappa}} \right]$$

innerer Wirkungsgrad

$$\eta_T = \frac{T_E - T_A}{T_E - T_{A'}}$$

Abb. 2.16.   Charakteristische Beziehungen zur Behandlung von
a: Verdichtern, b: Gasturbinen

Gasturbinen finden heute in Kraftwerken, in Industrieanlagen, beispielsweise zur Durchführung von Kraft-Wärme-Kopplungsprozessen, sowie als Antriebsaggregate in Flugzeugtriebwerken Verwendung. Einige wesentliche für energetische Analysen charakteristische Beziehungen werden in Abb. 2.16b verdeutlicht.

Verdichter, die zusammen mit Gasturbinen in jeder der zuvor geschilderten Anlagenanordnung vorkommen, sind in Abb. 2.16a durch einige wesentliche Beziehungen charakterisiert. Für Verdichter, z.B. in großtechnischen Synthesen, für Saugzuggebläse in Rauchgaswegen usw. gelten ähnliche Beziehungen.

Wärmeübertrager sind wesentliche Bestandteile aller energietechnischen Anlagen. Diese Komponenten können grundsätzlich nach einem Schema gemäß Abb. 2.17 behandelt werden. Eine wesentliche Aufgabe besteht immer in der Bestimmung einer dem Problem adäquaten Wärmedurchgangszahl.

2.9 Vorgehen bei Problemlösungen

Bei den vielfältigen in der Energietechnik durchzuführenden Analysen empfiehlt sich ein systematisches Vorgehen. Zunächst muß das zu lösende Problem oder das zu untersuchende Verfahren möglichst genau beschrieben werden. Dazu gehört das Anfertigen einer Skizze, in der möglichst viele der notwendigen Angaben enthalten sind. So können hier das Konstruktionsprinzip, die Funktionsweise, ein- und austretende Massenströme, Energieströme sowie Zustandsgrößen vermerkt werden. Danach sind die zu ermittelnden Größen aufzulisten, bevor die wesentlichen Gleichungen für das vorliegende Problem formuliert werden. Hierzu gehören die Erhaltungssätze für Masse, Impuls und Energie. Auch Gleichgewichtsbedingungen mechanischer, thermischer oder chemischer Art müssen zunächst aufgestellt werden. Gegebenenfalls sind auch kinetische Ansätze einzuführen. Aus der Fülle zusammengetragener Gleichungen zur Beschreibung des Problems sind schließlich abgeleitete Gleichungen aufzustellen, in denen die gesuchten Größen mit den vorgegebenen verknüpft werden. Die Gleichungen enthalten im allgemeinen Variablen und Parameter. Oft gelingt es auch, Normierungen oder Kennzahlen einzuführen. Notwendig ist es auch, Vereinfachungen vorzunehmen. Bei der Lösung des nun vorliegenden mathematischen Problems handelt es sich ausschließlich um die Durchführung formaler Operationen. Es treten keine neuen physikalisch-technischen Sachverhalte hinzu. Die Lösungsmethoden können algebraische, analytische oder auch numerische Verfahren sein.

Die gewonnenen Ergebnisse müssen schließlich formal und inhaltlich diskutiert werden. Die formale Prüfung führt zum Auffinden von möglichen Rechenfehlern, z.B. durch Aufsuchen von Grenzlösungen oder Grenzwerten, die sich aus den vollständigen Lösungen ableiten lassen müssen. Die inhaltliche Prüfung besteht dann in der Beurteilung der gewonnenen Lösung im Hinblick auf vorliegende Erfahrungen. Die Elimination von physikalisch sinnlosen Lösungen läßt sich meist anhand einfacher Überlegungen durchführen. Das hier kurz geschilderte Vorgehen, welches sich an den Aspekten einer thermodynamisch-energetischen Analyse orientiert, gilt sinngemäß auch für andere technische Analysen, z.B. zur Beurteilung von Festigkeitsfragen.

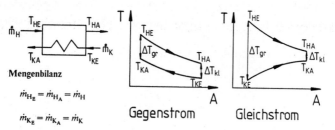

Mengenbilanz

$$\dot{m}_{H_E} = \dot{m}_{H_A} = \dot{m}_H$$

$$\dot{m}_{K_E} = \dot{m}_{K_A} = \dot{m}_K$$

Energiebilanz

$$\dot{m}_H (h_{H_E} - h_{H_A}) = \dot{m}_k (h_{K_A} - h_{K_E})$$

Exergiebilanz

$$\dot{m}(e_{H_E} - e_{H_A}) = \dot{m}_k (e_{K_A} - e_{K_E}) + \Delta\dot{E}_V$$

charakteristische Gleichungen

$$\dot{C}_H = \dot{m}_H c_{pH} \quad , \quad \dot{C}_K = \dot{m}_K c_{pK}$$

$$T_{H_A} = T_{H_E} - \Phi(T_{H_E} - T_{K_E})$$

$$T_{K_A} = T_{K_E} + \Phi \frac{\dot{C}_H}{\dot{C}_K} (T_{H_E} - T_{K_E})$$

$$\Phi = \frac{1 - \exp\left[-\left(1 - \frac{\dot{C}_H}{\dot{C}_K}\right) \frac{k A}{\dot{C}_H}\right]}{1 - \frac{\dot{C}_H}{\dot{C}_K} \exp\left[-\left(1 - \frac{\dot{C}_H}{\dot{C}_K}\right) \frac{k A}{\dot{C}_H}\right]} \qquad \text{(Gegenstrom)}$$

$$\Phi^* = \frac{1 - \exp\left[-\left(1 + \frac{\dot{C}_H}{\dot{C}_K}\right) \frac{k A}{\dot{C}_H}\right]}{1 + \frac{\dot{C}_H}{\dot{C}_K}} \qquad \text{(Gleichstrom)}$$

charakteristische Werte für die Wärmedurchgangszahl k

$$\frac{1}{k} = \frac{1}{\alpha_1} + \frac{1}{\lambda/s} + \frac{1}{\alpha_2} \qquad \text{(für ebene Geometrien)}$$

Medium in Rohren (1)	Medium au-ßerhalb der Rohre (2)	α_1 (W/m² K)	α_2 (W/m² K)	typische k-Zahl (W/m² K)
Luft	Rauchgas	20	20	10...15
Wasser	Luft	1000	20	10...15
Öl	Wasser	1000	500	100...300
Wasser	Wasser	2000	500	500...1000
Wasser	Dampf (kondensierend)	2000	10 000	2000...3000

Gleichungen zur Dimensionierung von Wärmetauschern

$$\dot{Q} = \dot{m}_H c_{pH} (T_{H_E} - T_{H_A}) = \dot{m}_K c_{pK} (T_{K_A} - T_{K_E})$$

$$\dot{Q} = k A \Delta T_{\log} \quad , \quad \Delta T_{\log} = \frac{\Delta T_{gr} - \Delta T_{kl}}{\ln(\Delta T_{gr}/\Delta T_{kl})}$$

Abb. 2.17.   Einige Gleichungen zur Behandlung von Wärmetauschern

3 Kreisprozesse zur Erzeugung von elektrischer Energie

3.1 Dampfturbinenprozesse

3.1.1 Einfacher Prozeß

Der einfache Dampfturbinenprozeß - Rankine-Kreisprozeß - [3.1] enthält als Grundkomponenten Dampfkessel, Turbine, Kondensator und Kesselspeisepumpe. Idealisiert handelt es sich um eine isobare Wärmezufuhr im Kessel, eine isentrope Expansion in der Turbine, eine isobare Kondensation des Turbinenabdampfes und eine isentrope Druckerhöhung in der Kesselspeisepumpe. Abb. 3.1 zeigt das Grundverfahren in schematischer Darstellung sowie die zugehörigen T-s- und h-s-Diagramme für diesen Prozeß.

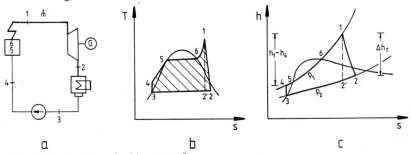

Abb. 3.1. Einfacher Dampfturbinenprozeß

a: Schaltschema, b: T-s-Diagramm, c: h-s-Diagramm

Der einfache Dampfturbinenprozeß kann für den stationären Fall mit Hilfe der folgenden Gleichungen behandelt werden. Für die Turbinenleistung gilt

$$P_T = \dot{m}\,(h_1 - h_2)\,, \qquad\qquad (3.1)$$

während für die Kesselleistung $\dot{Q}_{Ke}$ bzw. für die Kondensationsleistung $\dot{Q}_{Ko}$ die Beziehungen

$$\dot{Q}_{Ke} = \dot{m}\,(h_1 - h_4)\,, \qquad\qquad (3.2)$$

$$\dot{Q}_{Ko} = \dot{m}\,(h_2 - h_3) \qquad\qquad (3.3)$$

anzusetzen sind. Da die Expansion in der Turbine im allgemeinen nicht isentrop verläuft, wird ein innerer Wirkungsgrad (s. Abb. 3.1c)

$$\eta_i = \frac{h_1 - h_2}{h_1 - h_{2'}} \qquad\qquad (3.4)$$

formuliert, der das adiabatische Enthalpiegefälle Δh_{ad} und das tatsächliche Δh_T in der Turbine miteinander verknüpft

$$\Delta h_{\mathrm{T}} = \eta_{\mathrm{i}}\,\Delta h_{\mathrm{ad}} \,. \tag{3.5}$$

Die dem Kreisprozeß in der Kesselspeisepumpe zuzuführende Pumpleistung

$$P_{\mathrm{P}} = \dot{m}\,(h_4 - h_3) \tag{3.6}$$

ist wesentlich geringer als die Turbinenleistung, so daß schließlich für den thermischen Wirkungsgrad des einfachen Kreisprozesses

$$\eta_{\mathrm{th}} = \frac{(h_1 - h_2) - (h_4 - h_3)}{h_1 - h_4} \approx \frac{h_1 - h_2}{h_1 - h_4} \tag{3.7}$$

resultiert. Der thermische Wirkungsgrad hängt also im wesentlichen vom Frischdampfzustand, von den Kondensationsbedingungen sowie von einer technischen Kennzahl, dem inneren Wirkungsgrad der Turbine, ab. Abb. 3.2 zeigt beispielhaft einfache Auswertungen anhand des h-s-Diagramms für Wasserdampf. Der Gegendruck ist bis in Bereiche, die für die Kraft-Wärme-Kopplung in der Industrie wichtig sind (s. Kapitel 4), betrachtet. Die tatsächlich bei der Erzeugung elektrischer Energie erreichbaren Wirkungsgrade sind natürlich bei Einbeziehung aller Verluste - Kesselverluste, innere Wirkungsgrade der Turbine, mechanischer Wirkungsgrad der Turbine, Wirkungsgrad des Generators, Eigenbedarf der Anlage - erheblich niedriger. Näherungsweise gilt entsprechend den vorgenannten Verlustquellen für den Gesamtwirkungsgrad eines Kraftwerks

$$\eta_{\mathrm{ges}} = \eta_{\mathrm{th}}\,\eta_{\mathrm{K}}\,\eta_{\mathrm{mech}}\,\eta_{\mathrm{Gen}}\,\eta_{\mathrm{Abgabe}} \,. \tag{3.8}$$

Verbesserungen des thermischen Wirkungsgrades eines Dampfkraftprozesses sind durch eine Reihe von Maßnahmen [3.2 - 3.7], die im folgenden erläutert werden, möglich (s. Abb. 3.3).

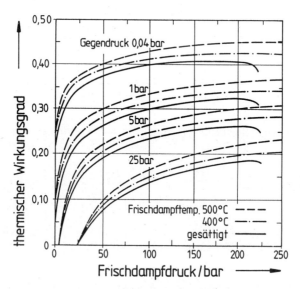

Abb. 3.2. Thermischer Wirkungsgrad des einfachen Dampfturbinenprozesses in Abhängigkeit vom Frischdampfzustand sowie vom Gegendruck ($\eta_{\mathrm{i}} = 1$)

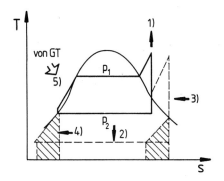

Abb. 3.3. Übersicht über Möglichkeiten zur Steigerung des thermischen Wirkungsgrades beim Dampfturbinenprozeß

1 Verbesserung des Frischdampfzustandes, 2 Senkung des Kondensationsdrucks, 3 Einführung einer Zwischenüberhitzung, 4 Einführung einer regenerativen Speisewasservorwärmung, 5 Kombination mit anderen Prozessen

3.1.2 Verbesserungen des Dampfturbinenprozesses

Wie im vorigen Abschnitt bereits erwähnt, ist eine Anhebung des thermischen Wirkungsgrades durch Einführung einer Zwischenüberhitzung des Dampfes möglich. Die Modifikation der Schaltung geht aus Abb. 3.4 hervor. Der in der Hochdruckturbine bis auf einen mittleren Druck entspannte Dampf wird durch Wärmezufuhr nochmals auf eine Temperatur entsprechend der Frischdampftemperatur erhitzt. Danach erfolgt die Expansion in der Mittel- und Niederdruckturbine. Wie bereits mit Hilfe des Carnot'schen Wirkungsgrades belegbar ist, steigt der Prozeßwirkungsgrad

$$\eta_C = \frac{\overline{T}_{zu} - \overline{T}_{ab}}{\overline{T}_{zu}} \tag{3.9}$$

im Falle der Anhebung des Mittelwertes der Temperatur bei der Wärmezufuhr $\overline{T}_{zu}$ an. Eine detaillierte Behandlung des Prozesses führt auf

$$P_T = \dot{m}\,(h_1 - h_2 + h_3 - h_4)\,, \tag{3.10}$$

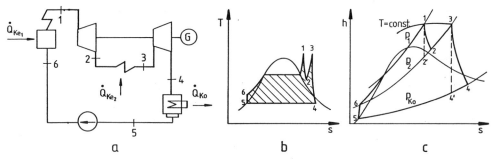

Abb. 3.4. Prinzip der Zwischenüberhitzung beim Dampfturbinenprozeß

a: Schaltschema, b: T-s-Diagramm, c: h-s-Diagramm

sowie auf eine Kesselleistung in Höhe von

$$\dot{Q}_{Ke} = \dot{m} \, (h_1 - h_6 + h_3 - h_2) \, .$$ (3.11)

Sowohl für den Hochdruck- als auch für den Niederdruckteil des Turbosatzes sind innere Wirkungsgrade

$$\eta_{i_1} = \frac{h_1 - h_2}{h_1 - h_{2'}} \, ,$$ (3.12)

$$\eta_{i_2} = \frac{h_3 - h_4}{h_3 - h_{4'}}$$ (3.13)

zu berücksichtigen. Der thermische Wirkungsgrad des Verfahrens folgt zu

$$\eta_{th} = \frac{h_1 - h_2 + h_3 - h_4}{h_1 - h_6 + h_3 - h_2} \, .$$ (3.15)

Auf einen wichtigen technischen Gesichtspunkt bei Anwendung der Zwischen-überhitzung sei hier hingewiesen. Durch diese Maßnahme wird erreicht, daß der Wassergehalt in den letzten Stufen der Turbine bei der Expansion im Zweiphasengebiet auf Werte unterhalb von etwa 15 % gehalten werden kann. Höhere Endwerte könnten an den Turbinenschaufeln zu Erosionsschäden führen.

Im Falle der regenerativen Speisewasservorwärmung wird, wie Abb. 3.5 zeigt, Abdampf aus der Turbine zur Vorwärmung des Speisewassers unter vollständiger Nutzung der Kondensationswärme des Entnahmedampfes eingesetzt. Dadurch bedingt kann Brennstoff im Kessel eingespart werden. Da der Brennstoff exergetisch höherwertig ist als der Entnahmedampf aus der Turbine, läßt sich insgesamt eine Steigerung des Prozeßwirkungsgrades erreichen. In diesem Fall erhält man für die Turbinen-, Kessel- und Kondensationsleistung die Beziehungen:

$$P_T = \dot{m} \, (h_1 - h_2) + (\dot{m} - \dot{m}^*) \, (h_2 - h_3)$$ (3.16)

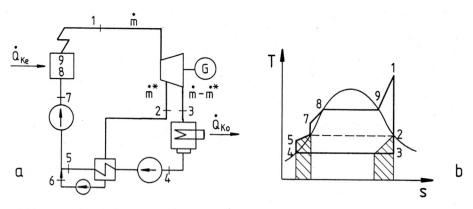

Abb. 3.5.   Prinzip der regenerativen Speisewasservorwärmung beim Dampfturbinenprozeß

a: Schaltschema, b: T-s-Diagramm

$$\dot{Q}_{Ke} = \dot{m} \, (h_1 - h_7) \tag{3.17}$$

$$\dot{Q}_{Ko} = (\dot{m} - \dot{m}^*) \, (h_3 - h_4) \tag{3.18}$$

Der Speisewasservorwärmer kann mit Hilfe der Beziehungen

$$\dot{m}^* \, (h_2 - h_6) = (\dot{m} - \dot{m}^*) \, (h_5 - h_4) \, , \tag{3.19}$$

$$\dot{m}^* \, h_6 + (\dot{m} - \dot{m}^*) \, h_5 = \dot{m} \, h_7 \tag{3.20}$$

bilanziert werden. Der thermische Wirkungsgrad beträgt in diesem Fall

$$\eta_{th} = \frac{h_1 - h_2 + \left(1 - \dfrac{\dot{m}^*}{\dot{m}} \right) (h_2 - h_3)}{h_1 - h_7} \, . \tag{3.21}$$

Beide Maßnahmen im Verbund, also Zwischenüberhitzung und regenerative Speisewasservorwärmung, werden heute in modernen Kraftwerken eingesetzt. In diesem Fall (s. Abb. 3.6) erhält man für die Turbinen- und die Kesselleistung

$$P_T = \dot{m} \, (h_1 - h_2) + \dot{m} \, (h_3 - h_4) + (\dot{m} - \dot{m}^*) \, (h_4 - h_5) \, , \tag{3.22}$$

$$\dot{Q}_{Ke} = \dot{m} \, (h_1 - h_9 + h_3 - h_2) \, , \tag{3.23}$$

während die Bilanzen für den Speisewasservorwärmer ähnlich wie im vorgenannten Beispiel erstellt werden können. Der Wirkungsgrad errechnet sich zu

$$\eta_{th} = \frac{h_1 - h_2 + h_3 - h_4 + \left(1 - \dfrac{\dot{m}^*}{\dot{m}} \right) (h_4 - h_5)}{h_1 - h_9 + h_3 - h_2} \, . \tag{3.24}$$

Falls mehrere Speisewasservorwärmstufen zu berücksichtigen sind, wie dies in der Praxis stets der Fall ist, gilt in allgemeiner Form

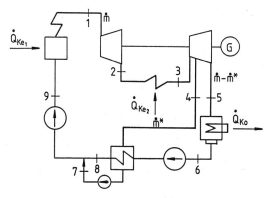

Abb. 3.6. Schema des Dampfturbinenprozesses mit Zwischenüberhitzung und regenerativer Speisewasservorwärmung

$$\eta_{th} = 1 - \frac{\dot{m}_{Ko} (h_{Ko}^E - h_{Ko}^A)}{\dot{Q}_{Ke}} \tag{3.25}$$

mit $\dot{m}_{Ko}$ als Kondensatormassenstrom, h_{Ko}^E bzw. h_{Ko}^A als Kondensatorein- bzw. -austrittsenthalpie. Die Kesseleintrittstemperatur T_{Sp} wird aus einer Gesamtbilanz für die Vorwärmstrecke zu

$$T_{Sp} = \frac{1}{c_p \, \dot{m}_{Sp}} \left\{ \dot{m}_{Ko} \, h_{Ko}^A + \sum_j \dot{m}_{E_j} \, h_{E_j} \right\} \tag{3.26}$$

bestimmt, mit $\dot{m}_{Sp}$ Massenstrom durch die Kesselanlage, $\dot{m}_{E_j}$ Entnahmemassenströme und die zugehörigen Enthalpiewerte h_{E_j}. Diese Werte werden im Rahmen einer Optimierung festgelegt, typische Werte für moderne Heißdampfprozesse sind in Abb. 3.9 und Abb. 3.10 eingetragen.

Auf eine weitere Methode der Wirkungsgradsteigerung, die Anwendung von Kombiprozessen, wird in Abschnitt 3.3 näher eingegangen.

Die hier erläuterten Zusammenhänge mögen mit einigen Zahlenbeispielen belegt werden: Bei einem Frischdampfzustand von 530°C/180 bar, einem Kondensationsdruck von 0,08 bar und einem inneren Turbinenwirkungsgrad von $\eta_i = 0,85$ wird beim **einfachen** Prozeß ein thermischer Wirkungsgrad von 33,3 % erreicht. Behält man die vorgenannten Werte bei und führt eine **Zwischenüberhitzung** auf 530°C/50 bar durch, so steigt der thermische Wirkungsgrad auf 37,8 %, wenn Strömungsverluste auf der Dampfseite unberücksichtigt bleiben. Im Falle der **regenerativen Speisewasservorwärmung** allein werde die Abdampfentnahme bei 5 bar durchgeführt, die relative Entnahmemenge betrage $\dot{m}^{\cdot}/\dot{m} = 0,19$. Dadurch wird eine Vorwärmung des Kesselspeisewassers auf 250°C erreicht. Bei sonst gleichen Werten steigt der Wirkungsgrad auf 36,3 %. Werden **Zwischenüberhitzung und Speisewasservorwärmung** gleichzeitig angewendet, so erhält man bei Kombination der zuvor angeführten Prozeduren einen thermischen Wirkungsgrad in Höhe von 40,5 %, also 7,2 % mehr als beim einfachen Prozeß. Diese einfachen Abschätzungen weisen recht deutlich die Wirksamkeit der einzelnen Maßnahmen aus.

3.1.3 Technischer Stand bei Dampfturbinenprozessen

Die Zwischenüberhitzung beim Dampfturbinenprozeß kann entsprechend den drei im folgenden dargestellten Maßnahmen durchgeführt werden. Die übliche Methode in fossil gefeuerten Kraftwerksanlagen ist heute die Verwendung rauchgasbeheizter Zwischenüberhitzer, deren Heizflächen in den Kessel integriert sind (s. Abb. 3.7a). Die Zwischenüberhitzung mit einem Teilstrom des Frischdampfes (s. Abb. 3.7b) ist insbesondere bei Leichtwasserreaktor-

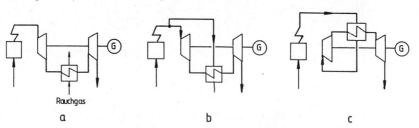

a   b   c

Abb. 3.7. Verfahren zur Durchführung der Zwischenüberhitzung im Dampfturbinenprozeß

    a: mit Rauchgas
    b: mit einem Teilstrom des Frischdampfs
    c: mit der gesamten Frischdampfmenge

Kernkraftwerken üblich. Der Zwischenüberhitzer befindet sich außerhalb des Kraftwerkskessels, der Beheizungsdampf gibt entweder seine fühlbare Wärme ab oder kondensiert je nach Wahl des Zwischenüberhitzungszustandes. Eine weitere denkbare Methode der Zwischenüberhitzung besteht darin, den gesamten überhitzten Frischdampfmengenstrom zur Beheizung eines externen Zwischenüberhitzers einzusetzten und dann erst den abgekühlten Frischdampf der Hochdruckturbine zuzuführen (s. Abb. 3.7c).

Eine detaillierte Berechnung des Dampfturbinenprozesses unter Benutzung des in Abschnitt 3.1.2 dargelegten Rechnungsganges gestattet es, tendenzielle Aussagen zur Abhängigkeit des thermischen Wirkungsgrades von den wesentlichen Parametern des Kreisprozesses zu treffen. So steigt der thermische Wirkungsgrad

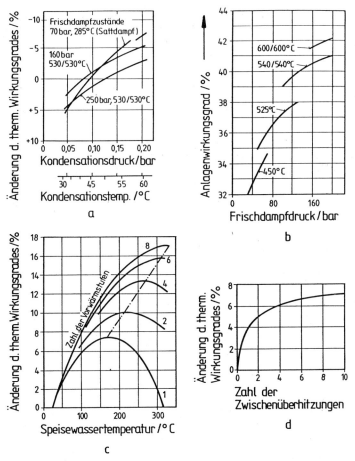

Abb. 3.8. Abhängigkeit des thermischen Wirkungsgrades von wesentlichen Parametern des Dampfturbinenprozesses

a: Einfluß des Kondensatordrucks
b: Einfluß der Frischdampftemperatur
c: Einfluß der Zahl der Vorwärmstufen
d: Einfluß der Zahl der Zwischenüberhitzungen

bei Anhebung der Frischdampftemperatur um rund 1 % pro 30°C (s. Abb. 3.8b). Ob sich eine Anhebung der Frischdampftemperatur über die derzeit üblichen Werte hinaus lohnt, muß im Rahmen einer Optimierungsrechnung beurteilt werden (s. Kapitel 23). Eine Steigerung der Zahl der Zwischenüberhitzungen über 2 hinaus führt nicht mehr auf eine wesentliche Erhöhung des Wirkungsgrades (s. Abb. 3.8d), ein Wert von 2 Zwischenüberhitzungen wird daher bei heutigen Kraftwerken nicht überschritten. Eine sehr deutliche Tendenz zeigt sich bei der Auslegung der regenerativen Speisewasservorwärmung (s. Abb. 3.8c). Es lohnt kaum, über 8 Vorwärmstufen hinauszugehen. Für jede Stufenzahl findet man ein ausgeprägtes Optimum der Wirkungsgradverbesserung, abhängig von der Speisewassertemperatur; es verschiebt sich mit steigender Stufenzahl zu höheren Kesseleintrittstemperaturen hin. Hinsichtlich der Änderung des Wirkungsgrades bei Variation des kalten Endes des Dampfturbinenprozesses finden sich einige Informationen in Abb. 3.8a. Mit steigendem Kondensatordruck wird der Wirkungsgrad reduziert. Diese Tendenz ist besonders bei den Sattdampfprozessen der Leichtwasserreaktoranlagen ausgeprägt.

In der Praxis stellen sich die Schaltungen von modernen Kraftwerken erheblich komplizierter dar, als dies in Abschnitt 3.1.2 dargelegt wurde. Als ein Beispiel möge in Abb. 3.9 ein modernes Steinkohlekraftwerk [3.8] betrachtet werden. Hier wurde eine Zwischenüberhitzung mit 530°C/42,5 bar sowie eine 6-stufige

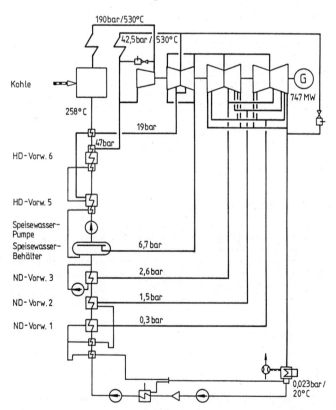

Abb. 3.9.   Schaltbild eines modernen Steinkohle-Kraftwerks (Bergkamen A) mit einer Dampfleistung von 607 kg/s [3.8]

Speisewasservorwärmung realisiert. Der Gesamtwirkungsgrad dieses Kraftwerks liegt bei 36,8 %. Ohne Berücksichtigung des Kesselwirkungsgrades und des Eigenverbrauchs läge der thermische Wirkungsgrad des Prozesses bei etwa 42,5 %. Das zugehörige h-s-Diagramm ist in Abb. 3.10a wiedergegeben, es zeigt eine Expansion bis auf einen Kondensatorgegendruck von 0,023 bar. Dieser Wert ergibt sich aus der Verwendung eines Naßkühlturms. Gleichzeitig ist in das erwähnte Diagramm auch der Sattdampfprozeß eines modernen Leichtwasserreaktors eingetragen. Hier wird meist ein Frischdampfzustand 54 bar (Sattdampf) realisiert und im Zwischenüberhitzer ein Wert von 220°C/11 bar erreicht. In den letzten Stufen der Niederdruckturbine wird mit Hilfe von Stufenentwässerungen für eine Begrenzung der Dampfnässe auf tolerable Werte gesorgt. Meist wird zur Trocknung des Dampfes hinter der Hochdruckturbine ein Wasserabscheider vor dem Zwischenüberhitzer eingesetzt.

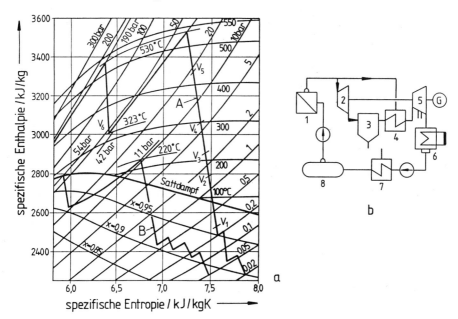

Abb. 3.10.   Moderne Dampfturbinenprozesse

a: Entspannungslinien für den Heißdampfprozeß (A) mit Anzapfungen nach Abb. 3.9 und für den Sattdampfprozeß (B)
b: Schema des Sattdampfprozesses
1 Dampferzeuger, 2 Hochdruckturbine, 3 Wasserabscheider, 4 Zwischenüberhitzer, 5 Mittel-/Niederdruckturbine, 6 Kondensator, 7 Speisewasservorwärmer, 8 Speisewasserbehälter

3.2   Gasturbinenprozesse

3.2.1   Einfacher Prozeß

Gasturbinen [3.9 - 3.13] haben beim Einsatz zur Stromerzeugung sowie bei der Kraft-Wärme-Kopplung zunehmend an Bedeutung gewonnen. Abb. 3.11 zeigt die Verhältnisse beim einfachen offenen Gasturbinenprozeß. Das Schaltschema enthält Kompressor, Gasturbine und Generator auf gleicher Antriebswelle, zwischen Kompressor und Turbine ist eine Brennkammer geschaltet, die mit Gas oder mit leichten bzw. schweren Kohlenwasserstoffen befeuert wird. Das Verfahren umfaßt beim idealen Prozeß, d.h. wenn die inneren Wirkungsgrade von Verdichter und Turbine zu 100 % angenommen werden, folgende Teilschritte:

1 → 2: isentrope Verdichtung der Luft im Kompressor
2 → 3: isobare Wärmezufuhr in der Brennkammer z.B. durch Verbrennung von Kohlenwasserstoffen
3 → 4: isentrope Expansion der Rauchgase in der Turbine
4 → 1: isobare Wärmeabfuhr aus dem Prozeß durch Vermischung der Rauchgase mit der Umgebungsluft

Eine Darstellung dieser Prozeßschritte im T-s- und im p-v-Diagramm ist in Abb. 3.11b und c gegeben. Vorausgesetzt sind hierbei zunächst ideale Verhältnisse. Beim realen Prozeß (s. Abb. 3.11d) mit inneren Wirkungsgraden kleiner 100 % sind die Eckpunkte nach der Verdichtung und nach der Expansion im T-s-Diagramm zu höheren Temperaturen verschoben. Im Rahmen einer quantitativen Behandlung des Prozesses werden folgende Beziehungen für die spezifische Verdichter- und Turbinenarbeit a_V bzw. a_T sowie für die spezifischen Werte von Wärmezu- und Wärmeabfuhr q_{zu} bzw. q_{ab} verwendet:

$$a_V = c_p \, (T_2 - T_1) \, , \tag{3.27}$$

$$q_{zu} = c_p \, (T_3 - T_2) \, , \tag{3.28}$$

$$a_T = c_p \, (T_3 - T_4) \, , \tag{3.29}$$

$$q_{ab} = c_p \, (T_4 - T_1) \, . \tag{3.30}$$

Näherungsweise wird hier zunächst angenommen, daß die Werte für die spezifische Wärmekapazität der Luft und der Rauchgase im gesamten Temperaturbereich konstant sind. Die Verknüpfungen zwischen den Prozeßtemperaturen ergeben sich aus den Annahmen einer isentropen Verdichtung bzw. einer isentropen Entspannung. Wird ideales Gasverhalten vorausgesetzt, so gilt mit $\kappa = c_p/c_v$:

$$T_2 = T_1 \left(\frac{p_2}{p_1} \right)^{\frac{\kappa - 1}{\kappa}} , \tag{3.31}$$

$$T_4 = T_3 \left(\frac{p_4}{p_3} \right)^{\frac{\kappa - 1}{\kappa}} . \tag{3.32}$$

Bei Einführung eines Druckverhältnisses $\pi = p_2/p_1 = p_3/p_4$ und unter der Voraussetzung, daß in der Brennkammer praktisch keine Druckverluste auftreten, erhält man schließlich für den Wirkungsgrad des idealen Prozesses

$$\eta_{th} = \frac{q_{zu} - q_{ab}}{q_{zu}} = \frac{a_T - a_V}{q_{zu}} = 1 - \pi^{\frac{1 - \kappa}{\kappa}} , \tag{3.33}$$

d.h. im Falle des einfachen, idealen Gasturbinenprozesses hängt der thermische Wirkungsgrad nur vom Druckverhältnis des Prozesses ab. In der Praxis sind reale Prozesse zu betrachten. Ausführungen hierzu folgen später. Die Turbineneintrittstemperatur T_3 wird durch technische Randbedingungen, insbesondere durch

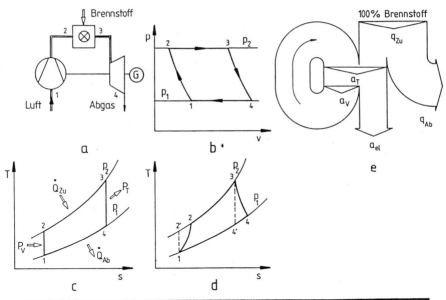

Benennung	idealer Prozeß	realer Prozeß
isentroper Wirkungsgrad für Verdichtung	$\eta_V = 1$	$\eta_V = \dfrac{T_{2'} - T_1}{T_2 - T_1}$
isentroper Wirkungsgrad für Expansion	$\eta_T = 1$	$\eta_T = \dfrac{T_3 - T_4}{T_3 - T_{4'}}$
Temperatur nach der Verdichtung	$T_{2'} = T_1\, \pi^{\frac{\kappa-1}{\kappa}}$	$T_2 = \dfrac{T_{2'}}{\eta_V} + T_1\left(1 - \dfrac{1}{\eta_V}\right)$
Temperatur nach der Expansion	$T_{4'} = T_3\, \pi^{-\frac{\kappa-1}{\kappa}}$	$T_4 = T_{4'}\,\eta_T + T_3\,(1 - \eta_T)$
Verdichterarbeit $x = \pi^{\frac{\kappa-1}{\kappa}}$	$P_{V'} = \dot{m}_L\, c_{pL}\,(T_{2'} - T_1)$ $= \dot{m}_L\, c_{pL}\, T_1\,(x - 1)$	$P_V = \dfrac{P_{V'}}{\eta_V}$
Turbinenarbeit $\alpha = \dfrac{\dot{m}_B}{\dot{m}_L} \approx 0 : c_{pR} \approx c_{pL}$	$P_{T'} = (\dot{m}_L + \dot{m}_B)\, c_{pR}\,(T_3 - T_{4'})$ $= \dot{m}_L\,(1 + \alpha)\, c_{pL}\,(T_3 - T_{4'})$ $\approx \dot{m}_L\, c_{pL}\, T_3\left(1 - \dfrac{1}{x}\right)$	$P_T = \eta_T\, P_{T'}$
zugeführte Wärme	$\dot{Q}_{zu'} = \dot{m}_L\, c_{pL}\,(T_3 - T_{2'})$ $= \dot{m}_{B'}\, H_u$	$\dot{Q}_{zu} = \dot{m}_L\, c_{pL}\,(T_3 - T_2)$ $= \dot{m}_B\, H_u$
thermischer Wirkungsgrad $c_{pL} = \text{konst.}, \alpha \ll 1$ $x = \pi^{\frac{\kappa-1}{\kappa}}$	$\eta' = \dfrac{P_{T'} - P_{V'}}{\dot{Q}_{zu'}}$ $= 1 - \dfrac{1}{x}$	$\eta = \dfrac{P_T - P_V}{\dot{Q}_{zu}}$ $= \eta'\,\eta_T\,\dfrac{1 - \dfrac{T_1\, x}{T_3\,\eta_T\,\eta_V}}{1 - \dfrac{T_1}{T_3\,\eta_V}\,(x + 1 - \eta_V)}$

Abb. 3.11. Einfacher offener Gasturbinenprozeß mit zugehörigen Berechnungsgängen

a: Schaltschema, b: p-v-Diagramm für den idealen Prozeß
c: T-s-Diagramm (ideal), d: T-s-Diagramm (real)
e: Sankey-Diagramm

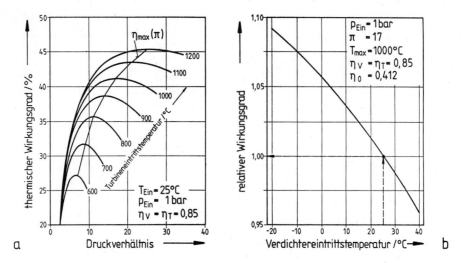

Abb. 3.12. Abhängigkeit des thermischen Wirkungsgrades beim realen Gasturbinenprozeß

    a: vom Druckverhältnis und von der Turbineneintrittstemperatur
    b: von der Verdichtereintrittstemperatur

Werkstoffprobleme bei der Auslegung der Turbinenschaufeln, begrenzt. Technisch beherrscht werden heute bei Kraftwerks-Gasturbinen 1000 bis 1200°C. Diese Temperatur wird durch ein ausreichend hohes Luftverhältnis beim Verbrennungsprozeß in der Turbine (3...5-facher stöchiometrischer Wert) eingestellt. Die Energieflüsse in einem offenen Gasturbinenprozeß sind anschaulich in einem Sankey-Diagramm entsprechend Abb. 3.11e darstellbar. Gasturbinenanlagen, welche das hier beschriebene Verfahrensprinzip benutzen, werden heute in der Kraftwerkstechnik bis zu Leistungen von rund 100 MW_{el} eingesetzt. Weiterhin finden diese Anlagen auch vielfältigen Einsatz für den Antrieb von Verdichterstationen in Industrieanlagen und auf Schiffen.

Wie schon erwähnt, sind beim realen Gasturbinenprozeß innere Wirkungsgrade η_V bzw. η_T für Verdichter bzw. Turbine zu berücksichtigen. Hierdurch werden die Beziehungen in den Gleichungen zur Beschreibung des Gasturbinenprozesses modifiziert (s. Abb. 3.11). Der thermische Wirkungsgrad des Prozesses hängt jetzt nicht mehr ausschließlich vom Druckverhältnis ab, sondern auch von den Komponentenwirkungsgraden und von der Verdichter- bzw. Turbineneintrittstemperatur. Man erkennt aus detaillierten Prozeßanalysen, daß der Wirkungsgrad mit der Eintrittstemperatur in die Turbine steigt und daß er ein ausgeprägtes Optimum im Hinblick auf das Druckverhältnis aufweist (s. Abb. 3.12a). Steigende Verdichtereintrittstemperaturen wirken sich ungünstig auf den Wirkungsgrad aus (s. Abb. 3.12b).

3.2.2   Verbesserungen des Gasturbinenprozesses

Auch der Gasturbinenprozeß läßt sich in vielfältiger Weise durch Schaltungsmodifikationen verbessern. Eine einfache Maßnahme resultiert aus der hohen Abgastemperatur des Prozesses ($\approx$ 400 bis 500°C). Durch Einschaltung eines Rekuperators kann der Wärmeaufwand in der Brennkammer reduziert und damit der Wirkungsgrad gesteigert werden (s. Abb. 3.13). Näherungsweise kann die

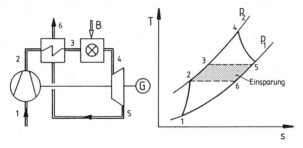

Abb. 3.13.   Offener Gasturbinenprozeß mit Rekuperator

Verbesserung des Wirkungsgrades durch folgende Beziehung gekennzeichnet werden. Ein Zahlenbeispiel hierzu ist am Ende dieses Abschnitts aufgeführt.

$$\frac{\eta \text{ (mit Rekup.)}}{\eta \text{ (ohne Rekup.)}} \approx \frac{T_4 - T_2}{T_4 - T_3} \tag{3.34}$$

Eine weitere Möglichkeit der Prozeßverbesserung bietet sich durch Carnotisierung des Verfahrens sowohl im kalten als auch im heißen Bereich des Prozesses an (s. Abb. 3.14). Ähnlich wie beim Dampfturbinenprozeß bereits dargelegt, wird durch diese Maßnahme der Mittelwert von $\bar{T}_{zu}$ gesteigert und der Mittelwert von $\bar{T}_{ab}$ gesenkt, so daß insgesamt der Carnotfaktor (3.9) steigt. Eine Verbesserung der Prozeßführung kann auch durch eine Schaltung entsprechend Abb. 3.15 erreicht werden, indem ein Heißgaserzeuger einer Arbeitsturbine vorgeschaltet wird. Hierbei können der Heißgaserzeuger und die Arbeitsturbine für sich optimal ausgelegt werden. Auch ergeben sich verfahrenstechnische Vorteile durch einen modularen Aufbau der Heißgaserzeuger, da mehrere dieser Aggregate zur Versorgung einer Arbeitsturbine parallel eingesetzt werden können. Die Erzeugung von elektrischer Energie geschieht in diesem Fall nur über die Arbeitsturbine, die Heißgaserzeuger geben keine Nettoleistung ab.

Auch für den Fall von Gasturbinenanlagen seien die Verhältnisse durch Angabe eines Zahlenbeispiels untermauert. Für einen einfachen **idealen Prozeß** mit $\pi = 8$ und $\kappa = 1,4$ wird $\eta_{th} = 44,8$ %. Betrachtet man nun einen einfachen **realen Prozeß** mit den ergänzenden Charakteristika $\eta_V = \eta_T = 0,85$, Eintrittstemperatur in den Verdichter 7°C, in die Turbine 800°C und einen Ansaugdruck von 1 bar, so resultiert ein thermischer Wirkungsgrad von 35,7 %. Die Austrittstemperaturen aus Verdichter und Turbine ergeben sich zu 274°C bzw. 391°C. Wird ein **realer Prozeß mit Rekuperator** unterstellt, bei dem eine Temperaturdifferenz von 10°C für den Wärmeübertrag angenommen wird, so erhöht sich der Wirkungsgrad bei sonst gleichen Daten auf 43,2 %. Die Luft

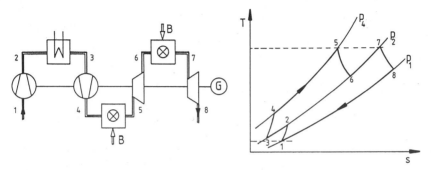

Abb. 3.14.   Offener Gasturbinenprozeß mit Carnotisierung

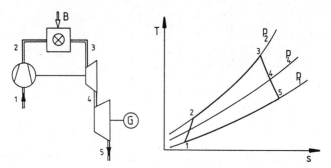

Abb. 3.15. Offener Gasturbinenprozeß mit vorgeschaltetem Heißgaserzeuger

im Rekuperator wird dabei von 274°C auf 381°C vorgewärmt, was einer Brennstoffeinsparung von ca. 17 % entspricht. Eine weitere Wirkungsgradverbesserung ist bei **Carnotisierung in der Verdichtereinheit mit Rekuperation** erreichbar. Setzt man eine zweistufige Kompression mit $\pi_1 = \pi_2 = 2,83$ und eine Abkühlung der Luft nach der ersten Verdichtungsstufe auf $T_{Ein} + 10$ K $= 17°C$ voraus, so folgt für den Wirkungsgrad dieses Verfahrens ein Wert von 54,5 %. Dabei stellt sich die Verdichterendtemperatur mit 135°C ein, so daß die im Verdichter abgeführte Wärme zusätzlich durch Rekuperation wieder zugeführt werden kann und so ca. 35 % Brennstoff einspart werden. Ein Verzicht auf die Rekuperation würde nur auf einen Wirkungsgrad von 35,5 % führen und somit keine Vorteile gegenüber dem eingangs untersuchten einfachen Prozeß bieten.

3.3 Kombiprozesse

3.3.1 Grundprinzip

Gasturbinen gestatten es, Wärme auf sehr hohem Temperaturniveau zur Erzeugung von elektrischer Energie zu nutzen, während Dampfturbinen ein Arbeiten bis in die Nähe der Umgebungstemperatur erlauben. Es liegt also nahe, beide Prinzipien zu kombinieren, um eine gute Ausnutzung der Arbeitsfähigkeit der eingesetzten Brennstoffe zu erzielen. Besonders einleuchtend wird diese Prozeßführung mit Verweis auf Abb. 3.16a. Die Wärmezufuhr erfolgt hier allein im Gasturbinenprozeß, während die Wärmeabfuhr im wesentlichen am kalten Ende eines nachgeschalteten Dampfturbinenprozesses geschieht. Die Abgaswärme des Gasturbinenprozesses wird zur Beheizung des Dampferzeugers im Dampfturbinenprozeß eingesetzt. Dies ist möglich, da die Temperatur des Turbinenabgases meist bei rund 400°C bis 500°C liegt und somit zur Dampferzeugung durchaus ausreichend hoch ist. Die Abwärmenutzung erfolgt stets mit einem Ausnutzungsfaktor $\varepsilon < 1$. Abb. 3.16b zeigt die Prozeßführung beider Verfahren qualitativ im T-s-Diagramm. Der Gesamtwirkungsgrad des Prozesses beträgt nun

$$\eta_{ges} = \frac{P_{DT} + P_{GT}}{\dot{Q}_{zu}} \ . \tag{3.35}$$

Die Wirkungsgrade der Gas- und der Dampfturbinenanlage sind definiert durch

$$\eta_{GT} = \frac{P_{GT}}{\dot{Q}_{zu}} \ , \tag{3.36}$$

$$\eta_{DT} = \frac{P_{DT}}{\dot{Q}_{ab}\,\varepsilon} \ , \quad \text{mit } \varepsilon < 1 \ . \tag{3.37}$$

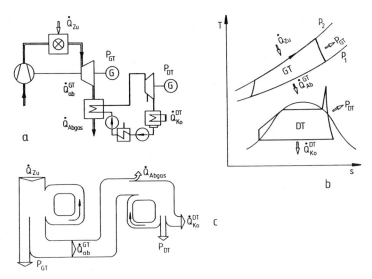

Abb. 3.16.   Prinzip eines Kombiprozesses

a: Schaltschema, b: T-s-Diagramm, c: Sankey-Diagramm

Somit resultiert der Gesamtwirkungsgrad aus den Teilprozeßwirkungsgraden zu

$$\eta_{ges} = \frac{P_{GT}}{\dot{Q}_{Zu}} \left(1 + \frac{P_{DT}}{P_{GT}} \right) = \eta_{GT} \left(1 + \frac{\eta_{DT}}{\eta_{GT}} \varepsilon - \eta_{DT} \varepsilon \right). \tag{3.38}$$

Der Vorteil dieser Prozeßführung möge durch ein praktisches Beispiel veranschaulicht werden. Es seien Werte $\eta_{GT} = 0{,}3$, $\eta_{DT} = 0{,}3$, $\varepsilon = 0{,}8$ realisiert. Dann folgt für den Gesamtwirkungsgrad ein Wert von $\eta_{ges} = 0{,}47$, also wesentlich höher, als für den Einzelprozeß erzielbar wäre.

Grundsätzlich zeigt diese Betrachtung, daß sehr hohe Gesamtwirkungsgrade erreichbar sind, wenn die Gasturbinenwirkungsgrade durch technische Weiterentwicklungen gesteigert werden können und wenn durch optimale Auslegung der Abhitzedampferzeuger ε nahe an 1 herangeführt werden kann.

3.3.2   Schaltungen bei Kombiprozessen

Kombiprozesse [3.14-3.18] können in vielfältiger Weise technisch realisiert werden. Zunächst ist es möglich, die fühlbare Wärme der Gasturbinenabgase ohne Zusatzfeuerung zur Dampferzeugung auszunutzen, wie bereits in Abschnitt 3.3.1 erläutert wurde. Will man den Dampfzustand verbessern, so ist es zweckmäßig, die Temperatur der Gasturbinenabgase durch Zusatzfeuerung etwas anzuheben (s. Abb. 3.17a). Der Dampfturbinenprozeß kann als Eindruck- oder auch als Zweidruckprozeß ausgeführt werden. Die fühlbare Wärme der Gasturbinenabgase kann bis herunter zu etwa 150°C ausgenutzt werden. Drücke und Temperaturen des Dampfkraftprozesses können so optimiert werden, daß aus der Abgaswärme ein Maximum an mechanischer Arbeit gewonnen wird. Insbesondere für Industriekraftwerke stellt diese Art der Stromerzeugung eine interessante Variante dar. Aber auch für Heizkraftwerke kommt dieses System in Frage. Das Leistungsverhältnis zwischen Gas- und Dampfturbine ist ohne Zusatzfeuerung im Bereich von 3:1 bis 2:1 wählbar und kann aus einer Energiebilanz zu

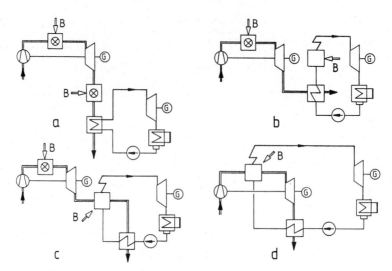

Abb. 3.17.   Schaltungsvarianten für Kombiprozesse

a: Nachheizung der Turbinenabgase
b: Turbinenabgas zur Speisewasservorwärmung
c: Turbinenabgas als Verbrennungsluft und zur Speisewasservorwärmung
d: aufgeladener Kessel

$$\frac{P_{GT}}{P_{DT}} = \frac{1 - \eta_{GT}}{\eta_{DT}} \qquad\qquad (3.39)$$

bestimmt werden. Die Einschaltung einer Zusatzfeuerung führt unter Verwendung der brennstoffspezifischen Größen H_u unterer Heizwert (kJ/kg) und spezifischer Luftbedarf L_{min} (kg Luft/kg Brennstoff) (s. auch Kapitel 5) sowie dem Luftverhältnis λ, der nutzbaren Temperaturspanne ΔT_{ab}^{Nutz}, der spezifischen Wärmekapazität der Rauchgase c_{pR} (kJ/kg K) auf

$$\frac{P_{GT}}{P_{DT}} = \frac{1 - \eta_{GT}}{\eta_{DT}} \; \frac{\lambda \, L_{min} \, c_{pR} \, \Delta T_{ab}^{Nutz}}{H_u} \; . \qquad\qquad (3.40)$$

Natürlich läßt sich auch das Verhältnis Dampfturbinen- zu Gasturbinenleistung erhöhen, dies kann mit einer Schaltung entsprechend Abb. 3.17b realisiert werden. Hier dient die Abgaswärme der Gasturbine vollständig zur Speisewasservorwärmung im Dampfkraftprozeß, es lassen sich so im Kessel des Dampfturbinenkreislaufs konventionelle Heißdampfzustände einstellen.

Die heißen Turbinenabgase lassen sich auch sehr vorteilhaft als vorgewärmte Verbrennungsluft im Dampferzeuger des Dampfturbinenprozesses einsetzen. Da Gasturbinen mit einem hohen Luftüberschuß (λ = 3...4) gefahren werden, enthält das Abgas noch rund 16 bis 17 % Sauerstoff, dies ist für die Durchführung eines nachfolgenden Verbrennungsprozesses ein durchaus ausreichender O_2-Gehalt. Die heißen Abgase mit Temperaturen von etwa 400°C tragen als vorgewärmte Verbrennungsluft zu einem guten Kesselwirkungsgrad im Dampfturbinenprozeß bei. Die Abgase des Dampfkessels werden wirksam zur Speisewasservorwärmung eingesetzt. Falls die Abgasmenge der Gasturbine für den Vollastbetrieb des Kessels nicht ausreichend ist, kann oft ein parallel in Re-

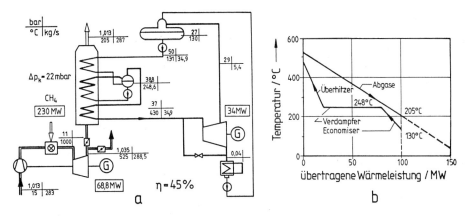

Abb. 3.18. Kombianlage mit nachgeschaltetem Dampferzeuger (Eindruckprozeß) [3.10]

a: Schaltung, b: T-Q-Diagramm des Dampferzeugers

serve installiertes Frischluftgebläse eingesetzt werden. Der hier geschilderte Gasturbinenvorschaltprozeß kann grundsätzlich als Verbrennungsluftlieferant für gasförmige, flüssige oder feste Brennstoffe eingesetzt werden.

Schließlich können sogenannte aufgeladene Dampferzeuger Verwendung finden. Die Verbrennung in der Brennkammer des Gasturbinenprozesses erfolgt unter Druck. Gleichzeitig wird in dieser Brennkammer Dampf erzeugt, wobei die Wärmeübertragungsverhältnisse durch den Betrieb unter Druck wesentlich gegenüber einem Dampferzeuger unter Normaldruck verbessert werden. Die Restwärme der Abgase hinter der Gasturbine wird zur Speisewasservorwärmung eingesetzt. Das Verhältnis zwischen Gasturbinen- und Dampfturbinenleistung beträgt bei dieser Prozeßführung etwa 1:4.

Als Beispiel für eine der vielen technisch ausgeführten GUD-Anlagen (Gas und Dampfturbinen-Anlagen) sei in Abb. 3.18a eine Anlage mit nachgeschaltetem Dampferzeuger angeführt. Dieses Kraftwerk erreicht im Vollastbetrieb einen Nettowirkungsgrad von 45 %, wobei das Verhältnis von Gasturbinenleistung zu Dampfturbinenleistung bei etwa 2:1 liegt. Der Dampfturbinenprozeß arbeitet hier mit einer Druckstufe, viele Anlagen verwenden zur Steigerung des Nettowirkungsgrades zwei Druckstufen. Diese Maßnahme erhöht naturgemäß aber auch die Investitionskosten. Ein interessantes wärmetechnisches Problem ist durch die Auslegung des Abhitzedampferzeugers gegeben. Wie in Abb. 3.18b dargelegt, muß wegen der vergleichsweise niedrigen Beheizungstemperatur eine sehr sorgfältige Anpassung der Temperaturprofile vorgenommen werden. Insbesondere für die Grädigkeit beim Eintritt in den Verdampfer ergeben sich im allgemeinen sehr kleine Werte.

Grundsätzlich läßt sich auch Kohle als Brennstoff für GUD-Prozesse einsetzen. In diesem Fall wird die Verbrennung von Kohle in einer Wirbelschichtanlage unter Druck durchgeführt (s. Abb. 3.19). Durch Zugabe von Kalk wird eine Entschwefelung in der Wirbelschicht selbst erreicht, die Einhaltung der NO_x-Grenzwerte im Abgas wird durch den Betrieb der Wirbelschichtverbrennung bei rund 800 bis 900°C gewährleistet. Als wesentliches Entwicklungsproblem bei der hier schematisch dargestellten Kombination erweist sich die Realisierung einer Heißentstaubung, die notwendig ist, um die Gasspezifikationen für

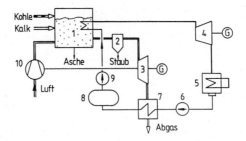

Abb. 3.19.   Wirbelschichtverbrennung von Kohle mit GUD-Prozeß

1 Wirbelschichtreaktor, 2 Heißentstaubung, 3 Gasturbinenanlage, 4 Dampfturbine, 5 Kondensator, 6 Kondensatpumpe, 7 Speisewasservorwärmstrecke, 8
Speisewasserbehälter, 9 Kesselspeisepumpe, 10 Kompressor

die Gasturbine einzuhalten. Insgesamt ist die hier gezeigte Variante ausgesprochen attraktiv im Hinblick auf die zukünftige Kohleverstromung. Sie wird eine
Umwandlung von Kohle einschließlich aller heute geforderten Umweltschutzmaßnahmen mit einem Wirkungsgrad von etwa 41 % erlauben. Vergleichsweise
sind heute in konventionellen Dampfkraftprozessen rund 36 % möglich.

Insgesamt erlauben die GUD-Prozesse eine erheblich bessere Energienutzung, wie
Abb. 3.20 in einer vergleichenden Zusammenstellung belegt. Demnach können
GUD-Prozesse mit Erdgaseinsatz grundsätzlich in einen Bereich des Nettowir-
kungsgrades von über 50 % vorstoßen, wenn, wie heute bereits technisch möglich,
die Gasturbineneintrittstemperatur auf 1200°C angehoben wird. Auch durch
Kombination des GUD-Prozesses mit einer Kohle-Druckvergasung läßt sich bei
Optimierung der Gesamtwärmebilanz ein Nettowirkungsgrad von rund 45 % er-
reichen. Es wird allerdings auch sehr deutlich, daß die Annäherung an den
Carnot'schen Kreisprozeßwirkungsgrad immer noch sehr unvollkommen bleibt.

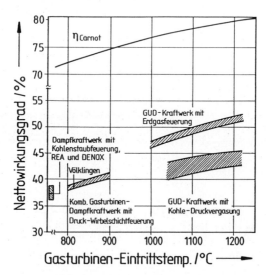

Abb. 3.20.   Wirkungsgradvergleich von GUD-Prozessen mit staubbefeuerten Steinkohlekraftwerken mit Rauchgasentschwefelung und Entstickung (DENOX) [3.19]

4 Kraft-Wärme-Kopplung

4.1 Prinzip

Die Bereitstellung von elektrischer Energie und von Prozeßdampf oder Heizwärme kann in besonders rationeller Weise in Anlagen mit Kraft-Wärme-Kopplung erfolgen [4.1 - 4.4]. Das Grundprinzip dieser Verfahrensweise sei durch Abb. 4.1 erklärt. Während im Falle eines Dampfturbinenprozesses (a), der nur zur Erzeugung von elektrischer Energie ausgelegt ist, eine möglichst weitgehende Expansion des Dampfes in der Turbine durchgeführt wird - und zwar bis zu einem Gegendruck, welcher durch die Temperatur der Umgebung bedingt ist (z.B. $p_{\text{Kond}} \approx 0{,}04$ bar entsprechend $T_{\text{Kond}} \approx 30°\text{C}$) - erfolgt die Entspannung des Dampfes in einer Anlage mit Kraft-Wärme-Kopplung (b) nur bis zu einem solchen Gegendruck, der die Abfuhr der Kondensationswärme auf einem für praktische Anwendungen brauchbaren Temperaturniveau erlaubt. Für die Bereitstellung von Heizwärme wäre so z.B. eine Expansion bis herunter zu 2 bar entsprechend 120°C oder für die Erzeugung von Prozeßdampf für verschiedene industrielle Anwendungen eine Entspannung bis zu 20 bar entsprechend 211°C zweckmäßig. Entsprechend der Dampfdruckkurve des Wassers bestehen die in Tab. 4.1 aufgeführten Zusammenhänge zwischen Kondensationsdruck und Kondensationstemperatur. Die Ausbeute an elektrischer Energie sinkt bei dieser Prozeßführung, jedoch kann theoretisch die gesamte Kondensationswärme, die beim Stromerzeugungsprozeß als Abwärme an die Umgebung abgegeben werden muß, als Nutzwärme auf erhöhtem Temperaturniveau gewonnen werden. Die h-s-Diagramme der vereinfachten Schaltungen in Abb. 4.1 zeigen diesen Sachverhalt in Verbindung mit dem Sankey-Diagramm. Insgesamt ist bei der hier erläuterten Schaltung zur Kraft-Wärme-Kopplung, die auch als Gegendruckschaltung bezeichnet wird, ein Nutzungsgrad der Brennstoffwärme erreichbar, der im wesentlichen nur durch den Kesselwirkungsgrad bestimmt wird.

Tab. 4.1. Prozeßdampfparameter entsprechend der Dampfdruckkurve von Wasser

Dampfdruck (bar)	2	3	5	10	15	20	30	40
Temperatur (°C)	120	133	151	179	197	211	233	249

Für die sogenannte Strom-Wärme-Kennziffer gilt in Anlehnung an Abb. 4.1

$$\sigma = \frac{P_{\text{el}}}{\dot{Q}_{\text{H}}} = \frac{h_1 - h_2}{h_2 - h_3} = \frac{1}{\dfrac{1}{\eta_{\text{el}}} - 1} \ . \tag{4.1}$$

Sie beschreibt das Verhältnis von erzeugter elektrischer Energie bezogen auf die nutzbare Wärme. Die einfache hier zunächst erklärte Gegendruckschaltung führt je nach Höhe des Gegendrucks bei der Kondensation auf Werte entsprechend Tab. 4.2. Der gesamte Energienutzungsgrad, definiert durch

Tab. 4.2.   Strom-Wärme-Kennziffer bei Gegendruckprozessen
(Frischdampftemperatur 500°C, Frischdampfdruck 120 bar, η_i 0,85)

Gegendruck (bar)	1	2	5	10	20	30	40	50
$\dfrac{\sigma}{(kW_{el}/kW_{th})}$	0,403	0,359	0,297	0,246	0,191	0,155	0,128	0,100

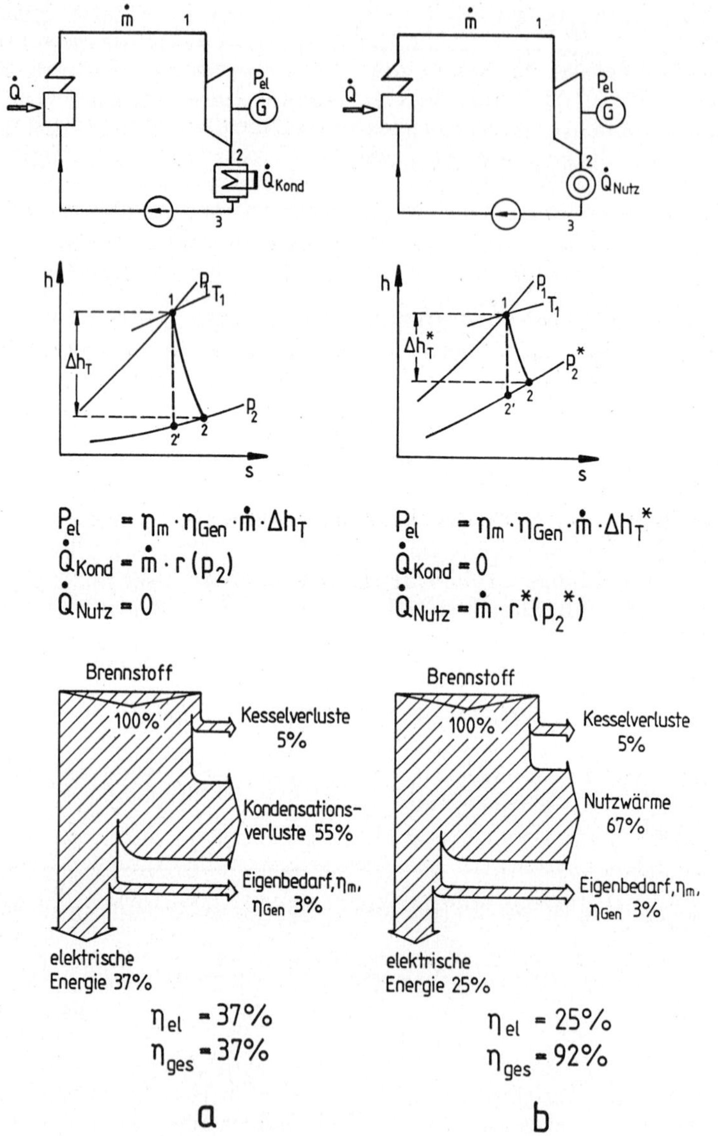

$$P_{el} = \eta_m \cdot \eta_{Gen} \cdot \dot{m} \cdot \Delta h_T$$
$$\dot{Q}_{Kond} = \dot{m} \cdot r(p_2)$$
$$\dot{Q}_{Nutz} = 0$$

$$P_{el} = \eta_m \cdot \eta_{Gen} \cdot \dot{m} \cdot \Delta h_T^*$$
$$\dot{Q}_{Kond} = 0$$
$$\dot{Q}_{Nutz} = \dot{m} \cdot r^*(p_2^*)$$

$$\eta_{el} = 37\%$$
$$\eta_{ges} = 37\%$$

$$\eta_{el} = 25\%$$
$$\eta_{ges} = 92\%$$

a   b

Abb. 4.1.   Prinzip der Kraft-Wärme-Kopplung

a: Kondensationsanlage
b: Kraft-Wärme-Kopplungsanlage in Gegendruckschaltung

$$\eta_{\text{Nutz}} = \frac{P_{\text{el}} + \dot{Q}_{\text{H}}}{\dot{Q}_{\text{B}}} = \frac{\dot{Q}_{\text{H}}}{\dot{Q}_{\text{B}}} \; (\sigma + 1) \qquad (4.2)$$

mit $\dot{Q}_{\text{B}}$ als zugeführte Brennstoffwärme, erreicht Werte von über 90 % und weist damit eine hervorragende Ausnutzung der Energie aus. Elektrische Energie und Heizwärme sind in (4.2) zunächst zur Bildung eines Gesamtenergienutzungsgrades zusammengefaßt. Im Sinne einer exergetischen Bewertung der Produkte Strom und Wärme (vgl. Abschnitt 2.5) muß eine differenziertere Betrachtung vorgenommen werden. Als wichtige Kenngröße zur Bewertung von Prozessen der Kraft-Wärme-Kopplung wurde neben dem energetischen Nutzungsgrad bereits die Strom-Wärme-Kennziffer genannt. In Anlehnung an eine in [4.5] gegebene Darstellung führt eine exergetische Betrachtung für eine einfache Gegendruckanlage zu folgendem Resultat (s. Abb. 4.2):

$$\dot{E}_{\text{B}} = \dot{m}_{\text{B}} \, e_{\text{B}} = P + \varepsilon_{\text{H}} \, \dot{Q}_{\text{H}} + \dot{m}_{\text{R}} \, e_{\text{R}} + \Delta\dot{E}_{\text{vv}} + \sum \Delta\dot{E}_{\text{v}} \, , \qquad (4.3)$$

mit $\varepsilon_{\text{H}} = (T_{\text{H}} - T_{\text{U}})/(T_{\text{H}})$ Exergiefaktor der Heizwärme, $\dot{m}_{\text{R}} \, e_{\text{R}}$ Exergie der Rauchgase, $\Delta\dot{E}_{\text{vv}}$ Verbrennungsverlust und $\sum \Delta\dot{E}_{\text{v}}$ Exergieverlust des Kreisprozesses. Die Arbeitsfähigkeit des Dampfes sei durch den Exergiefaktor

$$\varepsilon_{\text{D}} = \frac{T_{\text{D}} - T_{\text{U}}}{T_{\text{D}}} \qquad (4.4)$$

ausgedrückt. Die Gesamtexergiebilanz kann nun auf die Form

$$C \, \varepsilon_{\text{D}} \, \dot{Q}_{\text{D}} = \dot{m}_{\text{B}} \, e_{\text{B}} \, C \, \varepsilon_{\text{D}} \, \eta_{\text{D}} = \frac{P}{\eta_{\text{T}}} + \varepsilon_{\text{H}} \, \dot{Q}_{\text{H}} \qquad (4.5)$$

oder

$$\dot{E}_{\text{B}} = \frac{1}{C \, \varepsilon_{\text{D}} \, \eta_{\text{D}}} \left(\frac{P}{\eta_{\text{T}}} + \varepsilon_{\text{H}} \, \dot{Q}_{\text{H}} \right) \qquad (4.6)$$

gebracht werden. Hierbei sind die Größen $\dot{Q}_{\text{D}} = \dot{m}_{\text{F}} \, (h_1 - h_4)$ zugeführte Wärme zum Koppelprozeß, η_{D} energetischer Wirkungsgrad der Dampferzeugung und $\eta_{\text{T}} = P/\dot{m}_{\text{F}} \, (e_1 - e_2)$ exergetischer Wirkungsgrad der Umwandlung in elektrische Energie eingeführt. C ist ein Faktor, der die Energiezufuhr in der Speisewasserpumpe und die Exergieverluste bei der Speisewasservorwärmung berücksichtigt. Der exergetische Wirkungsgrad und die Strom-Wärme-Kennziffer (4.1) (s. Abb. 4.3) des Koppelprozesses werden dann bestimmt zu

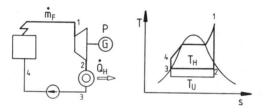

Abb. 4.2.   Schaltung und Ts-Diagramm zur Erklärung von Exergiebilanzen

$$\eta_E = \frac{P + \varepsilon_H \dot{Q}_H}{\dot{E}_B} = \frac{C \varepsilon_D \eta_D (\sigma + \varepsilon_H)}{\dfrac{\sigma}{\eta_T} + \varepsilon_H} \quad , \tag{4.7}$$

$$\sigma = \frac{C \varepsilon_D - \varepsilon_H}{\dfrac{1}{\eta_T} - C \varepsilon_D} \quad . \tag{4.8}$$

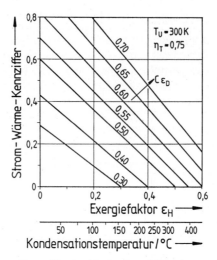

Abb. 4.3.   Strom-Wärme-Kennziffer des idealen Koppelprozesses mit $\eta_T = 0{,}75$

4.2   Dampfturbinenschaltungen

Das einfachste Verfahrensschema zur Realisierung der Kraft-Wärme-Kopplung bei Dampfturbinenanlagen wurde in Form der Gegendruckanlage bereits in Abb. 4.1 erläutert. Wegen der schaltungsbedingten starren Kopplung über die Kondensation des gesamten Dampfmassenstroms ist die Strom-Wärme-Kennziffer (4.1) praktisch konstant. Geringfügige Änderungen sind über eine Variation der Frischdampftemperatur möglich. Bei vielen industriellen Prozessen ist jedoch ein variableres Verhältnis von Strom- zu Wärmeerzeugung notwendig. Bei Entnahmeschaltungen ist dieses Verhältnis in weiten Bereichen an die Bedürfnisse der Verbraucher anpaßbar. Abb. 4.4 zeigt in einer Zusammenstellung die möglichen Varianten.   Auch Variante b gestattet eine gewisse Anpassung, die allerdings immer nur bei reduzierter Gesamtenergienutzung geschehen kann. Bei Variante c ist eine weitgehende Entkopplung der Produktion von elektrischer Energie und Wärme möglich. In Anlehnung an Abb. 4.4c ist die Turbinenleistung sowie die Nutzwärmeleistung bestimmt durch

$$P_T = \dot{m}\,(h_1 - h_2) + (\dot{m} - \dot{m}^*)\,(h_2 - h_3) \; , \tag{4.9}$$

$$\dot{Q}_H = \dot{m}^*\,(h_2 - h_5) \; . \tag{4.10}$$

Die Strom-Wärme-Kennziffer wird dann zu

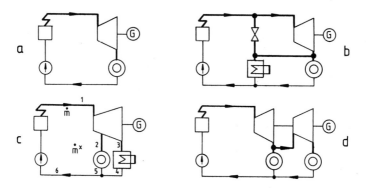

Abb. 4.4.   Varianten von Dampfturbinenanlagen zur Kraft-Wärme-Kopplung

a: Gegendruckanlage
b: Gegendruckanlage mit Drossel- und Kondensationsmöglichkeit
c: Entnahme-Kondensationsanlage
d: Entnahme-Gegendruckanlage

$$\sigma = \frac{P_\mathrm{T}}{\dot{Q}_\mathrm{H}} = \frac{h_1 - h_2 + (1 - x)(h_2 - h_3)}{x(h_2 - h_5)} \qquad (4.11)$$

und ist über das Entnahmeverhältnis $x = \dot{m}^*/\dot{m}$ einstellbar. In der Praxis sind Wärmemengen auf verschiedenen Temperaturniveaus auskoppelbar, wie das vollständige Schema eines modernen Heizkraftwerks in Abb. 4.5 zeigt. Bei dieser

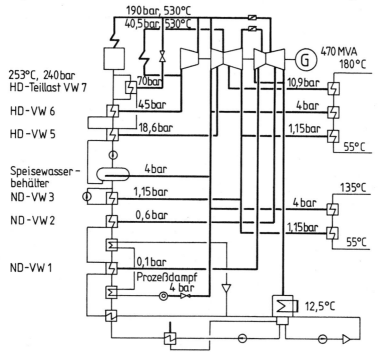

Abb. 4.5.   Schaltschema eines Heizkraftwerks zur Auskopplung von Fernwärme und Prozeßdampf [4.3]

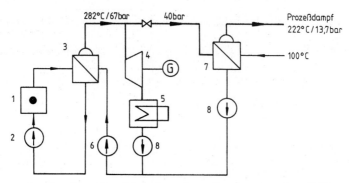

Abb. 4.6. Auskopplung von Prozeßdampf aus einem Druckwasserreaktor [4.7]

1. Kernreaktor, 2. Hauptkühlmittelpumpe, 3. Dampferzeuger, 4. Dampfturbine, 5. Kondensator, 6. Speisepumpe, 7. Dampfumformer, 8. Kondensatpumpe

Anlage werden z.B. im Falle reiner Stromerzeugung 390 MW$_{el}$ abgegeben, während bei Wärmeabgabe 360 MW$_{el}$ und 295 MW$_{th}$ zur Verfügung gestellt werden. Auch große Kernkraftwerke sind grundsätzlich zur Abgabe von Prozeßwärme geeignet. Um zu einer eindeutigen Trennung von Nuklear- und Prozeßanlage zu kommen, ist hier meist die Einführung eines Dampfumformers, sofern es sich um die Abgabe von Prozeßdampf für industrielle Zwecke handelt, vorgesehen (s. Abb. 4.6).

4.3 Gasturbinenschaltungen

Gasturbinen lassen sich sehr vorteilhaft zur Durchführung des Kraft-Wärme-Kopplungsprozesses einsetzen [4.8, 4.9]. Dies liegt nahe, da die Abgastemperatur bei einer offenen Gasturbine in der Regel bei 400 bis 500°C liegt, sofern nicht eine Rekuperatorschaltung verwendet wird. Gemäß Abb. 4.7 sind verschiedene Stellen im Gasturbinenprozeß für die Auskopplung von Nutzwärme geeignet. Am Beispiel der einfachen offenen Gasturbine sei das Verfahren kurz erläutert. Für die Strom-Wärme-Kennziffer gilt

$$\sigma = \frac{P_{el}}{\dot{Q}_H} = \frac{(T_3 - T_4) - (T_2 - T_1)}{T_4 - T_5} \tag{4.12}$$

wenn näherungsweise $\dot{m}_{RG}/\dot{m}_L \approx 1$ gesetzt wird. Diese Näherung ist wegen des hohen Luftüberschusses beim Gasturbinenbetrieb zutreffend. Die Temperaturen sind mit Verweis auf Kapitel 3 leicht errechenbar. Ein Sankey-Diagramm zeigt den Energiefluß in einer derartigen Anlage (s. Abb. 4.8).

Geht man etwa für eine Anlage von den Werten $T_1 = 20°C$, $T_2 = 150°C$, $T_3 = 800°C$, $T_4 = 450°C$, $T_5 = 150°C$ aus, so ermittelt man eine Strom-Wärme-Kennziffer $\sigma = 0,73$ kWh$_{el}$/kWh$_{th}$ und einen gesamtenergetischen Nutzungsgrad von 80 %.

Durch besondere Schaltungsmaßnahmen und durch Zusatzheizungen kann die Produktion von elektrischer Energie und Heizwärme dem ganzjährigen Gang eines kommunalen Versorgungsunternehmens oder eines industriellen Verbrauchers angepaßt werden. Bei der in Abb. 4.9 gezeigten Anlage wird als Brennstoff leichtes Heizöl oder Erdgas eingesetzt. Bei Bedarf wird die Wärmeproduktion durch eine Zusatzheizung noch erhöht. Mit Hilfe eines Rekuperators wird der

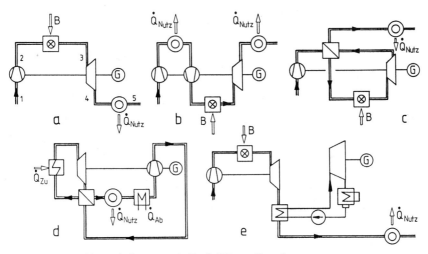

Abb. 4.7.   Gasturbinenschaltungen mit Kraft-Wärme-Kopplung

a: offene Gasturbine
b: offene Gasturbine mit zweistufiger Verdichtung
c: offene Gasturbine mit Rekuperator
d: geschlossener Gasturbinenprozeß
e: kombinierter Gas-Dampf-Turbinenprozeß

Wirkungsgrad der Erzeugung von elektrischer Energie angehoben. Insgesamt ist die hier gezeigte Anlage in der Lage, 27 MW$_{el}$ und 63 MW$_{th}$ Wärme abzugeben. Die Strom-Wärme-Kennziffer liegt bei 0,43 und die Brennstoffausnutzung bei 78 %. Durch entsprechende Auslegung sind derartige Gasturbinenschaltungen auch in der Lage, Prozeßdampf für industrielle Zwecke bereitzustellen.

Bei geschlossenen Gasturbinenanlagen kann Nutzwärme, vorzugsweise Heizwärme, hinter dem Rekuperator ausgekoppelt werden (s. Abb. 4.7d). Auch kombinierte Prozesse eignen sich für die Abgabe von Fernwärme, die hinter dem nachgeschalteten Dampferzeuger aus dem Abgasstrom ausgekoppelt werden kann (s. Abb. 4.7e). Solche Prozesse finden heute auch vielfältig Einsatz in der industriellen Technik. Ein Beispiel für einen Chemiebetrieb (s. Abb. 4.10) zeigt, wie flexibel dieses Verfahren insbesondere auch mit Zusatzfeuerung im nachgeschalteten Dampferzeuger eingesetzt werden kann. Den Erfordernissen der industriellen Prozesse entsprechend werden Dampfnetze mit unterschiedlichen

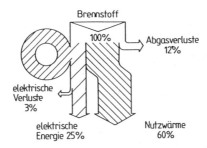

Abb. 4.8.   Sankey-Diagramm einer offenen Gasturbinenanlage mit Abhitzenutzung

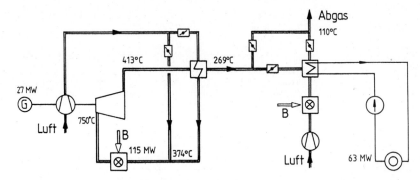

Abb. 4.9. Schaltung einer offenen Gasturbinenanlage zur Abgabe von elektrischer Energie und von Heizwärme

Druckstufen versorgt. Die Dampfversorgung wird in der Regel durch einen Zusatzkessel abgesichert.

Insbesondere bei chemischen Produktionsprozessen werden große Mengen an Dampf für recht unterschiedliche Anforderungen benötigt. Beispielhaft seien hier aufgeführt

– Beheizung von Reaktionsapparaturen,
– Antrieb von Kompressoren durch Dampfturbinen,
– Einsatz von Dampf als Reaktionspartner in chemischen Prozessen und
– Verwendung von Dampf für Trocknungsprozesse, Eindampfverfahren, Destillationsverfahren und Rektifikationsverfahren.

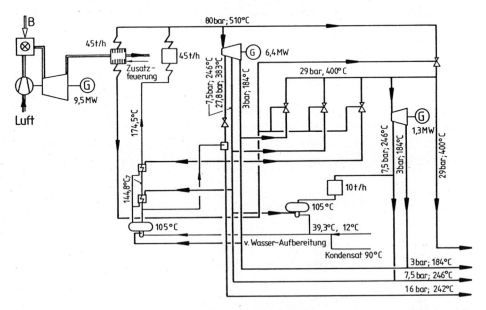

Abb. 4.10. Einsatz eines kombinierten Gas-Dampfturbinenprozesses zur Strom- und Wärmeversorgung eines Chemiebetriebes

Auch Grundprodukte des täglichen Bedarfes erfordern zu ihrer Herstellung einen hohen Einsatz an Strom und Wärme (s. Tab. 4.3).

Tab. 4.3.   Spezifische Verbrauchszahlen für Anwendungen der Kraft-Wärme-Kopplung

Produkt	Wärmeeinsatz (kWh/t)	Druck (bar)	elektrische Energie (kWh/t)
Feinpapier	5000	5	1100
Packpapier	2500	2,5	450
Reis	500	3,5	70
Zucker	3000	3	175

4.4 Dieselanlagen als Blockheizkraftwerke

Zur Vervollständigung der Übersicht über Kraft-Wärme-Kopplungsverfahren sei abschließend darauf hingewiesen, daß sich auch Diesel- oder Gasmotoren hervorragend für diese Art der Energiedarbietung eignen, insbesondere schon bei vergleichsweise kleinen Leistungen. Abwärme kann sowohl aus dem Abgasstrom als auch aus dem Kühlkreislauf des Motors entnommen werden (s. Abb. 4.11). Der Anteil an elektrischer Energie kann je nach Motorenbauart zwischen 33 und 42 % liegen. Energienutzungsgrade bis zu 85 % und Strom-Wärme-Kennziffern von rund 0,6 kWh_{el}/kWh_{th} können bei derartigen Anlagen erreicht werden. Insbesondere im Leistungsbereich von einigen MW sind diese als Blockheizkraftwerke bezeichneten Einheiten auch für kommunale Betreiber etwa in Krankenhäusern, Schulen, Schwimmbädern sowie für große Hotels und Industriebetriebe attraktiv.

Heute werden Einheiten im Leistungsbereich zwischen 50 bis 15 000 kW_{el} angeboten. Größere Leistungen können durch modularen Aufbau der Anlagen realisiert werden. Ein besonderer Vorteil besteht darin, daß Motoren aus Fahrzeug- oder Schiffsmotorengroßserien eingesetzt werden können. Alle Fortschritte hinsichtlich der Entgiftung der Abgase mit Hilfe von Katalysatoren können so für diese Kleinstkraftwerke nutzbar gemacht werden. Ein Sankey-Diagramm für eine derartige Anlage ist in Abb. 4.12 wiedergegeben.

Neben dem Begriff des Blockheizkraftwerks ist der des TOTEM-Systems (Total Energy Modul) bekannt. Hierbei handelt es sich um Systeme zur dezentralisierten Stromerzeugung mit Hilfe von Verbrennungsmotoren. Als Nebeneffekt kann im Sommer Abwärme zum Betrieb von Absorptionskältemaschinen zur Raumklimatisierung und im Winter zur Raumheizung genutzt werden. Auch hier ist insgesamt ein Energienutzungsgrad von etwa 80 % erreichbar.

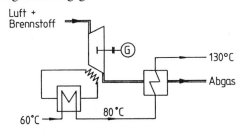

Abb. 4.11.   Diesel- oder Gasmotor in Kraft-Wärme-Kopplungsschaltung

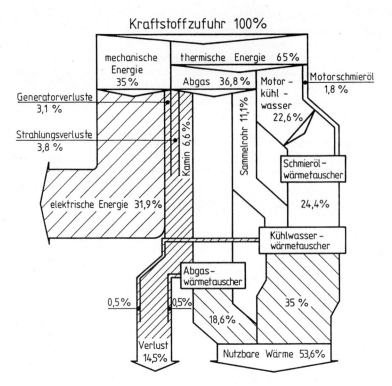

Abb. 4.12.   Sankeydiagramm für ein Blockheizkraftwerk [4.10]

5 Wärmebereitstellung durch Umwandlung fossiler Brennstoffe

5.1 Übersicht zu den Brennstoffen

In der Energiewirtschaft stehen unterschiedliche Brennstoffe wie Steinkohle, Braunkohle, Erdölfraktionen, Gase, Torf und Biomassen, z.B. Holz und Stroh, zur Wärmebereitstellung zur Verfügung. Daneben sind industrielle Abfallstoffe und Müllbrennstoffe ebenfalls interessante Energieträger [5.1-5.9]. Die wichtigsten Verbrennungsreaktionen, die bei all diesen Energierohstoffen ausgenutzt werden, sind mit den jeweiligen exothermen Reaktionswärmen folgende:

$$C + O_2 \;\rightarrow\; CO_2 \,,\, \Delta H = -393,5 \text{ kJ/mol} \,,$$

$$H_2 + \frac{1}{2} O_2 \;\rightarrow\; H_2O \,,\, \Delta H = -285,9 \text{ kJ/mol} \,,$$

$$S + O_2 \;\rightarrow\; SO_2 \,,\, \Delta H = -70 \text{ kJ/mol} \,,$$

Alle Brennstoffe werden durch Angabe ihrer elementaren Zusammensetzung sowie durch Zuordnung von Verbrennungswärmen oder Heizwerten charakterisiert. Wesentliche in allen Brennstoffen enthaltene Bestandteile sind C, H, S, O, N, H_2O und Asche. Abb. 5.1 zeigt in einer anschaulichen Übersicht, daß insbesondere die H/C- und O/C-Verhältnisse für die wichtigsten fossilen Brennstoffe in oft eng eingegrenzten Bereichen vorliegen. Die genaue Charakterisierung einzelner Brennstoffe erfolgt durch Angabe ihrer Elementaranalyse (s. Tab. 5.1) bzw. der Zusammensetzung aus bestimmten Anteilen, wie z.B. Gasanteilen bei technischen Gasen (s. Tab. 5.2).

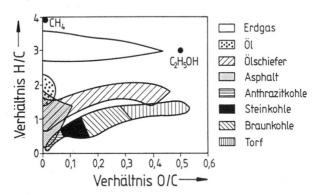

Abb. 5.1. Wasserstoff- und Sauerstoffgehalte verschiedener wichtiger Brennstoffe [5.1]

Die hier wiedergegebenen Daten für Brennstoffe mögen als Anhaltszahlen verstanden werden, da die Werte je nach Herkunftsland und Lagerstätte stark streuen. Ergänzend sei angeführt, daß Holz als Brennstoff in der Regel 10...37 % Wasser, 0,5 % Asche und 62...75 % flüchtige Bestandteile bezogen auf die wasser- und aschefreie Substanz aufweist. Der untere Heizwert liegt im Bereich von 10 500 bis 16 800 kJ/kg. Müllbrennstoffe, die in der Energiewirtschaft zunehmend an Bedeutung gewinnen, sind sehr heterogen im Hinblick auf ihre Zusammensetzung. Für Haushaltsmüll wird oft mit einem Aschegehalt von 25...60 Gew.-%, mit 10...50 % Wasser und mit einem Heizwert von 3350 bis 11 700 kJ/kg gerechnet.

Tab. 5.1.   Zusammensetzung fester und flüssiger Brennstoffe (Gew.-%)

Brennstoff	Asche	Wasser	C	H	S	O	N	H_u (kJ/kg)
Steinkohle (Anthrazit)	4	1	85,4	3,8	1,2	2,3	2,3	33 390
Steinkohle (Gasflammkohle)	3,7	3,5	77,3	5	1	8,5	1	30 000
Koks	9	1,8	84	0,8	1	1,7	1,7	29 310
Braunkohle, roh (Rheinbraun)	2,7	59,3	23	1,9	1	6	6,1	8000
Benzin	-	-	85,6	14,35	0,05	-	-	43 500
Heizöl, leicht	-	0,1	85,5	13,5	0,9	-	-	42 600
Heizöl, schwer	1	0,5	84	11,7	2,8	-	-	40 500

Tab. 5.2.   Zusammensetzung von gasförmigen Brennstoffen (Vol.-%)

Brenngas	CH_4	H_2	CO	CO_2	N_2	C_2H_6 usw.	H_u (kJ/kg)
Wasserstoff		100					10 760
Kohlenmonoxid			100				12 640
Methan	100						35 795
Erdgas (Niederlande, Sowjetunion)	80,9	-	-	0,8	14,4	3,9	32 000
Kokereigas	25	55	6	2	10	2	17 375
Gichtgas	0,3	2	30	8	59,7		3975

Es wurde bereits in Tab. 5.1 der Begriff des Heizwertes eingeführt. Heizwerte kennzeichnen die Energiefreisetzung bei der vollständigen Umwandlung der Brennstoffe in ihre Verbrennungsprodukte. Bei den meisten Brennstoffen enthalten die Verbrennungsprodukte Wasser. Ein oberer Heizwert H_o bzw. ein Brennwert wird angegeben, falls die Verdampfungswärme des enthaltenen Wassers mit in die Energiebilanz einbezogen wird. Für den Fall, daß keine Nutzung der Kondensationswärme erfolgen kann, wird der untere Heizwert H_u zur Charakterisierung benutzt. Für feste und flüssige Brennstoffe gilt dabei die Relation

$$H_u = H_o - r\, X_{H_2O} \tag{5.1}$$

mit r = 2443 kJ/kg als Verdampfungswärme des Wassers bei 25°C. X_{H_2O} bezeichnet das Verhältnis der Masse des bei der Elementaranalyse des Brennstoffs anfallenden Wassers zur Masse des trockenen Brennstoffs.

Bei gasförmigen Brennstoffen werden auf das Normvolumen bezogene Heizwerte verwendet. Hier gilt

$$H_{u_N} = H_{o_N} - r_N X_{H_2O} \, . \tag{5.2}$$

r_N = 1990 kJ/m$_N^3$ ist die auf das Normvolumen bezogene Verdampfungsenthalpie des Wassers bei 25°C. X_{H_2O} ist analog zu den vorhergehenden Ausführungen das Verhältnis des bei der Elementaranalyse anfallenden Wassers bezogen auf das Normvolumen des trockenen gasförmigen Brennstoffs.

In den Tabellen 5.1 und 5.2 sind einige Angaben zu den Heizwerten typischer Brennstoffe enthalten. Eine Berechnung des Heizwertes kann in einfacher Form auf der Basis der Elementaranalyse durchgeführt werden. So gilt für feste Brennstoffe:

$$H_u = 34,8 \, C + 93,9 \, H + 10,5 \, S + 6,3 \, N - 10,8 \, O - 2,5 \, \text{Wasser} \, . \tag{5.3}$$

H_u wird dann in MJ/kg erhalten, falls die Massenanteile der Bestandteile eingesetzt werden. Die oben angeführte Formel kann auch direkt für flüssige Kohlenwasserstoffe Verwendung finden. Bei der Berechnung des Heizwertes gasförmiger Brennstoffe sind die Volumenanteile der einzelnen brennbaren Gasanteile zu verwenden. Man erhält so für den unteren Heizwert (MJ/m$_N^3$)

$$H_{u_N} = 10,8 \, H_2 + 12,6 \, CO + 35,8 \, CH_4 + 60 \, C_2H_4 + 71,2 \, C_nH_m \, . \tag{5.4}$$

Im älteren Schrifttum wird oft die Einheit 1 t SKE (1 t Steinkohleneinheit) benutzt. Ausgehend von einem mittleren Energiegehalt von 1 t Steinkohle gilt die folgende Umrechnung:

$$1 \, t \, SKE = 29 \, 400 \, MJ = 8167 \, kWh = 7000 \, Mcal \, . \tag{5.5}$$

So entsprechen z.B. 1 t leichtes Heizöl ca. 1,45 t SKE, 1000 m$_N^3$ Erdgas ca. 1,1 t SKE und 1 t Rohbraunkohle ca. 0,27 t SKE.

5.2 Verbrennungsrechnung

Die quantitative Behandlung von Verbrennungsvorgängen in technischen Systemen ist wegen der Berücksichtigung von Gleichgewichten, Strömungsprozessen und reaktionskinetischen Parametern sowie unter Beachtung von zahlreichen technischen Randbedingungen außerordentlich schwierig. Hier sollen daher zunächst einige sehr einfache Näherungen angegeben werden. Hinweise zu einer detaillierten Behandlung in Dampferzeugern befinden sich in Kapitel 6. Bezüglich spezieller Berechnungsmethoden sei auf die Literatur [5.2 - 5.6] verwiesen.

Ausgehend von einem sehr einfachen Modell (s. Abb. 5.2) können anhand der stöchiometrischen Umsetzungen der einzelnen Komponenten eines Brennstoffs im Verbrennungsprozeß die notwendigen Luftmengen, die auftretenden Abgasmengen sowie die Abgaszusammensetzung bestimmt werden. Für die drei wesentlichen Verbrennungsreaktionen bei festen und flüssigen Brennstoffen gilt im stöchiometrischen Fall:

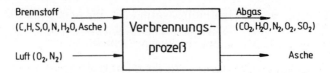

Abb. 5.2.   Reaktanden und Reaktionsprodukte beim Verbrennungsprozeß

$$C + O_2 \;\rightarrow\; CO_2 \qquad\qquad\qquad S + O_2 \;\rightarrow\; SO_2$$
$$12\text{ g} + 32\text{ g} \;\rightarrow\; 44\text{ g} \quad, \qquad\qquad 32\text{ g} + 32\text{ g} \;\rightarrow\; 64\text{ g} \quad,$$
$$1\text{ kg} + 1{,}87\text{ m}^3 \;\rightarrow\; 1{,}87\text{ m}^3 \qquad\qquad 1\text{ kg} + 0{,}7\text{ m}^3 \;\rightarrow\; 0{,}7\text{ m}^3$$

$$H_2 + \frac{1}{2}O_2 \;\rightarrow\; H_2O$$
$$2\text{ g} + 16\text{ g} \;\rightarrow\; 18\text{ g} \qquad \cdot$$
$$1\text{ kg} + 5{,}6\text{ m}^3 \;\rightarrow\; 11{,}2\text{ m}^3$$

Entsprechend der Elementaranalyse der festen und flüssigen Brennstoffe erhält man durch Vergleich der stöchiometrischen Koeffizienten den stöchiometrischen Sauerstoffbedarf:

$$O^*_{min} = 2{,}67\,C + 8\,H + S - O \text{ kg Sauerstoff/kg Brennstoff} \qquad (5.6)$$

oder

$$O_{min} = 1{,}867\,C + 5{,}55\,H + 0{,}7\,S - 0{,}7\,O\; m^3 \text{ Sauerstoff/kg Brennstoff} . \qquad (5.7)$$

Im stöchiometrischen Fall folgt wegen des Sauerstoffgehalts der Luft von 23,2 Gew.-% in der Luft sowie einer Dichte von 1,23 kg/m³ der Luftbedarf zu

$$L_{min} = 8{,}876\,C + 26{,}44\,H + 3{,}32\,S - 3{,}32\,O\; m^3 \text{ Luft/kg Brennstoff} . \qquad (5.8)$$

In technischen Verbrennungsprozessen wird mit Luftüberschuß, gekennzeichnet durch einen Wert $\lambda > 1$, gearbeitet. Es gilt dann für die tatsächliche Luftmenge $L = \lambda\,L_{min}$.

Die spezifischen Rauchgasmengen folgen im stöchiometrischen Fall ($\lambda = 1$) ebenfalls durch Koeffizientenvergleich aus den Reaktionsgleichungen zu

$$V_{min} = 8{,}876\,C + 32\,H + 3{,}32\,S - 2{,}62\,O + 0{,}8\,N + 1{,}22 \text{ Wasser}$$
$$m^3 \text{ Rauchgas/kg Brennstoff} \qquad (5.9)$$

Für $\lambda > 1$ bestimmt man das tatsächliche spezifische Rauchgasvolumen zu

$$V = V_{min} + (\lambda - 1)\,L_{min} , \qquad (5.10)$$

d.h., die überschüssige Luftmenge durchläuft den Verbrennungsprozeß ohne Veränderung ihrer Zusammensetzung. Für viele weiterführende Rechnungen, z.B. zur Beurteilung von Fragen der Abgasreinigung sowie für Genehmigungsfragen, ist die Kenntnis der Abgaszusammensetzung erforderlich. Wiederum durch Koeffizientenvergleich gewinnt man die in Tab. 5.3 zusammengestellten Faktoren.

Bei der stöchiometrischen Behandlung der Verbrennung von Gasen ergeben sich ähnliche Rechenformalismen, sie sind in Abb. 5.3 zusammengestellt. Aus der

Reaktionen

$$CO + \frac{1}{2} O_2 \rightarrow CO_2 \text{ , } 28\,g + 16\,g \rightarrow 44\,g \text{ , } 1\,m^3 + 0.5\,m^3 \rightarrow 1\,m^3$$

$$H_2 + \frac{1}{2} O_2 \rightarrow H_2O \text{ , } 2\,g + 16\,g \rightarrow 18\,g \text{ , } 1\,m^3 + 0.5\,m^3 \rightarrow 1\,m^3$$

$$CH_4 + 2\,O_2 \rightarrow CO_2 + 2\,H_2O \text{ , } 16\,g + 64\,g \rightarrow 44\,g + 36\,g \text{ , } 1\,m^3 + 2\,m^3 \rightarrow 1\,m^3 + 2\,m^3$$

$$C_xH_y + \left(x + \frac{y}{4}\right) O_2 \rightarrow x\,CO_2 + \frac{y}{2} H_2O \text{ , } 1\,m^3 + \left(x + \frac{y}{4}\right) m^3 \rightarrow x\,m^3 + \frac{y}{2}\,m^3$$

stöchiometrischer Sauerstoffbedarf

$$O_{min} = 0.5\,CO + 0.5\,H_2 + 2\,CH_4 + \left(x + \frac{y}{4}\right) C_xH_y \quad (m^3/m^3)$$

stöchiometrischer Luftbedarf ($\lambda = 1$)

$$L_{min} = 2.381(CO + H_2) + 9.524\,CH_4 + 4.76\left(x + \frac{y}{4}\right) C_xH_y \quad (m^3/m^3)$$

tatsächlicher Luftbedarf ($\lambda > 1$)

$$L = \lambda\,L_{min}$$

Abgasmenge im stöchiometrischen Fall ($\lambda = 1$)

$$V_{min} = CO + H_2 + 3\,CH_4 + \left(x + \frac{y}{2}\right) C_xH_y + N_2 + CO_2 +$$
$$0.79\left[2.381\,(CO + H_2) + 9.524\,CH_4 + 4.76\left(x + \frac{y}{4}\right) C_xH_y\right] \quad (m^3/m^3)$$

Abgasmenge im stöchiometrischen Fall ($\lambda > 1$)

$$V = V_{min} + (\lambda - 1)\,L_{min}$$

Gaszusammensetzung (Vol.-%)

Komponente	$\lambda = 1$	$\lambda > 1$
CO_2	$CO + CH_4 + x\,C_xH_y$	$CO + CH_4 + x\,C_xH_y$
H_2O	$H_2 + 2\,CH_4 + 0.5\,y\,C_xH_y$	$H_2 + 2\,CH_4 + 0.5\,y\,C_xH_y$
N_2 (aus Gas)	N_2	N_2
CO_2 (aus Gas)	CO_2	CO_2
O_2 (aus Luft)	-	$(\lambda - 1)\,0.21\,L_{min}$
N_2 (aus Luft)	$0.79\,L_{min}$	$\lambda\,0.79\,L_{min}$

Abb. 5.3. Verbrennung gasförmiger Stoffe

Gaszusammensetzung kann auch die Luftüberschußzahl λ durch Messung des CO_2- oder des O_2-Gehaltes bestimmt werden:

$$\lambda = \frac{CO_2\,(max)}{CO_2\,(gemessen)} = \frac{1.867\,C}{V_{min}\,CO_2\,(gemessen)} \quad , \tag{5.11}$$

$$\lambda = \frac{21}{21 - O_2\,(gemessen)} \quad . \tag{5.12}$$

Ergänzend zu den bislang wiedergegebenen Ausführungen sei darauf hingewiesen, daß bei genauer Rechnung auch der Dampfgehalt der Verbrennungsluft durch Multiplikation der tatsächlich einzusetzenden Luftmenge mit dem Faktor f zu berücksichtigen ist:

$$f = 1 + \phi \; \frac{p_S}{p - p_S} \; , \tag{5.13}$$

mit ϕ relative Luftfeuchtigkeit, p Luftdruck, p_S Wasserdampfpartialdruck der gesättigten Luft.

Tab. 5.3.   Abgaszusammensetzung (m^3/kg)

Komponente	$\lambda = 1$	$\lambda > 1$
CO_2	1,867 C	1,867 C
H_2O	11,2 H	11,2 H
SO_2	0,7 S	0,7 S
N_2	0,8 N + 0,79 L_{min}	0,8 N + λ 0,79 L_{min}
H_2O	1,22 Wasser	1,22 Wasser
O_2	0	$(\lambda - 1)$ 0,21 L_{min}

Tab. 5.4.   Statistische Beziehungen zur Ermittlung von stöchiometrischen Luft- und Abgasmengen (H_u in kJ/kg bzw. kJ/m^3_N)

Brennstoff	stöchiometrischer Luft-bedarf	stöchiometrische Abgas-menge
Stein- und Braunkohlen	$\dfrac{0{,}239\,H_u + 550}{990}$ $\dfrac{m^3}{kg}$	$\dfrac{0{,}215\,H_u + 1634}{990}$ $\dfrac{m^3}{kg}$
Heizöl	$\dfrac{0{,}239\,H_u - 1115}{808}$ $\dfrac{m^3}{kg}$	$\dfrac{0{,}299\,H_u - 3025}{808}$ $\dfrac{m^3}{kg}$
Schwachgas	$\dfrac{0{,}207\,H_u - 61{,}4}{1000}$ $\dfrac{m^3}{m^3}$	$\dfrac{0{,}171\,H_u + 929}{1000}$ $\dfrac{m^3}{m^3}$
Reichgas	$\dfrac{0{,}239\,H_u - 173}{1000}$ $\dfrac{m^3}{m^3}$	$\dfrac{0{,}216\,H_u + 757}{1000}$ $\dfrac{m^3}{m^3}$

Oft ist die Bestimmung von Luft- und Abgasmengen über die stöchiometrischen Beziehungsformeln zu zeitraubend. Man kann sich dann auch auf empirische Berechnungen stützen, bei denen der untere Heizwert zur Charakterisierung der Brennstoffzusammensetzung herangezogen wird. So können für die einzelnen Brennstoffe die statistischen Beziehungen nach Tab. 5.4 mit Fehlern von nur wenigen Prozentpunkten angewendet werden. Vielfach wird auch die Bestimmung von Luft- und Abgasmengen durch Benutzung von vorliegenden Kurven sehr erleichtert. Abb. 5.4 zeigt derartige Kurvenverläufe für feste und flüssige Brennstoffe, wobei die Verläufe, wie auch schon aus Tab. 5.4 näherungsweise ablesbar, durch Beziehungen der Form

$$L_{min} = C_1 \, H_u + C_2 \, , \tag{5.14}$$

$$V_{min} = C_3 \, H_u + C_4 \tag{5.15}$$

dargestellt werden können. Es sei bereits an dieser Stelle darauf hingewiesen, daß man natürlich in der Technik im Interesse eines guten Wirkungsgrades der

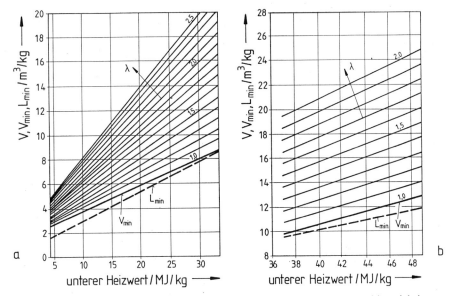

Abb. 5.4. Verläufe von stöchiometrischen Luft- und Abgasmengen in Abhängigkeit vom unteren Heizwert [5.4]

a: für feste Brennstoffe, b: für flüssige Brennstoffe

Energieausnutzung beim Verbrennungsprozeß möglichst mit λ-Werten nahe 1 arbeiten wird. Auf der anderen Seite muß natürlich die Luftmenge ausreichend hoch gewählt werden, um eine vollständige Verbrennung zu gewährleisten.

Die hier wiedergegebenen Zusammenhänge sollen am Beispiel der Verbrennung von Steinkohle mit folgender Zusammensetzung verdeutlicht werden (Angaben in Gew.-%): C 80, H 5, O 5, N 2, S 1, H_2O 3, Asche 4. Der Heizwert H_u beträgt 32 150 kJ/kg, während für den oberen Heizwert H_o = 32 230 kJ/kg folgt. Der minimale Luftbedarf beträgt L_{min} = 8,29 m³/kg, die minimale Rauchgasmenge V_{min} = 8,66 m³/kg. Mit Hilfe statistischer Formeln ergäbe sich L_{min} = 8,32 m³/kg, V_{min} = 8,62 m³/kg. Die Abweichung von den stöchiometrisch berechneten Werten beträgt also + 0,4 % bzw. -0,4 %. Die Abgaszusammensetzung beträgt bei stöchiometrischer Verbrennung (Vol.-%): 17,2 CO_2; 6,8 H_2O; 0,08 SO_2 und 75,9 N_2. Rechnet man mit einem technisch häufig angewendeten Luftverhältnis λ = 1,15, so wird die Abgaszusammensetzung (Vol.-%) modifiziert zu 15,1 CO_2; 6 H_2O; 0,07 SO_2; 76,2 N_2 und 2,6 O_2.

5.3 Besondere Aspekte bei Verbrennungsvorgängen

Für eine möglichst vollständige Umsetzung der eingesetzten Brennstoffe müssen einige Bedingungen erfüllt sein:

- ausreichend große Luftmenge,
- ausreichend großer Sauerstoffgehalt in der Luft,
- ausreichend bemessener Brennraum,
- Abführung der Abgase,
- Einstellung der Zündtemperatur zur Einleitung der Verbrennung und
- ausreichend hohe Reaktionsgeschwindigkeit zur Umsetzung des Brennstoffs.

Insbesondere die erstgenannte Forderung ist unter dem Gesichtspunkt der vollständigen Verbrennung sehr wichtig. Wie Tab. 5.5 zeigt, sind drei Betriebsweisen eines Verbrennungsprozesses vorstellbar, bei denen die Abgaszusammensetzung unterschiedlich sein wird. Der letztgenannte Fall der unvollständigen Verbrennung wird in technischen Feuerungen unbedingt vermieden, da die Bildung von CO Umweltprobleme nach sich zieht und zusätzlich den Wirkungsgrad verschlechtert. Durch Kontrolle der Abgase auf ihren O_2- und CO_2-Gehalt sowie durch Eintragung der Arbeitspunkte in einem CO_2-CO_2/O_2-Diagramm (s. Abb. 5.5) kann aus dem Bunte'schen Verbrennungsdreieck eine Aussage zur Güte der Verbrennung abgeleitet werden. Falls der Parameter α zu 0 bestimmt wird, liegt vollkommene Verbrennung vor, für $\alpha > 0$ dagegen unvollkommene Verbrennung, so daß α ein Maß für die Unvollständigkeit der Umsetzung ist.

Tab. 5.5.   Übersicht über Verbrennungsbedingungen

Atmosphäre	λ-Wert	Verbrennung	Abgasanteile
oxidierend (luftrein)	$\lambda > 1$	ungestört	CO_2, H_2O, O_2, N_2
neutral (luftsatt)	$\lambda = 1$	stöchiometrisch	CO_2, H_2O, O_2, N_2
reduzierend (luftarm)	$\lambda < 1$	unvollständig	CO_2, CO, H_2O, O_2, N_2

Ein wichtiger Begriff im Zusammenhang mit der Beurteilung von Verbrennungsvorgängen ist derjenige der Verbrennungstemperatur. Betrachtet man ein einfaches System (s. Abb. 5.6), so gilt für einen verlustlosen Prozeß die Energiebilanz

$$\dot{m}_B\,H_u + \dot{m}_B\,L\,c_{p_L}\,(T_L - T_U) = \dot{m}_B\,V\,c_{p_R}\,(T_R - T_U)\,, \qquad (5.16)$$

mit $\dot{m}_B$ Brennstoffmenge (kg/s), T_L Lufttemperatur, T_R Temperatur der Abgase und T_U Umgebungstemperatur. Falls der Brennstoff vorgewärmt eingesetzt wird, ist auf der linken Seite ein Term $\dot{m}_B\,c_{p_B}\,(T_B - T_U)$ zu ergänzen. Im einfachsten Fall ohne Vorwärmung von Luft und Brennstoff ergibt sich

$$T_R = \frac{H_u}{V\,c_{p_R}} + T_U\,. \qquad (5.17)$$

Für den Fall $\lambda = 1$, d.h. $V = V_{min}$, geht diese Beziehung über in die Definitionsgleichung der theoretischen Verbrennungstemperatur:

$$T_V = \frac{H_u}{V_{min}\,c_{p_L}}\,. \qquad (5.18)$$

Es sei daran erinnert, daß V_{min} durch eine Funktion der Form $V_{min} = C_3\,H_u + C_4$ abhängig vom Heizwert bestimmt wird, so daß folglich auch die Höhe der Verbrennungstemperatur ganz wesentlich durch die Größe des Heizwertes festgelegt wird. Einige Werte für diese Größe folgen aus Tab. 5.6. Ebenfalls eingetragen sind praktisch erreichte Werte der Feuerraumtemperatur. Diese Größe liegt immer erheblich niedriger als die theoretische Verbrennungstemperatur, da zum einen Werte $\lambda > 1$ gefahren werden und zum anderen durch Nutzwärmeabgabe und Verluste Wärme aus dem Brennraum entzogen wird. In diesem Fall gilt für die Rauchgastemperatur T_R, die mit der Feuerraumtemperatur korreliert werden kann (s. Kapitel 6):

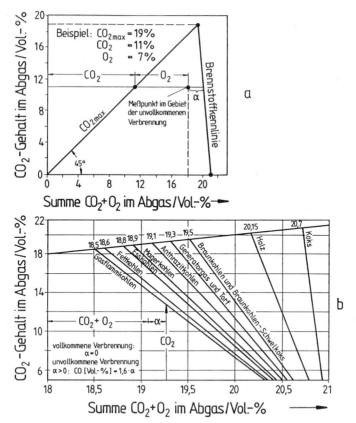

Abb. 5.5. Bunte'sches Dreieck zur Kontrolle der Vollständigkeit der Verbrennung [5.4]

a: Prinzip, b: Dreiecke für verschiedene Brennstoffe

$$\dot{m}_{\mathrm{B}} \left[H_{\mathrm{u}} + c_{p_{\mathrm{B}}} (T_{\mathrm{B}} - T_{\mathrm{U}}) + c_{p_{\mathrm{L}}} L (T_{\mathrm{L}} - T_{\mathrm{U}}) \right] =$$
$$\dot{Q}_{\mathrm{Nutz}} + \dot{Q}_{\mathrm{Verd}} + \dot{m}_{\mathrm{B}} c_{p_{\mathrm{R}}} V (T_{\mathrm{R}} - T_{\mathrm{U}}) \,. \tag{5.19}$$

Ein weiteres Phänomen in Feuerungssystemen liegt oberhalb 2000°C in Form der Dissoziation vor. Bei hohen Temperaturen kann ein Zerfall der Gase CO_2 und H_2O, bei sehr hohen Temperaturen auch der von O_2 und H_2, erfolgen. Die Dissoziationsreaktionen sind endotherm, so daß eine Reduktion der Verbrennungstemperatur zu berücksichtigen ist. Eine Änderung der Gaszusammensetzung ist allerdings für technische Überlegungen erst oberhalb einer Temperatur von rund 2000°C zu berücksichtigen [5.3].

Abschließend seien noch einige Anmerkungen zur Reaktionskinetik angefügt. Die Geschwindigkeit der Umsetzung der Brennstoffe mit Luft, hier sei speziell Stein-

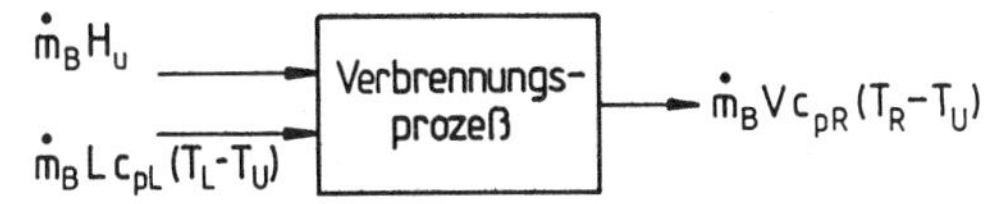

Abb. 5.6. Betrachtung zur Ableitung des Begriffs der Verbrennungstemperatur

kohle betrachtet, hängt wesentlich von der Temperatur und oberhalb von 900°C auch von der Strömungsgeschwindigkeit der Luft ab (s. Abb. 5.7). Die Vorstellung zum Verbrennungsablauf ist heute in etwa so, daß bei festen Brennstoffen zunächst eine Wandlung zur Verbrennungsreife durch Bildung von flüchtigen Bestandteilen und Koks erfolgt. Anschließend vollzieht sich die Umsetzung des Kokses zu CO_2 und H_2 und schließlich die der Gase zu den Verbrennungsendprodukten.

Tab. 5.6. Werte der theoretischen Verbrennungstemperatur und der praktisch eingestellten Feuerraumtemperatur

Brennstoff	Heizwert H_u (kJ/kg)	theoretische Verbrennungstemperatur (°C)	praktische Feuerraumtemperatur (°C)
Steinkohle	30 000	2300	1200...1500
Braunkohle, trocken	20 000	1500	1000...1200
Heizöl	40 000	2000	1200...1500
Erdgas	36 000	2000	1200...1600

Wie im folgenden Kapitel noch näher ausgeführt wird, werden bei Staubfeuerungen Kohlekörner von rund 10 μm Durchmesser, in Wirbelschichten solche von rund 1 cm Durchmesser und bei Rostfeuerungen solche von mehreren cm Durchmesser eingesetzt. Dementsprechend liegen bei typischen Reaktionstemperaturen von 1300°C für Staubfeuerungen die Verbrennungszeiten bei einigen Sekunden, in Wirbelschichten (900°C) im Bereich von 20 Minuten und bei Rostfeuerungen (1200°C) bei einer Stunde.

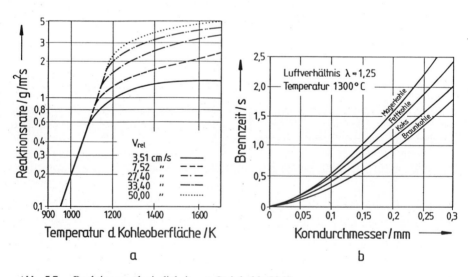

Abb. 5.7. Reaktionsgeschwindigkeit von Steinkohle [5.3]

a: Reaktionsgeschwindigkeit in Abhängigkeit von der Temperatur
b: Brennzeit in Abhängigkeit vom Korndurchmesser

6 Technik von fossil befeuerten Dampferzeugern

6.1 Übersicht über das Prinzip

Die technische Aufgabe, durch Umwandlung von fossilen Brennstoffen Wärme bereitzustellen und Dampf zu erzeugen, stellt sich nicht nur in jedem konventionellen Dampfturbinenkraftwerk, sondern auch in einer Vielzahl von Kesseln großer bis kleiner Leistung in allen Bereichen der industriellen Anwendung. Mehr als 10 000 Dampferzeuger mit einer Gesamtleistung von 350 000 t Dampf/h sind heute allein in der BRD in Betrieb. Als typisches Beispiel, an dem die vielfältigen technischen Fragestellungen der Dampferzeugertechnik gut erklärt werden können, sei hier das Konzept von mit Steinkohle gefeuerten Kraftwerkskesseln behandelt (s. Abb. 6.1). Grundsätzlich umfaßt die Kesselanlage die Kohle und Luftbehandlung auf der Versorgungsseite (Kohlelager, Kohlemühlen, Luftvorwärmung) sowie die Abgasbehandlung (Entstickung, Entstaubung, Entschwefelung, Gebläse und Kamin) auf der Entsorgungsseite. Das System zur Verbrennung der Kohle sowie zur Nutzung der entstehenden Wärme zwecks Dampferzeugung, der eigentliche Dampfkessel [6.1-6.8], ist Gegenstand der Darlegungen in diesem Kapitel. Fragen der Entstaubung, Entstickung und Entschwefelung werden in Kapitel 8 behandelt.

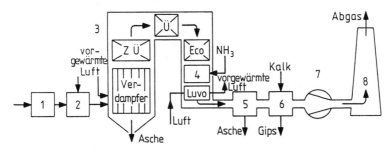

Abb. 6.1. Prinzip der Kohleumwandlung im Dampferzeuger von Kohlekraftwerken

1 Brennstofflager, 2 Kohlemühle, 3 Kesselanlage, 4 Entstickung, 5 Entstaubung, 6 Entschwefelung, 7 Gebläse, 8 Kamin

6.2 Dampferzeugung

Entsprechend dem heute bei Kraftwerken erreichten Stand der Technik muß das Speisewasser im Dampferzeuger auf die Verdampfungstemperatur vorgewärmt (Speisewasservorwärmer oder Economiser), verdampft (Verdampfer) und überhitzt (Überhitzer) werden. Im Zwischenüberhitzer wird ein abgekühlter und eventuell reduzierter Massenstrom zwischenüberhitzt. Abb. 6.2 zeigt diesen Verfahrensablauf zusammen mit der Darstellung des Prozesses im T-s- und h-s-Diagramm. Oft ist auch eine Wiedergabe der Vorgänge im h-p-Diagramm zweckmäßig. Der Prozeß ist in Abb. 6.2 idealisiert als isobarer Vorgang darge-

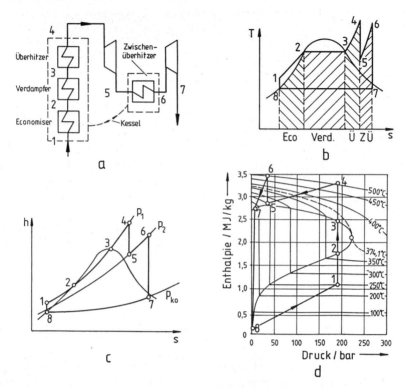

Abb. 6.2.   Dampfkraftprozeß

a: Schema, b: T-s-Diagramm, c: h-s-Diagramm, d: h-p-Diagramm

stellt, tatsächlich treten in allen Bereichen Druckverluste auf, die zu gewissen Abweichungen in der Darstellung führen. Im Verfahrensablauf sind im Speisewasservorwärmer und Verdampfer die Wärmemengen

$$\dot{Q}_{Sp} = \dot{m}_D\,(h_2 - h_1)\,, \tag{6.1}$$

$$\dot{Q}_V = \dot{m}_D\,(h_3 - h_2) \tag{6.2}$$

und im Überhitzer sowie Zwischenüberhitzer die Beträge

$$\dot{Q}_{\ddot{U}} = \dot{m}_D\,(h_4 - h_3)\,, \tag{6.3}$$

$$\dot{Q}_{Z\ddot{U}} = \dot{m}_D\,(h_6 - h_5) \tag{6.4}$$

zuzuführen. Diese Wärmemengen werden durch Wärmestrahlung und Konvektion in den verschiedenen Bereichen des Kessels von der Beheizungsseite auf den Wasser-Dampf-Kreislauf übertragen. Je nach Dampfdruck und Schaltung des Wasser-Dampf-Kreislaufs ist die Verteilung der Wärme auf die einzelnen Prozeßschritte recht unterschiedlich, wie Abb. 6.3 zeigt. Mit steigendem Druck nimmt die Bedeutung des Verdampferbereiches ab und die Wärmeaufnahme der Überhitzungssektion zu. Bei überkritischen Prozessen, also $p_D > 225$ bar, entfällt der Verdampfer vollständig.

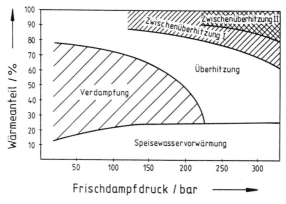

Abb. 6.3. Wärmeanteile in den einzelnen Sektionen eines Dampferzeugers

Auf der Prozeßseite wurden verschiedene Schaltungskonzepte entwickelt und sind teilweise in Gebrauch [6.9-6.11]. Man unterscheidet als wesentliche Prinzipien Naturumlaufkessel, Zwangsumlaufkessel sowie Zwangsdurchlaufkessel (s. Abb. 6.4). Die Zwischenüberhitzungsflächen wurden im Sinne einer Vereinfachung der Darstellung fortgelassen. Beim Naturumlaufkessel (s. Abb. 6.4a) entsteht im Verdampferkreislauf, bestehend aus Kesselrohren (Steigrohren) und äußeren Rückführungsrohren (Fallrohren), eine Umlaufströmung. Das Wasser-Dampf-Gemisch in den Steigrohren weist ein geringeres spezifisches Gewicht als das flüssige Wasser in den Fallrohren auf. Die Geschwindigkeit der Umlaufströmung wird durch statische Druckdifferenzen zwischen Fallrohreintritt und Steigrohraustritt sowie durch den dynamischen Druckverlust im Verdampfersystem bestimmt. Die Dampftrommel am oberen Ende des Kessels übernimmt mehrere Funktionen. Zunächst erfolgt hier die Wasser-Dampf-Trennung, weiterhin wird eine relativ große Wasserreserve gespeichert, um die Siederohre beim Ausbleiben der Wasserströmung vor dem Durchbrennen zu schützen, und schließlich dient sie als Regelglied, da die Speisewasserregelung über den Wasserstand in der Trommel erfolgt.

Bei steigendem Frischdampfdruck, im allgemeinen oberhalb von 160 bar, reicht die statische Druckdifferenz nicht mehr aus, um einen ausreichend hohen Umlauf des Wasser-Dampf-Gemisches zu erhalten. Es werden daher im Fallrohrsystem Umwälzpumpen angeordnet und man erhält so den Zwangsumlaufkessel (s. Abb. 6.4b). Für beide Kesselkonzepte sind insbesondere für große Dampfleistungen erhebliche Abmessungen der Dampftrommel vorzusehen. Daher ist der Einsatz dieser Kesselprinzipien heute auf Anlagen mittlerer Leistung (z.B. bis zu 500 MW_{th}) begrenzt.

Bei Zwangsdurchlaufkesseln entfallen die Dampftrommeln vollständig. Voraussetzung für die Einführung dieses Kesseltyps war die Verfügbarkeit von vollentsalztem Speisewasser, so daß damit ein Abschlämmen der Kessel entbehrlich wird. Zwei Prinzipien von Zwangsdurchlaufkesseln sind heute im Gebrauch, Benson- und Sulzer-Kessel. Beim Benson-Kessel (s. Abb. 6.4c) wird das Speisewasser mit Hilfe der Kesselspeisepumpen auf einen hinreichend hohen Eintrittsdruck gebracht und dann in einem Durchgang durch die Rohre von Economiser, Verdampfer und Überhitzer auf Frischdampfzustand aufgeheizt. Der Mengenstrom im Verdampfer ist praktisch identisch mit dem im Überhitzer. Die Wassergeschwindigkeit wird so eingestellt, daß der Wärmeübergang zur

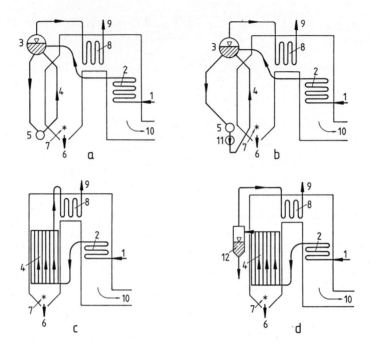

Abb. 6.4. Prinzipien der Dampferzeugung (zur Vereinfachung der Darstellung ohne Zwischenüberhitzung)

1 Speisewassereintritt, 2 Economiser, 3 Dampftrommel, 4 Verdampfer, 5 Verteiler, 6 Asche, 7 Kohle und Verbrennungsluft, 8 Überhitzer, 9 Frischdampfaustritt, 10 Abgas, 11 Umwälzpumpe, 12 Wasserabscheideflasche

a: Naturumlaufkessel, b: Zwangsumlaufkessel
c: Zwangsdurchlaufkessel, Prinzip Benson, d: Zwangsdurchlaufkessel, Prinzip Sulzer

Wasser-/Dampfseite ausreichend hoch ist, um Überhitzungen der Rohrwände zu vermeiden. Der Endpunkt für die Verdampfung, der bei den Trommelkesseln durch die Anordnung der Dampftrommel im Kreislauf eindeutig bestimmt ist, kann allerdings beim Benson-Kessel in Abhängigkeit von der Last wandern.

Beim Sulzer-Prinzip (s. Abb. 6.4d) wird der Dampf am Ende des Verdampfungsvorgangs für jeden Rohrstrang getrennt in eine Abscheideflasche geführt. Hierdurch wird der Endpunkt der Verdampfung eindeutig festgelegt und eine Abscheidung von Restwasser ermöglicht. Der Sulzer-Kessel gestattet es auch, eventuell noch im Speisewasser vorhandene Salzspuren zu entnehmen.

6.3 Bilanzierung des Kessels

Die Umwandlung des Brennstoffs im Prozeß läuft verlustbehaftet ab. Die Abgase verlassen den Kessel mit einer gewissen Restenthalpie, die Asche wird mit einer erhöhten Temperatur aus dem Kessel abgezogen und enthält in der Regel noch geringe Brennstoffmengen. Auch unvollständige Verbrennung mit CO-Bildung ist grundsätzlich zu bedenken, schließlich sind Verluste des Gesamtsystems durch Strahlung, Leitung und Konvektion zu beachten. Abschlämmverluste, die früher in der Kesseltechnik eine Rolle gespielt haben, sind bei der heute üblichen Verwendung von vollentsalztem Speisewasser bedeutungslos. Der Betrieb von Gebläsen zum Fördern der Luft und der Kesselabgase sowie energetische Aufwendungen für Kohlemühlen und Hilfsanlagen werden zum Eigenbedarf eines Kraftwerks gerechnet und nicht bei den Kesselverlusten erfaßt. Insgesamt kann mit Verweis auf Abschnitt 6.2 ein Kesselwirkungsgrad

$$\eta_K = \frac{\dot{m}_D (h_4 - h_1) + \dot{m}_{Z\ddot{U}} (h_6 - h_5)}{\dot{m}_B H_u} = 1 - \frac{\dot{Q}_V}{\dot{m}_B H_u} \qquad (6.5)$$

formuliert werden. $\dot{Q}_V$ faßt alle vorher genannten relevanten Verluste zusammen. Analytische Ansätze und typische Größenordnungen für moderne mit Steinkohle gefeuerte Kraftwerkskessel sind in Tab. 6.1 vermerkt.

Tab. 6.1. Verlustanteile bei Kraftwerkskesseln

Verlustanteil	Formulierung $\dot{Q}_{Vi}$	typische Größe (%)
Restenthalpie der Abgase	$\dot{m}_B V \rho_R c_{pR} (T_{Ab} - T_U)$	5
unvollkommene Verbrennung	$X_{CO} \dot{m}_B V \rho_R c_{pR} H_u^{CO}$	1...2
Brennbares in Rückständen	$\xi \dot{m}_B H_u$	< 1
Aschewärme	$\dot{m}_A c_{pA} (T_A - T_U)$	0...2
Leitung, Strahlung, Konvektion		< 1

Hinsichtlich der Asche- bzw. Schlackeverluste besteht bei Steinkohlekesseln ein großer Unterschied für Schmelzfeuerung und für Kessel mit trockener Entaschung. Dies kommt in der Verlustspanne zwischen 2...0 % zum Ausdruck. Insgesamt kann man also damit rechnen, daß große Steinkohle-Kraftwerkskessel bei Vollastbetrieb mit einem Wirkungsgrad von rund 91 bis 94 % arbeiten können. Bei Teillast oder bei häufigem An- und Abfahren werden die Werte ungünstiger. Grundsätzlich kann man darüber hinaus davon ausgehen, daß bei heizwertreicheren Brennstoffen auch höhere Kesselwirkungsgrade erreicht werden. So können bei öl- oder erdgasgefeuerten Kesseln Wirkungsgrade von bis zu 95 % realisiert werden, während für Braunkohle Absenkungen bis auf 88 % auftreten. Diese Verschlechterung des Wirkungsgrades ist im wesentlichen durch den Energieaufwand für die Brennstofftrocknung bedingt.

Unter Verwendung des hier definierten Kesselwirkungsgrades sowie des in Kapitel 3 eingeführten thermischen Wirkungsgrades des Kreisprozesses kann die Brennstoffmenge $\dot{m}_B$, die dem Kessel zur Bereitstellung einer elektrischen Nettoleistung P_{el} zuzuführen ist, aus

$$\dot{m}_B = \frac{P_{el}}{H_u \eta_{th} \eta_K \eta_{mech} \eta_{Gen} \eta_{Abgabe}} \qquad (6.6)$$

bestimmt werden. η_{mech} bzw. η_{Gen} enthalten Verluste von Turbine bzw. Generator und liegen bei modernen Großanlagen im Bereich von 0,98 bis 0,99. η_{Abgabe} berücksichtigt den Eigenbedarf eines Kraftwerks, z.B. für Speisewasserpumpen,

Kohlemühlenantriebe, Luft- und Abgasgebläsebedarf usw., übliche Werte für η_{Abgabe} liegen bei etwa 0,95.

Eine Gesamtbilanzierung des Kessels liefert nunmehr folgendes Bild (s. Abb. 6.5). Ausgehend von der zuvor festgelegten Brennstoffmenge können zunächst einige einfache Beziehungen für die Rauchgasseite angegeben werden. Unter Verwendung statistischer Beziehungen (s. Abschnitt 5.2) gilt für die Luft- bzw. Abgasmenge

$$L_{\text{ges}} = \dot{m}_B \, L = \dot{m}_B \, \lambda \, L_{\min} \, , \tag{6.7}$$

$$V_{\text{ges}} = \dot{m}_B \, (V_{\min} + (\lambda - 1) \, L_{\min}) \, . \tag{6.8}$$

Für den gesamten Kessel gilt die Energiebilanz

$$\dot{m}_B \, H_u + \dot{Q}_{\text{Luft}} = \dot{Q}_{\text{FD}} + \dot{Q}_{\text{ZÜ}} + \dot{Q}_{\text{V}} = \frac{\dot{Q}_{\text{FD}} + \dot{Q}_{\text{ZÜ}}}{\eta_K} \, . \tag{6.9}$$

Für die einzelnen Heizflächenabschnitte kann entsprechend Abb. 6.5 bilanziert werden:

$$\text{Luvo} \; : \; V_{\text{ges}} \, \rho_R \, c_{p_R} \, (T_{13} - T_{12}) = L_{\text{ges}} \, \rho_L \, c_{p_L} \, (T_{11} - T_{10}) \, , \tag{6.10}$$

$$\text{Eco}_{\text{I}} \; : \; V_{\text{ges}} \, \rho_R \, c_{p_R} \, (T_{14} - T_{13}) = \dot{m}_{\text{FD}} \, (h_{2'} - h_1) \, , \tag{6.11}$$

$$\text{Ü} \; : \; V_{\text{ges}} \, \rho_R \, c_{p_R} \, (T_{15} - T_{14}) = \dot{m}_{\text{FD}} \, (h_4 - h_3) \, , \tag{6.12}$$

$$\text{ZÜ} \; : \; V_{\text{ges}} \, \rho_R \, c_{p_R} \, (T_{16} - T_{15}) = \dot{m}_{\text{ZÜ}} \, (h_6 - h_5) \, , \tag{6.13}$$

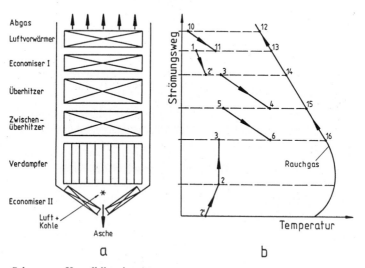

Abb. 6.5. Schema zu Kesselbilanzierung

a: Heizflächenanordnung im Kessel
b: Qualitative Temperaturverläufe

$$\text{Eco}_{\text{II}} + \text{Verd.} \quad : \quad \dot{Q}_{\text{Str}} + V_{\text{ges}}\, \rho_{\text{R}}\, c_{p_{\text{R}}}\, (T_{16} - T_{\text{U}}) =$$
$$\eta_{\text{F}}[\dot{m}_{\text{B}}\, H_{\text{u}} + L_{\text{ges}}\, \rho_{\text{L}}\, c_{p_{\text{L}}}(T_{11} - T_{\text{U}})] \,, \tag{6.14}$$

$$\dot{Q}_{\text{Str}} = \dot{m}_{\text{FD}}[(h_3 - h_2) + (h_2 - h_{2'})] \,, \tag{6.15}$$

wobei $\dot{Q}_{\text{Str}}$ den durch Flammenstrahlung im Feuerungsraum an die Heizflächen übertragenen Wärmebetrag charakterisiert. Für den Verdampferbereich wurde ein Feuerungswirkungsgrad

$$\eta_{\text{F}} = 1 - \frac{\dot{Q}_{\text{VF}}}{\dot{m}_{\text{B}}\, H_{\text{u}} + L_{\text{ges}}\, \rho_{\text{L}}\, c_{p_{\text{L}}}\, (T_{11} - T_{\text{U}})} \tag{6.16}$$

eingeführt. In der Größe $\dot{Q}_{\text{VF}}$ sind Verluste, die für den Verbrennungsprozeß charakteristisch sind, enthalten. Hierzu zählen CO-Anteile, Aschewärmen, unverbrauchter Kohlenstoff und Anteile für Leitung und Strahlung von der Kesseloberfläche.

Eine spezielle Betrachtung zum Feuerungsraum gestattet die Bestimmung einer mittleren Feuerraumtemperatur $\overline{T}_{\text{F}}$. Diese Größe ist hilfreich zur Beurteilung der Wärmeübertragung im Verdampferbereich. In Abb. 6.6 ist der genannte Bereich mit einem qualitativen Temperaturprofil nochmals dargestellt. Zunächst gilt die Energiebilanz in der Form

$$[\dot{m}\, H_{\text{u}} + L_{\text{ges}}\, \rho_{\text{L}}\, c_{p_{\text{L}}}\, (T_{11} - T_{\text{U}})]\, \eta_{\text{F}} = \dot{Q}_{\text{Str}} + V_{\text{ges}}\, \rho_{\text{R}}\, c_{p_{\text{R}}}\, (T_{16} - T_{\text{U}}) \,. \tag{6.17}$$

In der Praxis hat sich mit guter Genauigkeit ein empirischer Ansatz der Form

$$\overline{T}_{\text{F}} = \sqrt{T_{16}\, T_{\text{ad}}} \tag{6.18}$$

bewährt, mit T_{16} Austrittstemperatur der Abgase aus dem Feuerungsbereich, T_{ad} adiabate Verbrennungstemperatur

$$T_{\text{ad}} = \frac{[\dot{m}_{\text{B}}\, H_{\text{u}} + L_{\text{ges}}\, \rho_{\text{L}}\, c_{p_{\text{L}}}\, (T_{11} - T_{\text{U}})]\, \eta_{\text{F}}}{V_{\text{ges}}\, \rho_{\text{R}}\, c_{p_{\text{R}}}} + T_{\text{U}} \,. \tag{6.19}$$

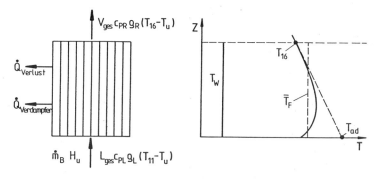

Abb. 6.6.   Bilanzierung des Feuerungsbereiches eines Dampferzeugers

Für die im Feuerungsraum übertragene Wärme kann, da sie im wesentlichen durch Strahlung übertragen wird,

$$\dot{Q}_{Str} = \overline{C}\ A(\overline{T}_F^4 - T_W^4) \qquad (6.20)$$

angesetzt werden, mit A wirksame Heizfläche im Feuerungsraum, T_W Wandtemperatur der Verdampferrohre, die in der Regel wegen der hohen Wärmeübergangszahlen beim Verdampfungsprozeß um rund 5 bis 10°C über der Verdampfungstemperatur des Wassers liegt und $\overline{C}$ Einstrahlzahl von der Flamme auf die Verdampferheizfläche. Durch eine Kombination von (6.17) bis (6.20) findet man eine iterativ oder graphisch zu lösende Bestimmungsgleichung für die mittlere Feuerraumtemperatur:

$$C_1 = C_2\ \overline{T}_F^4 + C_3\ \overline{T}_F^2 , \qquad (6.21)$$

$$C_1 = \eta_F\ [\dot{m}_B\ H_u + L_{ges}\ \rho_L\ c_{p_L}\ (T_{11} - T_U)] + \overline{C}\ A\ T_W^4 + V_{ges}\ \rho_R\ c_{p_R}\ T_U , \qquad (6.22)$$

$$C_2 = \overline{C}\ A , \qquad (6.23)$$

$$C_3 = \frac{V_{ges}\ \rho_R\ c_{p_R}}{T_{ad}} . \qquad (6.24)$$

Um dem Leser einige praxisnahe Zahlenwerte an die Hand zu geben, sei das folgende vereinfachte Beispiel eines Steinkohlekessels betrachtet. Es werden übliche Dampfzustände mit Frischdampf von 530°C/180 bar, kalter Dampf vor der Zwischenüberhitzung mit 320°C/50 bar und heißer Dampf nach der Zwischenüberhitzung mit 530°C/45 bar sowie Speisewasser mit 250°C/220 bar vorausgesetzt. Zur Vereinfachung soll der Frischdampfmassenstrom gleich dem nach der Zwischenüberhitzung sein.. Weiterhin seien folgende Werte unterstellt: Elektrische Nettoleistung 700 MW, Gesamtwirkungsgrad 37 %, H_u = 30 000 kJ/kg, λ = 1,2, η_K = 0,94, η_F = 0,98, Abgastemperatur 130 °C, Verbrennungslufttemperatur vor/hinter dem Luftvorwärmer 0°C/300°C. Zunächst erhält man aus globalen Energiebilanzen sowie aus der Verbrennungsrechnung gemäß Abschnitt 5.2 folgende Stoffströme: $\dot{m}_B$ = 67,08 kg/s, $\dot{m}_{FD}$ = $\dot{m}_{ZÜ}$ = 641 kg/s. L = 9,36 m³/kg, L_{ges} = 628 m³/s, V = 9,71 m³/kg, V_{ges} = 651 m³/s. Mit ρ_{Luft} = 1,29 kg/s sowie ρ_R = 1,33 kg/s bei einer Zusammensetzung entsprechend dem in Abschnitt 5.2 diskutierten Beispiel lassen sich unter Verwendung der temperaturabhängigen spezifischen Wärmekapazitäten die Rauchgastemperaturen entsprechend Abschnitt 6.5 sowie die übertragenen Leistungen berechnen: T_{13} = 397°C, $\dot{Q}_{Luvo}$ = 248 MW, T_{14} = 502°C, $Q_{Eco I}$ = 99,4 MW (25 % des Gesamtbedarfs in Eco I + Eco II), T_{15} = 774°C, $Q_Ü$ = 271 MW (50 % des Wärmebedarfs für den Überhitzer durch Rauchgase und 50 % durch Wärmestrahlung aus dem Feuerungsraum), T_{16} = 1103°C, $Q_{ZÜ}$ = 334 MW. Im Verdampfer sowie in den Heizflächen des Eco II und des Strahlraumes werden durch Wärmestrahlung nochmals 499 MW bzw. 298 MW und 271 MW übertragen. Aus den errechneten Daten ergibt sich noch T_{ad} = 2226°C und die mittlere Feuerraumtemperatur $\overline{T}_F$ = 1493°C.

In technischen Ausführungen von Dampfkesseln sind die Heizflächen zum Teil in komplizierter Weise aufgeteilt und angeordnet, um besondere Anforderungen im Hinblick auf die Regelung zu erfüllen und um in allen Sektionen des Dampferzeugers möglichst geringe Heizflächengrößen verbunden mit niedrigen Rohrwandtemperaturen zu realisieren. Abb. 6.7 zeigt das Temperatur-Wärme-Diagramm für einen ausgeführten Kessel. Es ist zu erkennen, daß die mittlere Feuerraumtemperatur etwa bei 1300°C, die Rauchgasaustrittstemperatur aus dem Verdampferbereich bei rund 1100°C und die Abgastemperatur hinter dem Luftvorwärmer bei etwa 130°C liegt. Economiser- und Überhitzerheizflächen sind aufgeteilt. Die Luftvorwärmung wird bis auf einen technisch noch gut beherrschbaren Wert von etwa 320°C durchgeführt.

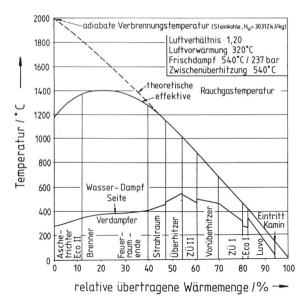

Abb. 6.7. Temperaturverlauf der Rauchgase und des Wasser-Dampf-Kreislaufs in einem steinkohlegefeuerten Kessel (Leistung 980 t/h Dampf)

6.4 Feuerungssysteme

Die Umsetzung fossiler Brennstoffe, insbesondere die von Kohle, kann nach verschiedenen Verfahrensprinzipien erfolgen. Grundsätzlich kann die Verbrennung von Kohle in Festbetten, in Wirbelschichten oder in Flugstaubwolken erfolgen. Abb. 6.8 zeigt diese Grundkonzepte mit einem qualitativen Verlauf des Druckverlustes aufgetragen über der Gasgeschwindigkeit. Bei Wirbelschichten wird noch zwischen stationären und instationären, z.B. zirkulierenden Systemen unterschieden. Aus diesen auch in der Verfahrenstechnik wohlbekannten Prinzipien werden für die Dampferzeugung die folgenden Verbrennungssysteme abgeleitet [6.12-6.18] (s. Abb. 6.9).

Bei der Wanderrostfeuerung wird ein Endlosband, bestehend aus Tragkästen mit Roststäben, in Umlauf gehalten. Dieser Rost wird mit einer Geschwindigkeit von einigen Millimetern pro Sekunde bewegt, er stellt den Boden des Feuerraums dar. Stückige Kohle wird dem Rost kontinuierlich zugeführt, Wärme aus dem Verbrennungsraum sorgt für Trocknung, Vorwärmung und Entgasung des Brennstoffs. Feste Koksrückstände werden auf dem Rost verbrannt, und die Asche wird nach Passieren eines Staupendels am Rostende in einen Aschetrichter transportiert. Durch die hier gewählte Verfahrensweise bedingt, steht bei einer Rostlänge von z.B. 4 m und einer Vorschubgeschwindigkeit von 1 mm/s für die Umsetzung der Kohle eine Zeit von rund 1 Stunde zur Verfügung. Diese Zeit ist auch für Stückgrößen von einigen Zentimetern Durchmesser ausreichend, um einen vollständigen Ausbrand der Kohle zu erreichen. Auch ballastreiche Brennstoffe, z.B. Müll, lassen sich gut mit speziell eingerichteten Wanderrostsystemen verarbeiten. Die notwendige Verbrennungsluft wird dem System von unten zugeführt. Ein Teil der Luft kann auch als Sekundärluft über dem Rost eingeblasen werden. Technisch können Leistungen von 1 bis 2 MW$_{th}$/m² Rostfläche eingestellt

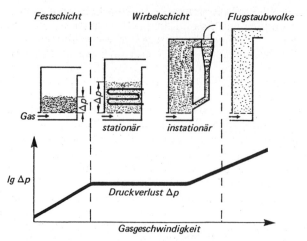

Abb. 6.8.   Prinzipien für die Verbrennung von festen fossilen Brennstoffen

werden. Die Anwendung der Rostfeuerung ist daher heute auf Kessel mit Leistungen bis etwa 100 MW$_{th}$ beschränkt.

Bei Wirbelschichten, hier sei zunächst das stationäre Prinzip erläutert, wird ein Bett aus feinkörnigem festen Material (Mischung von Kohle und Asche, Korn-

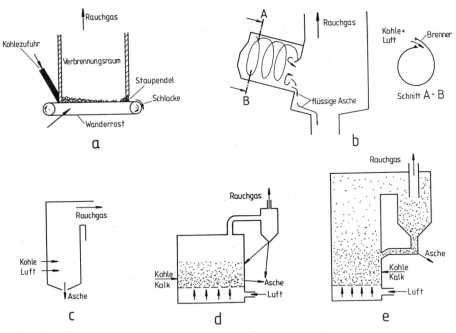

Abb. 6.9.   Feuerungssysteme

      a: Wanderrostfeuerung, b: Zyklonbrennersystem
      c: Flugstaubwolkenverbrennung, d: stationäre Wirbelschicht
      e: instationäre zirkulierende Wirbelschicht

größe max. 10 mm) mit Luft von unten über einen Düsenboden durchströmt. Bei ausreichender Strömungsgeschwindigkeit, der sogenannten Fluidisierungs-geschwindigkeit, gerät die Feststoffschüttung in einen fluiden, d.h. wirbelnden, Zustand. Dieser Wirbelbettzustand wird auch bei weiter zunehmender Gasge-schwindigkeit aufrechterhalten. Bei einer Grenzgeschwindigkeit, der sogenannten Austragsgeschwindigkeit, werden dann die Partikel aus dem Wirbelbett ausge-tragen, das Wirbelbett geht in eine Flugstaubwolke über. Die Wirbelschicht be-steht zum größten Teil aus Asche und Kalkstein. Der Kohleanteil ist gering und liegt in der Größenordnung von einigen Prozent. Kalkstein wird zur Bindung des Schwefels im Brennstoff zugesetzt und sorgt so für eine in-situ-Entschwefelung. Der schnelle fortlaufende Platzaustausch der Feststoffteilchen führt zu häufig wechselndem Kontakt zwischen den Feststoffteilchen und den Molekülen des Verbrennungsgases. Die hohe Affinität zwischen SO_2 und Kalkstein führt zu einer wirksamen Entschwefelung. Kalkstein wandelt sich dabei in Gips um (s. Kapitel 8). Gleichzeitig wird ein guter Wärmeübergang in der Wirbelschicht er-reicht. Die Verbrennungstemperatur in der Wirbelschicht beträgt rund 800 bis 900°C. Dadurch bedingt ist die Entstehung von NO_x stark begrenzt. Da die Kohlemenge in der Wirbelschicht sehr klein ist, können auch Kohlen mit sehr hohem Ballastgehalt und niedrigem Heizwert gut verbrannt werden. Auch Müll eignet sich als Brennstoff sehr gut. Die durch den Verbrennungsprozeß entste-hende Wärme wird zum Teil durch Heizflächen, die in die Wirbelschicht eintau-chen, zum Teil durch Heizflächen im Rauchgasstrom abgeführt. Hinter der Wir-belschicht wird ein Zyklon zur Rückführung von mitgerissenem Feststoff angeordnet. Eine wirksame nachgeschaltete Entstaubung ist unbedingt notwen-dig. Kalkstein und Kohle werden der Wirbelschicht durch geeignete Dosierungs-systeme seitlich zugeführt (s. Abb. 6.10). Grundsätzlich ist auch eine Verbren-nung unter Druck ausführbar. Die Abmessungen des Brennraumes werden dadurch erheblich reduziert.

Bei instationären (zirkulierenden) Wirbelschichtanlagen wird das Gas-Feststoff-Gemisch aus dem Verbrennungsraum in Apparate mit Nachschaltheizflächen überführt, wo dann die Wärme genutzt wird. Abb. 6.11 zeigt das Schema einer derartigen Anlage, bei der ein praktisch vollständiger Ausbrand der Kohle er-

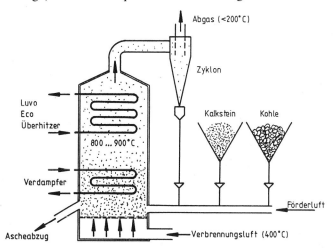

Abb. 6.10.   Prinzip einer stationären Wirbelschichtfeuerung

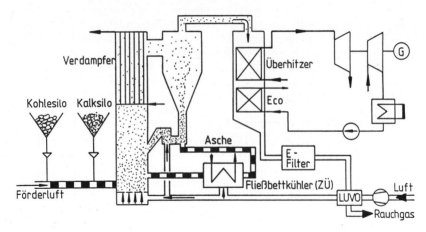

Abb. 6.11.   Prinzip einer zirkulierenden Wirbelschichtanlage [6.19]

reicht wird.   Diese Anlagen sind heute vorteilhaft im Leistungsbereich bis 200 MW$_{th}$ einsetzbar. Die Schadstoff-Emissionen SO$_2$ und NO$_x$ liegen deutlich unter den in der BRD heute gültigen gesetzlichen Grenzwerten [6.17].

Bei modernen kohlegefeuerten Dampferzeugern großer Leistung wird heute ausschließlich die Staubfeuerung eingesetzt. Die Kohle wird in Kohlemühlen auf Korngrößen von weniger als 50 μm gemahlen und mit Hilfe von vorgewärmter Luft (max. 400°C) in speziellen Brennern im Kessel verbrannt. Der Brennstoff verbrennt dort in der Schwebe. Brennerfeuerungen können mit Kohlenstaub, Heizöl, Erdgas oder auch mit Kombinationen dieser Brennstoffe betrieben werden. Praktisch alle Kohlenarten können in Staubfeuerungen umgesetzt werden, gewisse Unterschiede ergeben sich für die Brennzeiten, die z.B. bei einem Korndurchmesser von 50 μm bei max. 1 s liegen. Trockenfeuerungen haben heute die größte Bedeutung erlangt. Die Feuerraumtemperatur wird derart eingestellt, daß es noch nicht zum Schmelzen der Asche kommt. Für die Anordnung der Brenner gibt es verschiedene Prinzipien, z.B. Seiten- oder Tangentialfeuerung. Auch Deckenfeuerungen sind in Gebrauch. Die Anordnung der Brenner eines Großdampferzeugers geht beispielhaft aus Abb. 6.16b hervor. Als Brenner kommen heute im wesentlichen Strahl- und Wirbelbrenner zum Einsatz. Diese verwenden entweder außenstabilisierte Flammen mit Aufheizung der Brennstoffpartikel im Vollstrahl oder innenstabilisierte Flammen mit Aufheizung der Brennstoffpartikel im hohlen Freistrahl. Die gesamte Verbrennungsluftmenge wird stets gestuft eingegeben, um die NO$_x$-Bildung zu reduzieren. Die Zugabe von Primärluft erfolgt mit dem Brennstoff zusammen, davon getrennt wird reine Sekundärluft zur Realisierung einer vollständigen Verbrennung zugegeben (s. Abb. 6.12).

Bei Schmelzfeuerungen werden Feuerraumtemperaturen oberhalb des Schmelzpunktes der Asche eingestellt. In Gebrauch sind Schmelzkammerfeuerungen oder Zyklonfeuerungen, beides Systeme, die eine feuerfeste Auskleidung der Wände durch keramische Stampfmassen erfordern. Die thermisch sehr hoch beanspruchten Wände der Schmelzräume werden durch Rohre, in denen Wasser verdampft, gekühlt. Diese Rohre sind bestiftet und mit der schon erwähnten keramischen Schutzschicht gegen die flüssige Asche geschützt. Die flüssigen Schlacken werden aus dem Feuerungsbereich abgezogen und in einem Wasserbad

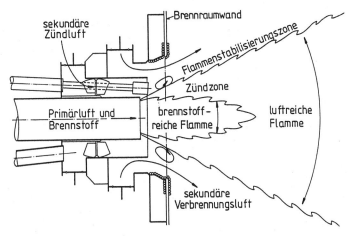

Abb. 6.12. Konzept eines modernen Brenners mit gestufter Luftzufuhr [6.20]

granuliert. Vorteilhaft ist bei Schmelzfeuerungen der hohe Einbindungsgrad der Asche, nachteilig eine wegen der höheren Feuerraumtemperatur vergleichsweise hohe Bildungsrate von Stickoxyden.   Daher hat die Bedeutung dieses Feuerungssystems in den letzten Jahren abgenommen. Einige wesentliche Merkmale der hier beschriebenen Feuerungssysteme sind in Tab. 6.2 gegenübergestellt.

Tab. 6.2.   Gesichtspunkte verschiedener Feuerungssyteme

Gesichtspunkt	Rostfeuerung	Wirbelschichtfeuerung	Staubfeuerung
Körnung	> 1 cm	< 4 mm	< 50 μm
Temperatur	1200...1400°C	800...900°C	1200...1400°C
Brennzeit	ca. 1 h	20 min	1 s
Turbulenz	gering	groß	groß
spezifische Kohlenoberfläche	klein	groß	sehr groß
Wärmeübergang	gering	sehr gut	gut
Ballastanteile in der Feuerung	6...10 % Asche	bis zu 99 % inerte Anteile	6...10 % Asche
heutige Kesselleistungen	bis 100 MW	bis 200 MW	bis 2000 MW

6.5   Technische Ausführung von Dampferzeugern

Einige einfache Definitionen können zur Charakterisierung von Feuerräumen herangezogen werden. Es sind dies die Feuerraum- oder auch Volumenbelastung $\dot{q}'''$ (MW/m³), die Querschnittsbelastung $\dot{q}''$ (MW/m²) und die Heizflächenbelastung der Feuerraumwände $\dot{q}''_H$ (MW/m²):

$$\dot{q}''' = \frac{\dot{m}_B H_u + L_{ges} \rho_L c_{p_L} (T_L - T_U)}{V_f} \ , \tag{6.25}$$

$$\dot{q}'' = \frac{\dot{m}_B \, H_u + L_{\text{ges}} \, \rho_L \, c_{p_L} \, (T_L - T_U)}{A_f} \quad , \tag{6.26}$$

$$\dot{q}''_H = \frac{\dot{Q}_{\text{Verdampfer}}}{A_{\text{Verdampfer}}} \quad , \tag{6.27}$$

mit V_f Feuerraumvolumen (m³) und A_f horizontaler Feuerraumquerschitt (m²). Die Werte für die beiden erstgenannten Größen hängen stark vom Brennstoff, von der Größe der Anlage und natürlich auch vom Kesselkonzept ab. Für Staubfeuerungen kann in etwa mit Mittelwerten entsprechend Abb. 6.13a gerechnet werden. Tatsächlich hängen die spezifischen Zahlenwerte auch vom Ort im Feuerraum ab, wie Abb. 6.13b am Beispiel der Volumenbelastung qualitativ zeigt.

Neben der zweckmäßigen Gestaltung des Verbrennungsvorganges kommt der thermohydraulischen Auslegung der Heizflächen im Kessel große Bedeutung zu. Angestrebt wird eine möglichst geringe Heizflächengröße bei tolerablen Druckverlusten insbesondere auf der Rauchgasseite. Im Verdampferbereich erfolgt die Wärmeübertragung bedingt durch die hohen Flammentemperaturen im wesentlichen durch Strahlung sowie zu einem geringen Anteil durch Konvektion. In den nachgeschalteten Heizflächen des Überhitzers, Zwischenüberhitzers und des Economisers werden die Hauptanteile der Wärmeübertragung konvektiv erbracht. Grundsätzlich gilt entsprechend den schon in Kapitel 2 angeführten ein-

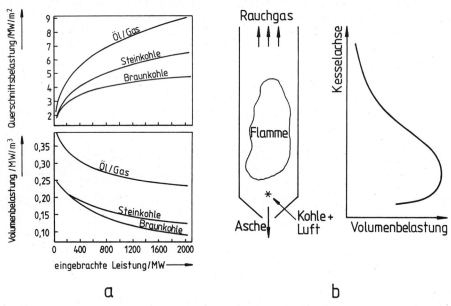

Abb. 6.13.   Volumen- und Querschnittsbelastung bei Kraftwerkskesseln mit Staubfeuerung

a: leistungsabhängige Mittelwerte
b: qualitativer Verlauf der ortsabhängigen Volumenbelastung

fachen Formeln zur Behandlung von Wärmeaustauschern für alle Heizflächensektionen ein Ansatz der Form

$$\dot{Q} = k_a \, A_a \, \Delta T_{\log} \, , \tag{6.28}$$

$$\Delta T_{\log} = \frac{\Delta T_{\text{groß}} - \Delta T_{\text{klein}}}{\ln\left(\dfrac{\Delta T_{\text{groß}}}{\Delta T_{\text{klein}}}\right)} \, . \tag{6.29}$$

k_a ist dabei die auf die Außenfläche bezogene Wärmedurchgangszahl, die die
Wärmeübergänge auf der Rauchgas- und auf der Wasserdampfseite sowie den
Wärmedurchgang in der Rohrwand beinhaltet (s. Abb. 6.14).

$$\frac{1}{k_a} = \frac{1}{\alpha_i} + \frac{d_a}{2\,\lambda} \ln\left(\frac{d_a}{d_i}\right) + \frac{1}{d_a}\left(\frac{d_a}{d_i}\right) . \tag{6.30}$$

Für die Wärmeübergangszahlen ergeben sich Werte aus empirischen Ansätzen
für die typischen Strömungsformen, hier z.B. für die Strömung von Wasser oder
Dampf durch Rohre oder für die Strömung von Rauchgasen quer zu Rohrbün-
deln. Typische Ansätze sind für Wasserdampf oder Rauchgase der einschlägigen
Literatur zu entnehmen [6.21, 6.22]:

$$\alpha_i \sim (Re^m - c)\, Pr^n \, , \tag{6.31}$$

$$\alpha_a \sim Re^p \, Pr^q \, f\,(\text{Geometrie}) \, . \tag{6.32}$$

Diese Wärmeübergangszahlen variieren zudem noch innerhalb der einzelnen
Heizflächenabschnitte, da sich die Stoffwerte und die Geschwindigkeiten der
Medien ändern. Typische Mittelwerte, die sich auch als Überschlagswerte für er-
ste Grobdimensionierungen von Kesseln eignen, sind Tab. 6.3 zu entnehmen.

Besondere Bedingungen ergeben sich für die Wärmeübertragung im Verdampferbereich. Auf der Wasserseite werden infolge der dort ablaufenden
Verdampfung innerhalb der Verdampferrohre sehr hohe Wärmeübergangszahlen
erreicht. Wegen der Wärmeübertragung durch Strahlung von den Rauchgasen

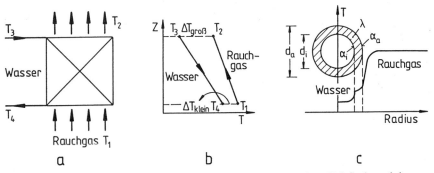

Abb. 6.14. Vereinfachte Betrachtung der Wärmeübertragung in einer Heizflächensektion

a: Strömungsschema der Sektion
b: Temperaturverlauf wärmeaustauschender Medien
c: radiales Temperaturprofil für ein Heizrohr

stellen sich ebenfalls relativ hohe Wärmeübergangszahlen auf der Beheizungsseite ein. Im Verbund mit großen logarithmischen Temperaturdifferenzen resultieren im Verdampferbereich insgesamt sehr hohe Wärmeflüsse durch die Wandungen der Verdampferrohre.

Je nach vorliegenden örtlichen oder verfahrensbedingten Gegebenheiten kann die Anordnung der Heizflächen moderner Kesselanlagen entsprechend den in Abb. 6.15 skizzierten Varianten erfolgen. Es sind Turmkessel, Zwei- oder Dreizugkessel oder auch Kessel mit liegendem Rauchgaszug in Gebrauch. Letztere kommen insbesondere bei stark aschehaltigen Braunkohlen zum Einsatz.

Tab. 6.3.   Anhaltswerte für Wärmeübertragungswerte in den Heizflächensektionen eines staubgefeuerten Dampferzeugers

	Luvo	Eco	Überhitzer	ZÜ	Verdampfer
α_i (W/m² K)	20	einige 1000	1000	1000	5000...10 000
α_a (W/m² K)	20	20...50	20...40	20...40	100
k (W/m² K)	10	20...50	20...40	20...40	100
ΔT_{log} (K)	200	200	350	300	1000
$\dot{q}''_H$ (kW/m²)	2	4...10	7...14	6...12	100

Die nach der Durchströmung der wassergekühlten Heizflächen noch in den Rauchgasen gespeicherte Wärmemenge wird teilweise zur Vorwärmung der Verbrennungsluft verwendet. Oftmals werden Luftvorwärmer eingesetzt, die auf dem Prinzip der Regeneration unter Verwendung eines rotierenden metallischen Speichers beruhen. Mit derartigen Ljungstrom-Wärmetauschern lassen sich vergleichsweise kompakte Wärmeaustauscher für die Wärmerückgewinnung aus Gasströmen realisieren.

Abb. 6.16 gibt einen Überblick über den Aufbau eines Dampfkessels für Kohle- und Ölfeuerung. Für eine thermische Leistung von rund 2000 MW weist das Kesselgerüst eine Höhe von fast 100 m auf. Der Feuerraum ist 24 m breit und 16 m tief. Der Zug zur Aufnahme der Konvektionsheizflächen hat die gleiche Breite wie der Feuerraum, die Tiefe beträgt 12 m. Zur Vermeidung von Fehllufteintritten in den Kessel sind alle Umfassungswände membrangeschweißt. Das vollentsalzte Speisewasser tritt von beiden Seiten in den am unteren Ende des zweiten Zuges angeordneten Economiser ein und strömt im Gegenstrom zum Rauchgas durch die Heizflächen. Nach Erwärmung und Sammlung wird das Speisewasser zum Verdampfereintritt an der Unterkante des Feuerraumes geführt. Die Verdampferheizflächen werden durch die Berohrung des Feuerraums gebildet. Von Sammlern für das verdampfte Wasser wird der Sattdampf verschiedenen Überhitzerheizflächen zugeführt. Sie bestehen in diesem Beispiel aus der Decke des 1. Zuges, aus Rohrwänden des 2. Zuges, aus Tragrohren sowie aus speziellen im Rauchgasstrom angeordneten Heizflächen. Diese relativ komplizierte Verschaltung der Heizflächen wird unter den Gesichtspunkten einer thermodynamischen Optimierung, der Minimierung der Rohrwandtemperaturen und -belastungen sowie im Interesse einer bestmöglichen Regelbarkeit der Leistung

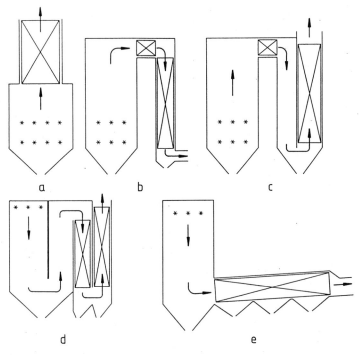

Abb. 6.15.   Prinzipien der Kesselgestaltung

   a: Turmkessel
   b: Zweizugkessel
   c: Zweizugkessel mit Rauchgasumlenkung
   d: Dreizugkessel
   e: Kessel mit liegendem Rauchgaszug

vorgenommen. Mit Einspritzung von Frischwasser in Sammlern zwischen einzelnen Heizflächenabschnitten kann eine zusätzliche Regelung erfolgen. Die Zwischenüberhitzerbündel liegen bei der hier gezeigten Anlage vor dem Speisewasservorwärmer. Der von der Hochdruckturbine kommende teilentspannte Dampf tritt von beiden Seiten in die ZÜ-Bündel ein und wird dann in zwei Stufen wieder auf 530°C aufgewärmt. Zwischengeschaltet ist wiederum eine Einspritzmöglichkeit zur Temperaturregelung.

Wie Abb. 6.16b erkennen läßt, ist der Dampferzeuger mit 32 Brennern in je 4 Reihen in der Vorder- und Rückseite des Feuerraumes ausgerüstet. Von den Kohlemühlen gelangt der Kohlenstaub zusammen mit vorgewärmter Luft in die Brenner und wird dort verbrannt. Die Verbrennungsluft wird über Frischluftgebläse zugeführt. Die Rauchgase verlassen nach Durchströmen des zweiten Zuges den Kessel und werden durch beidseitig aufgestellte Luftvorwärmer geleitet. Danach werden sie nach einer Weiterbehandlung, wie Entstaubung, Entschwefelung, Entstickung, über den Kamin abgegeben. Die im Feuerraum anfallende Asche wird über zwei parallelgeschaltete Unterwasserkratzer ausgetragen. Bläsereinrichtungen im Feuerraum ermöglichen während des Betriebs eine Reinigung der Heizflächen von Flugasche.

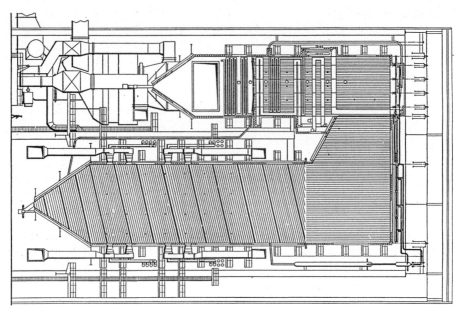

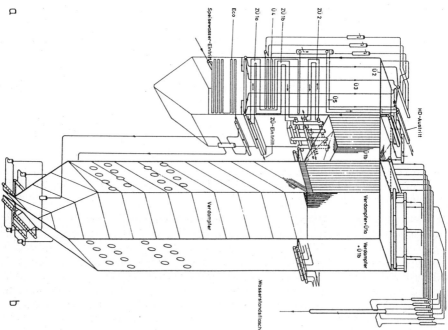

Abb. 6.16.   Darstellung eines Dampferzeugers mit Kohlenstaubfeuerung [6.23] (Kraftwerk Wilhelmshafen der NWK, $\dot{m}_D$ = 603 kg/s, P_{el} = 720 MW, Frischdampf: 530°C/191 bar, $T_{Speisew.}$ = 247°C, ZÜ-Dampf = 530°C/37,4 bar

a: Vertikalschnitt, b: Bespeisung und Schaltung der Heizflächen

7 Abwärmeabfuhr

7.1 Übersicht

Bei allen Kreisprozessen sowie bei industriellen Verfahren fällt Abwärme an, die an die Umgebung abgegeben werden muß. Bei Verbrennungskraftmaschinen und Gasturbinenprozessen wird die Abwärme direkt mit den heißen Abgasen der Umgebung zugeführt. Beim Dampfturbinenprozeß findet eine Kondensation des Abdampfes hinter der Turbine statt, die Abwärme wird dann über ein spezielles Kühlverfahren aus dem Kreisprozeß abgegeben. Auch bei vielen industriellen Prozessen kommen ähnliche Verfahrenskombinationen zum Einsatz. Die Abfuhr der Abwärme aus Dampfturbinenprozessen [7.1-7.5] soll daher hier beispielhaft für viele andere Prozesse dargelegt werden. Ausgehend von den Energiebilanzen

$$\dot{m}_\mathrm{B} \, H_\mathrm{u} \, \eta_\mathrm{K} = P_\mathrm{el} + \dot{Q}_\mathrm{Ko} \, , \tag{7.1}$$

$$\dot{m}_\mathrm{B} \, H_\mathrm{u} \, \eta_\mathrm{ges} = P_\mathrm{el} \tag{7.2}$$

folgt als einfache Beziehung für die bei vorgegebener elektrischer Nettoleistung abzuführende Kondensationsleistung

$$\dot{Q}_\mathrm{Ko} = P_\mathrm{el} \left(\frac{\eta_\mathrm{K}}{\eta_\mathrm{ges}} - 1 \right) , \tag{7.3}$$

mit P_el elektrische Nettoleistung (kW), $\dot{m}_\mathrm{B}$ Brennstoffmassenstrom (kg/s), H_u unterer Brennstoffheizwert (kJ/kg), $\dot{Q}_\mathrm{Ko}$ Kondensationsleistung (kW), η_K Kesselwirkungsgrad und η_ges Nettowirkungsgrad des Kraftwerks.

Ein Zahlenbeispiel möge belegen, daß bei Kraftwerken relativ große Mengen an Kondensationwärme anfallen: Für P_el = 700 MW, η_K = 0,93, η_ges = 0,37 folgt z.B. $\dot{Q}_\mathrm{Ko}$ = 1059 MW als Kondensationsleistung.

Wie Abb. 7.1a zeigt, wird hinter der Turbine der Abdampf isobar-isotherm kondensiert. Der mögliche Kondensationsdruck richtet sich entsprechend der Dampfdruckkurve des Wassers nach der Umgebungstemperatur als möglicher unterer Grenzwert. Wie Abb. 7.1b ausweist, muß eine hinreichende Temperaturdifferenz für den Wärmeübertrag vom kondensierenden Dampf zum Kühlmedium vorgesehen werden. Die Kondensationswärme des Prozesses wird im allgemeinen an Kühlwasser abgegeben. Verfahrenstechnisch gesehen wird entweder Kaltwasser in den Abdampf eingespritzt (Einspritzkondensation), oder die Wärme wird durch Oberflächenkondensation unter Niederschlagung des Turbinenabdampfes an die wasserdurchströmten Rohren des Kondensators abgeführt. Das letztgenannte Prinzip kommt insbesondere bei größeren Anlagen zum Einsatz.

Die Konstruktion des Kondensators hat auf der Abdampfseite der Schrumpfung des spezifischen Dampfvolumens von etwa 30 m³/kg bis auf 10^{-3} m³/kg bei Kondensatbildung Rechnung zu tragen. Das Kondensat wird durch Pumpen aus dem Kondensator abgesaugt. Luftansammlungen müssen kontinuierlich aus dem

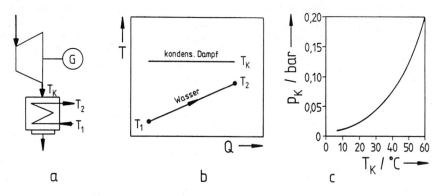

Abb. 7.1. Kondensation von Turbinendampf

    a: Prinzipschema eines Kondensators
    b: Temperatur-Wärme-Diagramm des Kondensators
    c: Zusammenhang zwischen Kondensationsdruck und Kondensations-
       temperatur

Kondensator entfernt werden, da sonst das Kondensatorvakuum, und damit der Wirkungsgrad der Anlage, verschlechtert würde.

Für die Abgabe der Kondensationswärme an die Umgebung kommen im wesentlichen vier Prinzipien in Frage: Frischwasserkühlung, Naßkühltürme, Trockenkühltürme, Hybridkühltürme. Bei der Frischwasserkühlung wird z.B. einem Fluß mit hinreichender Wasserführung Wasser entnommen, durch den Kondensator hindurchgeleitet und schließlich aufgewärmt wieder in den Fluß eingeleitet (s. Abb. 7.2a). Bei Naßkühltürmen wird das nach dem Durchströmen des Kondensators aufgewärmte Wasser im Kühlturm verrieselt. Dabei wird eine Wärmeabgabe an die Umgebung durch Aufwärmung einströmender Luft sowie durch Verdunstung einer vergleichsweise geringen Wassermenge erreicht. Das in der Kühlturmtasse gesammelte abgekühlte Wasser wird in den Kondensator zurückgeführt (s. Abb. 7.2b) und der Wasserverlust durch Zusatzwasser ausgeglichen. Völlig auf Zusatzwasser kann bei der Verwendung von Trockenkühltürmen verzichtet werden. Hier wird das Wasser im Kreislauf geführt, d.h. im Kondensator erwärmt und im Kühlturm in Wärmetauscherrohren durch vorbeistreichende Luft gekühlt (s. Abb. 7.2c). In Hybridkühltürmen schließlich werden die Prinzipien von Naß- und Trockenkühltürmen kombiniert. Auch hier wird eine geringe Menge an Zusatzwasser benötigt (s. Abb. 7.2d).

In Abb. 7.2b, c, d ist jeweils das Prinzip der Naturzugkühlung dargestellt, es sei hier bereits darauf hingewiesen, daß anstelle von Naturzug auch Ventilatoren bei dann wesentlicher Reduktion der Bauhöhe der Kühleinrichtung zum Einsatz kommen können. Allerdings steigen in diesem Fall die Betriebskosten an, so daß der Nettowirkungsgrad der Anlage sinkt.

7.2 Kondensation

Aus dem Abdampfstutzen der Turbine tritt der feuchte oder gesättigte Wasserdampf in den Dampfraum des Kondensators ein (s. Abb. 7.3). Dem eintretenden Dampfstrom wird hier die Kondensationswärme entzogen. Sättigungsdruck und Sättigungstemperatur stehen, wie schon in Abb. 7.1c gezeigt, über die

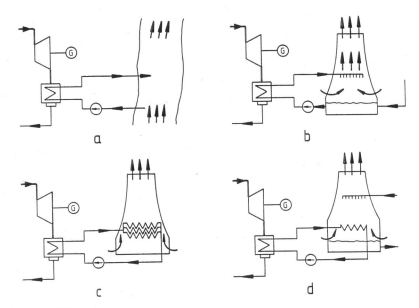

Abb. 7.2.   Kühlverfahren für Kraftwerke

    a: Frischwasserkühlung
    b: Naßkühlturm,
    c: Trockenkühlturm,
    d: Hybridkühlturm

Dampfdruckkurve des Wassers in Verbindung. Daher liegt mit der Sättigungstemperatur zugleich der Druck im Kondensator fest. Beim Übergang vom
Dampf zum Kondensat kommt es zu einer erheblichen Volumenverringerung,
dies bewirkt einen kontinuierlichen Dampfstrom aus der Turbine in den Kondensator. Für den Kondensationsprozeß [7.6-7.8] können folgende einfache
grundlegende Gleichungen angeführt werden:

$$\dot{Q}_{\mathrm{Ko}} = \dot{m}_{\mathrm{D}}\, x\, r = \dot{m}_{\mathrm{W}}\, c\, (T_2 - T_1)\,, \tag{7.4}$$

$$T_2 = T_{\mathrm{K}} - (T_{\mathrm{K}} - T_1) \exp\left(-\frac{k\,A}{\dot{m}_{\mathrm{W}}\, c}\right)\,, \tag{7.5}$$

mit $\dot{Q}_{\mathrm{Ko}}$ Kondensatorleistung (kW), $\dot{m}_{\mathrm{D}}$ Abdampfstrom aus der Turbine (kg/s), x
Dampfgehalt, r Kondensationswärme (kJ/kg), $\dot{m}_{\mathrm{W}}$ Kühlwasserstrom durch den
Kondensator (kg/s), T_2 Kühlwasseraustrittstemperatur (°C), T_1 Kühlwasser-
eintrittstemperatur (°C), T_{K} Kondensationstemperatur (°C), k Wärmedurchgangszahl im Kondensator (kW/m²K), A Kühlfläche im Kondensator (m²) und
c spezifische Wärmekapazität des Wassers (kJ/kg K).

Die Vorgänge bei der Kondensation verlaufen annähernd isobar-isotherm. Der
im Kondensator erreichbare Enddruck ist von der Temperatur des Kühlwassers,
von der Kühlwassermenge und von den Temperaturdifferenzen beim Wärmeübergang abhängig. Je nach Kühlverfahren werden heute bei großen Kraftwerken
Kondensatorvakua von 0,04 bis 0,1 bar realisiert. Den starken Einfluß dieser
Größe auf den erreichbaren Kraftwerkswirkungsgrad zeigt Tab. 7.1.

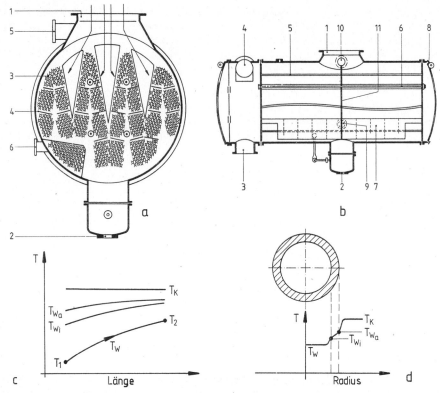

Abb. 7.3.   Kondensation

a: Querschnitt durch einen Kondensator
    1. Dampfeintritt, 2. Kondensataustritt, 3. Dampfgassen, 4. Führungsbleche,
    5. Notauspuff, 6. Luftabsaugstutzen
b: Längsschnitt durch einen Kondensator
    1. Dampfeintritt, 2. Kondensataustritt, 3. Wassereintritt, 4. Wasseraustritt,
    5. Kühlrohre, 6. Anker, 7. Luftkammer, 8. Entlüftung, 9. Luftabsaugstutzen,
    10. Notauspuff, 11. Tragwand
c: Temperaturprofil in einem Kühlrohr (axial)
d: Temperaturprofil in einem Kühlrohr (radial)

Mit dem Abdampf der Turbine gelangt auch unkondensierbare Luft in den Kondensator, diese sammelt sich wegen ihrer höheren Dichte im unteren Bereich des Kondensators an. Die Kondensationsanlage wird daher mit einer Vakuumpumpe ausgerüstet, die für eine ständige Absaugung der Luft sorgt.

Tab. 7.1.   Wirkungsgrad in Abhängigkeit vom Kondensatordruck

p_{Kond} (bar)	0,04	0,1	0,2	0,3	0,4	0,5	0,6
η (%)	40	38,5	34	32,5	30,5	29,5	28,5

Das Kondensat wird schließlich mit Hilfe einer Kondensatpumpe aus dem Kondensator abgezogen und nach Vorwärmung dem Speisewasserbehälter zugeführt. Luftabsaugpumpe und Kondensatpumpe wirken insgesamt stützend und stabilisierend auf den Gesamtprozeß. Die eigentlich treibende Kraft beim Kondensationsvorgang ist die Schrumpfung des riesigen Abdampfvolumens, die einen großen Unterdruck im Kondensator schafft. Insgesamt wirkt der Kondensator als kontinuierlich arbeitende Saugpumpe. Durch ihn wird der niedrigste Druck- und Temperaturzustand im Kreisprozeß festgelegt.

Die Kondensation des Turbinendampfes findet an gekühlten waagerechten Kondensatorrohren statt. Damit der Abdampf gut zu den inneren Rohren gelangen kann sind keilförmige Dampfgassen zwischen den einzelnen Rohrbereichen vorgesehen. Die notwendige Fläche des Kondensators wird durch die Beziehung

$$A_a = \frac{\dot{Q}_{Ko}}{\dot{q}''} \quad , \quad \dot{q}'' = k_a \, \Delta T_{log} \tag{7.6}$$

mit $\dot{q}''$ als Wärmestromdichte festgelegt. Die Wärmedurchgangszahl folgt aus

$$\frac{1}{k_a} = \frac{1}{\alpha_a} + \frac{d_a}{2\lambda} \ln\left(\frac{d_a}{d_i}\right) + \frac{1}{\alpha_i}\left(\frac{d_a}{d_i}\right) \tag{7.7}$$

während für die logarithmische Temperaturdifferenz gilt (s. Abb. 7.3c, d)

$$\Delta T_{log} = \frac{T_2 - T_1}{\ln\left(\dfrac{T_K - T_1}{T_K - T_2}\right)} \; . \tag{7.8}$$

Die Kondensatoren erfordern für große Kraftwerksleistungen erhebliche Flächen, wie folgende einfache Abschätzung belegen möge: Mit P_{el} = 700 MW, $\dot{Q}_{Ko}$ = 1059 MW, T_K = 40°C, T_1 = 27°C, T_2 = 35°C, α_i = 6000 W/m²K, α_a = 18 000 W/m²K, λ = 15 W/m K, d_i = 21 mm, d_a = 25 mm folgt so k = 2645 W/m²K, ΔT_{log} = 8,4 K, $\dot{q}''$ = 22 kW/m² und eine Fläche von rund 50 000 m².

Die Wahl der Temperaturen muß im Rahmen einer Optimierungsrechnung getroffen werden, da mit steigender Temperaturdifferenz für den Wärmeübertrag die Kondensatorfläche sinkt, wodurch die Investkosten der Anlage sinken, dagegen sinkt auf der anderen Seite auch der Anlagenwirkungsgrad, weshalb die Betriebskosten ansteigen.

7.3 Frischwasserkühlung

Bei der Frischwasserkühlung [7.4-7.6] wird eine ausreichende Menge Kühlwasser aus einem Fluß, aus dem Meer oder einem See entnommen, im Kondensator aufgewärmt und wieder in das entsprechende Gewässer zurückgeleitet. Aus (7.4) folgt für die notwendige Kühlwassermenge

$$\frac{\dot{m}_W}{\dot{m}_D} = \frac{x \, r}{c \, (T_2 - T_1)} \; , \tag{7.9}$$

falls eine Aufwärmung des Kühlwassers von $T_2 - T_1$ zugelassen wird. Wird ein Fluß mit der Wassermenge $\dot{m}_F$ zur Kühlung herangezogen, so beträgt nach der Wiedereinleitung des entnommenen, aufgewärmten Kühlwassers die Temperatur des Flußwassers insgesamt

$$T_F^* = (1 - \zeta)\, T_1 + \zeta\, T_2 \, , \tag{7.10}$$

mit $\zeta = \dot{m}_W/\dot{m}_F$ Entnahmeverhältnis für das Kühlwasser. Die Größe ζ ist mit der Kraftwerksleistung über die Beziehung verbunden

$$\zeta = \frac{\dot{Q}_{Ko}}{\dot{m}_F\, C\, (T_2 - T_1)} = \frac{P_{el}\left(\dfrac{\eta_K}{\eta_{ges}} - 1\right)}{\dot{m}_F\, c\, (T_2 - T_1)} \ . \tag{7.11}$$

Ein kurzes Zahlenbeispiel möge die Bedeutung der Größen aufzeigen. Es sei wiederum $P_{el} = 700$ MW, $\dot{Q}_{Ko} = 1059$ MW, $T_1 = 20°C$, $T_2 = 30°C$, $\dot{V}_F = 200$ m³/s (ein Wert, der einem größeren Flußlauf in der BRD entspricht), so folgt für das Verhältnis $\dot{m}_W/\dot{m}_D = 55$, $\dot{m}_W = 25$ m³/s, $\zeta = 0,13$ und $T_F^* = 21,25°C$. Diese Werte beleuchten direkt, welche Schwierigkeiten speziell in der BRD in den letzten Jahren infolge der ständigen Steigerung der Einheitsleistungen im Hinblick auf die Einsetzbarkeit der Frischwasserkühlung entstanden sind.

Die Wasserführung großer Flüsse, charakterisiert durch die mittlere Niedrigwasserführung sowie durch die mittlere Wasserführung, geht aus Tab. 7.2 hervor. Der Wasserdurchsatz schwankt zudem sehr stark im Jahresablauf. Erschwerend kommt hinzu, daß hohe Wassertemperaturen und geringe Durchsatzmengen gleichzeitig im Sommer auftreten (s. Abb. 7.4a). Bedenkt man, daß große Steinkohleblöcke (700 MW$_{el}$, $\eta_{ges} = 37$ %) rund 50 m³/s Kühlwasser und große Kernkraftwerke (1300 MW$_{el}$, $\eta_{ges} = 33$ %) etwa 110 m³/s Kühlwasser benötigen, so wird unmittelbar klar, daß Frischwasserkühlung heute in der BRD im allgemeinen nicht mehr einsetzbar ist. Dies gilt selbst für den Rhein, dessen Wasserführung im gesamten Lauf in Abb. 7.4c wiedergegeben ist. Falls mehrere Kraftwerke am Flußlauf hintereinander betrieben werden, kommt es zu einer merklichen Aufwärmung des Wassers. Durch diese Anhebung der Wassertemperatur wird der Sauerstoffgehalt des Wassers reduziert (s. Abb. 7.4b), der Naturhaushalt gerät aus seinem natürlichen Gleichgewicht. Unter besonderen Bedingungen werden sogar Mikrolebewesen, die für die Wasserselbstreinigung und für eine gesunde Pflanzen- und Fischpopulation wichtig sind, beeinträchtigt. Neben der Abwärmebelastung liegen oft hohe weitere Schadstoffbelastungen durch kommunale Abwässer, durch intensive landwirtschaftliche Nutzung oder durch Einleitungen aus Industriebetrieben vor.

Tab. 7.2.   Wasserführung einiger großer Flüsse in der BRD

Fluß		mittlere Wasserführung (m³/s)	mittlere Niedrigwasserführung (m³/s)
Elbe	(Unterlauf)	700	270
Weser	(Unterlauf)	320	115
Main	(Unterlauf)	140	70
Neckar	(Unterlauf)	150	70

Die erforderliche Kühlwassermenge wird bei Einsatz des Frischwasserkühlverfahrens dem Gewässer entnommen, gereinigt und nach Aufwärmung im Kondensator in entsprechender Entfernung von der Entnahmestelle wieder eingeleitet. Bei der Wiedereinleitung werden zwecks Erhöhung des Sauerstoffgehaltes Überfallwehre zur Belüftung eingesetzt. Der Abbau der Temperatur erfolgt dann durch Wärmeaustausch mit der Luft und durch Verdunstung. Die Luftfeuchtigkeit in der Nähe solcher Gewässer nimmt zu, es kommt evt. zu verstärkter Ne-

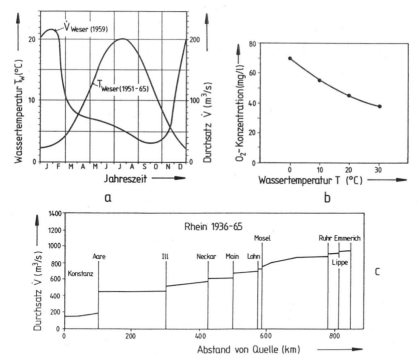

Abb. 7.4. Verhältnisse bei Frischwasserkühlung

    a: Jahreszeitlicher Temperatur- und Durchsatzverlauf der Weser [7.7]
    b: Maximale O_2-Konzentration im Wasser [7.5]
    c: Wasserdurchsatz des Rheins an verschiedenen Orten [7.6]

belbildung und zur Reduktion der Sonneneinstrahlung. Die Abgabe der Wärme von der Gewässeroberfläche an die Umgebung erfolgt vergleichsweise langsam, wie folgende stark vereinfachte Betrachtung zeigt. Für die zeitliche Abnahme der Wasserübertemperatur gelte

$$\frac{dT_W}{dt} = -(T_W - T_U)\,\frac{\alpha_{ges}}{h\,\rho\,c} \qquad (7.12)$$

mit α_{ges} Gesamtwärmeübergangskoeffizient (Verdunstung, Konvektion, Strahlung) (W/m² K), h Gewässertiefe (m), ρ Dichte des Wassers (kg/m³), c spezifische Wärmekapazität des Wassers (J/kg K) und T_U Umgebungstemperatur (°C). Die Lösung wird mit $T_W(0) = T_{W_0}$ und der Übertemperatur $\Theta_W = T_W - T_U$ zu

$$\Theta_W(t) = \Theta_{W_0} \exp\left(-\frac{\alpha_{ges}t}{h\,\rho\,c} \right) \qquad (7.13)$$

gewonnen. Die Temperatur des warmen Wassers nimmt zeitlich, also flußabwärts, exponentiell ab. Dies wird deutlich, wenn man die Zeit t mit der Ortskoordinate x und der Fließgeschwindigkeit des Gewässers v korreliert:

$$T_W(x) = T_U + (T_{W_0} - T_U) \exp\left(-\frac{\alpha_{ges}x}{v\,h\,\rho\,c} \right). \qquad (7.14)$$

Setzt man $\alpha_{ges} = 100\ \text{W/m}^2\text{K}$, $h = 4\ \text{m}$, $x = 50\ \text{km}$, $v = 2\ \text{m/s}$, $T_{W_0} = 25°\text{C}$, $T_U = 20°\text{C}$ so ist das Wasser dann erst wieder auf 24,3°C abgekühlt.

Es ist also notwendig, genügend große Abstände zwischen den Stellen der Einleitung von großen Abwärmemengen einzuhalten. Dies führte in der Vergangenheit zur Aufstellung von Wärmelastplänen, die Aussagen über mögliche Standorte von Kraftwerken lieferten.

Frischwasserkühlung ist dort, wo sie anwendbar ist, die wirtschaftlichste Lösung mit dem höchsten Wirkungsgrad und den geringsten Zusatzinvestitionen für die Wärmeabfuhr im Vergleich zu anderen Kühlverfahren. In der BRD kommt dieses Verfahren für neue große Kraftwerke aus den erwähnten Gründen nicht mehr in Frage, auch viele andere Länder verfügen nicht über die notwendigen Voraussetzungen.

7.4 Naßkühltürme

Bei diesem Kühlsystem [7.7-7.10] wird das aus dem Kondensator kommende aufgewärmte Wasser im Gegenstrom zu aufsteigender Luft großflächig verrieselt. Dabei wird die Luft erwärmt und angefeuchtet und steigt im Kühlturm auf. Ein kleiner Teil des Kühlwassers wird verdunstet und muß ständig ersetzt werden. Die Bewegung der Luft durch den Kühlturm wird dabei entweder durch Naturzug, durch saugende Ventilatoren oder durch drückende Ventilatoren bewirkt. Abb. 7.5 zeigt die erwähnten Prinzipien. Bei diesem Verfahren kann der Zusatzwasserbedarf mit Hilfe einer vereinfachten Rechnung abgeschätzt werden (s. Abb. 7.6). Für das gesamte Kühlsystem gilt die Wärmebilanz:

$$\dot{Q}_{Ko} + \Delta\dot{m}_W\, c\, T_1 + \dot{m}_L\, h_1 = \dot{m}_L\, h_2 \ . \tag{7.15}$$

Eine Wärmebilanz für den oberen Kühlturmbereich liefert

$$\dot{m}_W\, c\, T_2 + \dot{m}_L\, h_1 = \dot{m}_L\, h_2 + (\dot{m}_W - \Delta\dot{m}_W)\, c\, T_W \ . \tag{7.16}$$

Die Wärmebilanz des unteren Wasserbeckens führt auf

$$\Delta\dot{m}_W\, c\, T_1 + (\dot{m}_W - \Delta\dot{m}_W)\, c\, T_W = \dot{m}_W\, c\, T_1 \ . \tag{7.17}$$

Schließlich gilt für die Wasserbilanz des Kühlturms

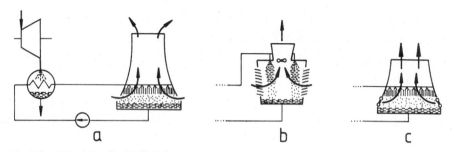

Abb. 7.5. Prinzipien für Naßkühltürme

    a: Naturzugkühlturm
    b: Zellenkühlturm mit saugenden Ventilatoren
    c: Kühlturm mit drückenden Ventilatoren

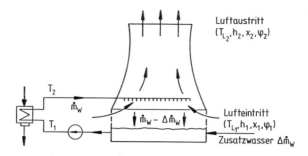

Abb. 7.6. Prinzipskizze zur Bilanzierung eines Naßkühlturms

$$\Delta\dot{m}_W = \dot{m}_L \, (x_2 - x_1) \, , \tag{7.18}$$

mit x Wassergehalt der feuchten Luft. Aus der Praxis ist bekannt, daß die erwärmte und angefeuchtete Luft den Kühlturm praktisch gesättigt, also $\varphi_2 = 1$, verläßt. Durch Kombination der oben aufgeführten Gleichungen findet man, daß die notwendige Luftmenge $\dot{m}_L$, die durch den Kühlturm hindurchgesetzt werden muß

$$\dot{m}_L = \frac{\dot{Q}_{Ko}}{h_2 - h_1 - c \, T_1 \, (x_2 - x_1)} \tag{7.19}$$

beträgt und daß für den bezogenen Wasserverlust $\Delta\dot{m}_W/\dot{m}_W$, auch als Verdunstungsverhältnis bezeichnet,

$$\frac{\Delta\dot{m}_W}{\dot{m}_W} = \frac{c \, (T_2 - T_1)}{\dfrac{h_2 - h_1}{x_2 - x_1} - c \, T_1} \tag{7.20}$$

gilt. Der spezifische Zusatzwasserbedarf beträgt dann

$$\frac{\Delta\dot{m}_W}{\dot{Q}_{Ko}} = \frac{1}{\dfrac{h_2 - h_1}{x_2 - x_1} - c \, T_1} \, . \tag{7.21}$$

Folgendes Zahlenbeispiel möge die Verhältnisse charakterisieren. Es gelte für den Kühlturmeintritt $t_{L_1} = 20°C$, $\varphi_1 = 0{,}5$, $T_W = 25°C$ und für den Kühlturmaustritt $t_{L_2} = 25°C$, $\varphi_2 = 1$, $T_W = 25°C$, $T_1 = 20°C$. Dann folgen die Werte $h_1 = 37{,}5$ kJ/kg, $h_2 = 73{,}4$ kJ/kg und $\Delta h/\Delta x = 2826{,}8$ kJ/kg, so daß $\Delta\dot{m}_W/\dot{m}_W$ zu $1{,}5 \cdot 10^{-2}$ folgt.

Im Vergleich zur Frischwasserkühlung beträgt demnach der Wasserbedarf beim Naßkühlturm nur noch 1,5 %. Diese Größenordnung kann auch durch eine stark vereinfachte Betrachtung abgeschätzt werden. Es sei:

$$\frac{\Delta\dot{m}_W}{\dot{m}_W} = \frac{\text{Wärmezufuhr durch Abkühlung}}{\text{Wärmeabfuhr durch Verdunstung}} = \frac{c \, (T_2 - T_1)}{r} \, . \tag{7.22}$$

Mit den Werten r = 2400 kJ/kg, c = 4,18 kJ/kg K, $T_2 - T_1 = 10°K$ folgt $\Delta\dot{m}_W/\dot{m}_W$ zu 0,0174.

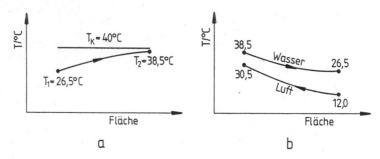

Abb. 7.7.   Temperaturverläufe bei einer Naßkühlturmanlage

a: im Kondensator, b: im Kühlturm

In der Praxis kommen zu den ausgewiesenen Wassermengen noch zusätzliche Verluste durch Mitreißen von Wassertropfen und Wasserverluste durch Abschlämmen hinzu, so daß insgesamt mit rund 2,5 % Wasserverlusten gerechnet werden muß.

Fast alle neu errichteten Großkraftwerke in der BRD sind mit Naßkühltürmen ausgerüstet. Die Entscheidung, ob Naturzug oder Ventilatoren eingesetzt werden sollen, ist auch hier auf der Grundlage einer Optimierungsrechnung zu treffen, bei der zusätzliche Investkosten auf der einen Seite und erhöhte Betriebskosten auf der anderen Seite verglichen werden. Ein typischer Naßkühlturm für ein 700 MW_{el} Steinkohlekraftwerk weist einen Basisdurchmesser von 100 m auf, einen lichten Durchmesser von 55 m und besitzt eine Bauhöhe von 130 m. Der Wasserverbrauch liegt bei rund 0,3 m³/s für Verdunstung und sonstige Verluste. Abb. 7.7 zeigt die zugehörigen Temperaturverläufe. Abb. 7.8 gibt einen Ventilator-Naßkühlturm mit saugend angeordneten Ventilatoren wieder. Insbesondere für kleinere Kühlleistungen ist dies heute eine häufig realisierte Lösung.

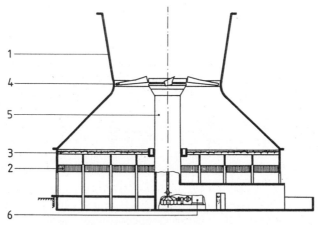

Abb. 7.8.   Ventilator-Naßkühlturm mit saugend angeordnetem Ventilator

1. Turmmantel, 2. Kühleinbauten, 3. Wasserverteilung und Tropfenfang,
4. Ventilatoren, 5. Rotorständer und Tunnel für die vertikale Antriebswelle,
6. Antriebsmotor mit Kupplung

7.5 Trockenkühltürme

Bei Übergang auf Trockenkühltürme [7.11 bis 7.13] ist kein Zusatzwasser erforderlich, folglich entstehen auch keine Dampfschwaden. Wie Abb. 7.9 zeigt, sind mehrere Prinzipien einsetzbar. Bei Verwendung eines üblichen Oberflächenkondensators wird das erwärmte Kühlwasser vom Kondensator zu den Kühlelementen im Kühlturm geführt. Hier wird die Wärme an aufsteigende Luft übertragen. Der Kühlkreislauf ist vollständig geschlossen. Dieses Verfahren kann wie in Abb. 7.9a angedeutet als Naturzugkühlsystem oder aber auch mit entsprechend dimensionierten Ventilatoren betrieben werden. Alternativ kann ein geschlossener Kühlkreislauf mit einem Einspritzkondensator Verwendung finden. Dieses Konzept ist als System "Heller" bekannt. (s. Abb. 7.9b). Der Abdampf der Turbine kann jedoch auch direkt in Kühlelemente eingeleitet werden und dort kondensieren, wobei die Wärme an die vorbeiströmende Luft abgegeben wird (s. Abb. 7.9c). Meist wird dieses Verfahren bei kleineren Anlagen verwendet, wobei Ventilatoren dann für den notwendigen Luftdurchsatz sorgen. Im Falle der Ausbildung des Kühlturms als Naturzugkühlturm steht die Luftmenge mit der Kühlturmquerschnittsfläche, der Kühlturmhöhe sowie den Temperaturen über Zusammenhänge der Form

$$\dot{m}_L \sim D^2 \sqrt{(\rho_a - \rho_i)\,\rho_i\,H} \;, \tag{7.23}$$

$$\rho_i = \rho_0 \, \frac{T_0}{T_i} \;, \quad \rho_a = \rho_0 \, \frac{T_0}{T_a} \;, \quad T_i \; > \; T_a \tag{7.24}$$

in Beziehung. ρ_i, T_i beziehen sich dabei auf die Luft im Kühlturm, die Werte ρ_a, T_a gelten für die Außenluft. T_0, ρ_0 sind Bezugswerte. Für die Energiebilanz eines Trockenkühlturms folgt vereinfacht

$$\dot{Q}_{Ko} = \dot{m}_D \, x \, r = \dot{m}_W \, c \, (T_2 - T_1) = \dot{m}_L \, c_L \, (T_{L_2} - T_{L_1}) \;. \tag{7.25}$$

Der Kraftwerkswirkungsgrad wird wegen der Anhebung des Kondensationsdrucks reduziert. Abb. 7.10 zeigt den Trockenkühlturm des THTR-300 (300 MW$_{el}$) der als Seilnetzkonstruktion mit Aluminiumplatten ausgeführt wurde. An sich ist dieser Kühlturm etwas überdimensioniert, er würde zu einer 500 MW$_{el}$-Anlage passen. Wegen des zweifachen Wärmeaustauschs wird die Kondensationstemperatur und damit der Kondensatordruck gegenüber anderen

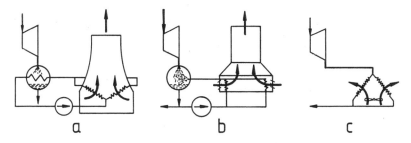

Abb. 7.9. Prinzipien von Trockenkühltürmen

  a: mit Oberflächenkondensator
  b: mit Direkteinspritzung im Kondensator (System Heller)
  c: Luftkühler mit Ventilator

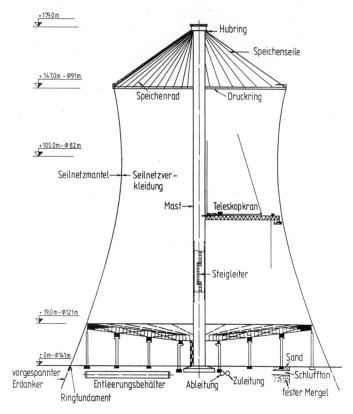

Abb. 7.10. Trockenkühlturm des THTR-300 [7.12]

Kühlverfahren angehoben. Bei einer Luftaufwärmung von 12°C auf 30,5°C wird im Wasserkreislauf eine Temperaturspanne von 26,5°C bis 38,5°C gefahren. Die zugehörige Kondensationstemperatur beträgt dann bei dieser speziellen Anlage 40°C.

Trockenkühltürme machen auch Großkraftwerke völlig unabhängig von der Verfügbarkeit von Kühlwasser. Insbesondere für wasserarme Gebiete dürfte diese Kühlungsart in Zukunft große Bedeutung erlangen.

7.6 Hybridkühltürme

Beim Hybridkühlturm [7.14-7.16] werden die technisch-physikalischen Eigenschaften von Naß- und Trockenkühltürmen vereinigt. Insbesondere die Vorteile der hohen Kühlleistung von Naßkühltürmen werden mit den Vorteilen der Schwadenfreiheit bei Trockenkühltürmen kombiniert. Abb. 7.11 zeigt zwei prinzipielle Ausführungen derartiger Kühleinrichtungen. Das erwärmte Kühlwasser wird nach Abb. 7.11a im oberen Trockenbereich in Wärmetauscherrohren und im unteren Naßbereich wie beim Naßkühlturm durch Verrieselung mit direktem Außenluftkontakt zurückgekühlt. Eine gewisse Zusatzwassermenge ist auch hier notwendig. Bei der Lösung nach Abb. 7.11b wird im Trockenkühlturm mit geschlossenem Kühlkreislauf ein zweiter Wasserkreislauf installiert, der etwa an

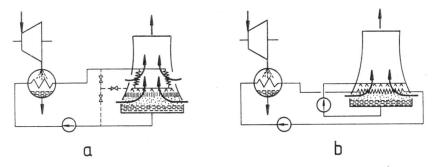

Abb. 7.11.   Prinzipien von Hybridkühltürmen

   a: kombinierter Trocken-/Naß-Naturzugkühlturm
   b: Trockenkühlturm mit Wassereinsprühung

heißen Tagen für eine zusätzliche Kühlung sorgen kann. Sichtbare Schwaden im Winter, die sich bei feuchter und kalter Umgebungsluft ergeben, werden bei dieser Lösung vermieden. Abb. 7.12 zeigt eine Lösung für einen Hybridkühlturm mit Ventilator. Hierbei ist die Trockensektion, bestehend aus berippten Kühlrohren, direkt oberhalb der Kühleinbauten eines Naßkühlturms angeordnet. Der durch die Trockensektion geführte Luftstrom wird durch Klappen geregelt. Auch die durch die Naßsektion strömenden Luftmengen können durch Regelklappen eingestellt werden. Bei extrem kaltem Wetter wird so z.B. die Luftzufuhr durch die Naßsektion unterbunden. Schwadenbildung wird mit dieser Konzeption ganzjährig vermieden. Der Zusatzwasserbedarf ist geringer als beim Naßkühlturm, die baulichen Aufwendungen und die Wirkungsgradreduktion sind geringer als beim Trockenkühlturm.

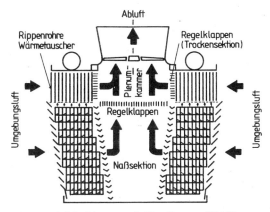

Abb. 7.12.   Schema eines Hybridkühlturms mit Ventilatoren [7.14]

7.7   Vergleichende Bewertung

Die hier beschriebenen Kühlverfahren unterscheiden sich im wesentlichen im Hinblick auf den Gesamtkraftwerkswirkungsgrad, den Kühlwasserbedarf, die Unterschiede in den baulichen Aufwendungen und ihre Auswirkung auf die Umwelt. Einige technische Merkmale und die unter gleichen anlagentechnischen Randbedingungen resultierenden Verschiebungen des Anlagenwirkungsgrades sind in Tab. 7.3 vermerkt. Das ökologisch vorteilhafteste Verfahren, die Trockenkühlung, verursacht demnach die höchsten Stromerzeugungskosten. Dies wird auch durch Abb. 7.13 im jahreszeitlichen Verlauf für die Sommermonate verdeutlicht. Allerdings ist die Trockenkühlung in der kalten Jahreszeit den Naßkühltürmen überlegen [7.16].

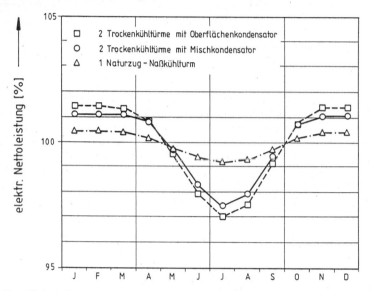

Abb. 7.13. Elektrische Nettoleistung abhängig von der Kühlungsart im Jahresverlauf

Tab. 7.3. Kühlverfahren eines 700 MW-Steinkohlekraftwerks im Vergleich

Parameter	Di-mension	Frischwasser-kühlung	Naßkühlturm	Trockenkühl-turm
Nettoleistung	MW	703	687	671
Nettowirkungs-grad	%	39	38,2	37,2
Kondensations-abwärme	MW	934	950	966
Kondensator-druck	bar	0,032	0,065	0,086
Kühlwasserbe-darf	m³/s	35	1,1	-
Investkosten	%	100	105	112
Stromerzeu-gungskosten	%	100	108	115

8 Emissionen und Rauchgasreinigung bei fossil gefeuerten Kraftwerken

8.1 Emissionen

In allen Bereichen der Energiewirtschaft werden bei der Umwandlung und Nutzung von Energie Schadstoffe freigesetzt [8.1-8.2]. Auch bei industriellen Produktionsprozessen entstehen Abfall- und Reststoffe. Die Schadstoffe belasten Boden, Wasser und Luft. In diesem Kapitel wird beispielhaft der Schadstoffpfad Luft diskutiert. Anhand von Abb. 8.1 ist aufgezeigt, welche Schadstoffe in Abhängigikeit vom gewählten Primärenergieträger emittiert werden. Die Intensität der Emissionen ist abhängig von den Spezifikationen der eingesetzten Energieträger, von der gewählten Verfahrenstechnik, vom Wartungszustand der Anlage und zumeist auch vom gewählten Betriebskonzept.

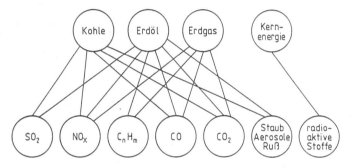

Abb. 8.1.   Primärenergieträger und erzeugte Schadstoffe

Tab. 8.1.   Schadstoff-Emissionen (10^6 t/a) in den verschiedenen Sektoren der Energiewirtschaft (BRD 1987, $389 \cdot 10^6$ t SKE Primärenergieeinsatz)

Sektor	Staub	SO_2	NO_x	C_nH_m	CO	CO_2
Verkehr	0,03	0,1	1,35	0,66	6,23	185
Haushalt und Kleinverbraucher	0,05	0,45	0,15	0,64	1,67	336
Industrie	0,45	0,98	0,57	0,48	1,39	249
Kraftwerke	0,17	1,96	0,93	0,01	-	373

Interessant ist, daß alle Bereiche der Energiewirtschaft für die Schadstoffemissionen verantwortlich sind (s. Tab. 8.1). Während die Anteile der einzelnen Bereichen an der Produktion der verschiedenen Luftschadstoffe aufgrund der unterschiedlichen Energieumwandlungsverfahren recht unterschiedlich sind, werden in allen Bereichen erhebliche Mengen an CO_2 freigesetzt. Die letztgenannte Frei-

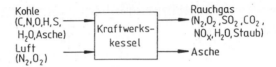

Abb. 8.2.   Blockschema eines Kraftwerkskessels im Hinblick auf Schadstoffbilanzen

setzung wird sich langfristig als ein entscheidendes Umweltproblem erweisen (s. Kapitel 24).

Am Anfang jeder Betrachtung zur Schadstofffreisetzung steht eine Bilanzierung der zugrundeliegenden Prozesse. Die Behandlung eines steinkohlegefeuerten Kraftwerkskessels soll im folgenden als Beispiel zur Vorgehensweise dienen (s. Abb. 8.2). Folgende Reaktionen werden gemeinhin betrachtet:

$$C + O_2 \ \rightarrow \ CO_2 \qquad C + \frac{1}{2}\,O_2 \ \rightarrow \ CO$$

$$S + O_2 \ \rightarrow \ SO_2 \qquad N_2 + O_2 \ \rightarrow \ 2\,NO$$

$$N_2 + 2\,O_2 \ \rightarrow \ 2\,NO_2 \qquad Cl_2 + H_2 \ \rightarrow \ 2\,HCl$$

$$F_2 + H_2 \ \rightarrow \ 2\,HF$$

Die spezifischen Emissionen σ_{SO_2} (mg SO_2/m^3 Rauchgas), σ_{NO_x}, σ_{Staub}, σ_{CO_2} usw. ergeben sich teils über stöchiometrische Betrachtungen. So ergibt sich z.B. bei 1 Gew.-% Schwefel in der Kohle eine spezifische SO_2 Emission von ca. 2000 mg SO_2/m^3 Rauchgas, wenn man entsprechend Kapitel 5 davon ausgeht, daß bei der Verbrennung von 1 kg Kohle ca. 10 m^3 Rauchgase entstehen. Für ein 700 MW_{el}-Steinkohlekraftwerk erhält man so ohne Rauchgasreinigung die in Abb. 8.3a eingetragenen Emissionswerte, während bei Realisierung der in den folgenden Abschnitten besprochenen Reinigungsverfahren von Emissionen entsprechend Abb. 8.3b ausgegangen werden kann. Derzeit gültige gesetzlich festgelegte Emissionsgrenzwerte in der BRD sind aus Tab. 8.2 zu entnehmen. Für andere Feuerungsanlagen oder spezielle industrielle Prozesse gelten ähnliche Richtwerte,

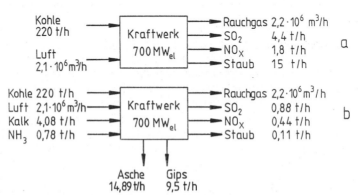

Abb. 8.3.   Bilanz für die Rauchgasseite eines Steinkohlekraftwerks

    a: ohne Rauchgasreinigung und Entstaubung
    b: mit Rauchgasreinigung und Entstaubung

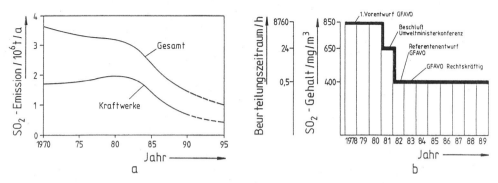

Abb. 8.4. Entwicklung von Emissionswerten und gesetzlichen Richtlinien in der BRD

    a: Entwicklung der integralen SO_2-Emission in der BRD
    b: Entwicklung der SO_2-Grenzwerte für Kohlekraftwerke (GFAVO = Groß-
         feuerungsanlagenverordnung)

die der Fachliteratur zu entnehmen sind. Ständige Weiterentwicklungen in der
Technik und gesetzliche Maßnahmen haben sowohl zu einer Verringerung der
Emissionen als auch zur Herabsetzung der gesetzlichen Emissionsgrenzwerte geführt. So wurde bei Braunkohlekraftwerken in den letzten 30 Jahren die spezifische Staubemission um mehr als einen Faktor 20 gesenkt. Auch bei der Stahlerzeugung war eine Reduktion der spezifischen Emissionen möglich (Faktor 10).
Abb. 8.4a zeigt die zeitliche Entwicklung der SO_2-Emissionen aus Kraftwerken
und der gesamten Energiewirtschaft. Eine deutliche Abnahme ist auch hier zu
erkennen. Weitere Verbesserungen werden zukünftig möglich sein. Die gesetzlichen Grenzwerte werden kontinuierlich den Fortschritten der Technik angepaßt
(s. Abb. 8.4b).

Tab. 8.2. Emissionsgrenzwerte für Steinkohlekraftwerke in der BRD

Schadstoff	Staub	SO_2	NO_x	CO	HCl	HF
Grenzwert (mg/m^3)	50	400	200	250	100	15

8.2 Ausbreitung und Wirkung von Schadstoffen

Schadstoffe, die in einer energietechnischen Anlage oder in einem industriellen
Produktionsprozeß entstanden sind, breiten sich in Luft, Wasser und Boden aus.
Wenn auch umfangreiche Reinigungsstufen vorgeschaltet sind, so werden doch
gewisse Restmengen in die Umwelt freigesetzt. Es handelt sich hierbei um ein sehr
komplexes Geschehen, dessen Vielfalt z.B. mit Verweis auf einige stark vereinfachte Zusammenhänge bei der Kohleaufbereitung und Kohleveredlung (etwa
Kokerei) belegt werden soll (s. Abb. 8.5).

Beispielhaft sei hier die Ausbreitung von Schadstoffen in der Luft skizziert [8.4,
8.5]. Aus der Emission, die am Kaminaustritt festgestellt wird, ergibt sich unter
der Wirkung verschiedener Parameter eine Immission, die z.B. in Bodennähe ge-
messen werden kann (s. Abb. 8.6). Generell gilt, daß die Immissionswerte von der

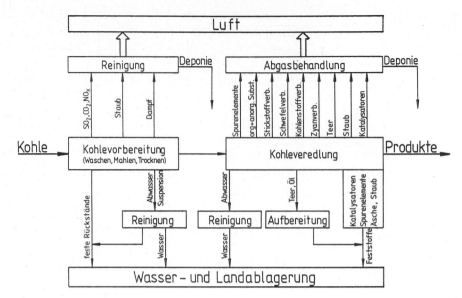

Abb. 8.5.   Mögliche Emissionen bei der Veredlung von Kohle

Windgeschwindigkeit u, der Freisetzungshöhe H, der Entfernung vom Emissionsort (x, y, z) sowie von den Ausbreitungsbedingungen G_i abhängen.

$$X(x, y, z) = \dot{Q}\, \Phi(u, H, G_i, \dots)\, F \,, \tag{8.1}$$

wenn mit Q die Emissionsquelle, mit Φ der metereologische Ausbreitungsfaktor und mit F ein ökologischer Transferfaktor bezeichnet wird. Als Grundlage für die Ausbreitung von Schadstoffen in Luft sind heute Beziehungen gebräuchlich, die aus der statistischen Theorie der turbulenten Diffusion sowie aus der Diffusionstheorie innerhalb homogener Schichten abgeleitet sind. Danach ergibt sich für den Ausbreitungsfaktor bei Annahme einer Punktquelle

$$\Phi(x, y, z) = \frac{\exp\left(-y^2/2\,\sigma_y^2\right)}{2\,\pi\,\sigma_y\,\sigma_z\,u} \left\{ \exp\left(-\frac{(H-z)^2}{2\,\sigma_z^2}\right) + \exp\left(-\frac{(H+z)^2}{2\,\sigma_z^2}\right) \right\}, \tag{8.2}$$

mit u Windgeschwindigkeit, x, y, z kartesische Koordinaten in Ausbreitungsrichtung, $\sigma_y(x)$, $\sigma_z(x)$ Ausbreitungsparameter in horizontaler und vertikaler Richtung senkrecht zur x-Achse. Die angegebene Gleichung führt auf eine gaußförmige Konzentrationsverteilung in der Abluftfahne senkrecht zur Ausbreitungsrichtung sowohl in horizontaler als auch in vertikaler Richtung. Die effektive Freiset-

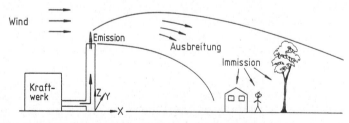

Abb. 8.6.   Zusammenhang zwischen Emission und Immission

zungshöhe H berücksichtigt die Schornsteinhöhe und eine gewisse Schornstein-
überhöhung, die abhängig von Wetterlage und Rauchgastemperatur erhebliche
Werte annehmen kann. Die Ausbreitungsparameter σ_y, σ_z werden entsprechend
6 verschiedenen Wetterkategorien ermittelt. Insgesamt ergibt sich damit das in
Abb. 8.7 wiedergegebene Bild für die Schadstoffausbreitung, wo neben den drei
zu homogenen Ausbreitungsverhältnissen führenden Schichtungen auch die drei
möglichen Inversionswetterlagen aufgeführt sind, deren Behandlung dann zu
einem Mehrschichtenproblem führt.

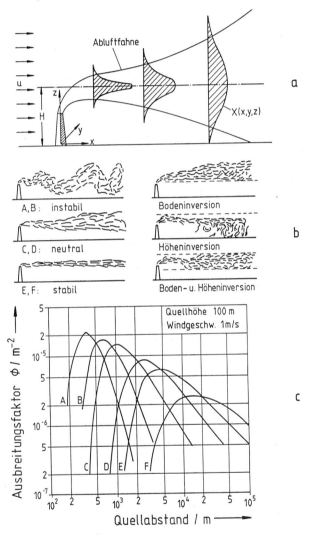

Abb. 8.7. Verhältnisse bei der Schadstoffausbreitung

a: zeitlich gemittelte Konzentrationsverteilung in einer Abgasfahne (in y-Rich-
tung entsprechende Profile)
b: Freiluftfortfahnen bei verschiedenen Wetterlagen [8.6]
c: Ausbreitungsfaktor Φ für verschiedene Wetterkategorien [8.7]

Hinsichtlich der Wirkung einiger Luftschadstoffe [8.6] kann folgendes festgehalten werden:

- Staub setzt sich im wesentlichen aus nichtbrennbaren Feststoffpartikeln mit bestimmten Korngrößenverteilungen zusammen. Seine Wirkung auf die Atemwege hängt von der Korngröße sowie von der chemischen Zusammensetzung ab. Insbesondere können Schwermetalle in Stäuben enthalten sein.

- Unverbrannte Kohlenwasserstoffe (C_nH_m) werden als krebserregend eingeschätzt.

- Schwefeldioxid bildet sich als Verbrennungsprodukt des in den meisten Brennstoffen enthaltenen Schwefels. Es ist ein farbloses, stechend riechendes Gas und wirkt besonders als Reizgas auf die Schleimhäute der Atemwege. Auch Pflanzen werden durch das Gas geschädigt. Nach Bildung von Schwefelsäure treten Versäuerungen von Gewässern und Böden auf. Ebenso werden Schäden an Gebäuden und Industrieanlagen beobachtet.

- Stickoxide, die sowohl durch Reaktion mit dem Brennstoffstickstoff als auch mit Luftstickstoff bei Verbrennungsprozessen mit hohen Temperaturen auftreten, verursachen ebenfalls Reizungen der Atemwege. Bei höheren Konzentrationen können schwere Erkrankungen der Atemwege beobachtet werden. Es ist weiterhin bekannt, daß infolge von photochemischen Reaktionen mit Kohlenwasserstoffen in der Atmosphäre Smog und saure Niederschläge auftreten können.

- Ein weiterer Luftschadstoff ist Kohlenmonoxid. Es ist ein farbloses und giftiges Gas. Durch CO wird der Sauerstofftransport im Blut beeinträchtigt. Die gesundheitlichen Folgen von Sauerstoffmangel können bis zur Atemlähmung reichen.

- Chlorwasserstoff (Salzsäure) ist ebenfalls ein farbloses, stechend riechendes Gas, welches die Atemwege reizt. Es entsteht durch Chloridspaltung der in der Kohle enthaltenen Chlorverbindungen.

- Auch Fluorwasserstoff (Flußsäure) ist ein farbloses, stechend riechendes Gas mit ähnlicher Wirkung auf lebende Organismen wie Salzsäure. Neben Fluorwasserstoff können während des Verbrennungsvorgangs auch andere Fluoride entstehen.

Besonders das gleichzeitige Einwirken von Schadstoffen kann schwerwiegende Folgen für die Gesundheit nach sich ziehen.

8.3 Entstaubung

Insbesondere bei der Verbrennung fester Brennstoffe, aber auch bei vielen industriellen Produktionsprozessen, fallen staubbeladene Rauchgase an. Gesetzliche Vorschriften zwingen heute zur Entstaubung [8.8, 8.9] der Abgasströme auf teilweise extrem niedrige Restgehalte an festen Bestandteilen (s. Tab. 8.3).

Vielfältige Verfahrensweisen zur Entstaubung sind physikalisch möglich und teils praktisch im Einsatz. So sind Verfahren der Abscheidung durch Massenkräfte, Naßabscheider sowie filternde und elektrische Abscheideverfahren verfügbar. In Kraftwerken kommen zwar meist Elektroentstaubungsverfahren zum Einsatz, aber für kleinere Feuerungen sind die übrigen Prinzipien durchaus von Bedeutung und sollen daher hier kurz erläutert werden. Im Falle von Absetzkammern (s. Abb. 8.8a) wird der Abgasstrom in der Kammer so stark verlangsamt, daß die schweren Staubkörner nicht mehr mitgerissen werden und sich schwerkraftbedingt absetzen. Dieser Effekt kann durch eingebaute Schikanen unter Inkaufnahme von erhöhten Druckverlusten unterstützt werden. Für Stäube mit $d < 0,1$ mm ist diese Maßnahme meist nicht mehr ausreichend wirksam. Beim Zyklon (s. Abb. 8.8b) werden Abgase durch tangentiales Einblasen in Rotationsbewegung versetzt. Durch die entstehenden Zentrifugalkräfte werden meist auch kleine Staubteilchen ($d < 0,01$ mm) abgeschieden. In Durchströmungsentstaubern (s. Abb. 8.8c) wird das Rohgas durch im Einströmungsbereich angeordnete Leitschaufeln in Rotation versetzt. Über seitlich schräg angeordnete Düsen wird dem Hauptstrom tangential ein Zweitluftstrom entgegengeführt, der die Rotationsströmung der staubbeladenen Gase unterstützt. Durch die Wirkung von Zentrifugal- und Schleppkräften wird der Staub mit dem Zweitluftstrom mitgeführt und entfernt. Auch Teilchen mit Durchmessern kleiner 5 μm werden bei dieser Verfahrensweise abgeschieden. Naßwäscher (s. Abb. 8.8d) weisen meist den Vorteil auf, daß neben Staubteilchen auch gleichzeitig gasförmige Verunreinigungen abgeschieden werden. Nachteilig ist im allgemeinen eine aufwendige Schlammbehandlung und Rückgewinnung der Waschflüssigkeit. Das Prinzip der Naßabscheidung beruht auf dem Einschluß der Staubteilchen in einem Flüssigkeitsfilm oder in Flüssigkeitströpfchen, so daß der Staub mit der Flüssigkeit aus dem Gas entfernt werden kann. Sehr wirkungsvolle Naßwäscher sind Wirbelwäscher und Venturiwäscher, bei denen die staubhaltigen Gase stark beschleunigt werden. Mit derartigen Waschsystemen können noch Staubpartikel kleiner 0,1 μm abgeschieden werden.

Tab. 8.3.   Gesetzliche Vorgaben zum Reststaubgehalt in Abgasen

Emittent	Staubgehalt (mg/m^3)	Bemerkung
Steinkohlekraftwerk	50	auch Wirbelschichten
Industriefeuerung	50...150	höhere Werte für $P_{th} < 5$ MW
Müllverbrennungsanlagen	30	spezielle Regelungen für HCl, HF, C_nH_m, anorganische Verbindungen
Gasfeuerung	5...50	höhere Werte für Industriegas in der Stahlindustrie

Tuchfilter (s. Abb. 8.8e) halten bei Verwendung geeigneter Filtermaterialien Staubpartikel bis unter 0,01 μm zurück. Oft werden textile Filtermaterialien in Form von Schläuchen eingesetzt. Auch mineralische Fasern (Glas, Asbest) oder Edelstahlfasern sind im industriellen Einsatz. Die Durchströmung der Filterschläuche kann von innen nach außen oder umgekehrt erfolgen. Von Zeit zu Zeit wird der sich auf der Zuströmseite absetzende Filterkuchen durch Rütteln oder durch Druckluftstoß von den Schlauchwänden entfernt. Elektrofilter (s. Abb. 8.8f) schließlich gestatten auch die Abscheidung feinster Stäube. Die wesentlichen Bestandteile eines Elektrofilters sind die Sprühelektrode, die Niederschlagselektrode sowie die Hochspannungsversorgung bestehend aus Transformator und Gleichrichter. Von den Sprühelektroden, an denen eine negative Gleichspannung bis zu 80 kV anliegt, werden Elektronen ausgesendet. Diese Elektronen ionisieren das Gas und sorgen für eine Koronaentladung. Im Koronafeld werden die

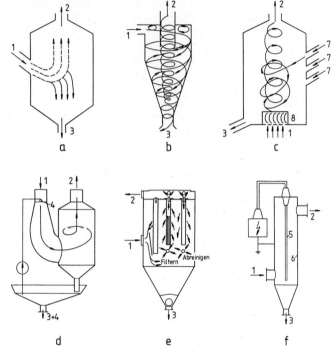

Abb. 8.8.   Systeme zur Abgasentstaubung

1 Rohgas, 2 Reingas, 3 Staub, 4 Waschlösung, 5 Sprühelektrode, 6 Niederschlagselektrode, 7 Zweitluft, 8 Leitschaufeln

a: Absetzkammer, b: Zyklon, c: Drehströmungsentstauber, d: Naßwäscher, e: Tuchfilter, f: Elektrofilter

Staubteilchen aufgeladen, so daß sich ein elektrisches Feld ausbildet und auf die geladenen Staubteilchen Coulombkräfte einwirken. Diese Kräfte treiben die geladenen Staubteilchen in Richtung der Abscheidelektrode, wo sie schließlich abgelagert werden. Der Abscheidegrad ε eines Elektrofilters hängt gemäß

$$\varepsilon = \frac{\xi \text{ (Rohgas)} - \xi \text{ (Reingas)}}{\xi \text{ (Rohgas)}} = 1 - \exp\left(-w\,\frac{A}{\dot{V}}\right) \qquad (8.3)$$

vom Gasvolumenstrom $\dot{V}$, von der Wanderungsgeschwindigkeit w der Staubteilchen zu den Niederschlagselektroden und von der Niederschlagsfläche A ab. Mit ξ sind die Staubkonzentrationen vor und hinter dem Filter bezeichnet. Die Wanderungsgeschwindigkeit ihrerseits hängt von vielen Parametern wie Temperatur, Druck und Gaszusammensetzung, Korngrößenverteilung des Staubes, elektrische Feldstärke usw. ab. Die gesetzlichen Auflagen eines Reststaubgehalts von 50 mg/m³ Abgas lassen sich für Großkraftwerke mit modernen Elektrofiltern ohne Schwierigkeiten erfüllen (s. Abb. 8.9). Die meisten Elektrofilter arbeiten bei Rauchgastemperaturen um 130°C. Für spezielle Anwendungen, beispielsweise in Wirbelschichtanlagen, sind auch höhere Temperaturen gebräuchlich.

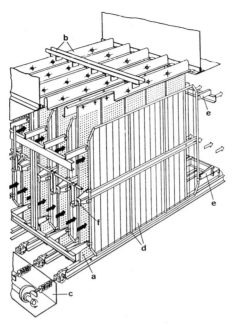

Abb. 8.9. Technische Ausführung eines Elektrofilters für Großkraftwerke [8.10]

a: Niederschlagselektroden, b: Aufhängung der Niederschlagselektroden,
c: Klopfeinrichtung zur Reinigung der Niederschlagselektroden, d: Sprühelektroden, e: Aufhängeträger für Sprührahmen, f: Klopfhämmer für Sprührahmen

8.4 Entschwefelung

Grundsätzlich bestehen mehrere Möglichkeiten, die Emission von SO_2 aus Feuerungsanlagen zu reduzieren [8.11-8.15]. Die nächstliegende Methode ist eine Entschwefelung des Brennstoffs vor dessen Verbrennung, so z.B. bei Kohle eine vorgeschaltete Kohlevergasung oder bei schweren Heizölen eine Hydrierung oder Hydrocrackprozesse. Erdgas und andere Brenngase können relativ einfach durch chemische oder pysikalische Waschverfahren entschwefelt werden. Während der Verbrennung kann eine Entschwefelung durch Zugabe von schwefelbindenden Stoffen, z.B. Kalk in Wirbelschichten oder Staubfeuerungen, vorgenommen werden. Schließlich ist eine Schwefelentfernung aus den Rauchgasen möglich. Solche Anlagen sind in der BRD heute bercits für eine Kraftwerkskapazität von 30 GW_{el} eingeführt und werden wirtschaftlich vertretbar betrieben.

Die erwähnten Maßnahmen seien kurz in der angegebenen Reihenfolge erläutert. Kohle kann im wesentlichen über die endotherme Vergasungsreaktion

$$C + H_2O \quad \rightarrow \quad CO + H_2$$

in Nutzgas überführt werden. Ein Teil der Kohle wird dazu im Vergasungsreaktor gemäß

$$C + O_2 \quad \rightarrow \quad CO_2$$

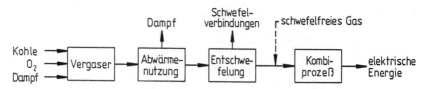

Abb. 8.10.   Verfahrenskombination zur Erzeugung von schwefelfreiem Brenngas und Verstromung im Kombiprozeß

zur Deckung des Wärmeverbrauchs verbrannt. Der Schwefel wird zumeist als H_2S in einer nachfolgenden Waschstufe, z.B. Methanolwäsche, bei tiefen Temperaturen aus dem Gas entfernt. Das gewonnene Brenngas ist entschwefelt und kann z.B. in einem Kombiprozeß mit hohem Wirkungsgrad verstromt werden. Abb. 8.10 zeigt das Prinzipschema einer derartigen Kombination. Bei genauer Rechnung findet man für wärmetechnisch optimal geführte Vergasungsprozesse Wirkungsgrade von 80 bis 85 %. Im Verbund mit Kombiprozessen mit maximal 50 % Wirkungsgrad kann so ein Gesamtwirkungsgrad von etwa 42 % erreicht werden.

Durch Einsatz von Kohle in Wirbelschichten wird über Reaktionen vom Typ

$$CaCO_3 \quad \rightarrow \quad CaO + CO_2 \, ,$$

$$CaO + SO_2 + \frac{1}{2} \, O_2 \quad \rightarrow \quad CaSO_4$$

Schwefeldioxid gebunden und kann in Form von Gips aus dem Wirbelbett abgezogen werden. Die erzielbaren Entschwefelungsgrade sind im wesentlichen von der Kalksteinmenge, der Verweilzeit, der Kalksorte sowie der Korngröße abhängig. Optimale Temperaturen liegen bei etwa 850°C. Abb. 8.11 weist aus, daß Ca/S-Molverhältnisse um 3 zu einer weitgehenden Entschwefelung führen.

Großkraftwerke werden in der BRD derzeit zumeist mit Rauchgasentschwefelungsanlagen aus- bzw. nachgerüstet. Eine Reihe von Verfahren sind entwickelt und haben inzwischen ihre Bewährungsprobe bestanden. Als typische

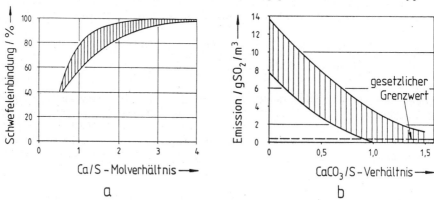

Abb. 8.11.   Entschwefelung in der Wirbelschicht [8.13]

a: Schwefeleinbindung in Abhängigkeit vom Ca/S-Molverhältnis
b: spezifische Schwefelemission in Abhängigkeit vom $CaCO_3$/S-Verhältnis

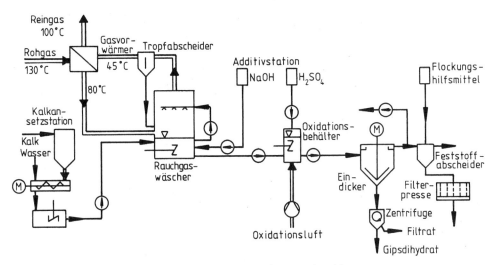

Abb. 8.12. Verfahrensablauf bei der nassen Rauchgasentschwefelung

Vertreter seien im folgenden ein nasses Rauchgasentschwefelungsverfahren sowie ein trockenes Verfahren erklärt. Beim nassen Verfahren (s. Abb. 8.12) wird das vom Kessel kommende Rohgas zunächst über einen rekuperativen Wärmetauscher von rund 130°C auf etwa 80°C abgekühlt. Im Waschturm werden Rohgas und eine wässerige Aufschlämmung von Calciumoxyd oder Calciumcarbonat im Gegenstrom in Kontakt gebracht. Dabei reagiert Kalkstein mit dem SO_2-Gehalt des Abgases zu schwerlöslichem Calciumsulfidhydrat. Ein Teil des absorbierten SO_2 wird vom vorhandenen Luftsauerstoff oxydiert, so daß als Nebenprodukt Gips ($CaSO_4 \cdot 2\,H_2O$) entsteht. Das Calziumsulfit wird durch eine nachgeschaltete Oxydation ebenfalls in Calziumsulfat umgewandelt. Nach Eindickung und Feststoffabscheidung wird das abgetrennte Wasser zurück in den Kreislauf gegeben, Gips wird als Rückstand in der Deponie abgelagert oder als Rohstoff in der Bauindustrie genutzt.

Ein vereinfachtes Reaktionsschema gestattet es, die involvierten Mengen abzuschätzen. Dazu sei die folgende Reaktion als Summenreaktion angenommen:

$$Ca(OH)_2 + SO_2 + \frac{1}{2}\,O_2 + H_2O \quad \rightarrow \quad CaSO_4 \cdot 2\,H_2O$$

$$74g + 64g + 16g + 18g \quad \rightarrow \quad 172g$$

Aus den Molumsätzen kann demnach ein spezifischer Kalkeinsatz von 1,16 kg/kg SO_2 mit einer spezifischen Produktion von 2,7 kg Gips/kg SO_2 abgeleitet werden. Bei einem Schwefelgehalt von 1 Gew.-% wird so bei einer 700 MW_{el}-Anlage mit einem Einsatz von rund 4 t Kalk/h und der Erzeugung von etwa 9,5 t Gips/h zu rechnen sein, falls man eine Entschwefelung auf den zulässigen Grenzwert von 400 mg SO_2/m³ unterstellt.

Als ein charakteristisches Verfahren der trockenen Rauchgasentschwefelung sei das Verfahren der Bergbauforschung vorgestellt (s. Abb. 8.13). Die Rauchgase werden hier zunächst im Absorber durch eine Aktivkoksschicht, hier von innen nach außen, hindurchgeleitet und von SO_2 durch Absorption am Koks gereinigt. Der beladene Koks wird aus dem Absorberturm in eine Desorbereinrichtung

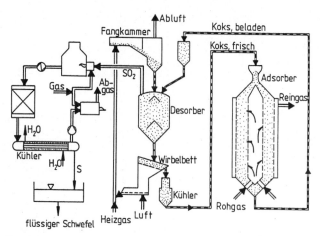

Abb. 8.13. Trockene Rauchgasentschwefelung nach dem Verfahren der Bergbauforschung [8.13]

überführt. Hier wird der Koks durch Zugabe von heißem Sand bei einer Temperatur von 600°C thermisch regeneriert und als gereinigter Aktivkoks zum Absorber zurückgeführt. Das aus dem Desorber kommende SO_2-haltige Abgas gelangt zu einer Produktgas-Aufbereitung. Das SO_2-Reingas wird schließlich in einer Clausanlage zu Elementarschwefel verarbeitet. Die Erzeugung von reinem Schwefel als gut absetzbarer Rohstoff stellt einen der Vorteile dieses Verfahrens dar.

8.5 Entstickung

Abhängig vom eingesetzten Brennstoff, von den Feuerungsbedingungen, vom Luftverhältnis sowie von der Feuerungsart entstehen in modernen Feuerungsanlagen in erheblichem Maße Stickoxide. Typische NO_x-Gehalte der Rauchgase sind in Tab. 8.4 für verschiedene Kohlefeuerungssysteme zusammengestellt. Gesetzliche Regelungen schreiben heute eine Absenkung auf 200 mg NO_x/m^3 Rauchgas vor. Dieser Grenzwert wird aufgrund der niedrigen Verbrennungstemperaturen ausschließlich von Wirbelschichtfeuerungen ohne eine nachgeschaltete Entstickung eingehalten. Alle anderen Feuerungsarten erfordern spezielle Maßnahmen zur Reduktion der NO_x-Emissionen. Man unterscheidet Primärmaßnahmen, die beim Verbrennungsvorgang selbst ansetzen, sowie Sekundärmaßnahmen, die aus einer Nachbehandlung der Rauchgase bestehen [8.16-8.19].

Durch primäre Maßnahmen, die bereits bei der technischen Durchführung des Verbrennungsvorganges wirksam werden, läßt sich bereits eine Absenkung der NO_x-Gehalte im Rauchgas um bis zu 50 % erreichen. Die technische Maßnahme besteht hier in der Verwendung von Stufenmischbrennern, wie bereits in Kapitel 6 ausgeführt wurde. Trotzdem entsteht in modernen Kraftwerken je nach Feuerungsart noch ein NO_x-Gehalt zwischen 800 und 1500 mg/m^3 Rauchgas. Angesichts der gesetzlichen Grenzwerte ist also noch eine weitere Reduzierung erforderlich.

Als eine der wesentlichen Sekundärmaßnahmen sei hier das SCR-Verfahren (Selective Catalytic Reaction) angeführt. Bei diesem katalytischen Verfahren werden Stickoxide bei Temperaturen von 300 bis 400°C unter Ammoniakzugabe beseitigt. Der Reduktionsgrad für NO_x erreicht mit ca. 90 % ein Optimum im Bereich von 350°C bis 400°C. Kennzeichnende Reaktionen sind:

$$4\,NO + 4\,NH_3 + O_2 \overset{\text{Kat.}}{\rightarrow} 4\,N_2 + 6\,H_2O\ ,$$

$$6\,NO_2 + 8\,NH_3 \overset{\text{Kat.}}{\rightarrow} 7\,N_2 + 12\,H_2O\ .$$

Geht man von diesen Reaktionsgleichungen aus, so errechnet man über stöchiometrische Beziehungen direkt einen spezifischen NH_3-Bedarf von rund 0,57 g NH_3/g NO, d.h. bei einem tatsächlich hinter Kohlefeuerungen auftretenden Reduktionsbedarf von ca. 1 g/m³ Rauchgas sind 0,57 g NH_3/m³ Rauchgas aufzuwenden. Für eine 700 MW_{el}-Steinkohleanlage mit rund $2,2 \cdot 10^6$ m³/h Rauchgas sind folglich 1,3 t NH_3/h einzusetzen, um eine den gesetzlichen Richtlinien entsprechende Entstickung zu erreichen. Für die zweite Reaktion errechnet sich mit 0,49 g NH_3/g NO_2 ein geringerer spezifischer NH_3-Bedarf.

Tab. 8.4.   Typische Stickoxid-Gehalte im Rauchgas verschiedener Feuerungssysteme ohne Einsatz von Minderungsmaßnahmen

Feuerungssystem	charakteristische Maximaltemperatur (°C)	NO_x-Gehalt (mg/m³)
Schmelzfeuerung	1400	1200...2000
Trockenfeuerung	1200	500...1500
Rostfeuerung	1300	1000...2000
Wirbelschichtfeuerung	< 900	< 200

Es werden zwei unterschiedliche Verfahrensweisen durch Anordnung des Katalysators im Rauchgasstrom unterschieden: das heiße und das kalte SCR-Verfahren. Beim heißen SCR-Verfahren (s. Abb. 8.14a) wird ein katalytischer Reaktor zwischen den Heizflächen des Economisers und des Luftvorwärmers im Rauchgasstrom angeordnet. Dort herrschen Temperaturen von annähernd 400°C. In den Reaktor wird Ammoniak eingespeist, so daß die vorher erwähnten Reaktionen quantitativ ablaufen können. Beim kalten SCR-Verfahren (s. Abb. 8.14b) ist die Entstickungsanlage hinter der Rauchgasentschwefelungsanlage eingeschaltet. Die Aufwärmung der Gase erfolgt über einen Vorerhitzer, der mit Gas, Öl oder Dampf betrieben wird. Dem Nachteil der erforderlichen Rauchgasaufheizung auf Reaktionstemperatur steht dem kalten Verfahren im Vergleich zum heißen der Vorteil eines SO_2-armen Rauchgases gegenüber, so daß Korrosionsprobleme hier eine untergeordnete Rolle spielen.

Als Katalysatoren für die Entstickung werden Metalloxyde (V_2O_5, WO_3, V_2O_5/MoO_5) auf Trägermaterialien (z.B. TiO_2) eingesetzt. Diese haben vielfältige Forderungen zu erfüllen, so z.B. neben möglichst langer hoher katalytischer Wirksamkeit hohe mechanische Festigkeit, Korrosionsbeständigkeit, Temperaturwechselbeständigkeit und geringe Druckverluste. Es werden wabenförmige Strukturen mit großen spezifischen Oberflächen (bis zu 500 m²/m³) verwendet. Bei einer 700 MW_{el}-Anlage werden in einem Katalysatorvolumen von etwa 2000 m³ Elemente mit den Abmessungen 15 cm x 15 cm x 1 m eingesetzt. Der Ammoniakaustritt aus dem Katalysatorbereich, der sogenannte Ammoniakschlupf, muß möglichst gering sein, damit nicht ein neues Umweltproblem durch hohe NH_3-Gehalte im Abgas erzeugt wird.

Es sei abschließend darauf hingewiesen, daß auch kombinierte Verfahrensweisen möglich sind, bei denen in einem Schritt sowohl entschwefelt als auch entstickt wird, z.B. beim Aktivkohleverfahren, ähnlich dem in Abschnitt 8.4 vorgestellten Verfahren der Bergbauforschung. Auch Verfahren der Direkteinspeisung von NH_3 in den heißen Rauchgasstrom sind als SNCR-Verfahren (Selective Non Catalytic Reduction) bekannt.

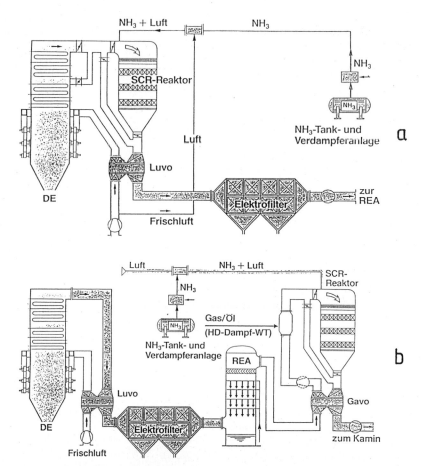

Abb. 8.14.   Prinzipschema des SCR-Verfahrens zur Entstickung von Rauchgasen [8.20]

a: heißes SCR-Verfahren (Reaktor vor Luvo)
b: Kaltes SCR-Verfahren (Reaktor hinter REA)

9 Konzepte fossil gefeuerter Kraftwerke

9.1 Energiefluß im Kraftwerk

Der Nettowirkungsgrad eines Kraftwerks, hier speziell eines Kohlekraftwerks, wird aus den Einzelwirkungsgraden der Komponenten entsprechend der Beziehung

$$\eta_{ges} = \prod_i \eta_i = \eta_K\, \eta_{th}\, \eta_{mech}\, \eta_{Gen}\, \eta_{Abgabe} \qquad (9.1)$$

berechnet, mit η_K Kesselwirkungsgrad, η_{th} thermischer Wirkungsgrad des Kreisprozesses, η_{mech} mechanischer Wirkungsgrad der Turbine, η_{Gen} Generatorwirkungsgrad, η_{Abgabe} Abgabewirkungsgrad. Oft werden die Strahlungs- und Konvektionsverluste mit in den Kesselwirkungsgrad einbezogen. Der Wert $(1 - \eta_{Abgabe})$ umfaßt den gesamten Energiebedarf eines Kraftwerks, z.B. den für Speisepumpen, Kohlemühlen, Frischdampfgebläse, Saugzuggebläse.

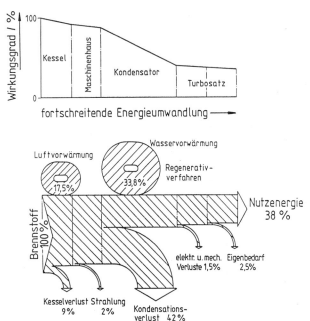

Abb. 9.1. Energiefluß in einem modernen Steinkohlekraftwerk

Die Kraftwerke unterscheiden sich je nach Auslegungsbedingungen mitunter erheblich, jedoch sind die in Abb. 9.1 eingetragenen Werte in etwa typisch für ein modernes Steinkohlekraftwerk. Wie in Kapitel 23 noch weiter ausgeführt wird, wären allein unter technischen Gesichtspunkten immer noch Verbesserungen des Wirkungsgrades durch anlagentechnische Modifikationen möglich. Derzeit werden allerdings Entscheidungen über diese Größe im Rahmen einer technisch-wirtschaftlichen Optimierung getroffen. Der Wirkungsgrad eines Kraftwerks hängt auch sehr stark von der Betriebsweise ab. Bei ständiger Teillast oder bei häufigem An- und Abfahren der Anlage sinkt der Wirkungsgrad beträchtlich. Tab. 9.1 gibt den heute in der BRD erreichten Stand in der Kraftwerkstechnik im Hinblick auf Nettowirkungsgrade wieder. Ergänzend sind einige Informationen zu Systemen eingetragen, die sich noch in der Entwicklung befinden.

Tab. 9.1. Kraftwerksnettowirkungsgrade

Kraftwerkstyp	η_{ges} (%)	Bemerkungen
Steinkohle	37	mit Naßkühlturm, REA, DENOX, Dampfkraftprozeß
Braunkohle	35	mit Naßkühlturm, REA, DENOX, Dampfkraftprozeß
offene Gasturbine	27	ohne Rekuperator, 900°C Turbinen-eintrittstemperatur
Kombiprozeß mit Erdgas	43	GUD-Prozeß
Steinkohle	43	mit Kohlevergasung und GUD-Prozeß
Braunkohle	42	mit Kohlevergasung und GUD-Prozeß
Steinkohle	41	mit Wirbelschicht und GUD-Prozeß

9.2   Konzepte von modernen Steinkohlekraftwerken

In einem fossil gefeuerten Kraftwerk [9.1-9.6] läuft eine Vielzahl von Verfahrensschritten ab, die in Abb. 9.2 für ein Steinkohlekraftwerk schematisch verdeutlicht sind. Der Betrieb des Dampfkessels erfordert neben einer Brennstoffvorbereitung, die aus der Mahlung und eventuell einer Trocknung besteht, die Behandlung und Entsorgung der Asche sowie eine aufwendige Rauchgasbehandlung durch Entstaubung, Entschwefelung und Entstickung (s. Kapitel 8). Für die Durchführung des Dampfkraftprozesses ist, wie schon in Kapitel 7 dargelegt, eine aufwendige Einrichtung zur Abfuhr der Kondensationswärme vorzusehen. Der Betrieb des Dampfkessels und des Wasserdampfkreislaufs hat mit vollentsalztem Speisewasser zu erfolgen, dementsprechend ist in jedem Kraftwerk ein Wasseraufbereitungsanlage vorhanden. Die im Generator erzeugte elektrische Energie wird mit Hilfe von Hochspannungstransformatoren an den Netzzustand vor der Einspeisestelle angepaßt. Zusätzlich sind eine Reihe von weiteren Hilfseinrichtungen, wie z.B. Betriebsgebäude, Werkstätten, Anfahrkessel, Freiluftschaltanlagen, zum Betrieb der Kraftwerksanlage erforderlich. Für den Betrieb einer einfachen offenen Gasturbinenanlage können eine Vielzahl der zuvor genannten Einrichtungen entfallen, da das Arbeitsmedium Luft und der Brennstoff Erdgas in der Regel keiner besonderen Aufbereitung bzw. Nachbehandlung bedürfen.

Abb. 9.3 zeigt zunächst den Lageplan eines modernen Steinkohlekraftwerks, aus dem die Zuordnung der Anlagenbereiche unmittelbar ersichtlich sind. Bei der Anordnung der Einzelanlagen werden möglichst kurze Transportwege für den erzeugten Dampf und für die Rauchgase angestrebt. Dies führt in vielen Fällen zu ähnlichen Gebäudeanordnungen, die nur noch geringfügig von den jeweiligen

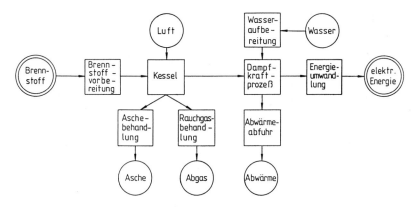

Abb. 9.2.   Bereiche eines kohlegefeuerten Kraftwerks

Standortgegebenheiten beeinflußt werden. Abb. 9.4 zeigt einen Kraftwerksblock im Längsschnitt sowie den zugehörigen Grundriß, aus dem die Zuordnung einzelner Bereiche nochmals klar ersichtlich wird.

Hinsichtlich der detaillierten Ausführung eines modernen Wasser-/ Dampfkreislaufs sowie des Kessels sind Angaben in den Kapiteln 3 und 6 zu finden. Hier seien in Abb. 9.5 ergänzend noch einige Informationen zum Turbosatz gegeben. In der beschriebenen Anlage kommt eine Kondensationsturbine mit einer Nennleistung von 747 MW zum Einsatz. Die Hochdruckturbine (HD) ist einflutig in Topfbauweise ausgeführt, ferner werden eine zweiflutige Mitteldruckturbine (MD) sowie zwei zweiflutige Niederdruckturbinen (ND) eingesetzt. Den Niederdruckturbinen sind zwei Kondensatoren nachgeschaltet, die gebäudetechnisch direkt unterhalb der ND-Turbosätze positioniert sind.

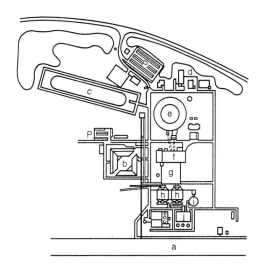

Abb. 9.3.   Lageplan eines Kohlekraftwerks (Kraftwerk Bergkamen A der Steag/VEW) [9.2]

a: Wasserstraße, b: Verwaltungsgebäude, c: Kohlelagerplatz, d: Wasseraufbereitungsanlage, e: Kühlturm, f: Maschinenhaus und Schaltanlagengebäude, g: Kesselhaus, h: Elektrofilter, i: Schornstein, j: Rauchgasreinigung, P: Parkplatz

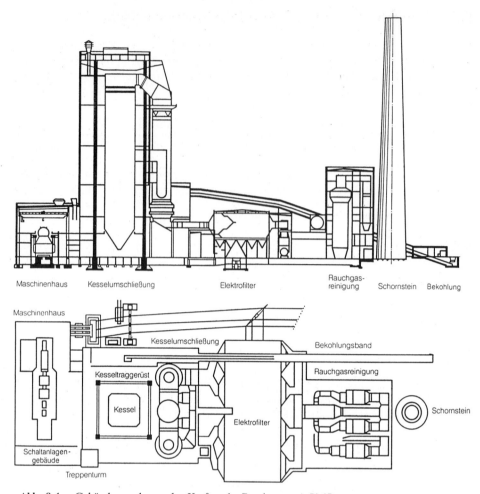

Maschinenhaus   Kesselumschließung   Elektrofilter   Rauchgas-   Schornstein   Bekohlung
                                                                                       reinigung

Abb. 9.4.   Gebäudeanordnung des Kraftwerks Bergkamen A [9.2]

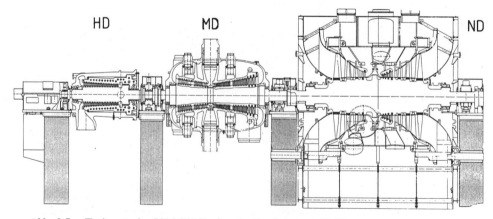

Abb. 9.5.   Turbosatz des 750 MW-Kraftwerks Bergkamen A [9.2]

9.3 Weiterentwicklungen zum Prozeß der Kohleverstromung

Die wesentlichen Bemühungen zur Weiterentwicklung der Kohleverstromung zielen auf eine Erhöhung des Gesamtwirkungsgrades des Kraftwerksprozesses, auf eine Nutzung aller Brennstoffe in Kombianlagen und vor allem auf eine möglichst weitgehende Reinigung der Abgase unter gleichzeitiger Kostensenkung für die Gesamtanlage ab [9.7-9.15].

Derzeit laufen innerhalb der Energiewirtschaft vielfältige Bemühungen, auch GUD-Prozesse, die langjährig sehr erfolgreich erprobt sind, mit Steinkohle zu betreiben. Ein erster Schritt in diese Richtung ist der Kombiblock im Gersteinwerk der VEW in Werne mit Erdgasfeuerung für die Gasturbinen-brennkammer und Kohlefeuerung für den Dampferzeuger. Die heißen Abgase der Gasturbine dienen dabei als vorgewärmte Verbrennungsluft (s. Abb. 9.6). Bis zu einer Kessellast von 70 % reichen die von der Gasturbine kommenden Abgase zur Kohleverbrennung im Kessel aus. Höhere Leistungen erfordern eine weitere Frischluftzufuhr durch ein parallel installiertes Frischluftgebläse. Eine moderne Gasturbinenanlage, die sowohl als Einzelaggregat als auch als Vorschaltturbine zum GUD-Prozeß Verwendung findet, ist mit ihren wichtigsten Daten in Abb. 9.7 wiedergegeben. Der nächste Schritt ist der Ersatz des bisher in der Brenn-

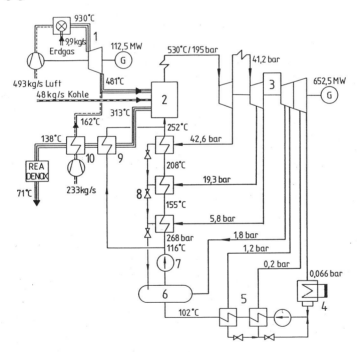

Abb. 9.6. Kombiblock mit Erdgasfeuerung für die Gasturbine und Kohlefeuerung für den Dampfkessel (Gersteinwerk der VEW, Werne) [9.8]

1 offene Gasturbine, 2 Steinkohlekessel, 3 Dampfturbosatz mit Zwischenüberhitzung, 4 Kondensator, 5 Niederdruck-Speisewasservorwärmer, 6 Speisewasserbehälter, 7 Kesselspeisepumpe, 8 Hochdruck-Speisewasservorwärmer, 9 Hochdruck-Speisewasservorwärmer mit Rauchgas, 10 Frischluftgebläse und Luftvorwärmer für Frischluft

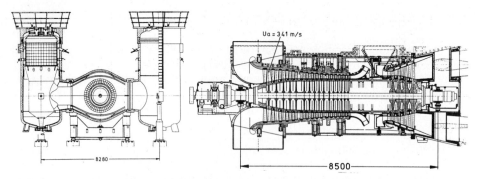

Abb. 9.7. Offene Gasturbinenanlage (KWU, Typ V94.0, P_{el} = 91,2 MW, T_{max} = 850°C)

kammer der Gasturbine eingesetzten Erdgases durch ein Gas, welches aus der Vergasung von Steinkohle gewonnen wird. Dazu soll im ersten Schritt eine Teilvergasung und im zweiten Schritt möglicherweise eine vollständige Vergasung von Kohle zur Erzeugung von Brenngas erfolgen. Zur Gaserzeugung können die bekannten Vergasungsprinzipien Festbett, Wirbelbett, Flugstrom und Eisenbad Verwendung finden. Durch optimale Wärmerückgewinnung sowie durch eine sinnvolle Dampfwirtschaft wird erreicht, daß der Vergasungswirkungsgrad oberhalb von etwa 85 % liegt. Durch den Einsatz fortschrittlicher Gasturbinenkonzepte mit Turbineneintrittstemperaturen um 1200°C werden die Wirkungsgrade des Kombiprozesses auf über 50 % gesteigert. So gelingt es, Gesamtwirkungsgrade für die Kohleverstromung unter Einschluß aller Gasreinigungsschritte von über 42 % zu realisieren. Eine typische Schaltung für ein derartiges Kraftwerk, welches auf der Verwendung eines Kohlestaubvergasers beruht, ist in Abb. 9.8 wiedergegeben. Die Vergasung der staubförmigen Kohle wird hierbei mit Sauerstoff und Dampf in einer Flugstaubwolke bei sehr hoher Temperatur durchgeführt. Das entstandene, im wesentlichen CO und H_2 enthaltende Gas wird gekühlt, von Staub und Schwefelverbindungen befreit und als Reingas der Brennkammer einer offenen Gasturbine zugeführt. Nach Expansion in der Turbine wird das heiße Abgas in einem Abhitzekessel zur Dampferzeugung genutzt. Ein weiterer Teil des der Dampfturbine zugeführten Dampfes stammt aus der dem Vergaser nachgeschalteten Abhitzenutzung des Rohgases.

Eine verfahrenstechnisch interessante Variante des GUD-Prozesses - allerdings ist hier noch ein großer Entwicklungsaufwand erforderlich - ergibt sich, wenn zur Hochtemperaturvorwärmung von Verbrennungsluft und Brenngas der Gasturbine ein spezieller Wärmeträgerkreislauf eingesetzt wird. In [9.9] wird Natrium vorgeschlagen, um ausreichende Wärmemengen aus einem kohlegefeuerten Dampfkessel in den vorgeschalteten Gasturbinenprozeß einzukoppeln. Das Brenngas wird durch Kohlevergasung erzeugt. Es wird erwartet, daß eine Kombination der hier gezeigten Art einen Wirkungsgrad der Kohleverstromung einschließlich Rauchgasentschwefelung von 44 bis 47 % erreicht. Die angegebene Spanne ist dabei durch die Höhe der zulässigen Natriumtemperatur im Koppelkreislauf bedingt, die für das hier zitierte Beispiel von 600°C bis 1200°C reicht.

Alternativ zum Einsatz von GUD-Prozessen mit Kohlevergasung sind druckbetriebene Wirbelschichtverbrennungsanlagen für Kohle als zukunftsträchtige Alternativen anzusehen (s. Abb. 9.9). Voraussetzung ist die weitgehende Heißentstaubung des Rauchgases hinter der Wirbelschicht, die zum Betrieb der Gasturbine ohne Erosionsprobleme notwendig ist [9.11].

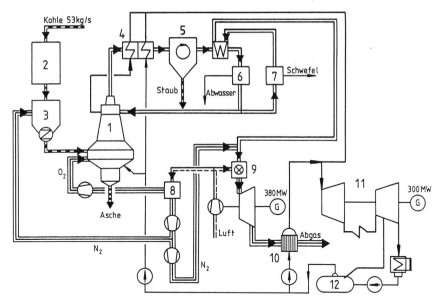

Abb. 9.8. GUD-Kraftwerk mit integrierter Kohlevergasung (Prenflo-Konzept nach KWU/Krupp-Koppers)

1 Vergaser, 2 Kohlemahlung und -trocknung, 3 Kohlebunker, 4 Abhitzenutzung im Vergasungsprozeß, 5 Staubabscheider, 6 Naßabscheidung, 7 Gasreinigung, 8 Luftzerlegungsanlage, 9 offene Gasturbine 10 Abhitzekessel, 11 Dampfturbine mit Zwischenüberhitzer, 12 Speisewasserbehälter

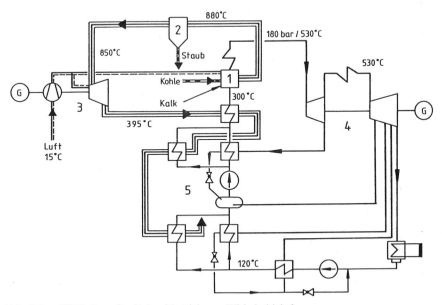

Abb. 9.9. GUD-Prozeß mit druckbetriebener Wirbelschichtfeuerung

1 aufgeladene Wirbelschicht, 2 Staubabscheider, 3 offene Gasturbine, 4 Dampfturbine mit Zwischenüberhitzung, 5 Speisewasservorwärmung durch Turbinenabgas und Anzapfdampf

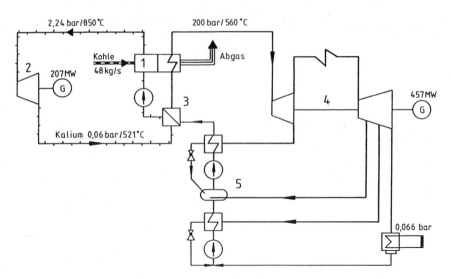

Abb. 9.10.   Kalium-Vorschaltprozeß zum Dampfkreislauf (Binary Rankine Cycle) [9.10]

1 Kessel mit Kalium- und Dampferhitzer, 2 Kaliumdampfturbine, 3 wasserge-
kühlter Kaliumkondensator, 4 Dampfturbine mit Zwischenüberhitzung, 5 Speisewasservorwärmstrecke

Als eine möglicherweise langfristig realisierbare Verbesserung des Dampfturbinenprozesses ist eine Schaltung nach Abb. 9.10 anzusehen. Hiernach könnte
dem Dampfturbinenprozeß ein Kaliumprozeß bei niedrigem Druck vorgeschaltet
werden [9.10]. Der Kondensator für den Kaliumdampf arbeitet hier als Speisewasservorwärmer, während die Kaliumverdampfer- und Kaliumüber-
hitzerheizflächen im Steinkohlekessel angeordnet sind. Bei Temperaturen des
Vorschaltprozesses von 850°C wären Wirkungsgrade von über 50 % realisierbar.
Ein ähnliches Konzept mit einem Quecksilberdampf-Vorschaltprozeß wurde bereits vor mehr als 20 Jahren in den USA in einer Großversuchsanlage erprobt.
Im Gegensatz zum in Abb. 9.10 dargestellten Prozeß wurde die Kondensationswärme des vorgeschalteten Quecksilberdampfprozesses zur Erzeugung von Wasserdampf für den nachgeschalteten Dampfprozeß ausgenutzt. Der Wirkungsgrad
lag damals schon bei 37 %.

10 Wärmebereitstellung aus Kernbrennstoffen

10.1 Energiegewinnung durch Kernspaltung

Atome sind aus dem positiv geladenen Atomkern sowie aus einer äußeren negativ geladenen Elektronenhülle aufgebaut. Atomkerne bestehen aus Protonen (P) und Neutronen (N); in ihnen ist praktisch die gesamte Masse des Atoms vereinigt. Protonen und Neutronen werden auch als Nukleonen bezeichnet. Die Zahl der Protonen im Kern (Z) legt die Stellung des Elements im periodischen System fest. Elemente mit gleicher Ordnungszahl, aber verschiedener Masse, werden als Isotope bezeichnet (z.B. U-233, U-235, U-238).

Chemische Reaktionen geschehen grundsätzlich in der Elektronenhülle, Kernreaktionen im Atomkern. Bei chemischen Reaktionen sind daher die Energieumsätze immer in der Größenordnung der Bindungsenergie der Elektronen in der Hülle, d.h. einiger Elektronenvolt, bei Kernreaktionen liegen die entsprechenden Umsetzungen in der Größenordnung der Kernbindungsenergie, d.h. einiger 10^6 Elektronenvolt (eV).

Durch Umwandlung von Masse in Energie läßt sich nach der Einstein'schen Beziehung

$$\Delta E = \Delta m \, c^2 \qquad (10.1)$$

mit Δm Massenänderung, ΔE Energieänderung und c Lichtgeschwindigkeit $(2{,}998 \cdot 10^8 \text{m/s})$ Energie gewinnen. Umgekehrt gibt es bekanntlich den Vorgang der Bildung von Masse aus Energie. Somit ist der Umsatz von 1 g Materie mit einer Energiefreisetzung von $9 \cdot 10^{13}$ J korreliert. Der Bezug auf die in der Kernphysik gebräuchliche atomare Masseneinheit $(1{,}66 \cdot 10^{-24} \text{g} \triangleq 1 \, \mu \triangleq 1 \text{ amu} = \text{atomic mass unit})$ führt auf eine Energiefreisetzung von 931 MeV = $1{,}55 \cdot 10^{-10}$ J beim Umsatz von 1 amu.

Die Nukleonen sind innerhalb der Atomkerne mit Bindungsenergien, die von der Massenzahl $A = N + Z$ des Kerns abhängen, gebunden. Allgemein gilt folgende Beziehung zwischen Bindungsenergie E_B und Massenzahl:

$$E_B = \Delta m \, c^2 = (Z \, M_P + N \, M_N - M_K) \, c^2 \qquad (10.2)$$

mit M_K als Kernmasse. Die Bindungsenergie pro Nukleon ist in Abhängigkeit von der Massenzahl in Abb. 10.1 wiedergegeben. Im Bereich geringer Massenzahlen befinden sich einige Kerne mit kleinen lokalen Maxima der Bindungsenergie. Diese Kerne weisen besonders hohe Bindungsenergien auf und sind daher besonders stabil. Ein flaches Maximum der Kurve liegt etwa bei $A = 60$. Grundsätzlich sind daher folgende exotherme Kernreaktionen möglich:

- Verschmelzung von leichten Kernen zu He_2^4,
- Spaltung von schweren Kernen in mittelschwere.

Daneben liefert auch der radioaktive Zerfall von instabilen Isotopen in stabile Kerne Energie.

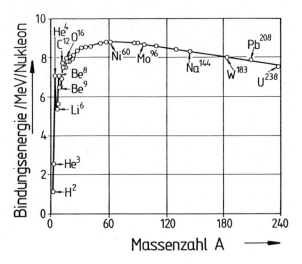

Abb. 10.1.   Mittlere Bindungsenergie je Nukleon als Funktion der Massenzahl

Die gesamte Bindungsenergie des Kerns $E_B = \Delta m \, c^2$ kann in einfacher Weise in Massendifferenzen umgerechnet werden. Die Massen der in der Kerntechnik wichtigen Elementarbausteine gehen aus Tab. 10.1 hervor.

Tab. 10.1.   Massen von Elementarbausteinen der Atome

Teilchen	Zei-chen	Masse (g)	Masse (μ)	Ladung (As)
Neutron	n	$1{,}6748 \cdot 10^{-24}$	1,008665	-
Proton	p	$1{,}6725 \cdot 10^{-24}$	1,007277	$+ \ 1{,}602 \cdot 10^{-19}$
Elektron	e⁻	$9{,}108 \cdot 10^{-27}$	0,00055	$- \ 1{,}602 \cdot 10^{-19}$

Die für die Energiefreisetzung in Kernreaktoren maßgebliche Spaltung von Uran oder Plutonium [10.1-10.8] kann durch eine formale Reaktion des Typs

$$U_{92}^{235} + n_0^1 \quad \rightarrow \quad U_{92}^{236^*} \quad \rightarrow \quad X_{Z_1}^{A_1} + Y_{Z_2}^{A_2} + 2n_0^1 + \text{Energie}$$

gekennzeichnet werden. Die Reaktion läuft hierbei über einen angeregten Zwischenkern U-236* und führt auf zwei Spaltprodukte X und Y sowie zwei oder auch mehr Spaltneutronen. Für die Protonen bzw. Nukleonenzahlen gelten Erhaltungssätze der Form

$$236 = A_1 + A_2 + 2 \ ,$$

$$92 = Z_1 + Z_2 \ .$$

Die bei der Spaltung freigesetzte Energie kann leicht mit Hilfe der Bindungsenergiekurve abgeschätzt werden. Für den schweren Urankern beträgt die mittlere Bindungsenergie pro Nukleon 7,6 MeV. Für mittelschwere Spaltkerne ($A = 80...150$) liegt der Wert der mittleren Bindungsenergie bei 8,5 MeV/Nukleon. Die Differenz von 0,9 MeV/Nukleon wird bei der Spaltung als Energie freigesetzt. Dies bedeutet, daß für einen Kern mit der Nukleonenzahl 235 rund 210 MeV pro Spaltereignis freigesetzt werden.

Auch die Umrechnung über Massenbilanzen führt zu einem ähnlichen Ergebnis, z.B. wenn man eine häufig vorkommende Spaltungsreaktion

$$U_{92}^{235} + n_0^1 \rightarrow Ba_{56}^{137} + Kr_{36}^{97} + 2n_0^1 + \text{Energie}$$

analysiert (s. Tab. 10.2). Es ergibt sich eine Massendifferenz von $\Delta m = 0{,}2043$ amu entsprechend einer Energiefreisetzung von 190 MeV. Als Mittelwert wird tatsächlich eine Energiefreisetzung in Höhe von rund 200 MeV je Spaltereignis festgestellt. Diese Energie ist auf die verschiedenen Reaktionsprodukte verteilt (s. Tab. 10.3). Der Hauptanteil der Energie tritt damit unmittelbar bei der Spaltung als kinetische Energie der Spaltprodukte in Erscheinung und tritt direkt als Wärme im Brennstoffgitter auf. Auch die kinetische Energie der prompten Neutronen und ein Teil der prompt freigesetzten γ-Strahlung sind direkt im Reaktor nutzbar. Teilbeträge der Energie des β^-- und γ-Zerfalls der Spaltprodukte fallen erst später, auch noch nach Abschalten des Reaktors oder nach Entnahme des abgebrannten Brennstoffs aus dem Reaktor, an und stellen teils große technische sowie sicherheitstechnische Probleme dar. Diese Energiebeträge werden als Nachzerfallswärme des Brennstoffs bezeichnet. Die Neutrinoenergie ist nicht nutzbar. Insgesamt können praktisch im Kernreaktor 190 MeV pro Spaltereignis ausgenutzt und in thermische Energie umgesetzt werden.

Tab. 10.2.   Beispiel für Massenbilanzen bei der Spaltung von U-235

	vor der Spaltung		
	Protonen	**Neutronen**	**Masse (amu)**
U-235	92	143	235,1167
n	0	1	1,0090
Summe	92	144	236,1257
	nach der Spaltung		
	Protonen	**Neutronen**	**Masse (amu)**
Ba-137	56	81	136,9514
Kr-97	36	61	96,9520
2 n	0	2	2,0180
Summe	92	144	235,9214

Da 1 g U-235 $2{,}56 \cdot 10^{21}$ Kerne enthält, ergibt die vollständige Spaltung dieser Uranmenge eine Energie von $7{,}88 \cdot 10^{10}$ J/g U. Dies führt zu einer häufig benutzten Faustformel, die besagt, daß die vollständige Spaltung von 1 g U-235 eine Energiefreisetzung von 1 MWd bewirkt, wobei 1 MWd $= 2{,}4 \cdot 10^4$ kWh bedeutet. Natururan, welches U-235 nur zu 0,71 Gew.-% enthält, liefert demnach bei vollständiger Spaltung des U-235-Anteils einen Energiebetrag von 170 kWh/g. Wird das im Reaktor eingesetzte Uran auf a % U-235 angereichert, so beträgt die mögliche Energiefreisetzung also $a/100$ MWd.

Bei der Kernspaltung entstehen neben dem erwünschten Produkt, der Wärmeenergie, auch neue Neutronen, die für die Aufrechterhaltung einer Kettenreaktion notwendig sind. Die Zahl der freigesetzten Neutronen pro Spaltung ist abhängig vom Spaltstoff sowie von der Energie der die Spaltung auslösenden Neutronen (s. Abb. 10.2a). Die Neutronen weisen bei ihrer Freisetzung eine bestimmte Energieverteilung auf (s. Abb. 10.2d). Spaltprodukte entstehen mit einer gewissen für jeden Spaltstoff charakteristischen Häufigkeitsverteilung der Massenzahlen (s. Abb. 10.2c). Maxima treten für $A \approx 100$ und $A \approx 140$ auf. Fast alle Neutronen entstehen bei der Spaltung prompt, nur ein sehr geringer Anteil β ($\approx 0{,}7$ %) wird verzögert emittiert. Die verzögerten Neutronen sind eine entscheidende Voraus-

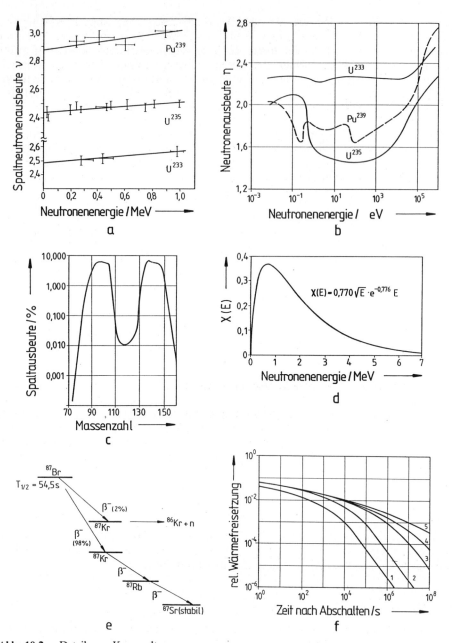

Abb. 10.2.   Details zur Kernspaltung

a: Spaltneutronenausbeute
b: Neutronenausbeute bei der Spaltung
c: Spaltausbeute der Isotope
d: Energieverteilung der Spaltneutronen
e: Beispiel einer Emission verzögerter Neutronen
f: Nachwärmeproduktion als Funktion der Betriebszeit 1: 1 h, 2: 1 d, 3: 30 d, 4: 1 a, 5: ∞

setzung für die Regelbarkeit eines Reaktors, da durch ihre lange Lebensdauer im Vergleich zu den prompten Neutronen die mittlere Lebensdauer aller Neutronen im Reaktor bestimmt wird. Abb. 10.2e zeigt ein typisches Schema für einen derartigen verzögerten Kernzerfall unter Freisetzung eines Neutrons. Durch die verzögerte Emission von β- und γ-Strahlung entsteht die sogenannte Nachwärme, die das eigentliche Sicherheitsproblem in der Kerntechnik darstellt (s. Kapitel 24) und die unter allen Umständen aus dem Reaktorkern abzuführen ist.

Tab. 10.3.   Energieaufteilung bei der Kernspaltung

Energieart	Betrag (MeV)	Anteil (%)	Bemerkung
kinetische Energie der Spalt-produkte	174	83	im Reaktor nutzbar
kinetische Energie prompter Neutronen	5	2	im Reaktor nutzbar
prompte γ-Strahlung bei der Spaltung	8	4	teils im Reaktor nutzbar
β-Zerfall der Spaltprodukte	7	3	teils im Reaktor nutzbar
verzögerte γ-Strahlung	6	3	teils im Reaktor nutzbar
Neutrinos	10	5	nicht nutzbar

10.2   Kettenreaktion und kritischer Reaktor

Voraussetzung für die Energiegewinnung durch Kernspaltung ist der Ablauf einer gesteuerten Kettenreaktion im Reaktorsystem. Insgesamt muß die Zahl der Neutronen in aufeinanderfolgenden Generationen konstant bleiben. Entsprechend Abb. 10.3a bedeutet dies für ein endliches Reaktorsystem, daß eine Beziehung der Form

$$k = \frac{P}{A + L} = 1 \tag{10.3}$$

gelten muß. P kennzeichnet die Produktion von Neutronen, A die gesamte Absorption und L die Leckagen. In einem unendlichen System treten keine Neutronenverluste durch Leckage auf, so daß dann gilt:

$$k_{\infty} = \frac{P}{A} = 1 \ . \tag{10.4}$$

Bei jeder Spaltung werden zwischen 2 und 3 Neutronen emittiert, die wiederum neue Spaltungen auslösen können. Damit wird es möglich, in einem Spaltstoff enthaltenden System eine ungesteuerte oder eine gesteuerte Kettenreaktion ablaufen zu lassen. Wenn mit l die mittlere Zeit zwischen zwei aufeinanderfolgenden Neutronengenerationen bezeichnet wird, gilt für die Änderung der Neutronenanzahl im System

$$\frac{dn}{dt} = \frac{n(k-1)}{l} = n\,\frac{\Delta k}{l} \ . \tag{10.5}$$

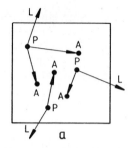
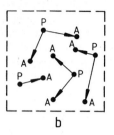

Abb. 10.3.   Neutronenschicksal im Reaktorsystem

a: endliches System, b: unendlich ausgedehntes System

Mit k sei ein Multiplikationsfaktor für die Neutronenanzahl gekennzeichnet, dessen Höhe durch das Schicksal der Neutronen im Reaktor bestimmt ist, wie nachfolgend noch näher ausgeführt wird. Die Lösung der einfachen Differentialgleichung lautet

$$n(t) = n(0) \exp\left(\frac{\Delta k \, t}{l} \right) . \tag{10.6}$$

Dies bedeutet, daß sich, falls $\Delta k > 0$ gewählt wird, die Neutronenanzahl von Generation zu Generation exponentiell vergrößert. Bleibt Δk über längere Zeit größer Null, so schwillt die Neutronenanzahl und damit die Leistungsproduktion ungehindert an. Dies ist der Fall bei einer ungesteuerten Kettenreaktion, d.h. bei der Atombombe. Hält man dagegen durch eine geeignete Auslegung des Reaktors $\Delta k = 0$ ein, so liegt der Fall einer gesteuerten Kettenreaktion vor. Die Leistungsproduktion bleibt konstant und man bezeichnet den Reaktor als kritisch. Regel- und Abschaltvorgänge werden über kleine Abweichungen vom Sollwert $k = 1$ bewirkt.

Neutronen, die durch Spaltung entstanden sind, erleiden im Reaktor bei Reaktionen mit den anwesenden Atomkernen verschiedenartige Schicksale [10.6]. Neben Spaltereignissen bei Wechselwirkung mit U-235-Kernen sind elastische und inelastische Streuungen sowie Absorptionen möglich. Dies gilt sowohl für Spaltstoffe, Brutstoffe, Moderatoren, Kühlmittel, Strukturmaterialien und Abschaltelemente. Die Wahrscheinlichkeit für derartige Reaktionen wird durch sogenannte Wirkungsquerschnitte σ gekennzeichnet.

Das Verhalten der Neutronen im Reaktor kann sehr anschaulich durch die Vierfaktorenformel beschrieben werden (s. Abb. 10.4). Der Zyklus startet gedanklich mit 100 thermischen Neutronen. Ein Anteil $f \cdot 100$ wird im Brennstoff absorbiert, der Rest $(1 - f) \cdot 100$ dagegen wird in sonstigen Materialien des Reaktors absorbiert. Ein Anteil $\sigma_a^f / \sigma_a^t f \, 100$ führt zur Spaltung, dabei entstehen $\sigma_a^f / \sigma_a^t f \nu \, 100$ neue Spaltneutronen mit hohen Energien, auch schnelle Neutronen genannt. Diese Zahl schneller Neutronen wird durch zusätzliche Schnellspaltungen von U-238 auf eine Anzahl $\varepsilon f \nu \, \sigma_a^f / \sigma_a^t \, 100$ erhöht. Die Größe $\eta = \sigma_a^f / \sigma_a^t \nu$ wird als Neutronenausbeute je Reaktion bezeichnet. Damit durchlaufen $\varepsilon \eta f \, 100$ Neutronen den Abbremsbereich. Dabei kommt es zum Ausfluß aus dem Reaktorsystem mit einer Wahrscheinlichkeit $1 - w_1$. Zusätzlich geht ein Anteil $1 - p$ durch Absorption in den Resonanzen des U-238 verloren. Nach Durchlaufen des Resonanzgebietes sind demnach noch $w_1 \, p \, \varepsilon f \eta \, 100$ Neutronen verfügbar. Die nunmehr thermischen Neutronen gehen mit der Wahrscheinlichkeit $(1 - w_2)$ durch Ausfluß aus

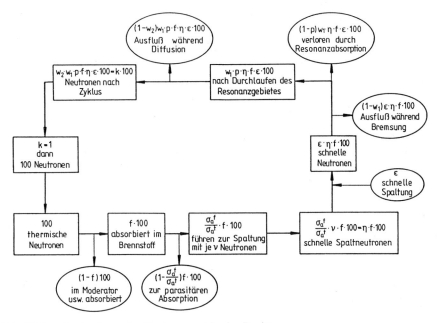

Abb. 10.4.   Beschreibung des Neutronenzyklus im Reaktor

dem Reaktor bei der nun einsetzenden Diffusion verloren. Nach Beendigung des Zyklus sind noch $w_1 w_2 p \eta f \varepsilon\, 100$ Neutronen für neue Spaltungen verfügbar. Bei einem kritischen Reaktor sind dies gerade 100 Neutronen, also ebenso viele, wie den Zyklus gestartet haben. Es gilt demnach

$$w_1\, w_2\, p\, \eta\, f\, \varepsilon = w_1\, w_2\, k_\infty = k = 1 \; . \tag{10.7}$$

k_∞ wird als Multiplikationskonstante eines unendlichen Reaktors bezeichnet und ist stets größer als 1. Durch den Faktor $w_1 \cdot w_2$ wird die Größe und die Geometrie des Reaktors erfaßt. Die in der Vierfaktorenformel für k_∞ (10.7) verwendeten Begriffe sind in Tab. 10.4 zusammenfassend erläutert.

Tab. 10.4.   Begriffe in der Vierfaktorenformel

Fak-tor	Bezeichnung	Definition	Beschreibung
f	thermische Nutzung	$\dfrac{\sigma_a\,(\text{Brennstoff})}{\sigma_a\,(\text{gesamt})}$	$\dfrac{\text{Absorption im Brennstoff}}{\text{gesamte Absorption}}$
η	Neutronen-ausbeute	$\nu\,\dfrac{\sigma_a\,(\text{Spaltung})}{\sigma_a\,(\text{Spaltstoff})}$	$\dfrac{\text{Absorption für Spaltung}}{\text{Absorption im Brennstoff}}$
ε	Schnellspalt-faktor	$\dfrac{Z_{\text{therm}} + Z_{\text{schnell}}}{Z_{\text{therm}}}$	$\dfrac{\text{gesamte Spaltungen}}{\text{thermische Spaltungen}}$
p	Resonanzent-kommwahr-scheinlichkeit	$\dfrac{\sigma_a^{\text{therm}}}{\sigma_a^{\text{gesamt}}}$	$\dfrac{\text{thermische Absorption}}{\text{gesamte Absorption}}$

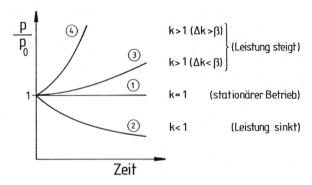

Abb. 10.5. Zeitliche Leistungsentwicklung in Abhängigkeit vom Kritikalitätswert

Ein gerade kritischer Reaktor weist den Wert $k = 1$ auf. In diesem Fall bleibt die Neutronenanzahl in jeder Generation konstant, d.h. auch die Reaktorleistung bleibt zeitlich konstant. Änderungen der Kritikalität führen auf Leistungsänderungen entsprechend Abb. 10.5. Insbesondere Leistungsexkursionen entsprechend Kurve 4 müssen unbedingt vermieden werden, da sie zur Zerstörung des Reaktors führen können. Dieser Fall würde eintreten, wenn im Reaktor eine prompte Reaktivitätsänderung Δk größer als der Anteil der verzögerten Neutronen β erfolgte. In diesem Fall bestimmen ausschließlich die prompten Neutronen die Generationszeit, die dann in der Größenordnung von 10^{-5} s liegt. Der resultierende Leistungsanstieg wäre durch technische Regelungssysteme nicht mehr beherrschbar und würde den Reaktor zerstören. Dies wird im allgemeinen durch inhärente Selbstregelungsmechanismen wie beispielsweise den negativen Temperaturkoeffizienten vermieden. Der betriebliche Bereich der Reaktivitätsbeträge ist durch die Kurven 2 und 3 gekennzeichnet. Ein negativer Betrag führt zu einem Absinken der Leistung, ein positiver zu einem langsamen exponentiellen Ansteigen. Beide Änderungen sind mit technischen Systemen zuverlässig erfaßbar.

10.3 Wärmefreisetzung im Reaktorkern

Grundelemente für die Wärmefreisetzung im Kernreaktor sind die Brennelemente, in denen die Kernspaltung stattfindet. Abb. 10.6 zeigt das grundsätzliche Funktionsschema eines Kernreaktors. Die in den Brennelementen erzeugte Wärme wird durch ein geeignetes Kühlmittel aus dem von einer Vielzahl von Brennelementen gebildeten Reaktorcore abgeführt. Das Kühlmittel ist bei einigen Reaktortypen, so z.B. beim Leichtwasserreaktor, gleichzeitig Moderator zum Abbremsen der schnellen Neutronen. Das erwärmte Kühlmittel strömt zum Dampferzeuger und gibt dort seine Wärme an das sekundäre Fluid ab. Es wird dort je nach Reaktortyp Sattdampf oder Heißdampf erzeugt. Über eine Umwälzpumpe wird das abgekühlte primäre Kühlmittel wieder zurück in den Reaktordruckbehälter geführt. Der gesamte Primärkreis ist in einem Reaktorschutzgebäude angeordnet. Der erzeugte Frischdampf wird in einem angeschlossenen Dampfturbinenprozeß in bekannter Weise zur Stromerzeugung eingesetzt. Regelung und Abschaltung des Reaktors erfolgen mit Hilfe von Abschaltstäben, die in den Corebereich eingeführt werden. Je nach Reaktorkonzept wird der Brennstoff kontinuierlich während des Betriebs nachgeladen oder diskontinuierlich jährlich während einer mehrwöchigen Stillstandsphase ausgetauscht. Auf technische Besonderheiten der einzelnen Reaktortypen wird in Kapitel 11 hinge-

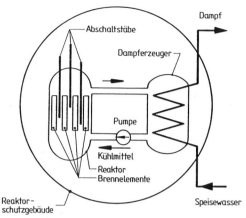

Abb. 10.6.   Funktionsschema eines Kernreaktors

wiesen. Interessant ist der Vergleich eines nuklearen Dampferzeugers mit einem fossil befeuerten System. Tab. 10.5 weist einige bemerkenswerte Unterschiede aus, insbesondere fällt die vergleichsweise sehr geringe jährliche Menge an einzusetzendem Brennstoff auf.

Tab. 10.5.   Charakteristische Größen bei nuklear und fossil betriebenen Dampferzeugern

Parameter	Dimension	Dampferzeuger		Bemerkung
		fossil	nuklear	
Ort der Energiefreisetzung	-	Elektronenhülle	Atomkern	
Größe der Energiefreisetzung	eV	10	$2 \cdot 10^8$	je Formelumsatz
Leistungsdichte	MW/m³	0,5	100	Core bzw. Kessel
Brennstoffdurchsatz	t/MWa	1000	0,01	3 % Anreicherung

Bei der Behandlung eines Reaktors als Wärmequelle lassen sich einige einfache Zusammenhänge zwischen Leistungsproduktion und Kühlmittelaufheizung herstellen (s. Abb. 10.7). Für die Reaktorleistung gilt

$$P_{\mathrm{R}} = \dot{m}\, c_{\mathrm{p}}\, (T_{\mathrm{A}} - T_{\mathrm{E}}) = \int_{V_{\mathrm{R}}} L(\vec{r})\, \mathrm{d}V = \overline{L}\, V_{\mathrm{R}} = \int_{V_{\mathrm{R}}} \int_E \Phi\,(E, \vec{r})\, \Sigma_{\mathrm{f}}\, \overline{E}_{\mathrm{Sp}}\, \mathrm{d}E\, \mathrm{d}V \quad (10.8)$$

mit L Leistungsdichte im Reaktor (MW/m³), Φ Neutronenfluß (n/cm²s), Σ_{f} makroskopischer Wirkungsquerschnitt für Spaltung (cm^{-1}), $\overline{E}_{\mathrm{Sp}}$ mittlere Spaltenergie (Ws/Spaltung), V_{R} Reaktorvolumen und $\overline{L}$ mittlere Kernleistungsdichte. Die Kühlmittelaufheizung in axialer Richtung ist qualitativ in Abb. 10.7b wiedergegeben.

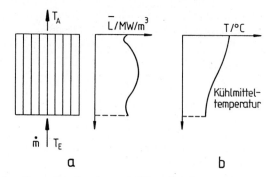

Abb. 10.7. Behandlung eines Reaktors als Wärmequelle

a: Leistungsdichte, b: Kühlmittelaufheizung

Ein einfaches Zahlenbeispiel für einen Druckwasserreaktor möge die Verhältnisse beschreiben. Mit P_R = 3700 MW, T_E = 291°C, T_A = 326°C ergibt sich ein Massenstrom des Kühlmittels von 22 000 kg/s. Bei einem mittleren Neutronenfluß von $3 \cdot 10^{13}$ n/cm²s, Σ_f = 1040 cm⁻¹, $\bar{E}_{Sp}$ = $3{,}2 \cdot 10^{-11}$ Ws folgt die mittlere Kernleistungsdichte zu rund 100 MW/m³. Ein Volumen von 37 m³ reicht damit für die gewünschte Wärmeproduktion aus. Dies führt auf einen Kernbereich von 3,5 m Durchmesser und 3,9 m Höhe.

Einige zusätzliche Angaben zur Brennelementauslegung und -belastung infolge der nuklearen Wärmeproduktion werden in Kapitel 11 gegeben, im übrigen sei auf die sehr umfangreiche Spezialliteratur zur Kerntechnik verwiesen.

10.4 Besondere Aspekte bei Kernreaktoren

Der Brennstoff wird im Reaktor entsprechend einem zeitlich exponentiellen Verlauf abgebrannt. Für die Kernanzahl N von U-235 gilt somit

$$N(t) = N(0) \, \exp \, (- \sigma_{Sp} \, \Phi \, t) \, . \tag{10.9}$$

Hierbei bedeuten Φ Neutronenfluß, σ_{Sp} Wirkungsquerschnitt und t Einsatzzeit im Reaktor. Die Höhe des erreichbaren Abbrandes wird, wie schon in Abschnitt 10.1 erwähnt, durch die Anreicherung des spaltbaren Materials sowie durch die technischen Bedingungen der Brennelementauslegung bestimmt. Bei Leichtwasserreaktoren wird derzeit bei einer Anreicherung von 3,4 % ein Abbrand von 34 000 MWd/t Schwermetall erreicht.

Im Reaktor findet neben der Spaltung des U-235 eine Umwandlung und ein Aufbau höherer Isotope statt. Im System U-235/U-238 ist folgende Umwandlungskette von Bedeutung

$$\mathrm{U}_{92}^{238} + \mathrm{n}_0^1 \; \rightarrow \; \mathrm{U}_{93}^{239^*} \; \underset{\rightarrow}{\beta^-} \; \mathrm{Pu}_{94}^{239} + \mathrm{n}_0^1 \; \rightarrow \; \mathrm{Pu}_{95}^{240} + \mathrm{n}_0^1 \; \rightarrow \; \mathrm{Pu}_{96}^{241} \ldots$$

So entstehen neue spaltbare Stoffe (Pu-239, Pu-241) und höhere Plutoniumisotope (s. Abb. 10.8). Insgesamt sind z.B. im Leichtwasserreaktor nach Erreichen eines Abbrandes von 34 000 MWd/t 9,3 kg Plutonium pro t Uran entstanden (s. Abb. 10.9).

Neben den erwünschten Produkten Energie und Neutronen entstehen bei der Kernspaltung Spaltprodukte, die im allgemeinen radioaktiv sind. Die Atomkerne

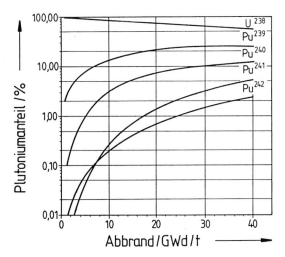

Abb. 10.8. Zusammensetzung des Plutoniums in Abhängigkeit vom Abbrand [10.2]

dieser Stoffe sind meist instabil und zerfallen unter Emission von radioaktiver Strahlung (γ, α, β^-) in stabilere Kerne. Diese Zerfallsvorgänge können durch eine Exponentialfunktion für die Kernzahl N

$$N = N_0 \exp\,(-\lambda\,t) \tag{10.10}$$

beschrieben werden. λ ist die Zerfallskonstante, die je nach Isotop von Sekundenbruchteilen bis zu 10^6 Jahren reichen kann. Der radioaktive Zerfall ist eine exotherme Reaktion. Daher entsteht auch nach Abschalten der nuklearen Kettenreaktion und selbst bei der Endlagerung von Spaltprodukten noch Wärme.

Im Brennstoff entstehen gemäß Abb. 10.9 32,5 kg Spaltprodukte je t Uran. Nach einer bestimmten Betriebszeit ist so in einem Kernreaktor ein beachtliches Spaltproduktinventar vorhanden, bestehend aus einer Vielzahl unterschiedlicher Isotope. Im Gleichgewicht ist eine Aktivität von rund $2 \cdot 10^6$ Ci/MW$_{\text{th}}$ im Reaktor vorhanden. Als Aktivität für jedes Isotop ist dabei die Größe $A = \lambda\,N$ definiert, mit der Einheit 1 Bequerel (Bq) = 1 Zerfall/s oder der alten Einheit 1 Ci = $3,7 \cdot 10^{10}$ Zerfälle/s. Die Rückhaltung dieser radioaktiven Spaltprodukte im Reaktor ist die Hauptaufgabe der Reaktorsicherheitstechnik. Das Fernhalten der radioaktiven Reststoffe aus der Biosphäre ist eine weitere unabdingbare Forderung bei der Endlagerung.

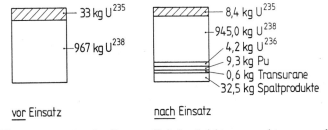

Abb. 10.9. Zusammensetzung des Brennstoffs beim Leichtwasserreaktor vor und nach Einsatz im Reaktor (Abbrand 34 GWd/t) [10.9]

Ein Kernreaktor wird gesteuert und abgeschaltet durch Absorberelemente, die bei Bedarf in das Core eingeführt werden. Als Absorbereinrichtungen werden Elemente, die stark neutronenabsorbierend wirken, eingesetzt, z.B. Bor. Neben diesen aktiven Abschaltsystemen werden inhärente Eigenschaften des Reaktors bei Temperaturerhöhung ausgenutzt. Durch Erhöhung der Temperatur im Reaktor, z.B. bei Leistungssteigerung ohne gleichzeitige Anpassung der Wärmeabnahme wird die Resonanzabsorption im U-238 erhöht und dadurch die Reaktivität des Reaktors Δk reduziert (s. Abb. 10.4, Faktor p).   Dieser sogenannte negative Temperaturkoeffizient, der auf dem Dopplereffekt beruht, d.h. auf der Relativbewegung von Neutronen und absorbierenden Kernen, ist unerläßlich für die selbsttätige Stabilisierung der nuklearen Kettenreaktion. Er ist bei jedem Reaktorsystem wirksam, das U-238 oder Th-232 als Brutstoff enthält. Abb. 10.10 zeigt diesen inhärenten Selbstregulierungsmechanismus als Prinzipschema.

Ergänzend sei darauf hingewiesen, daß sowohl Direktstrahlung aus dem Corebereich durch Neutronen und γ-Strahlung als auch Strahlung ausgehend von den Spaltprodukten (γ-Strahlung) eine ausreichende Abschirmung erfordern. Gegen Neutronen werden Stoffe wie Wasser oder Beton eingesetzt, γ-Strahlung wird zweckmäßig durch Blei, Stahl und andere schwere Elemente abgeschirmt.

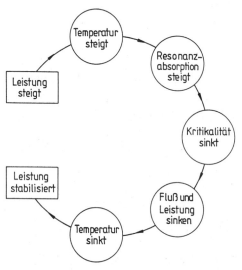

Abb. 10.10.   Selbstregelungskreislauf eines Kernreaktors durch den negativen Temperaturkoeffizienten

11 Konzepte von Kernkraftwerken

11.1 Prinzipien und Reaktortypen

Das Core von Kernkraftwerken enthält im wesentlichen die Brennelemente, bestehend aus Brenn- und Brutstoffen sowie aus Strukturmaterial, den Moderator und das Kühlmittel. In den Brennelementen wird durch Kernspaltung die Wärme freigesetzt. Moderatoren dienen in thermischen Systemen zum Abbremsen der Neutronen von hohen Geschwindigkeiten auf niedrige. Dies ist wegen der besonders hohen Wirkungsquerschnitte für Spaltung im thermischen Energiebereich erforderlich. Geeignete Moderatorsubstanzen, die heute auch technische Bedeutung haben, sind leichtes und schweres Wasser sowie Graphit. Bei schnellen Reaktorsystemen wird praktisch völlig auf die Moderation verzichtet.

Die bei der Kernspaltung freiwerdende Wärme wird durch das Kühlmittel aus dem Kernbereich abgeführt. Geeignete Kühlmittel sind leichtes und schweres Wasser, CO_2 und Helium sowie Flüssigmetalle wie Natrium. Grundsätzlich sind seit Anbeginn der kerntechnischen Entwicklung sehr unterschiedliche Konzepte verfolgt und realisiert worden. Aus der Vielzahl haben sich einige Typen als technisch ausführbar und wirtschaftlich attraktiv oder zukunftsträchtig herausgestellt. Folgende Reaktortypen sind heute beachtenswert und werden in diesem Kapitel näher erklärt.

Druckwasserreaktoren (DWR) [11.1, 11.2]: In diesem System wird leichtes Wasser sowohl als Moderator als auch als Kühlmittel eingesetzt. Durch die Forderung, daß es im Primärkreislauf während des Betriebes niemals zum Verdampfen des Wassers kommen soll, wird die maximale Kühlmitteltemperatur entsprechend der Dampfdruckkurve des Wassers bei vorgegebenem Primärkreisdruck begrenzt. Daher ist nur die Erzeugung von Sattdampf mit relativ niedriger Temperatur und damit ein Wirkungsgrad des Dampfkraftprozesses von höchstens 33 % möglich. Eine eindeutige Trennung zwischen Primär- und Sekundärkreislauf wird durch die Zwischenschaltung eines Dampferzeugers gewährleistet.

Siedewasserreaktoren (SWR) [11.3, 11.4] arbeiten mit einem Direktkreislauf zwischen Reaktor und Turbine. Wasser wird im Reaktorkern verdampft und direkt auf die Turbine geleitet. Bedingt durch die Kernauslegung und andere technische Faktoren werden auch bei diesem Reaktortyp ähnliche Sattdampfzustände erreicht wie beim Druckwasserreaktor.

Candu-Reaktoren [11.5, 11.6] benutzen schweres Wasser sowohl für die Moderation als auch für die Kühlung. Die Brennelemente befinden sich in Druckröhren, die jeweils einzeln gekühlt werden. Wegen der Verwendung von schwerem Wasser läßt sich der Candu-Reaktor ohne Urananreicherung, also mit Natururan, betreiben. Die Dampfzustände sind ähnlich wie bei Leichtwasserreaktoren. Dieser Reaktortyp ist im wesentlichen in Kanada realisiert und dort die Basis für die Nutzung der Kernenergie.

RBMK-Reakoren [11.7, 11.8] sind Anlagen, bei denen ebenfalls das Druckröhrenprinzip verwendet wird, um auf große Reaktordruckbehälter verzichten zu können. Leichtes Wasser wird in Druckröhren verdampft, ähnlich wie bei einem Siedewasserreaktor. Viele Druckröhren, angeordnet in einem Graphitmoderator, werden zu einem Reaktorsystem zusammengesetzt. Die Moderation der Neutronen erfolgt dabei durch Leichtwasser und durch Graphit. Die thermodynamischen Daten und Wirkungsgrade sind vergleichbar denen bei Leichtwasserreaktoren. Dieser Reaktortyp hat nur in der UdSSR praktische Bedeutung erlangt und ist dort in größerer Stückzahl gebaut worden. Wegen des Unfalls in Tschernobyl sollen jedoch keine weiteren Anlagen dieses Types erstellt werden.

Schnelle Brutreaktoren (SBR) [11.9, 11.10] werden grundsätzlich mit Brennelementen, die Plutonium als Spaltstoff enthalten, und mit Brutelementen aus abgereichertem Uran betrieben. Das Neutronenspektrum wird durch Verzicht auf gut moderierende Stoffe schnell gehalten, um eine gute Neutronenausbeute bei der Spaltung zu erreichen. In diesen Reaktoren kann grundsätzlich eine Vermehrung des Spaltstoffs, d.h. das Brüten von neuem Spaltstoff, stattfinden. Den Brutreaktoren, die im übrigen mit praktisch konventionellen Frischdampfzuständen und deshalb mit einem Wirkungsgrad nahe 40 % arbeiten, werden für eine langfristige Zukunft unter den Gesichtspunkten der Sicherung der Spaltstoffversorgung Chancen eingeräumt.

Advanced Gas cooled Reaktors (AGR) [11.11, 11.12] verwenden CO_2 als Kühlmittel und Graphit als Moderator und Strukturmaterial. Stahl dient als Canningmaterial zum Einschluß der Brennstoffe. Diese Werkstoffkombination gestattet es, Kühlmitteltemperaturen von bis zu 650°C und damit konventionelle Frischdampfzustände zu erreichen. Wirkungsgrade von rund 40 % werden realisiert. Dieser Reaktortyp wurde im wesentlichen in Großbritanien eingeführt und ist heute noch mit gutem Erfolg in Betrieb.

Hochtemperatur-Reaktoren (HTR) [11.13, 11.14] benutzen Helium als Kühlmittel und Graphit als Moderator sowie als alleiniges Strukturmaterial im Kernbereich. Der Brenn- und Brutstoff wird in sehr fein verteilter Form in beschichteten Teilchen (Coated Particle) in der Graphitmatrix der Brennelemente eingebunden. Zur Verfügung stehen heute als entwickelte Brennelemente Kugeln und Blöcke. Die Kühlgastemperatur liegt oberhalb von 700°C, daher können die heute auch bei konventionellen Kraftwerken üblichen Dampfzustände verbunden mit hohen Wirkungsgraden (40 %) erreicht werden. Eine weitere Steigerung des Wirkungsgrades bis zu 48 % ist bei Einsatz von geschlossenen Gasturbinen- oder von Kombiprozessen möglich. Bei Steigerung der Kühlmitteltemperatur auf 950°C - diese Möglichkeit ist durch jahrelangen Reaktorbetrieb technisch belegt - lassen sich mit Hilfe dieses Reaktortyps auch vielfältige nukleare Prozeßwärmeverfahren verwirklichen. Besondere Aspekte hinsichtlich des Sicherheitskonzeptes ergeben sich für den HTR wegen der Möglichkeit, passiv sichere Anlagen zu realisieren.

Derzeit lassen sich die hier genannten Reaktortypen im wesentlichen durch die Angabe der in Tab. 11.1 genannten technischen Merkmale und Zahlenwerte charakterisieren. Im folgenden soll die Technik des Druckwasserreaktors beispielhaft im Detail erläutert werden, während zu den wichtigsten Systemen der anderen Varianten nur einige ergänzende Bemerkungen angefügt werden.

Tab. 11.1.   Merkmale heute eingeführter Kernreaktoren

Merkmal	Einheit	DWR	SWR	Candu	RBMK	SNR	AGR	HTR
Moderator	-	H_2O	H_2O	D_2O	H_2O, C	-	C	C
Kühlmittel	-	H_2O	H_2O	D_2O	H_2O	Na	CO_2	He
Brennstoff, Brutstoff	-	UO_2	UO_2	UO_2	UO_2	UO_2, PuO_2	UO_2	UO_2, ThO_2
typische Anreicherung	%	3,4	3,2	keine	1,8	10	2	8...93
Leistungsdichte	MW/m^3	100	50...60	10...15	4	400	2	3
Art des Spektrums	-	thermisch	thermisch	thermisch	thermisch	schnell	thermisch	thermisch
Form der Brennelemente	-	Stäbe	Stäbe	Stäbe	Stäbe	Stäbe	Stäbe	Kugeln, Blöcke
Brennstoffhüllen	-	Zircaloy	Zircaloy	Zircaloy	Zircaloy, Stahl	Stahl	Stahl	C, Si
max. Kühlmitteltemperatur	°C	326	285	305	285	540	650	750 (950)
Kühlmitteldruck	bar	160	70	95	70	10	40	40...60
Dampfparameter	°C/bar	280/63	285/70	255/43	285/70	500/170	530/180	530/180
Wirkungsgrad	%	33	33	32	32	40	40	40...48
besondere Aspekte	-			Natururanverwendung		Brüten		passive Sicherheit, Prozeßwärmenutzung

11.2 Druckwasserreaktoren

11.2.1 Prinzip

Druckwasserreaktoren sind durch die Verwendung von leichtem Wasser als Moderator und als Kühlmittel sowie durch eine heterogene Anordnung des Brennstoffs und ein thermisches Neutronenspektrum gekennzeichnet. Die durch Kernspaltung erzeugte Wärme wird aus den Brennelementen durch das Kühlmittel Wasser abgeführt. Um ein Sieden des Kühlmediums zu verhindern, wird der Primärkreisdruck so hoch gewählt, daß bei der maximalen Primärkühlmitteltemperatur im Normalbetrieb mit Sicherheit noch kein Sieden auftritt. Wie Abb. 11.1a ausweist, wird bei modernen Druckwasserreaktoren eine Aufheizung des Kühlmediums im Reaktorkern von 291°C auf 326°C durchgeführt. Dabei wird ein Primärkreisdruck von etwa 160 bar eingehalten, so daß die oben genannte Forderung erfüllt wird.

Das im Reaktorkern aufgeheizte Kühlmedium wird über Rohrleitungen den Dampferzeugern zugeführt und hier unter Wärmeabgabe an die Sekundärseite wieder auf rund 290°C abgekühlt. Im Dampferzeuger wird ausgehend von Speisewasser (210°C, 90 bar) Sattdampf (280°C, 63 bar) erzeugt. Dieser Sattdampf wird in bekannter Weise in einem angeschlossenen Dampfkraftprozeß mit Zwischenüberhitzung durch Frischdampf zur Erzeugung von elektrischer Energie eingesetzt (s. Abb. 11.1b). Das im Dampferzeuger abgekühlte primäre Kühlmittel wird über Primärkreispumpen zurück in den Reaktor gefördert. Der Druck im Primärkreis wird mit Hilfe eines Dampfpolsters im Druckhalter den Erfordernissen angepaßt. Bei Anstieg des Drucks im Primärkreis wird dort Wasser eingepritzt, bei Absinken des Drucks erfolgt im Druckhalter eine elektrische Nachheizung und so eine Einstellung des Dampfdrucks auf dem erhöhten Temperaturniveau. Bei Überschreiten bestimmter Druckgrenzwerte erfolgt über einen Abblasebehälter eine Entlastung des Primärkreises. Die heute in der BRD realisierte Konzeption des Druckwasserreaktors verfügt über vier Wärmetauscherloops für eine 1300 MW$_{el}$-Anlage. Abb. 11.1c zeigt die Primärkreisanordnung in einer isometrischen Darstellung. Der gesamte Primärkreislauf ist zusammen mit weiteren Reaktornebenanlagen, wie z.B. Becken für abgebrannte Brennelemente und Komponenten des Reaktorkühlsystems, im Reaktorschutzgebäude untergebracht. Dieses besteht aus einer dichten, druckfesten Stahlhülle mit einer äußeren, bei neueren Anlagen 2 m dicken Betonwand (s. Abb. 11.1d). Im Reaktorschutzgebäude befinden sich umfangreiche Betonstrukturen, die als biologische Schilde und Stützkonstruktionen dienen.

11.2.2 Komponenten des Druckwasserreaktors

Die wesentlichen Komponenten eines Reaktors sind die Brennelemente, in denen die Umsetzung von Masse in Energie stattfindet. Beim Druckwasserreaktor sind die Grundelemente des Brennelementes sogenannte Brennstäbe. Sie weisen eine Länge von 4,925 m, einen Außendurchmesser des Zircaloyhüllrohres von 10,75 mm (9,5 mm) - in Klammern sind die Werte für die Konvoi-Kraftwerke genannt - sowie eine Hüllrohrwandstärke von 0,725 mm (0,64 mm) auf. Innerhalb des Hüllrohres befindet sich über einer Länge von 3,9 m der Uranbrennstoff in Form von Urandioxydtabletten, auch Pellets genannt, mit einem Durchmesser von 9,11 mm (8,05 mm) und einer Höhe von ca. 10 mm (s. Abb. 11.2a). Der gebildete

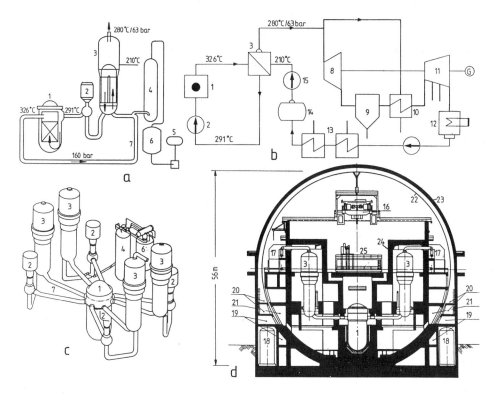

Abb. 11.1.   Primärsystem des Druckwasserreaktors

1 Reaktor, 2 Hauptkühlmittelpumpe, 3 Dampferzeuger, 4 Druckhalter, 5 Abblasekühler, 6 Abblasebehälter, 7 primäre Kühlmittelleitungen, 8 Hochdruckturbine, 9 Wasserabscheider, 10 Zwischenüberhitzer, 11 Mittel-/ Niederdruckturbine, 12 Kondensator, 13 Speisewasservorwärmung, 14 Speisewasserbehälter, 15 Speisewasserpumpe, 16 Rundlaufkran, 17 Umluftgebläse, 18 Borwasserbehälter, 19 Rohrkanal, 20 Kabelverteilung, 21 Rohrkanal, 22 Sicherheitsbehälter, 23 äußerer Betonmantel, 24 innere Betonstrukturen

a: Prinzipschaltbild des Primärkreises
b: Schaltschema eines Druckwasserreaktors
c: isometrische Darstellung zur Anordnung der Primärkreiskomponenten
d: Schnitt durch das Reaktorgebäude

Freiraum innerhalb des Brennstabes wird mit Helium gefüllt und dient als Puffer für aus den Pellets austretende Spaltgase. 236 (300) derartiger Brennstäbe werden in einem 16 x 16 (18 x 18) Gitter mit einer Teilung von 14,3 mm (12,7 mm) mit Hilfe von Kopf- und Fußstücken sowie unter Verwendung von Abstandshaltern zu Brennelementen zusammengesetzt (s. Abb. 11.2b). Eine Vielzahl derartiger Brennelemente (193 Stück für eine 3700 MW$_{th}$-Anlage, entsprechend 1300 MW$_{el}$) bilden das Core des Reaktors (s. Abb. 11.2c, d). Hier werden Elemente mit verschiedenen Anreicherungen verwendet, um eine optimale Brennstoffausnutzung im Reaktorbetrieb zu erreichen. Die Brennelemente sind im Core in einer oberen sowie in einer unteren Tragstruktur verankert. Sie werden darüber hinaus von einem äußeren Kernbehälter, der auch der Führung des Kühlmittels dient, umgeben. Eine gewisse Anzahl von Brennelementen enthält in den 20 (24) von Brennstäben freien Positionen Fingerstäbe, die zur Regelung und zum Ab-

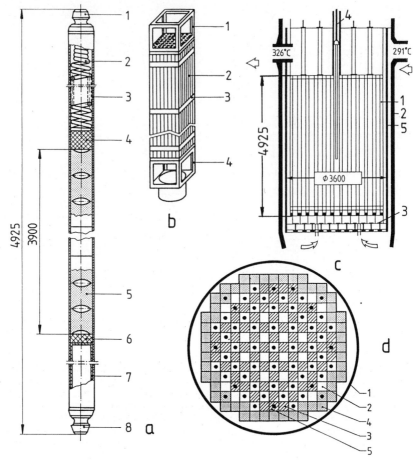

Abb. 11.2. Brennelemente und Coreaufbau eines Druckwasserreaktors

a: Brennstab
   1 oberer Endstopfen, 2 Brennstabfeder, 3 Hüllrohr, 4 Isoliertablette, 5 Brennstofftablette, 6 Isoliertablette, 7 Stützrohr, 8 unterer Endstopfen
b: Brennelement
   1 oberes Fußstück, 2 Brennstab, 3 Abstandshalter, 4 unteres Fußtück
c: Kerneinbauten
   1 Brennelement, 2 Reaktordruckbehälter, 3 unteres Kerngerüst, 4 Abschaltstab, 5 Kernbehälter
d: Querschnitt durch einen Reaktorkern mit Kennzeichnung der verschiedenen Anreicherungszonen
   1 Kernbehälter, 2 Anreicherung 1,9 Gew.-% U-235, 3 Anreicherung 2,5 Gew.-% U-235, 4 Anreicherung 3,2 Gew.-% U-235, 5 Brennelement mit Steuerstäben

schalten des Reaktors eingesetzt werden. Als Absorbermaterial dient z.B. in deutschen Reaktoren Ag, In, Cd. Für die Durchführung langfristiger Regelvorgänge wird dem Kühlmittel Borsäure zugesetzt. Im Normalbetrieb bildet sich in den Brennstäben ein Temperaturprofil der in Abb. 11.3a gezeigten Form aus, welches im wesentlichen durch die volumetrische Wärmeproduktion, d.h. durch die Kernleistungsdichte und durch die Wärmeleitfähigkeit des keramischen

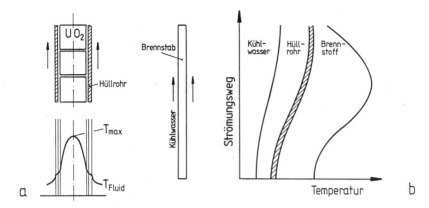

Abb. 11.3.   Zu den thermohydraulischen Verhältnissen im Kern von Druckwasserreaktoren

a: Radiales Temperaturprofil in den Brennstäben (qualitativ)
b: Axiale Temperaturen im Kern (qualitativ)

Brennstoffs UO_2 bedingt ist. Im Mittel werden während des Betriebs im Zentrum der Brennstäbe Temperaturen von ca. 1300°C (1100°C) erreicht. In einigen "heißen" Stäben, Heißkanäle genannt, herrschen Temperaturen von bis zu 2800°C (2300°C), die durch neutronenphysikalisch und fertigungstechnisch bedingte Abweichungen der Leistungsfreisetzung und Kühlung vom Mittelwert bedingt sind.

Aus der Lösung der Fourrierschen Wärmeleitungsgleichung für die Bereiche UO_2-Tabletten mit Wärmefreisetzung, Gasspalt und Zirkonhülle sowie der Wärmeübergangsbedingung an das Kühlwasser können die Temperaturen der einzelnen Kontaktstellen berechnet werden. Ausgehend von der mittleren linearen Wärmefreisetzung im Brennstab von 20,8 kW/m (16,4 kW/m) und einem Heißkanalfaktor von 2,5 führt der Ansatz einer Wärmeübergangszahl von 25 kW/m^2 von der Brennstabaußenseite ans Kühlwasser auf eine treibende Temperaturdifferenz von 31 K (28 K) oder mit einer Kühlmitteltemperatur von 326°C zu einer Hüllrohraußentemperatur von 357°C (354°C). Bei Ansatz einer Wärmeleitfähigkeit von 14 W/m K in der Zirkonhülle resultiert hier ein Temperaturgradient von 86 K (68 K). Im Gasspalt zwischen Brennstoffpellet und Innenseite der Brennstabhülle erfolgt der Wärmetransport im wesentlichen durch Leitung im Helium; mit $\lambda =$ 0,3 W/m K erhält man eine Temperaturdifferenz von 569 K (455 K). Schließlich ergibt sich unter Verwendung einer Wärmeleitfähigkeit von 2,4 W/m K im UO_2 die Temperaturdifferenz im Pellet zu 1724 K (1360 K), womit man durch Aufsummieren aller Differenzen die maximalen Brennstofftemperaturen von 2376°C (2237°C) gewinnt. Die Schmelztemperatur von UO_2 liegt bei 2800°C. Für den Normalbetrieb liefert eine Rechnung ohne Berücksichtigung des Heißkanalfaktors unter gleichen Bedingungen maximale Temperaturen von 1284°C (1084°C).

Der Reaktorkern mit seinen Einbauten ist im Reaktordruckbehälter integriert (s. Abb. 11.4a, b). Diese Komponente besteht aus einem stehenden zylindrischen Teil mit abnehmbarem Deckel. Der Behälter muß für hohe Drücke (180 bar), hohe Temperaturen (340°C), Neutronenbestrahlung sowie für ein korrosives Primärkreismedium (Wasser mit Borsäure) ausgelegt werden. Um dem letztgenannten Gesichtspunkt Rechnung zu tragen, ist der gesamte Primärkreis entweder aus austenitischen Materialien hergestellt, z.B. die Rohre des Dampferzeugers, oder die Wandungen der Komponenten sind mit austenitischem Material schweißplattiert. Der Reaktordruckbehälter weist im oberen Bereich 8 Stutzen für den Anschluß von 4 Dampferzeugern auf. Die Antriebe der Abschaltstäbe werden durch den Deckel hindurchgeführt. Der Deckel wird jedes Jahr einmal im Rahmen des Brennelementwechsels abgenommen.

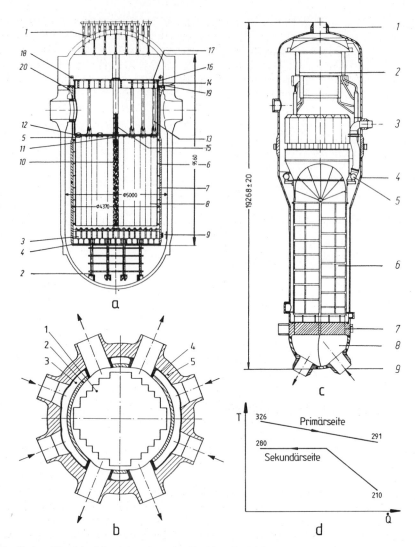

Abb. 11.4.   Primärkreiskomponenten des Druckwasserreaktors

a: Reaktordruckbehälter (Vertikalschnitt)
1 Druckbehälter, 2 Schemel, 3 untere Tragplatte, 4 Stauplatte, 5
Brennelement-Zentrierstift, 6 Kernbehälter, 7 Formblech, 8 Brennelement,
9 radiale Abstützung, 10 Brennelement mit Steuerstab, 11 Steuerelement, 12
obere Gitterplatte, 13 Stütze, 14 Kerninstrumentierung, 15 Steuerelement-
führung, 16 obere Tragplatte, 17 Deckplatte, 18 Öse, 19 Niederhalter, 20
Zentrierung
b: Reaktordruckbehälter (Horizontalschnitt durch die Stutzenebene)
1 Reaktorkern, 2 Kernbehälter, 3 Kaltwasserspalt, 4 Plattierung, 5 Reaktordruckbehälter
c: Dampferzeuger
1 Sattdampfaustritt, 2 Wasserabscheider und Dampftrockner, 3 Speisewassereintritt, 4 Druckbehälter, 5 Ringverteiler, 6 U-Rohrbündel, 7 Rohrboden,
8 Primärwasserverteilkammer, 9 Primärwassereintritt
d: T-Q-Diagramm des Dampferzeugers

Der Dampferzeuger des Druckwasserreaktors erlaubt wegen der Verwendung von Druckwasser zur Beheizung eine sehr kompakte Bauweise (s. Abb. 11.4c, d). Das Primärkühlmittel (4700 kg/s je Dampferzeuger einer 1300 MW$_{el}$-Anlage) strömt durch U-Rohre und gibt seine Wärme an das außerhalb der Rohre strömende sekundäre Speisewasser ab. Die Verteilung auf die U-Rohre geschieht über einen unteren Rohrboden sowie durch zwei darunter angeordnete Kammern für das heiße und das abgekühlte Primärkühlmittel. Speisewasser wird oberhalb des Rohrbodens zugeführt und verdampft aufsteigend. Im oberen Bereich des Dampferzeugers befindet sich ein Dampftrockner. Praktisch gesättigter Dampf (550 kg/s je Dampferzeuger einer 1300 MW$_{el}$-Anlage) verläßt dann den Apparat und wird zur Turbine geleitet. Das Temperatur-Wärme-Diagramm für den Dampferzeugungsprozeß (s. Abb. 11.4d) zeigt, daß mit vergleichsweise kleinen Temperaturdifferenzen für den Wärmeübertrag gearbeitet werden kann. Trotzdem werden hohe Heizflächenbelastungen (ca. 700 kW/m²) bei niedrigen Rohrwandtemperaturen erreicht. Primäre Kühlmittelpumpen sowie die verbundenen Rohrleitungen lehnen sich an Lösungen an, die aus der konventionellen Kraftwerkstechnik bekannt sind. Allerdings sind bei allen Primärkreiskomponenten hohe kerntechnische Qualitätsstandards einzuhalten.

Die im vorigen Kapitel bereits erwähnte Nachzerfallswärme wird durch eine Vielzahl von Kühleinrichtungen aus dem Reaktorsystem abgeführt. Die Verfügbarkeit dieser Einrichtungen ist für die Anlagensicherheit fundamental wichtig. Auf Konsequenzen eines totalen Ausfalls wird in Kapitel 24 hingewiesen. Zunächst sind die Betriebsloops als Kühlsysteme verfügbar. Darüber hinaus sind mehrfach parallel geschaltete Einspeisesysteme, die bei reduziertem Druck arbeiten, vorhanden (s. Abb. 11.5a).

11.2.3 Betriebs- und Sicherheitsfragen

Die bei der Kernspaltung entstehenden radioaktiven Spaltprodukte werden durch ein gestaffeltes System von Barrieren von der Umwelt ferngehalten (s. Abb. 11.5b). Zunächst hält die kristalline Struktur des Brennstoffs einen Teil der Spaltprodukte in ihrem Gitter zurück, die gasdichten und druckfesten Hüllrohre wirken als Barriere. Der stählerne Primärkreiseinschluß stellt eine weitere sehr zuverlässige Barriere dar, während das aus Stahl und Beton gefertigte Reaktorschutzgebäude die äußere Barriere bildet. Der Erhalt von mindestens zwei der genannten Barrieren bei allen Störfällen ist ein wesentliches Ziel der Reaktorsicherheitstechnik. In diesem Sinne müssen die Abschaltung der Anlage, die Abfuhr der Nachwärme sowie der Schutz gegen Gewalteinwirkungen von innen und außen gewährleistet sein. Als äußere Einwirkungen werden heute in der BRD Gaswolkenexplosionen, Erdbeben und der Absturz schnellfliegender Militärmaschinen auf die Anlage angenommen.

Eine Reihe von Hilfsanlagen, wie z.B. Wasseraufbereitung, Dekontamination, sind zum Betrieb der Anlage notwendig. Die Regelung der Leistung entsprechend den Anfordungen des Energieversorgungsunternehmens erfolgt durch Verfahren der Absorberstäbe. Beim Druckwasserreaktor ist der Brennstoff für einen Dauerbetrieb von einem Jahr eingesetzt. Jedes Jahr werden während einer etwa 3-wöchigen Stillstandszeit rund 1/3 der Brennelemente als abgebrannt entnommen und durch frische Brennelemente ersetzt. Zum Teil werden die noch nicht vollständig abgebrannten Elemente umgesetzt, um einen optimalen Abbrand zu erreichen. Die Abgabe von Radioaktivität während des Normalbetriebes wird

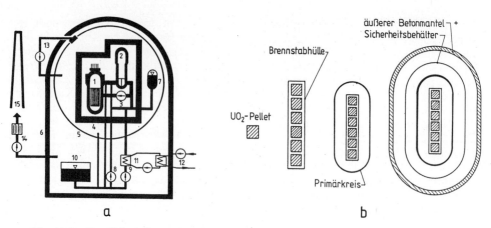

Abb. 11.5.   Zur Sicherheit von Druckwasserreaktoren

a: Kühleinrichtungen zur Abfuhr der Nachwärme bei Druckwasserreaktoren
1 Reaktor, 2 Dampferzeuger, 3 Primärkühlmittelpumpe, 4 Primärabschirmung, 5 Sicherheitsbehälter, 6 äußerer Betonmantel, 7 Druckspeicher, 8 Si-
cherheitseinspeisepumpe, 9 Nachkühler, 10 Flutbehälter, 11 Zwischenkühl-
kreislauf, 12 Nebenkühlkreislauf, 13 Leckabsaugung, 14 Ringraumabsaugung
und Abluftfilter, 15 Abluftkamin

b: Barrieren gegen den Austritt von Spaltprodukten

durch aufwendige Filteranlagen auf sehr geringe Werte begrenzt. Gefordert wird
heute etwa, daß die Werte der Belastung infolge natürlicher Radioaktivität (in
der BRD im Mittel 1,5 mSv/a) durch die betriebliche Emission von Kernkraftwerken nur um rund 1 % erhöht werden.

Die im Interesse eines wirtschaftlichen Betriebs geforderte hohe Anlagenverfüg-
barkeit ist heute zumindest in westlichen Ländern in ausreichendem Maße gegeben. Arbeitsverfügbarkeiten von über 7000 h/a werden von den meisten
deutschen Druckwasserreaktoren ohne weiteres erreicht.

11.3 Siedewasserreaktoren

Beim Siedewasserreaktor findet die Dampferzeugung für den Turbinenprozeß
direkt im Reaktorkern statt. Es entfällt also ein spezieller Dampferzeuger, wie er
beim Druckwasserreaktor Verwendung findet. Abb. 11.6 zeigt ein stark vereinfachtes Schaltbild, in dem auch einige wesentliche thermodynamischen Daten
eingetragen sind. In Abb. 11.7 ist das Schema eines modernen in der BRD
betriebenen Siedewasserreaktors dargestellt. Die Brennelemente, die den Spaltstoff auch hier in Form von UO_2 enthalten, befinden sich im Reaktordruckbehälter, der etwa zu zwei Drittel mit Wasser gefüllt ist. Ihre Gestaltung entspricht
mit geringen Abweichungen derjenigen von Druckwasserreaktoren. Das Kühlwasser, welches auch bei diesem Reaktortyp als Moderator wirkt, strömt von
unten nach oben durch den Reaktorkern und führt dabei die durch Spaltung in
den Brennelementen freigesetzte Wärme ab. Dabei wird ein Teil des Kühlwassers
verdampft. Im oberen Teil des Reaktordruckgefäßes wird durch spezielle Wasserabscheider eine Separation von Dampf und Wasser erreicht. Sattdampf mit
einer Temperatur von 285°C und einem Druck von 70 bar wird von hier aus über
Frischdampfleitungen direkt zur Turbine geführt und in bekannter Weise in

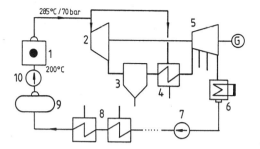

Abb. 11.6.   Schaltschema eines Siedewasserreaktors

1 Reaktor, 2 Hochdruckturbine, 3 Wasserabscheider, 4 Zwischenüberhitzer, 5 Niederdruckturbine, 6 Kondensator, 7 Kondensatpumpe, 8 Speisewasservorwärmstrecke, 9 Speisewasserbehälter, 10 Speisewasserpumpe

elektrische Energie umgewandelt. Bei optimaler Regeneration des Kreisprozesses wird ein Wirkungsgrad von etwa 33 % erreicht.

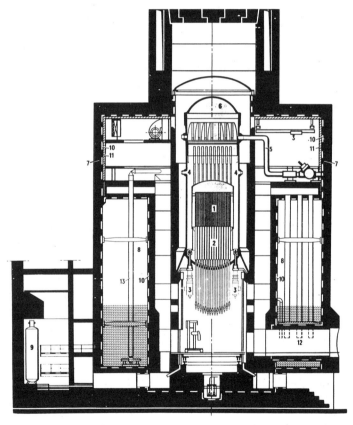

Abb. 11.7.   Siedewasserreaktor [11.4]

1 Brennelemente, 2 Steuerelemente, 3 Hauptkühlmittelpumpen, 4 Speisewassereintritt, 5 Frischdampfleitung, 6 Reaktordruckbehälter, 7 Sicherheitsumschließung, 8 Kondensationskammer, 9 Schnellabschalttank, 10 Liner, 11 Splitterschutzbeton, 12 Schleuse, 13 Kondensationsrohr

Im Reaktordruckbehälter wird das im Dampftrockner separierte Wasser im Ringraum zwischen Reaktorkern und Druckbehälterwandung wieder nach unten geführt und dort mit dem neu eintretenden Speisewasser vermischt. Die im Reaktordruckbehälter befindlichen Pumpen sorgen für eine Umwälzung des Kühlmittels. Die Regelung des Reaktors geschieht mit Hilfe von kreuzförmigen Regelstäben, die von unten her in den Reaktorkern eingefahren werden. Die Frischdampf- und Speisewasserleitungen führen aus dem Reaktorgebäude in das Maschinenhaus zur Turbine. Da der Dampf wegen der hier gewählten Einkreisschaltung nicht frei von radioaktiven Verunreinigungen ist, wird auch das Maschinenhaus mit in eine Sicherheitsüberwachung einbezogen. Für die Abfuhr der Nachwärme sind ähnlich aufwendige Sicherheitseinrichtungen vorgesehen wie beim Druckwasserreaktor. Bemerkenswert ist die Kondensationskammer im Reaktorgebäude, die im Störfall für eine Kondensation des aus dem Reaktordruckbehälter austretenden Dampfes eingesetzt werden soll. Auch bei diesem Reaktortyp wird jährlich eine teilweise Neubeladung des Kerns vorgenommen. Hinsichtlich wesentlicher Details derartiger Anlagen sei auf Tab. 11.1 verwiesen.

11.4   Hochtemperaturreaktoren

Hochtemperaturreaktoren gestatten die Nutzung der Kernspaltenergie nach einem anderen technischen Konzept als Leichtwasserreaktoren und können daher auch mit einem völlig andersartigen Sicherheitskonzept ausgestattet werden. Das Reaktorprinzip ist in Abb. 11.8 wiedergegeben. Grundelemente der Wärmeerzeugung sind beschichtete Partikel aus UO_2 (Durchmesser $\approx 100\ \mu$m). Die Kerne sind mit mehreren Schichten (pyrolytischer Graphit, Siliziumcarbid, pyrolytischer Graphit) umgeben. Durch dieses System von Schichten wird eine ausgezeichnete Rückhaltung der Spaltprodukte in den Brennstoffpartikeln erreicht. Die be-

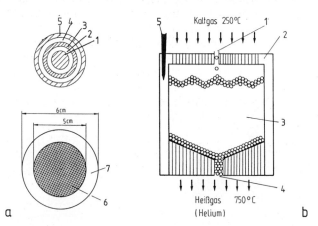

Abb. 11.8.   Prinzip des Hochtemperaturreaktors

       a: Coated Particle und Brennelement
           1 Brennstoffkern, 2 Pufferschicht, 3 innere Pyrokohlenstoffschicht, 4 Siliziumcarbidschicht, 5 äußere Pyrokohlenstoffschicht, 6 Brennstoffzone, 7 brennstofffreie Zone
       b: Coreaufbau
           1 Brennelementzugabe, 2 Graphitreflektor, 3 Kugelhaufencore, 4 Brennelementabzug, 5 Absorberstab im Reflektor

schichteten Teilchen sind in einer gepreßten Graphitmatrix, die ihrerseits von einer brennstofffreien 5 mm dicken Graphitschale umgeben ist, angeordnet. In einem Brennelement befinden sich rund 10 000 bis 30 000 dieser kleinen Partikel, d.h. der Brennstoff ist in der Matrix fein dispergiert. Die kugelförmigen aus Graphit bestehenden Brennelemente haben insgesamt einen Durchmesser von 6 cm. Sie werden in loser Schüttung im Reaktorkern angeordnet und befinden sich in einem Graphitreflektor. Gekühlt wird diese Schüttung durch Helium unter Druck, welches im Gleichstrom oder auch im Gegenstrom mit den Kugeln, welche sich im Betrieb unter Schwerkraft nach unten bewegen (Geschwindigkeit rund 2cm/h), strömt. Aufgrund der im Vergleich zu anderen Reaktortypen niedrigen Kernleistungsdichte von 2 bis 6 MW/m³ sowie wegen der dispergierten Anordnung des Brennstoffs in einem sehr gut leitenden Material (Graphit) treten im Normalbetrieb trotz hoher Kühlmitteltemperaturen (700 bis 950°C) nur relativ niedrige Brennstofftemperaturen auf. Beim AVR- oder THTR-Reaktor liegen die maximalen Temperaturen der Brennstoffpartikel im Normalbetrieb unterhalb von 1050°C. Im Heliumkreislauf sind der Reaktorkern mit Boden- und Deckenreflektorstrukturen, die den Durchtritt von Kühlgas erlauben, sowie die Gebläse und die Wärmetauscher, die bei den bislang gebauten Anlagen als Dampferzeuger ausgeführt sind, angeordnet. Die Gasführungen zwischen diesen Hauptkomponenten des Kühlkreislaufs werden teils durch Reaktoreinbauten gebildet, teils handelt es sich um spezielle gasführende Leitungen. Beim in Abb. 11.10 dargestellten sogenannten MODUL-Reaktor ist als Heißgasführung eine Koaxialleitung vorgesehen.

Regelung und Abschaltung werden bei Kugelhaufenreaktoren durch Reflektorelemente und beim THTR z.B. auch durch frei in die Kugelschüttung einfahrende Stäbe bewirkt. Der Temperaturkoeffizient der Reaktivität ist bei diesem Reaktortyp bei allen Brennstoffzyklen stark negativ, so daß eine inhärente Abschaltsicherheit bei Temperaturerhöhung gegeben ist. Die Entladung der Brennelemente erfolgt kontinuierlich während des Betriebs. Abb. 11.10 zeigt das Schema eines MODUL-Reaktors, bei dem der Reaktor und der Dampferzeuger jeweils in einem Druckbehälter untergebracht sind. Die Reaktorleistung beträgt 200 MW. Größere Leistungen werden durch Parallelschaltung mehrerer MODULn realisiert. Der Frischdampfzustand liegt bei 530°C/190 bar, so daß mit Hilfe des konventionellen Dampfturbinenprozesses ein Wirkungsgrad der Stromerzeugung von rund 40 % erreicht wird (s. Abb. 11.9).

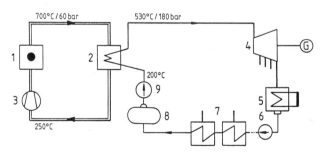

Abb. 11.9.   Schaltschema eines Hochtemperturreaktors

1. Reaktor, 2 Dampferzeuger, 3 Heliumgebläse, 4 Turbinenanlage, 5 Kondensator, 6 Kondensatpumpe, 7 Speisewasservorwärmstrecke, 8 Speisewasserbehälter, 9 Speisewasserpumpe

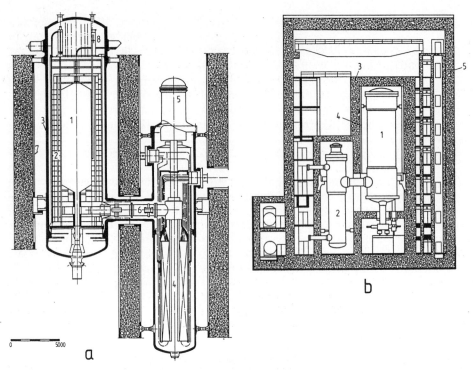

Abb. 11.10.   Hochtemperaturreaktor-MODUL-Anlage

        a: Primärkreislauf
               1 Kugelhaufencore, 2 Seitenreflektor, 3 Reaktordruckbehälter, 4 Dampfer-
               zeuger, 5 Gebläse, 6 Heißgasleitung, 7 Zellenkühlsystem, 8 Absorberstab-
               antrieb
        b: Primärkreisanordnung im Schutzgebäude
               1 Reaktorbehälter, 2 Dampferzeuger, 3 Primärkreiszelle, 4 Zellenkühlsy-
               stem, 5 Reaktorschutzgebäude

Die vergleichsweise niedrige Kernleistungsdichte sowie die große Menge an Graphit im Corebereich und die in den Graphitstrukturen verleihen dem Reaktor ein außerordentlich träges Verhalten gegenüber thermischen Transienten, die sich z.B. aus Schäden am Nachwärmeabfuhrsystem ergeben können. Es ist bei geeigneter Auslegung des Reaktors sogar ein passiv inhärentes Nachwärmeabfuhrsystem realisierbar, bei dem die Nachwärme ohne Einsatz von Maschinen nur durch physikalisch bedingte Wärmetransportmechanismen wie Wärmeleitung und Wärmestrahlung aus dem Reaktorkern abgeleitet wird. So wird ein unzulässiges Aufwärmen oder gar ein Schmelzen des Reaktorkerns physikalisch unmöglich gemacht. Auf Einzelheiten dieses passiven Prinzips der Nachwärmeabfuhr wird in Kapitel 24 näher eingegangen.

MODUL-Reaktoren können neben der reinen Stromerzeugung vorteilhaft zum Einsatz für Kraft-Wärme Kopplungsschaltungen herangezogen werden. Auch die Durchführung endothermer chemischer Reaktionen ist mit Hilfe eines Temperaturniveaus im Heliumkreislauf von 950°C möglich. Eine direkte Koppelung mit Gasturbinen gestattet es in Zukunft, den Prozeßwirkungsgrad bis auf etwa 48 % anzuheben.

11.5   Schnelle Brutreaktoren

In den vorher beschriebenen Reaktorsystemen wird im wesentlichen der U-235-Anteil im Natururan ($\approx$ 0,71 Gew.-%) zur Spaltung und Energiefreisetzung ausgenutzt. In einem geringen Umfang laufen auch in thermischen Reaktoren bereits Brutprozesse entsprechend den Schemata

$$\mathrm{U}_{92}^{238} + \mathrm{n}_0^1 \;\rightarrow\; \mathrm{U}_{92}^{239^*} \;\xrightarrow{\beta^-}\; \mathrm{Np}_{93}^{239} \;\xrightarrow{\beta^-}\; \mathrm{Pu}_{94}^{239} \;...\;,$$

$$\mathrm{Th}_{90}^{232} + \mathrm{n}_0^1 \;\rightarrow\; \mathrm{Th}_{90}^{233^*} \;\xrightarrow{\beta^-}\; \mathrm{Pa}_{91}^{233} \;\xrightarrow{\beta^-}\; \mathrm{U}_{92}^{233} \;...$$

ab. Pu_{94}^{239} und weiterhin entstehendes Pu_{94}^{241} sowie U_{92}^{233} sind ebenfalls spaltbar. In thermischen Reaktoren werden diese neu gebildeten Spaltstoffe zum großen Teil in situ zur Spaltung ausgenutzt, so daß derzeit eine Gesamtnutzung des Urans von rund 1 % erreicht wird. In schnellen Reaktoren wird durch mehrfache Zwischenschaltung einer Wiederaufarbeitung eine möglichst vollständige Umwandlung der Brutstoffe in Spaltstoffe angestrebt. So kann z.B. durch ständigen Neueinsatz des erbrüteten Spaltstoffs in einem optimal ausgelegten schnellen Brutreaktor das Uran rund 60 mal besser ausgenutzt werden als etwa in Leichtwasserreaktoren der heutigen Auslegung. Dieser Aspekt ist die starke Motivation für weltweite Bemühungen um diesen Reaktortyp. Daher möge der Begründung dieses Gesichtspunktes hier einiger Platz eingeräumt werden. Allgemein kann für den Konversions- oder Brutfaktor der Ausdruck

$$C = \frac{\text{Anzahl neu erzeugter Spaltstoffkerne}}{\text{Anzahl der verbrauchten Spaltstoffkerne}}\;, \tag{11.1}$$

$$= \eta - 1 - a \tag{11.2}$$

mit $\eta = \nu\,\sigma_\mathrm{f}/\sigma_\mathrm{a}$ Neutronenausbeute, ν Neutronenanzahl je Spaltung, $\sigma_{\mathrm{f/a}}$ Wirkungsquerschnitt für Spaltung/Absorption und a Neutronenverluste infolge parasitärer Absorption oder Neutronenleckage, angesetzt werden. Brüten von neuem Spaltstoff ist immer dann möglich, wenn $C > 1$ ist, bei $C < 1$ spricht man von konvertierenden Systemen. Von diesen C-Werten sind allerdings noch Verluste bei der Wiederaufarbeitung abzuziehen. Die η-Werte sind für Plutonium im schnellen Energiebereich, d.h. für schnelle Reaktorsysteme, besonders hoch. Notwendig ist ein η-Wert deutlich größer als 2. Insgesamt kann man die gesamte Uranausnutzung durch einen Faktor

$$f = \frac{N_\mathrm{Sp}\,(\text{gesamt})}{N_\mathrm{Sp}\,(\text{Anfang})} = 1 + C + C^2 + ... + C^\mathrm{n} = \frac{C^{\mathrm{n}+1} - 1}{C - 1} \tag{11.3}$$

charakterisieren. N_Sp steht für die Anzahl der spaltbaren Kerne, n gibt die Anzahl der Einsätze des Urans nach Wiederaufarbeitung und Refabrikation der Brennelemente im Reaktor wieder. Für große Werte von n ergibt sich nach diesem stark vereinfachten Modell die maximal mögliche Spaltstoffausnutzung. Für $C < 1$ und große Werte von n gilt näherungsweise

$$f = \frac{1}{1 - C}\;. \tag{11.4}$$

So folgt etwa für Leichtwasserreaktoren mit einem C-Wert von derzeit 0,5, daß beim in situ-Umsatz des erbrüteten Spaltstoffs $f = 1 + C = 1,5$ erreicht werden kann. Dies ist gleichbedeutend mit einer Gesamtspaltung von 1 % des Urans, anstelle von 0,7 % U-235, wie es dem Natururangehalt ent-

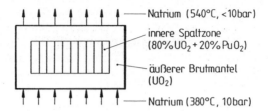

Abb. 11.11.   Core eines schnellen Brutreaktors

spräche. Bei mehrfacher Wiederaufarbeitung wäre ein f-Wert von 2 erreichbar, entsprechend 1,4 % Uranausnutzung. Bei einer HTR-Anlage mit Mehrfacheinsatz des Spaltstoffs und maximal C = 0,9 im Thoriumzyklus wäre $f \approx 10$, d.h. 7 % Brennstoffausnutzung, denkbar. Beim schnellen Reaktor ist offenbar $C = 1,16$ erreichbar, so daß für $n = 15$ ein Wert $f = 60$ errechenbar ist. Damit wäre eine rund 40 %-ige Ausnutzung des Spaltstoffs möglich.

Der Reaktorkern eines schnellen Brutreaktors besteht aus zwei Zonen. In der inneren Zone befinden sich Brennstäbe, die eine Mischung von rund 80 % UO_2 (U_{nat}) sowie 20 % PuO_2 enthalten. Diese Zone ist die energieproduzierende Spaltzone. In einer äußeren Brutzone sind Brennelemente angeordnet, die nur UO_2 (U-238) enthalten, hier wird bevorzugt neuer Spaltstoff erzeugt, der teilweise wieder umgesetzt wird und dadurch auch zur Leistungserzeugung beiträgt. Im schnellen Brutreaktor ist eine vergleichsweise hohe Konzentration an Spaltstoffen eingesetzt, da die Wirkungsquerschnitte für die Kernspaltung im schnellen Energiebereich wesentlich niedriger als im thermischen Bereich sind. Der Reaktorkern ist daher kompakt mit einer sehr hohen Leistungsdichte aufgebaut. Als Kühlmittel wird Natrium eingesetzt, um die Moderation der Neutronen so gering wie möglich und so das Neutronenspektrum so schnell wie möglich zu halten. Dies ist notwendig, da die η-Werte im schnellen Energiebereich besonders hoch sind. Auch im Hinblick auf eine sehr wirksame Wärmeabfuhr bei niedrigem Kühlmitteldruck ist Natrium besonders gut geeignet. Wie schon in Abb. 11.11 angedeutet und auch aus Abb. 11.12 im Detail zu ersehen, strömt das Kühlmittel mit rund 380°C von unten in den Kern ein und wird bei rund 12 bar auf 540°C aufgewärmt. Die Brennstäbe (Durchmesser 5 mm, Länge 0,75 m) sind zu hexaederförmigen Brennelementen mit je 166 Stäben zusammengefaßt.

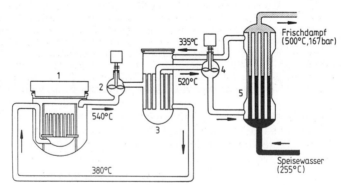

Abb. 11.12.   Prinzipschema der Kreisläufe eines schnellen natriumgekühlten Reaktors

1 Kernreaktor, 2 Kühlmittelpumpe, 3 Na/Na-Zwischenkreislauf, 4 sekundäre Kühlmittelpumpe, 5 Dampferzeuger

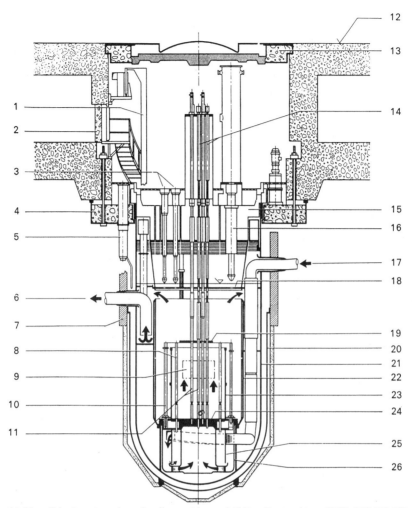

Abb. 11.13. Primärsystem des schnellen natriumgekühlten Brutreaktors SNR-300 [11.10]

1 Kabelschleppeinrichtung, 2 Zugang Reaktordeckel, 3 Brennelementwechsel-
kanal (tankintern), 4 Reaktortank-Auflageträger, 5 Inspektionsschacht, 6
Natriumaustritt, 7 Primärabschirmung, 8 Brutelement, 9 Kernzone, 10 Brenn-
element-Umsetzposition, 11 Stellstäbe, 12 Bedienungsebene Reaktorhalle, 13
Grubenabdeckung, 14 Stellstabantrieb, 15 Reaktordrehdeckel, 16 Brennele-
ment-Wechselkanal (tankextern), 17 Natriumeintritt, 18 Tauchplatte, 19 Instru-
mentierungsplatte, 20 Doppeltank, 21 Reaktortank, 22 Schildtank, 23 Kern-
mantel, 24 Kerntragstruktur, 25 Strömungseinbauten, 26 Sammelbehälter

Dem Reaktor nachgeschaltet ist ein Zwischenwärmetauscher, in dem sekundäres
Natrium auf 520°C (14 bar) erwärmt wird. Von hier aus wird das Natrium über
primäre Kühlmittelpumpen zurück in den Reaktor gepumpt. Mit Hilfe des se-
kundären heißen Natriums wird in nachgeschalteten Dampferzeugern
Frischdampf von 500°C/167 bar erzeugt. Die Verwendung eines Zwischenkreis-
laufs wird erforderlich, da Natrium bei Dampferzeugerrohrbrüchen mit Wasser
in stark exothermer Reaktion reagiert und diese Ereignisse vom Primärkreislauf
ferngehalten werden müssen. Auch mögliche Reaktionen mit Luftsauerstoff

müssen verhindert werden, daher sind alle natriumführenden Primärkreiskomponenten und Kreisläufe in inertisierten Räumen untergebracht. Natrium wird im Betrieb durch Neutroneneinfang radioaktiv, daher sind besondere Abschirmmaßnahmen notwendig. Auch benötigt man Begleitheizungen für natriumführende Rohrleitungen, da das Kühlmittel erst bei 98°C schmilzt. Der Aufbau des nuklearen Wärmeerzeugungssystems geht im Detail aus Abb. 11.13 hervor.

Die Regelung des Reaktors erfolgt mit Regelstäben, die von oben her in den Kern eingefahren werden. Ein zweites als Gliederkette ausgeführtes System kann im Bedarfsfall von unten in den Kern hineingezogen werden. Die Beladung des Reaktors erfolgt diskontinuierlich jedes Jahr während einer Stillstandsphase. Hinsichtlich der Sicherheit stellen sich im Prinzip ähnliche Fragen wie beim Leichtwasserreaktor. Allerdings ergibt sich infolge des absorbierenden Kühlmittels im Gegensatz zu den thermischen Reaktorsystemen ein positiver Temperaturkoeffizient bei Verdampfung des Kühlmittels. Dies kann bei großräumiger Dampfblasenbildung zu einer nuklearen Verpuffung, die als Bethe-Tait-Störfall bekannt ist, führen. Auch bei schnellen Brutreaktoren muß ein Kernschmelzen infolge Nachwärmefreisetzung durch geeignete ingenieurtechnische Maßnahmen, insbesondere durch sehr zuverlässige Abschaltanlagen, vermieden werden.

11.6 Candu-Reaktoren

Candu-Reaktoren sind durch die Verwendung von schwerem Wasser als Moderator sowie als Kühlmittel charakterisiert. Der Brennstoff ist in Druckröhren, die jeweils vom Kühlmittel durchflossen sind, eingeschlossen. Diese Druck-

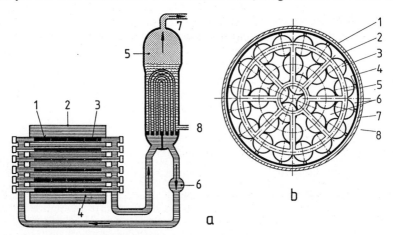

Abb. 11.14. Candu-Reaktor [11.15]

a: Prinzip des Primärkreislaufs
1 Druckrohr, 2 Reaktorbehälter (Calandria), 3 Brennelement (28 je Rohr), 4 Moderator (schweres Wasser), 5 Dampferzeuger, 6 Kühlmittelpumpe, 7 Frischdampfaustritt, 8 Speisewassereintritt
b: Schnitt durch ein Druckrohr
1 Calandriarohr des Reaktorbehälters, 2 Druckrohr/Kühlmittelführung, 3 Brennstab mit Zircaloy-4-Hüllrohr und UO$_2$-Pellets, 4 Abstandhalter, 5 Zircaloy-Tragstruktur für die Brennstäbe, 6 Schwerwasser-Kühlkanäle, 7 Gasspalt, 8 Schwerwasser im Calandriatank

röhren sind in großer Stückzahl waagerecht im Moderatortank, der auch als Calandria bezeichnet wird, angeordnet. Je 12 Brennelementbündel (s. Abb. 11.14b) liegen lose im Kanal und können während des Betriebs kontinuierlich ausgewechselt werden. Als Brennstoff wird wegen der Verwendung von schwerem Wasser als Moderator, welches praktisch keine parasitäre Neutronenabsorption aufweist, Natururan eingesetzt. Damit benötigt dieser Reaktortyp keine Einrichtungen zur Spaltstoffanreicherung.

Das in den Druckröhren aufgewärmte Schwerwasser wird, wie beim Druckwasserreaktor bekannt, durch einen Dampferzeuger mit U-förmigen Rohren hindurchgeleitet und nach Abkühlung über eine Umlaufpumpe zurück in die Druckröhren gepumpt (s. Abb. 11.14a). Im Dampferzeuger wird Sattdampf (255°C, 43 bar) erzeugt, so daß der Gesamtwirkungsgrad der Stromerzeugung bei 32 % liegt. Die Prozeßführung auf der Sekundärseite entspricht der in Abb. 11.1b für den Druckwasserreaktor dargestellten. Zur Regelung werden Abschaltstäbe durch den Calandriabehälter, der praktisch drucklos betrieben wird, von oben zwischen die Druckröhren eingeführt. Eine Schnellabschaltung kann durch den schnellen Ablaß des Moderators aus dem Tank nach unten erfolgen. Dieser Reaktortyp ist in größerer Stückzahl insbesondere in Kanada gebaut worden und wird dort seit Jahrzehnten erfolgreich betrieben.

11.7 RBMK-Reaktoren

Der RBMK-Reaktor ist ein graphitmoderierter Druckröhren-Siedewasserreaktor. Der Reaktorkern ist in einem Betonquader untergebracht und wird aus Graphitblöcken gebildet, die von den Druckröhren durchzogen werden (s. Abb. 11.16). Zur Bildung einer 1000 MW_{el}-Reaktoranlage werden 1693 Druckröhren parallelgeschaltet, die jeweils separat mit einem Kühlmittelzu- und -ablauf versehen sind. Auch hier vermeidet die Wahl des Druckröhrenprinzips große druckbeaufschlagte Reaktorbehälter. In den Druckröhren befinden sich zwei senkrecht übereinander angeordnete Brennelemente, bestehend aus je 18 Brennstäben (13,5 mm Durchmesser), die den Brennstoff UO_2 in Form von Pellets enthalten (s. Abb. 11.15a). Innerhalb der Druckröhren strömt siedendes Wasser aufwärts und nimmt die in den Brennstäben freigesetzte Wärme auf, indem es teilweise verdampft. Die Moderation der Neutronen erfolgt im wesentlichen außerhalb der Druckröhren in den Graphitstrukturen. Durch die Anwesenheit von im Vergleich zu Graphit stark absorbierendem Wasser entsteht bei dieser Reaktorkonzeption ein positiver Temperaturkoeffizient bei Erhöhung des Dampfgehalts im Kühlwasser oder bei vollständigem Kühlwasserverlust. Das entstehende Dampf-Wassergemisch (285°C, 70 bar, 25 % Dampfgehalt) wird für jedes Druckrohr getrennt nach oben aus dem Reaktorkern zu Sammlern und von dort zu den Dampf-Wasser-Separatoren geleitet. Der gewonnene Sattdampf wird in bekannter Weise in einem Sattdampfprozeß mit einem Wirkungsgrad von 32 % in elektrische Energie umgesetzt (s. Abb. 11.15b). Im Gegensatz zum Siedewasserreaktor (vgl. Abschnitt 11.3) sind Reaktorkühl- und Turbinenkreislauf bezüglich der durchgesetzten Massenströme voneinander getrennt. So wälzt die Hauptkühlmittelpumpe bei Vollast ungefähr die 7-fache Wassermasse im Vergleich zur produzierten Sattdampfmasse um. Zur Regelung wird eine gewisse Anzahl von Druckröhren mit Absorberelementen versehen, die bei Bedarf von oben eingefahren werden. Der Wechsel der Brennelemente erfolgt unter Betriebsdruck durch eine von oben auf das betreffende Druckrohr aufgesetzte Lademaschine.

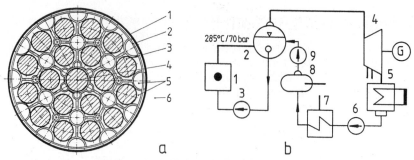

Abb. 11.15. Zur Ausführung des RBMK-1000 Reaktors

    a: Querschnitt durch ein Druckrohr mit Brennelement
           1 Druckrohr, 2 Stützgitter, 3 Brennstab mit UO_2-Pellets und Zirkonhüll-
           rohr, 4 Strukturstab aus Stahl, 5 Kühlwasserkanäle, 6 Graphitmoderator
    b: Schaltschema
           1 Reaktor, 2 Dampf-Wasser-Separator, 3 Hauptkühlmittelpumpe, 4 Satt-
           dampfturbine, 5 Kondensator, 6 Kondensatpumpe, 7 Speisewasser-
           vorwärmstrecke, 8 Speisewasserbehälter, 9 Speisewasserpumpe

Bei Leckagen ausströmender Dampf wird in die Kondensationskammern unterhalb des Reaktorkerns eingeleitet und dort niedergeschlagen. Der beschriebene
Reaktortyp wird mit 25 Einheiten ausschließlich in der Sowjetunion betrieben.
Nach dem Unfall von Tschernobyl im Jahre 1986 wurde der weitere Ausbau
dieser Reaktorlinie eingestellt.

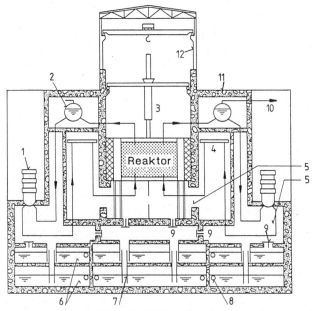

Abb. 11.16. Reaktorgebäude des RBMK-1000-Reaktors

    1 Hauptkühlmittelpumpe, 2 Wasser-Dampf-Separator, 3 Lademaschine, 4
    Speisewasserverteiler, 5 Druckkammer mit Stahlliner, 6 Kondensationskammer
    mit Wasservorlage, 7 Kondensationsrohre, 8 Abblaseleitungen der
    Sicherheitsventile in den Frischdampfleitungen, 9 Überströmklappen, 10
    Frischdampfleitung, 11 Reaktorgebäude, 12 Reaktorhalle mit Krananlage

12 Kernbrennstoffkreislauf

12.1 Übersicht

Die Versorgung und Entsorgung der Kernkraftwerke beinhaltet eine Vielzahl von Verfahrensschritten (s. Abb. 12.1) [12.1-12.4]. Im Uranbergwerk wird Uranerz gefördert und zu Urankonzentrat aufbereitet. In einer anschließenden Konversionsanlage wird aus dem zunächst vorhandenen Uranoxyd gasförmiges Uranhexafluorid hergestellt. Diese chemische Umwandlung ist eine Voraussetzung für den anschließenden Verfahrensschritt der Anreicherung des U-235-Gehaltes. Ausgehend von der natürlichen Anreicherung von 0,71 Gew.-% U-235 im Natururan wird heute eine Erhöhung des spaltbaren U-235-Anteils im Brennstoff bis auf maximal 3,5 Gew.-% vorgenommen. Dies ist derzeit die übliche Spezifikation für den Brennstoff von Leichtwasserreaktoren. Das angereicherte Uran wird in mehreren Fertigungsschritten zur Herstellung der frischen Brennelemente eingesetzt. Im Kernkraftwerk erfolgt dann der Einsatz der Brennelmente bis zum Zielabbrand unter Freisetzung thermischer Energie für den Betrieb des Dampfkraftprozesses. Beim Abbrand des Kernbrennstoffs, der im übrigen nur zu einem sehr geringen Teil in Energie umgewandelt wird, entstehen in den Brennelementen durch Neutroneneinfang im U-238 Plutoniumisotope sowie radioaktive Spaltprodukte. Nach Erreichen des spezifizierten Abbrandes werden die abgebrannten Brennelemente ins Zwischenlager überführt und hier für einen hinreichend langen Zeitraum zwischengelagert. Von hier ausgehend sind zwei Varianten der weiteren Behandlung der entladenen Brennelemente möglich: Wiederaufarbeitung oder direkte Endlagerung. Bei der direkten Endlagerung würden die Brennelemente konditioniert, d.h. in geeigneter Form verpackt, und dann der Endlagerung zugeführt. Als Endlager sind in der BRD hinreichend große tiefliegende Salzstöcke vorgesehen. Gemäß der Verfahrensroute Wiederaufarbeitung werden in diesem Schritt Uran, Plutonium, radioaktive Spaltprodukte und aktivierte Strukturteile der Brennelemente voneinander getrennt und separat weiterbehandelt. Insbesondere die abgetrennten radioaktiven Spaltprodukte werden in eine Glasmatrix eingeschmolzen und in Edelstahlbehälter eingefüllt. Nach einer Zwischenlagerung werden die Glasblöcke ins Endlager, d.h. in Salzstöcke, verbracht. Aktivierte Bauteile und radioaktive Gase werden ebenfalls geeignet konditioniert und in Salzstöcken endgelagert. Die bei der Wiederaufarbeitung anfallenden Wertstoffe Uran und Plutonium werden nach einer Feinreinigung im Verfahrensschritt der Refabrikation wieder zu Brennelementen verarbeitet.

Die Uranmengen, die heute zur Versorgung eines Leichtwasserreaktors großer Leistung eingesetzt werden, lassen sich relativ leicht aus einer einfachen Energiebilanz für ein Kernkraftwerk abschätzen. Es gilt für den Betrieb über 1 Jahr

$$\int_0^{1a} P_{el}(t)\,dt = \dot{m}_U^0\, B\, \eta_{ges}\,, \tag{12.1}$$

oder unter Benutzung des Begriffs der Vollasttage τ

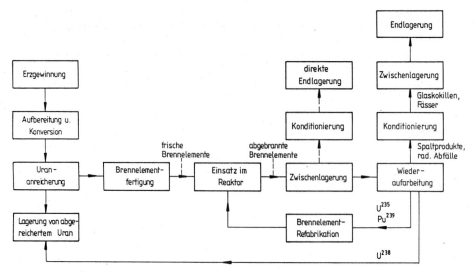

Abb. 12.1.   Übersicht über den Kernbrennstoffkreislauf der Leichtwasserreaktoren
Die direkte Endlagerung als mögliche Variante ist gestrichelt eingetragen.

$$\dot{m}_{\mathrm{U}}^0 = \frac{P_{\mathrm{el}}^0\,\tau}{B\,\eta_{\mathrm{ges}}}\;.\qquad\qquad(12.2)$$

Setzt man $P_{\mathrm{el}}^0 = 1300$ MW, $\tau = 300$ Tage/Jahr, $B = 34\,000$ MWd/t als Abbrand und $\eta_{\mathrm{ges}} = 33$ % für den Wirkungsgrad, so resultiert eine jährliche Nachlademenge $\dot{m}_{\mathrm{U}}^0$ von 34 t angereichertem Uran. Ein Kohlekraftwerk mit gleicher elektrischer Leistung und Auslastung würde bei einem Wirkungsgrad von 37 % jährlich $3 \cdot 10^6$ t Kohle (Heizwert $H_{\mathrm{U}} = 8300$ kWh/t) benötigen.

Damit ergeben sich im Brennstoffkreislauf die in Tab. 12.1 ausgewiesenen Mengen in den einzelnen Stationen. Es ist auffällig, welch geringe Mengen an Material im Vergleich zu einem Kohlekraftwerk umgesetzt werden müssen.

12.2   Erzgewinnung, Aufbereitung und Konversion

Uran ist mit rund 3 bis 4 g/t in der oberen Erdkruste enthalten und gilt damit als häufig vorkommendes Element. Rechnerisch befinden sich in den oberen 1000 m der Erdkruste rund 10^{12} t Uran. Auch im Meerwasser findet man Uran mit einem Gehalt von etwa 3 mg/m³ entsprechend etwa $4 \cdot 10^9$ t Uran. Gestein enthält Uran in recht unterschiedlichen Konzentrationen. Nach dem heutigen Stand der Technik und unter heutigen Marktgesichtspunkten gelten Uranerze (U_3O_8) mit einem Urangehalt von etwa 0,05 % als abbauwürdig. Falls Uran als Nebenprodukt anfällt, etwa bei der Gold- oder Kupfergewinnung, sind auch niedrigere Gehalte tolerabel und wirtschaftlich gewinnbar.

Die Urangewinnung wird derzeit teils im Tagebau, teils im Tiefbau durchgeführt. Die Menge des verfügbaren Urans wird derzeit in Abhängigkeit von den Gewinnungskosten entsprechend der Tab. 12.2 eingeschätzt. Nach der Gewinnung des Roherzes wird mit Hilfe üblicher mechanischer und thermischer verfahrenstechnischer Operationen, wie Brechen, Mahlen, Klassieren, Laugen, Klären, Extrahieren, Fällen, Entwässern und Trocknen, der Yellow Cake (U_3O_8) hergestellt.

Tab. 12.1.   Mengenströme im Brennstoffkreislauf eines Leichtwasserreaktors
$P = 1300\ MW_{el}$, $\eta = 0{,}33$, $\tau = 300\ d/a$

Position	Kennzeichnung	jährliche Menge (t/a)	Bemerkung
Erzgewinnung	1 ‰ Urangehalt	$2{,}2 \cdot 10^5$	
Konversion	U_3O_8	220	U-235-Gehalt 0,71 Gew.-%
Anreicherung	3,3 % U-235	34	Tail 0,2 %
frische Brennelemente	3,3 % U-235	34	Zielabbrand 34 000 MWd/t
Zwischenlager		≈ 34	ca. 60 DWR-Brennelemente
Wiederaufarbeitung		≈ 34	ca. 60 DWR-Brennelemente
• **Glaskokillen**		$4\ m^3/a$	Inhalt 1,2 t Spaltprodukte
• **Hülsenschrott**		14,5	stark aktiviert
• **mittelaktiver Abfall**		$200\ m^3/a$	
• **Resturan**		0,3 U-235 32,2 U-238	Endabbrand bei 0,9 Gew.-% U-235
• **Restplutonium**		0,3	

Tab. 12.2.   Mengen verfügbaren Urans

Vorräte	Menge (10^6 t)	Urangehalt (kg/t)	geschätzte Gewinnungskosten (DM/t)
Uranerze sicher	2	~ 30	< 200
Uranerze geschätzt	4	~ 30	< 200
Schiefer	200	$10...80 \cdot 10^{-3}$	> 1000
Granit	2000	$4...20 \cdot 10^{-3}$	> 1000
Meerwasser	4000	$3 \cdot 10^{-6}$	> 2000

Die heute am weitesten verbreiteten Leichtwasserreaktoren benötigen Uran wegen der hohen Neutronenabsorption des Wassers, welches als Moderator und Kühlmedium dient, in angereicherter Form. Derzeit liegt sie beim erreichten Zielabbrand von im Mittel etwa 34 000 MWd/t bei maximal 3,5 Gew.-% U-235. Alle bekannten Anreicherungsverfahren arbeiten mit Uranhexafluorid (UF_6). Das Ausgangsmaterial U_3O_8 wird dazu in einem ersten Verfahrensschritt mit Wasserstoff zu UO_2 reduziert. Danach erfolgt eine Hydrofluorierung des UO_2 zu UF_4 mit Hilfe von Fluorwasserstoff (HF) und schließlich zu UF_6 durch weitere Fluorbehandlung:

$$UO_2 + 4HF \quad \rightarrow \quad UF_4 + 2H_2O$$

$$UF_4 + F_2 \quad \rightarrow \quad UF_6 \ .$$

Uranhexafluorid ist eine farblose, schon bei Raumtemperatur flüchtige Substanz, die Ausgangsstoff der nachfolgenden Urananreicherung ist.

12.3 Urananreicherung

Mehrere verschiedene Anreicherungsverfahren sind heute bekannt und industriell im Einsatz [12.5-12.8]. Die wichtigsten sind das Gasdiffusionsverfahren, die Ultrazentrifuge sowie das Trenndüsenprinzip. Das älteste und heute immer noch dominierende Gasdiffusionsverfahren sei im folgenden näher erläutert. Hierbei wird das gasförmige Uranhexafluorid mit Hilfe starker Kompressoren durch die porösen Trennwände einer Diffusionsstufe hindurchgedrückt. Die Porengröße in der Membranwand liegt bei rund 20 Å, dies entspricht in etwa der mittleren freien Weglänge der UF_6-Moleküle. Der Trenneffekt basiert auf der unterschiedlich hohen Geschwindigkeit der U-235- und U-238-Moleküle, welche sich im thermischen Gleichgewicht eines Isotopengemischs aufgrund der unterschiedlichen Massen einstellt. Aus der Bedingung der Gleichverteilung der Energie

$$\frac{m_1}{2}\, v_1^2 = \frac{m_2}{2}\, v_2^2 = k\, T \tag{12.3}$$

mit Index 1 für U-235 F_6 und 2 für U-238 F_6 folgt das Verhältnis der Teilchenströme j als theoretischer Trennfaktor

$$\alpha = \frac{j_2}{j_1} = \frac{m_2\, v_2}{m_1\, v_1} = \sqrt{\frac{m_2}{m_1}} = 1{,}0043 \ . \tag{12.4}$$

Im praktischen Betrieb wird ein Trennfaktor $\alpha_D \approx 1{,}002$ erreicht. Es müssen demnach viele Trennstufen zusammengeschaltet werden, um eine ausreichende Anreicherung des Urans zu verwirklichen.

Die entsprechend Abb. 12.2 in den Außenraum einer Membranzelle gelangten U-235 Moleküle werden abgesaugt und der nächsten Trennstufe zugeführt. Das eingespeiste UF_6 in einer Trennzelle stammt aus der angereicherten Fraktion einer vorhergehenden und aus der abgereicherten Fraktion einer nachfolgenden Trennzelle. Für eine Anreicherung auf 3 Gew.-% U-235 benötigt man insgesamt 1370 Stufen, wobei 732 auf der Anreicherungsseite und 638 auf der Abreicherungsseite arbeiten. Der Energiebedarf für diese Form der Anreicherung ist mit rund 3000 kWh/kg TAE (Trennarbeitseinheit) recht hoch, bedingt durch die ständige Kompression und Entspannung des Gasstromes. Der Begriff TAE sei hier anhand von Abb. 12.3 erläutert. Bezüglich Einzelheiten sei auf die Theo-

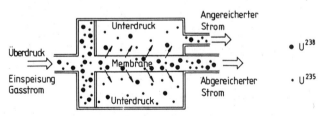

Abb. 12.2.   Prinzip des Gasdiffusionsverfahrens

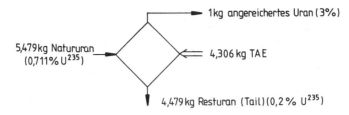

Abb. 12.3.   Bilanz für die Anreicherung von U-235

rie der Urananreicherung [12.5] verwiesen. Die TAE beschreibt demnach die für die Trennung aufzubringende Arbeit. Für praktische Rechnungen interessieren insbesondere der Mengenfaktor $U_{nat.}/U_{anger.}$ sowie die aufzuwendende Trennarbeit in Abhängigkeit von der gewünschten Anreicherung (s. Tab. 12.3).

Tab. 12.3.   Mengenfaktor bei 0,2 % Tail und Trennarbeit bei der U-235-Anreicherung

Anreicherung	%	0,71	1	2	3	20	90
Mengenfaktor	t/t	1	1,57	3,52	5,50	38,75	175,7
Trennarbeit	kg TAE/kg	0	0,83	2,19	4,3	45,7	227,3

Ein alternatives Verfahren zur Urananreicherung steht heute mit der Ultrazentrifuge [12.6] zur Verfügung. Hierbei werden, wie Abb. 12.4a ausweist, starke Zentrifugalkräfte zur Trennung von Gaskomponenten verschiedener Molekulargewichte ausgenutzt. UF_6 wird durch ein Einleitrohr in der Mitte des Rotors zugeführt, und die angereicherte Fraktion wird wieder aus der Mitte abgesaugt. Oft wird durch eine zusätzliche elektrische Heizung am Boden des Rotors eine Konvektionsströmung im Innenraum und damit eine Verstärkung des Trenneffektes erreicht. Die abgereicherte Fraktion wird oben vom Rand abgesaugt. Der Trennfaktor für dieses Verfahren kann durch

$$\alpha \sim \exp\left(\frac{\Delta m\,\omega^2\,r^2}{2\,k\,T}\right) \tag{12.5}$$

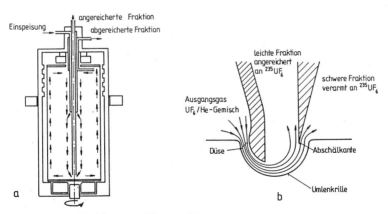

Abb. 12.4.   Neuere Verfahren zur Urananreicherung

a: Ultrazentrifuge, b: Trenndüse

mit Δm Massendifferenz zwischen U-238 F_6 und U-235 F_6, ω Winkelgeschwindigkeit des Rotors und r Rotorradius, angegeben werden und weist den großen Einfluß einer möglichst hohen Drehzahl aus. Praktisch werden heute Trennfaktoren von $\alpha \approx 1,15$ erreicht. Folglich reichen vergleichsweise wenige Stufen (rund 20) zum Erreichen der gewünschten Anreicherung aus. Der Energiebedarf beträgt nur rund 10 % desjenigen des Gasdiffusionsverfahrens, da nur Strömungsverluste zu kompensieren sind.

Beim Trenndüsenverfahren [12.7] wird eine Gasmischung (z.B. 5 Mol-% UF_6 und 95 Mol-% He) durch eine schlitzartige Düse expandiert (s. Abb. 12.4b). Dabei wird der Gasstrahl durch eine entsprechende geometrische Ausbildung der Düse Zentrifugalkräften unterworfen, die eine Trennung zwischen leichteren und schwereren Molekülen bewirkt. Durch ein Abschälblech werden diese Fraktionen voneinander getrennt. Der Trennfaktor liegt heute bei 1,01. Der spezifische Energiebedarf dieses Verfahrens ist derzeit noch hoch und vergleichbar mit dem des Gasdiffusionsverfahrens.

12.4 Brennelementfertigung

Zunächst wird das angereicherte UF_6-Gas in UO_2 rekonvertiert. Dieser spezielle chemische Prozeß führt zu pulverförmigem UO_2, welches durch Pressen und Sintern zu Brennstofftabletten, auch Pellets genannt, verarbeitet wird. Die Brennstofftabletten werden geschliffen und in Hüllrohren aus Zirkaloy eingesetzt. Spezielle Schweiß- und Prüfverfahren sorgen für die Gasdichtigkeit der Brennstäbe. Die Brennstäbe werden schließlich unter Verwendung spezieller Kopf- und Fußstücke zu Brennelementen zusammengesetzt. Abb. 12.5 zeigt schematisch die wesentlichen heute üblichen Arbeitsgänge [12.9].

12.5 Zwischenlagerung abgebrannter Brennelemente

Abgebrannte Brennelemente enthalten nach der Entnahme aus dem Reaktor noch geringe Mengen des ursprünglich eingesetzten Spaltstoffs (U-235), sehr große Mengen an Brutstoff (U-238), höhere neugebildete Isotope (Plutonium) sowie radioaktive Spaltprodukte in fester und gasförmiger Form. Aufgrund der Radioaktivität produzieren abgebrannte Brennelemente noch für lange Zeiten Nachzerfallswärme (s. Abb. 12.6a).

Die Zwischenlagerung der Brennelemente [12.10-12.12] erfolgt in einer ersten vergleichsweise kurzen Phase (Größenordnung 1 Jahr) in Kompaktlagern, die sich innerhalb des Reaktorschutzgebäudes befinden. Dies sind hinreichend große Wasserbecken mit angeschlossenem Wasserkühlsystem. Nach dieser Vorabklingphase werden die Brennelemente mit Hilfe spezieller Transportbehälter in externe Zwischenlager überführt und dort gegebenenfalls für mehrere Jahrzehnte zwischengelagert. Eine besonders attraktive Lösung hierfür sind Trockenlager, bei denen mehrere Brennelemente in speziellen Gußbehältern, die von außen durch Naturkonvektion gekühlt werden, untergebracht sind (s. Abb. 12.7). Dazu werden die Behälter frei in belüfteten Hallen aufgestellt. Diese Behälter nehmen z.B. 4 DWR Brennelemente auf und weisen eine Länge von 6 m, eine Wanddicke von 0,3 m und eine Breite von 1,6 x 1,6 m auf. Sie sind zur Verbesserung der Wärmeabfuhr durch die außen entlangströmende Umgebungsluft verrippt. Die Wär-

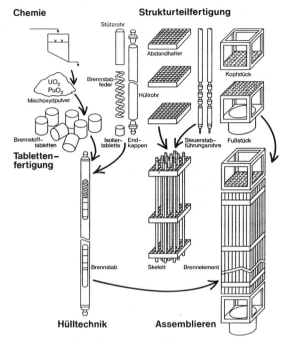

Abb. 12.5.   Schritte bei der Herstellung von Leichtwasserreaktorbrennelementen [12.9]

meabfuhr durch Naturkonvektion ist so effektiv, daß die Brennstofftemperatur selbst bei frisch beladenen Behältern unterhalb von 400°C bleibt.

Der in Abb. 12.7 abgebildete Behälter kann 4 Brennelemente eines Druckwasserreaktors aufnehmen, entsprechend einem Uranäquivalent von 2,1 t. Ein Jahr nach Entnahme aus dem Reaktor wird somit eine Nachwärmeleistung von 21 kW freigesetzt (s. Abb. 12.6). Mit einer aktiven Höhe von 5 m, einem Außendurchmesser von 1,58 m, einer Oberflächenvergrößerung durch die Berippung auf das 2,5-fache und einer Wärmeübergangszahl bei Naturkonvektion von 8 W/m² K an der Oberfläche errechnet sich eine Temperaturdifferenz zwischen Wand und Kühlluft von 43 K. Bei einer Umgebungstemperatur von 30°C ergibt sich die Oberflächentemperatur zu 73°C. Der Temperaturgradient in der Wand errechnet sich mit der Wärmeleitfähigkeit von Sphäroguß (40 W/m K) und einer Wandstärke von 0,30 m zu 8 K, womit die Behälterinnenseite eine Temperatur von 81°C erreicht.

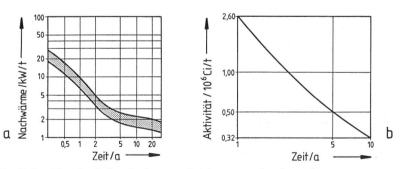

Abb. 12.6.   Charakteristika abgebrannter Leichtwasserreaktorbrennelemente

a: Nachwärmeproduktion, b: Aktivität

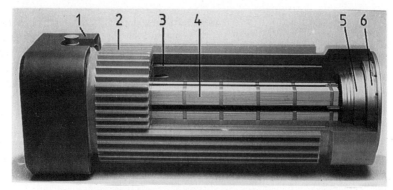

Abb. 12.7.   Transport-/Lagerbehälter zur Zwischenlagerung von abgebrannten Brennelementen in Trockenlagern Typ CASTOR [12.10]
1 Stoßdämpfer, 2 berippter Behälterkörper, 3 Moderatorbohrung, 4 Brennelement, 5 Primärdeckel, 6 Sekundärdeckel

Die Behälter sind gasdicht und widerstehen äußeren Einwirkungen wie Flugzeugabsturz oder Brand über gewisse Zeiten. Durch die erforderliche große
Wandstärke wird eine ausreichend gute Abschirmung der radioaktiven Strahlung
der Spaltprodukte erreicht.   Kritikalitätssicherheit ist ebenfalls eine wichtige
Forderung und wird durch die Anordnung der Brennelemente und bei Bedarf
durch den festen Einbau von Neutronengiften sichergestellt. Auch über sehr
lange Lagerzeiten ist mit diesem System ein sehr zuverlässiger Einschluß der
Spaltprodukte möglich.

12.6   Wiederaufarbeitung

Wenn der Weg der Spalt- und Brutstoffrückgewinnung, d.h. derjenige der Wiederaufarbeitung, beschritten wird, müssen vielfältige und umfangreiche Prozeßschritte durchgeführt werden, um den abgebrannten Brennstoff in seine Bestandteile (s. Abb. 12.8) zu zerlegen [12.13-12.16].   Die aus dem Kernreaktor
entladenen abgebrannten Brennelemente enthalten noch beträchtliche Mengen
an Wertstoffen: Brutstoff U-238, Spaltstoff U-235 und Plutonium. Die Rückgewinnung dieser Stoffe kann in fernerer Zukunft ein wichtiges energiewirtschaft-
liches Anliegen sein. Durch Abtrennung der Transurane, das sind Elemente mit
einem Atomgewicht größer 238 atomaren Masseneinheiten, und deren Rückführung in Kernreaktoren erreicht die Radiotoxität des Abfalls zu einem wesentlich
früheren Zeitpunkt wieder ein tolerables Niveau.   Dies sind Gründe, die wahrscheinlich in Zukunft für ein Festhalten an der Technik der Wiederaufarbeitung
sprechen werden.

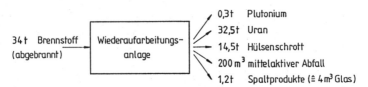

Abb. 12.8.   Mengenbilanz bei der Wiederaufarbeitung
Bezug: 1 Jahr Betrieb eines 1300 MW_{el}-Druckwasserreaktors

In Abb. 12.9 ist gezeigt, welche Verfahrensschritte heute im einzelnen durchgeführt werden. In einer ersten Stufe, dem head-end, erfolgt eine mechanische Zerlegung und Zerkleinerung der Brennelemente. Die Strukturteile (s. Abb. 12.5) können sofort von den Brennstäben getrennt und weiterbehandelt werden. Die Brennstäbe werden in Stücke zerschnitten und der Brennstoff in Salpetersäure aufgelöst. Nun können die letzten Strukturelemente, die Hüllrohrabschnitte, entnommen und konditioniert werden. Bei der Aufbereitung der Salpetersäure werden die bei der Zerkleinerung freigesetzten Spaltgase sowie Tritium abgetrennt und einer Lagerung zugeführt. Die salpetersaure Brennstofflösung wird nun in einer weiteren Verfahrensstufe, dem PUREX-Verfahren, weiterverarbeitet. Hier werden Uran und Plutonium mit Hilfe eines organischen Lösungsmittels (Tributylphosphat, TBP) von den Spaltprodukten getrennt. Dabei gehen Uranyl- und Plutoniumnitrat in das organische Lösungsmittel TBP über, die Spaltprodukte bleiben in der wässrigen salpetersauren Phase. Man nutzt die Tatsache aus, daß Nitrate der Wertigkeitsstufe 4 (Plutonium) und 6 (Uran) gut in TBP löslich sind, während Nitrate der Wertigkeit 3 (Spaltprodukte) dagegen nicht in Lösung gehen. Im weiteren Verfahrensablauf werden Plutoniumnitrat und Uranylnitrat durch Extraktion voneinander getrennt. Zunächst wird Plutonium mit Hilfe geeigneter Reduktionsmittel in die dreiwertige Stufe überführt und somit unlöslich in TBP, so daß eine Abtrennung des Urans möglich wird. Die anschließende Feinreinigung der Uran- und Plutoniumströme erfolgt durch eventuell wiederholte Hin- und Rückextraktion in die organische bzw. in die wässerige Phase. Hierdurch wird eine Reinheit der Uran- bzw. Plutoniumströme von 10^{-6} im Hinblick auf Spaltproduktanteile erreicht. Das ölartige Extraktionsmittel TBP wird im Kreislauf geführt und ständig von mitgeschleppten Verunreinigungen befreit. Die abgetrennten Spaltprodukte werden aufkonzentriert und als Nitratlösung zwischengelagert, ehe sie in einem weiteren Verfahrensschritt, der Verglasung, in eine endlagerfähige Form überführt werden.

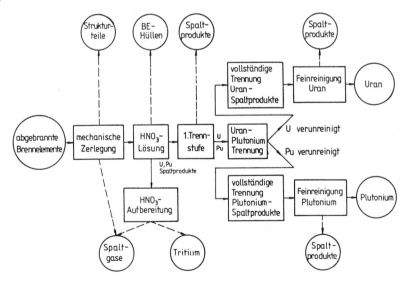

Abb. 12.9. Schema zum Verfahrensablauf bei der Wiederaufarbeitung

Das PUREX-Verfahren arbeitet bei Normaldruck und bei einer maximalen Temperatur von 130°C im Auflöser. Die normale Temperatur bei den Extraktionsvorgängen, die auf gebräuchlichen verfahrenstechnischen Prozessen beruhen, liegt bei 20 °C.

12.7 Konditionierung radioaktiver Abfälle

Die verschiedenen im Brennstoffkreislauf anfallenden radioaktiven Abfälle weisen sehr unterschiedlich hohe Aktivitäten und sehr weit gestreute Werte der Halbwertszeiten auf. Dementsprechend sind auch die erforderlichen Aufwendungen zur Überführung dieser Abfallstoffe in eine endlagerfähige Form sehr verschiedenartig [12.17, 12.18].   Abb. 12.10 gibt einen stark vereinfachten Überblick bezüglich der Weiterbehandlung radioaktiver Stoffe in der BRD.

Insbesondere der Behandlung der hochaktiven Spaltprodukte kommt große Bedeutung zu. Diese hochaktiven Abfälle müssen in eine feste, für Jahrtausende stabile Form überführt werden. Als besonders langzeitstabile und auslaugresistente Materialien werden heute Gläser und Keramiken angesehen. Spezielle sogenannte Borosilikatgläser sollen einen Anteil von bis zu 20 Gew.-% Spaltprodukte aufnehmen.   Endlagerfähige Gebinde werden durch Eingießen eines Glas-Spaltproduktgemischs in Edelstahlbehälter (ca. 1,5 m Höhe, 0,4 m Durchmesser) hergestellt. Zu diesem Zweck wurde in der BRD das PAMELA-Verfahren entwickelt und Mitte der 80er Jahre in der Eurochemic-Anlage in Mol/Belgien im heißen Test qualifiziert [12.7]. Im Gegensatz zum in den USA und Frankreich verwendeten zweistufigen AVM-Verfahren [12.8] - Trocknen der Spaltproduktlösung in einem Drehrohrofen und anschließendes Erschmelzen von Glas - laufen beim PAMELA-Prozeß beide Schritte innerhalb des elektrisch beheizten keramischen Schmelzofens ab. Von oben werden Spaltproduktlösung und Glasfritte zugegeben, unten kann das fertige Glasprodukt durch einen Frierverschluß abgezogen und in Edelstahlbehälter abgefüllt werden.

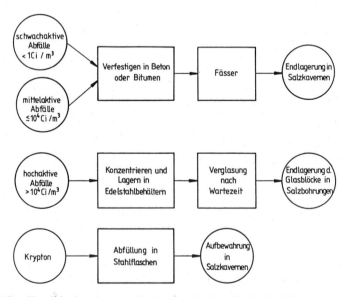

Abb. 12.10.   Konditionierung von radioaktiven Abfallstoffen in der BRD

12.8   Endlagerung

Die Endlagerung fast aller radioaktiven Abfälle soll in der BRD in Salzstöcken erfolgen. Für diese Art der Unterbringung, insbesondere der hochaktiven Abfallstoffe, spricht, daß Salzstöcke als dicht und undurchlässig sowohl für Gase als auch für Flüssigkeiten angesehen werden [12.19-12.23]. Die Wärmeleitfähigkeit ist gut, so daß die auch nach langen Zeiten noch anfallende Nachwärme des Lagerguts günstig in die Salzformationen eingeleitet werden kann. Salzstöcke weisen vorteilhafte Eigenschaften bezüglich der Felsmechanik auf, so daß die Schaffung großer Hohlräume ohne besonderen Streckenausbau möglich wird. Die geologische Stabilität von Salzstöcken über viele Millionen Jahre ist auch eine Begründung für den hier vorgesehenen Verwendungszweck, denn hieraus kann gefolgert werden, daß er auch weiterhin noch für einige tausend Jahre bestehen wird. Notwendig ist es auch, daß besonders die hochradioaktiven Glaskokillen für lange Zeit im Salz lagern, ohne daß eine allzu große Auslaugung erfolgen kann, d.h. der Zutritt von Wasser muß verhindert werden.

Im Einzelnen ist folgender Ablauf der Einlagerung vorgesehen (s. Abb. 12.11): In etwa 700 m Tiefe werden im Salzstock große Kavernen ausgesolt, in die mittelaktive Abfälle in Fässern gestapelt und später mit Salz überschüttet eingelagert werden. Die hochaktiven Abfälle werden in tiefen Bohrlöchern in ausreichendem Abstand voneinander übereinandergestapelt untergebracht.

Insgesamt kann der Betrieb einer Endlagerstätte mit Verweis auf Abb. 12.12a in drei Phasen zergliedert werden: In einer ersten Betriebsphase ist das Bergwerk offen und die Endlagerungsprozeduren werden durchgeführt. In dieser Zeit könnten grundsätzlich radioaktive Freisetzungen über den Luftpfad auftreten, sie sind aber sehr unwahrscheinlich. Die Dauer dieser Phase kann zu rund 50 Jahren veranschlagt werden. Danach setzt eine sogenannte thermische Phase ein, in der das Bergwerk nach außen abgeschlossen ist. Die hochaktiven Abfälle produzieren

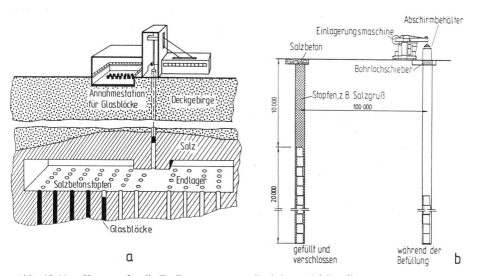

Abb. 12.11.   Konzept für die Endlagerung von radioaktiven Abfallstoffen

a: Bergwerk und Einlagerungskaverne, b: Einlagerungsschächte (mm)

Wärme, die zu einer gewissen Aufwärmung des Salzstocks führt (s. Abb. 12.12b). Maßgebend für die Aktivität sind in dieser Phase die Spaltprodukte. Hier wäre bei Wassereinbruchsstörfällen grundsätzlich eine Freisetzung über den Wasserpfad denkbar. Die Dauer dieser Phase beträgt rund 1000 Jahre.

Die resultierende Aufheizung des Steinsalzes kann anhand einer einfachen Bilanz für ein adiabates System von Wärmequelle und Steinsalz ermittelt werden. Ausgehend von einem Bohrlochabstand von 100 m, ρ_{Salz} = 2200 kg/m³, $c_{p, Salz}$ = 850 J/kg K und einer Wärmefreisetzung der Kokille von 2000 W zum Einlagerungszeitpunkt 20 a nach einer Entnahme des Brennstoffs aus dem Kernreaktor ergibt sich bei Annahme einer logarithmisch linearen Abnahme der Wärmefreisetzung auf 10 W nach 1000 a eine Aufheizung des Steinsalzes um 157 K. Nach 100 a Lagerzeit beträgt die Aufheizung bereits 71 K.

In der dritten und letzten Phase, der Aktiniden-Phase, wird die Wärmeentwicklung sehr gering, die Aktivität langlebiger Aktiniden wird bestimmend. Auch in diesem Zeitraum sind nur nach massiven Wassereinbrüchen Freisetzungen über den Wasserpfad vorstellbar. Die Dauer dieser Phase liegt in der Größenordnung von 10^5 Jahren. Die Aktivität des Abfalls liegt jedoch bereits nach 700 Jahren unter derjenigen des Uranerzes.

Bei Störfällen würden freigesetzte Aktivitäten erst nach sehr langen Zeiträumen an die Oberfläche gelangen können (10^4 bis 10^5 Jahre), da auch bei der Endlagerung ein gestaffeltes Barrierenkonzept realisiert werden soll. Als Barrieren sind die Fixierung im Glasblock, der Edelstahlbehälter, der Salzstock und das Deckgebirge zu werten. Bestimmend ist der Zeitbedarf für den Transport der im Wasser bzw. in der Salzlauge gelösten radioaktiven Stoffe durch die Salz- und Deckgebirgsformationen in grundwasserführende oberflächennahe Schichten. Insgesamt zeigen umfangreiche Untersuchungen zu Endlagern, daß mit dem hier gewählten Konzept ein zuverlässiger Schutz der Umwelt durch Verwendung mehrerer unterschiedlicher teils natürlicher Barrieren erreicht wird. Von Befürwortern der Kernenergie wird daher die Endlagerung von radioaktiven Stoffen als ein vergleichsweise einfach zu lösendes Problem eingeschätzt.

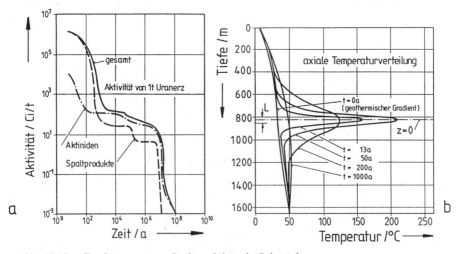

Abb. 12.12.   Zur Lagerung von Spaltprodukten in Salzstöcken

   a: Zeitlicher Abfall der Aktivität von hochradioaktiven Abfällen [12.19]
   b: Aufwärmung des Salzstocks in der thermischen Phase [12.20]

13 Heizwärmeversorgung

13.1 Übersicht

Im Sektor Haushalt und Kleinverbrauch [13.1] wurden im Jahre 1987 rund
118 · 10⁶ t SKE als Endenergie eingesetzt. Während die Jahre von 1950 bis etwa
1980 durch ein Anwachsen des Endenergiebedarfs in diesem Sektor gekennzeichnet waren, ist der Verbrauch dort in den letzten Jahren zurückgegangen (s. Abb.
13.1a). Trotzdem hat der hier diskutierte Sektor nach wie vor den größten Anteil
an der Energiewirtschaft wie Abb. 13.1c zeigt. Fast die Hälfte der Endenergie
wird hier umgewandelt. Bei der Analyse, in welcher Form die Endenergie umgewandelt wird, stellt man fest, daß wiederum der größte Anteil für Raumheizung
und rund 1/3 der Endenergie für die Bereitstellung von Prozeßwärme eingesetzt
werden (s. Abb. 13.1d).

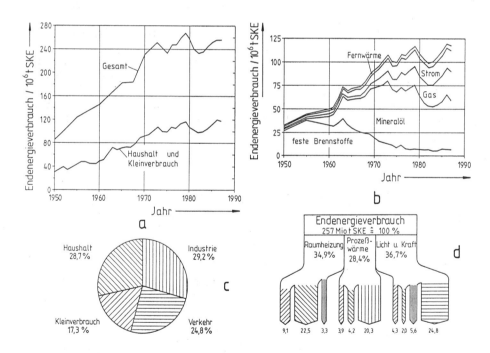

Abb. 13.1. Entwicklung des Endenergiebedarfs in der BRD

    a: Gesamt sowie Sektor Haushalt und Kleinverbrauch
    b: Einsatz verschiedener Endenergieträger im Sektor Haushalt und Kleinver-
        brauch
    c: Struktur des Endenergiebedarfs in der BRD (257 · 10⁶ t SKE/a ≙ 100 % im
        Jahre 1987)
    d: Endenergiebedarf in der BRD unterteilt nach Nutzungsbereichen (1987)

Im Sektor Haushalt und Kleinverbrauch überwiegt mit rund 80 % der Bedarf an Niedertemperaturwärme für Raumheizung und Warmwasserbereitung sowie für Niedertemperaturprozesse in der Industrie. Kleinstverbraucher mit Leistungen zwischen 15 und 50 kW sowie Kleinverbraucher (50 bis 100 kW) setzten etwa 75 % der Energie in diesem Sektor um. Mehr als 33 000 Dampf- und Heißwassererzeuger sind in der Industrie in Betrieb, davon haben 25 000 Einheiten eine Leistung unter 10 t/h Dampf - entsprechend 8 MW$_{el}$.

Im Sektor Haushalt und Kleinverbrauch kommen verschiedene Endenergieträger zum Einsatz. Abb. 13.1b zeigt die zeitliche Entwicklung, die nach wie vor die Dominanz der Mineralölprodukte unterstreicht. Entsprechend ihrer praktischen Bedeutung sollen im folgenden verschiedene Heizsysteme kurz behandelt werden. Es sind dies Einzel- und Sammelheizung auf der Basis von Kohle, Öl, Gas, Elektroheizanlagen, Fernwärme und Wärmepumpensysteme.

Die letztgenannten Einrichtungen werden wegen ihrer langfristig zu erwartenden wichtigen Rolle in der Energiewirtschaft in die Betrachtung einbezogen. Blockheizanlagen wurden bereits in Abschnitt 4.4 behandelt.

13.2 Wärmebedarf

Der Heizwärmebedarf von Gebäuden [13.2-13.6] ist naturgemäß von einer Vielzahl von Faktoren abhängig. Zunächst sind dies die klimatischen Verhältnisse, also der Gang der Außentemperatur im Jahresablauf, Windeinwirkungen und Sonneneinstrahlung. Weiterhin sind die Bauweise des Gebäudes, insbesondere die Wärmedämmung der Außenwände, die Geschoßanzahl, der Fensteranteil, die thermische Fensterqualität sowie die Lage des Gebäudes innerhalb der Bebauung von großer Bedeutung. Die Nutzungsbedingungen für die Heizwärme werden durch die Wahl der Raumtemperatur, die Häufigkeit und Dauer der Lüftung, die Art der Raumnutzung usw. vom Menschen vorgegeben. Schließlich kommt es auf das Heizungskonzept, also auf die Art der Heizung, auf die Verwendung von Energiespeichern, auf den implementierten Regelungsaufwand und nicht zuletzt auf den Wartungszustand der Heizungsanlage an (s. Abb. 13.2). Diese vielfältigen Gesichtspunkte können nur durch umfangreiche detaillierte Analysen genau erfaßt werden. Hier seien zunächst einige typische Informationen zu den klimatischen Bedingungen in der BRD gegeben (s. Abb. 13.3). Nur an weniger als 50 Tagen jährlich herrschen demnach Temperaturen unter 0°C. Dementsprechend wird die volle Heizlast auch nur an wenigen Tagen erforderlich sein.

Der Einfluß der Bauart auf den Heizwärmeverbrauch kann aus Abb. 13.4 abgelesen werden. In dieser Darstellung werden das Verhältnis von Gebäudeaußenfläche zum umbauten Raum als bestimmende Kenngröße für einen gemittelten Wärmeverlust gewählt. Wie bekannt, steigt der Wärmebedarf von Wohnblöcken zu Reihen- und Einfamilienhäusern hin an. Die Breite des angegebenen Bandes trägt dem immer noch sehr unterschiedlichen Aufwand bei Wärmeschutzmaßnahmen Rechnung. Eine geschützte oder ungeschützte Lage des Hauses kann den Jahresheizwärmebedarf um rund 20 % verändern. Bei Orientierung des Wohnraumes in Süd- bzw. in Nordrichtung ergibt sich ein jährlicher Unterschied von rund 10 %.

Der Heizwärmebedarf eines Gebäudes kann im Detail durch genaue Berücksichtigung der Transmissionsverluste, der Lüftungsverluste sowie der Sonnenein-

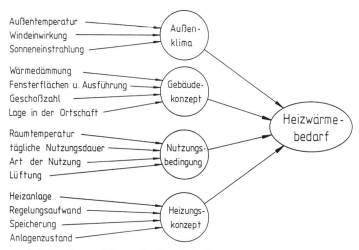

Abb. 13.2. Einflußgrößen auf den Heizwärmebedarf

strahlung ermittelt werden. Insbesondere der Isolation kommt dabei große Bedeutung zu. Für den Wärmefluß durch eine Fläche gilt

$$\dot{q}'' = k^* \, (T_\mathrm{i} - T_\mathrm{a}) \tag{13.1}$$

mit k^* Wärmedurchgangszahl (W/m² K), T_i Innen- und T_a Außentemperatur (°C). Den Einfluß der Isolation auf die Größe k^* verdeutlicht Abb. 13.5 für eine nicht isolierte und eine isolierte Wand. Mit $\alpha_\mathrm{i/a}$ Wärmeübergangszahl der Innen-/Außenluft an die Wand (W/m² K), s Wanddicke (m), λ Wärmeleitfähigkeit der Wand (W/m K), λ_iso Wärmeleitfähigkeit des Isolationsmaterials (W/m K) und s_iso Isolationsdicke (m) errechnen sich die k-Zahlen ohne bzw. mit Isolation zu:

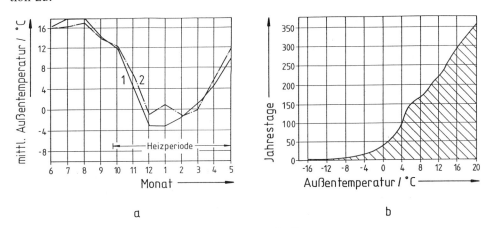

a   b

Abb. 13.3. Klimatische Bedingungen in der BRD [13.11]

    a: Verlauf der mittleren Außentemperatur im Jahresablauf (Schleswig-Holstein), 1: Heizperiode 1969/70, 2: Heizperiode 1968/69
    b: Summenhäufigkeitsverteilung der Außentemperatur

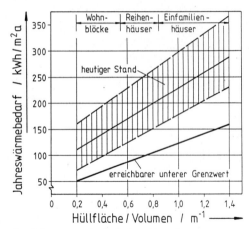

Abb. 13.4. Tendenz des Jahreswärmebedarfs in Abhängigkeit vom Verhältnis Hüllfläche zu umbautem Volumen [13.4]

$$\frac{1}{k} = \frac{1}{\alpha_i} + \frac{s}{\lambda} + \frac{1}{\alpha_a} \quad , \tag{13.2}$$

$$\frac{1}{k^*} = \frac{1}{\alpha_i} + \frac{s}{\lambda} + \frac{s_{iso}}{\lambda_{iso}} + \frac{1}{\alpha_a} \quad . \tag{13.3}$$

Das Verhältnis der k-Zahlen bestimmt sich dann aus

$$\frac{k}{k^*} = 1 + k \; \frac{s_{iso}}{\lambda_{iso}} \quad . \tag{13.4}$$

Der Heizwärmebedarf eines Hauses kann dann näherungsweise aus der Gleichung

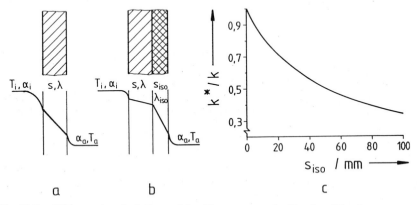

Abb. 13.5. Wirkung einer Isolation auf den Temperaturverlauf in einer Wand

a: nicht isolierte Wand
b: isolierte Wand
c: Relation der Wärmedurchgangszahlen in Abhängigkeit von der Isolationsdicke s_{iso} ($k^* \mathrel{\hat{=}}$ mit Isolation, λ_{iso} = 0,05 W/m K, k = 1 W/m² K ohne Isolation)

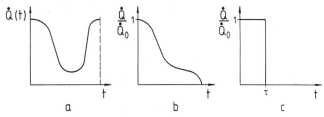

Abb. 13.6. Ableitung von Vollaststunden

a: Jahresgang des Heizwärmebedarfs (z.B. Tagesmittelwerte)
b: geordnet nach der Häufigkeit, c: Vollastdiagramm

$$\dot{Q} = \sum_j A_j\, k_j^*\, (T_{i_j} - T_a) + \sum_n \alpha_n\, V_{L_n}\, c_{p_L}\, (T_{i_n} - T_a) \qquad (13.5)$$

bestimmt werden, mit V_L ausgetauschte Luftvolumina (m³), α_n Luftwechselzahl (1/s). Der erste Term trägt allen Transmissionsverlusten Rechnung, während der zweite die Lüftungsverluste erfaßt. Bei gut gelüfteten Räumen finden bis zu vier Luftwechsel je Stunde statt. Aus (13.5) folgt über die Beziehung

$$Q = \int_0^{1a} \dot{Q}(t)\, dt = \dot{Q}_0\, \tau \qquad (13.6)$$

mit $\dot{Q}_0$ maximaler Heizwärmebedarf (kW) und τ Zahl der Vollaststunden der Heizanlagenbenutzung der Jahresheizwärmeverbrauch. Die Vollaststunden können, analog zur Berechnung der Auslastung von Kraftwerken, aus einer Betrachtung entsprechend Abb. 13.6 abgeleitet werden. Der Jahreswärmebedarf kann weiterhin mit dem Brennstoffbedarf $\dot{m}_B$ oder allgemein mit dem Einsatz von Endenergie für die Heizanlage $\dot{Q}_E$ über die Beziehung

$$Q = \int_0^{1a} \dot{Q}(t)\, dt = \int_0^{1a} \dot{m}_B(t)\, H_u\, \eta(t)\, dt = \int_0^{1a} \dot{Q}_E(t)\, \eta(t)\, dt \qquad (13.7)$$

verknüpft werden. Vereinfacht gilt mit $\bar{\eta}$ Wirkungsgrad des Energieversorgungssystems, der in den nächsten Abschnitten noch näher erläutert wird:

$$Q = \dot{m}_B^0\, H_u\, \bar{\eta}\, \tau = \dot{Q}_E^0\, \bar{\eta}\, \tau \qquad (13.8)$$

Ein einfaches Zahlenbeispiel möge das hier dargestellte erläutern. Der maximale Heizwärmebedarf eines Hauses mit 120 m² Wohnfläche sei zu 10 kW ermittelt. Eine Ölheizung mit $\bar{\eta} = 0{,}7$, $H_u = 11$ kWh/kg werde über $\tau = 1500$ h/a betrieben. Die maximale Brennstoffmenge beträgt dann $\dot{m}_B = 1{,}3$ kg/h, der jährliche Verbrauch 1950 kg Öl.

13.3 Verbrennung von Kohle, Öl und Gas zur Heizwärmebereitstellung

Kohle, Öl und Erdgas finden seit langem Verwendung zur Bereitstellung von Heizwärme [13.7-13.9]. Die Wärme wird dabei mit Hilfe eines Warmwasser-

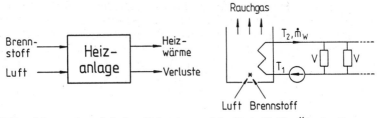

Abb. 13.7.   Schema einer einfachen Heizanlage auf der Basis Kohle, Öl oder Gas

kreislaufs einzelnen Heizkörpern zugeführt (s. Abb. 13.7). Die Energiebilanz dieses Systems liefert

$$\dot{m}_B \, H_u = \dot{m}_W \, c_W \, (T_2 - T_1) + \dot{Q}_V \,. \tag{13.9}$$

Die Kesselverluste $\dot{Q}_V$ umfassen, wie schon in Kapitel 6 für Kraftwerkskessel ausgeführt, die fühlbare Wärme der Abgase, unverbrannten Brennstoff, CO-Anteile, Ascheverluste sowie Verluste durch Strahlung und Leitung. Als Kesselwirkungsgrad wird in bekannter Weise

$$\eta_K = 1 - \frac{\dot{Q}_V}{\dot{m}_B \, H_u} \tag{13.10}$$

definiert. Diese Größe ist stark vom Belastungsgrad der Heizanlage abhängig, wie Abb. 13.8 belegt. Der Anteil der Abgasverluste ist bei geeignet ausgelegten Kesseln am größten. Das Taupunktproblem ist insbesondere bei der Absenkung der Wassertemperatur im Kessel zu beachten. Der im Rauchgas enthaltene Wasserdampf kondensiert bei Erreichen des Taupunktes, so daß die im Rauchgas enthaltene Feuchtigkeit zur Korrosion der Heizflächen führen kann. Daher muß

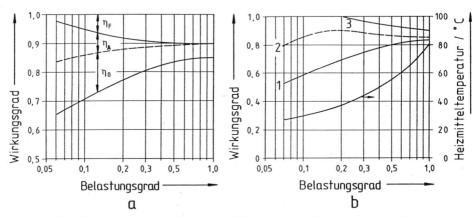

Abb. 13.8.   Wirkungsgrade von Kesseln in Abhängigkeit von der Belastung [13.4]

    a: Verlustanteile beim konventionellen Heizkessel (F $\hat{=}$ Feuerung, A $\hat{=}$ Abgas, O $\hat{=}$ Oberfläche)
    b: Vergleich von Kesselkonzeptionen
         1 konventionell, 2 gleitende Wassertemperatur, 3 gleitende Wassertemperatur und Taupunktunterschreitung

die Abgastemperatur sowie die Temperatur der beheizten Rohrwände im kalten Bereich des Kessels oberhalb der Taupunkttemperatur liegen. Sie ist abhängig von der Brennstoffart und der Luftüberschußzahl und steigt mit dem Schwefelgehalt des Brennstoffs an, was bei der Kohleverbrennung beachtet werden muß. Taupunktunterschreitungen bei der Wärmenutzung oder eine zu dichte Annäherung an diese Grenze führen neben Korrosionen im Kessel auch zu Schäden am Schornstein. Bei Verwendung korrosionsfester Abwärmetauscher, z.B. aus Keramik, können Taupunktunterschreitungen zugelassen werden, wodurch dann eine Nutzung des oberen Brennstoffheizwertes anstelle des unteren möglich wird. In Abb. 13.8b ist auch für diesen Fall der Wirkungsgradverlauf über der Last eingetragen, insbesondere bei geringer Last werden Vorteile erreicht. Gleitende Kesseltemperaturen erlauben es ebenfalls, den Wirkungsgrad der Wärmenutzung zu steigern. Insgesamt ist es heute mit entsprechendem Regelungsaufwand möglich, mittlere Kesselwirkungsgrade bezogen auf eine ganze Heizperiode von etwa 75 % für Öl- und Gas-, bzw. rund 70 % für Kohlekessel zu erreichen. Die Behandlung des Verbrennungsvorgangs ist wie bereits in Kapitel 5 dargestellt durchzuführen.

So liefert leichtes Heizöl mit der Zusammensetzung (Gew.-%) 86 C, 13 H, 0,3 O, 0,2 N und einem unteren Heizwert von 42 000 kJ/kg bei Verbrennung mit $\lambda = 1,5$ folgende Werte: $L_{min} = 11,04$ m^3/kg, $V_{ges}^{feucht} = 17,32$ m^3/kg, $V_{ges}^{trocken} = 15,86$ m^3/kg, $x_{CO_2} = 9,27$ Vol.-%, $x_{CO_2, max} = 13,61$

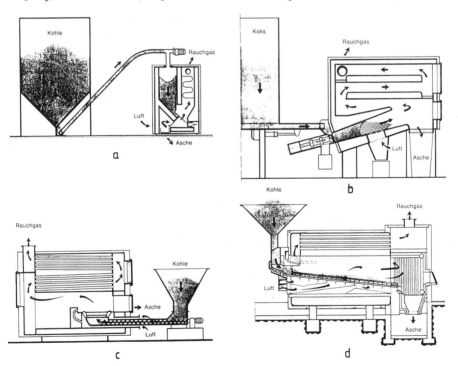

Abb. 13.9.   Steinkohlekessel zur Heizwärmeversorgung [13.8]

    a: Gravitationsheizautomat (15 kW bis 11 MW)
    b: Ruhrkohleheizautomat (150 kW bis 1,4 MW)
    c: Unterschubfeuerung (0,5...3 MW)
    d: Schüttelrostfeuerung (2,5...30 MW)

Vol.-%. Die Abgasüberprüfung durch Messung des CO_2-Gehaltes führt nach (5.11) auf $\lambda = 1{,}468$, womit das eingestellte Luftverhältnis bestätigt wäre.

In den letzten Jahren wurden erhebliche Anstrengungen unternommen, auch Kohle in Anlagen kleiner Leistung zur Heizwärmebereitstellung einzusetzen. Als Brennstoffe werden Anthrazitkohle, Magernußkohle und Brechkoks genutzt. Es werden komplette Kesselanlagen einschließlich Brennstofflager, automatischer Brennstoffdosierung und Ascheaustrag bereitgestellt. Der Eintrag der Kohle erfolgt durch Schwerkraft, Rohrschneckenförderung oder durch Schüttelroste. Abb. 13.9 zeigt die Prinzipien für verschiedene Leistungsbereiche. Für kleine Heizanlagen liegen die Heißwasserdaten bei 100°C/3 bar, die Abgastemperatur bei 190°C und der Kesselwirkungsgrad oberhalb von 85 %.

13.4 Elektroheizung

Elektroheizungen werden in Form von Direktheizanlagen oder Speicherheizungen ausgeführt. Elektrische Direktheizgeräte werden im wesentlichen als Zusatz- oder Übergangsheizungen eingesetzt. Vorteilhaft sind kurze Anheizzeit, sauberer Betrieb, keine Brennstofflagerung, geringe Investkosten und gute Regelbarkeit. Elektrische Speicherheizungen werden wegen der Möglichkeit, Nachttäler in der Netzbelastung zu füllen (s. Abb. 13.10), bei vergleichsweise niedrigen Stromtarifen teils zu wirtschaftlich vertretbaren Bedingungen betrieben. Technisch ausgeführt sind Systeme, bei denen Wasser aufgewärmt und so der fossil gefeuerte Heizkessel ersetzt wird, oder Wärmespeicher mit Speichersteinen, die bei relativ hohen Temperaturen betrieben werden. Abb. 13.10b zeigt ein derartiges Heizsystem. Für die Speicherung gilt hier

$$\int_0^\tau U\,I\,\mathrm{d}t = m\,c_\mathrm{p}\,(\overline{T} - T_0)\,. \tag{13.11}$$

Das spezifische Speichervermögen beträgt bei Verwendung von Steinen rund 0,13 kWh/kg bei einer Speichertemperatur $\overline{T}$ von rund 500°C und einem unteren Wert T_0 von etwa 100°C. Diese Heiztechnik gestattet eine Wärmebereitstellung ohne Schadstoffemission am Ort der Wärmenutzung. Ihr Gesamtenergienutzungsgrad liegt einschließlich Kraftwerks- und Netzverlusten bei rund 33 %.

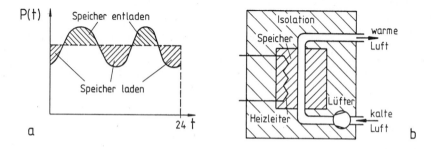

Abb. 13.10. Elektrospeicherheizung

a: Netzcharakteristik, b: Prinzip der Elektrospeicherheizung

13.5 Fernwärme

Fernwärme [13.10-13.12] ist eine am Ort des Verbrauchers dargebotene äußerst umweltverträgliche Sekundärenergie in Form von Heißwasser. Sie dient zur Deckung der Bedürfnisse an Raumheizung, Brauchwasser und Niedertemperaturwärme für Produktionsprozesse. Fernwärme wird in Heizkraftwerken über Kraft-Wärme-Kopplung, durch Entnahme-Kondensations- oder Gegendruckprozesse (s. Kapitel 4) sowie durch Abwärmenutzung bei industriellen Prozessen gewonnen. Abb. 13.11 zeigt das Grundprinzip und ein einfaches Schaltschema mit Richtdaten für den Betrieb von Fernwärmenetzen. Die Transportleistung $\dot{Q}_T$ einer Fernwärmeleitung wird durch die Höhe der Vor- und Rücklauftemperatur bestimmt. Allgemein gilt

$$\dot{Q}_T = \dot{m}\, c_p\, (T_V - T_R) = \rho\, v\, \pi\, \frac{D^2}{4}\, c_p\, (T_V - T_R) \qquad (13.12)$$

mit m durchgesetzter Massenstrom (kg/s), v Strömungsgeschwindigkeit (m/s), D Innendurchmesser der Leitung (m). Es ist wichtig, die Wärmeverluste Q_V in der Vor- und Rücklaufleitung durch ausreichende Isolationen einzugrenzen:

$$\dot{Q}_V = \pi\, D_a\, l\, k_a\, (T_V - T_U) \qquad (13.13)$$

mit D_a Außendurchmesser der isolierten Leitung (m), l Länge (m) und k_a Wärmedurchgangszahl (W/m² K). Durch Optimierung der Rohrleitung (s. Kapitel 23) muß erreicht werden, daß die Druckverluste und damit die Pumpleistung sinnvoll eingestellt werden.

Ein Zahlenbeispiel soll an dieser Stelle die Verhältnisse beim Wärmetransport erläutern. Es seien $D = 0,6$ m, $v = 2$ m/s, $T_V = 130°C$, $T_R = 60°C$ gewählt. Dann beträgt die Transportleistung des Systems 166 MW. Bei der Wahl von $l = 10$ km, $D_a = 1$ m, $k_a = 0,2$ W/m² K, $T_U = 0°C$ betragen die Verluste 0,82 MW, also ca. 0,5 %. Hinzuzurechnen sind allerdings noch Verluste an Krümmern, Kompensatoren, Ventilen usw., so daß sich insgesamt Werte bis zu 2 % einstellen werden.

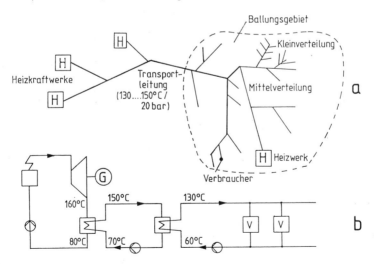

Abb. 13.11. Grundprinzip der Fernwärmenutzung

a: Gesamtsystem, b: Transportsystem (V = Verbraucher)

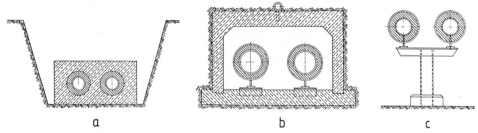

Abb. 13.12.   Verlegealternativen für Fernwärmeleitungen [13.11]

a: unterirdisch, b: im Betonkanal, c: oberirdisch

Praktisch ausgeführt werden Fernwärmeleitungen entweder als erdverlegte, im Betonkanal verlegte unterirdische oder oberirdische auf Stützen verlegte Systeme (s. Abb. 13.12).   Insbesondere in Stadtgebieten werden in der BRD heute nur erdverlegte Systeme eingesetzt.

Heute sind in der BRD Verbraucher entsprechend einer Fernwärmeleistung von rund 35 GW angeschlossen. Jährlich müssen so ca. $3 \cdot 10^6$ t SKE zur Bereitstellung der Wärme eingesetzt werden. Die mittlere Vollaststundenzahl beträgt rund 1800 h/a. Andere, insbesondere ost- und nordeuropäische Länder, verfügen relativ gesehen über eine erheblich größere Fernwärmeleistung. So sind beispielsweise in der Sowjetunion 600 GW und in Dänemark 10 GW installiert.

Für die Verbraucher ist Fernwärme eine bequeme und wartungsfreie Energiequelle, die keine Brand- oder Explosionsgefahr in sich birgt.   Außerdem können in den Gebäuden Räume und Einrichtungen, wie Kamin oder Brennstoffbevorratung entfallen. Ebenso entfallen die bei Einzelfeuerungen unvermeidbaren Emissionen, so daß Fernwärme insbesondere in Ballungsgebieten oder Städten eine ideale Energieversorgung darstellt. Durch die Bereitstellung der Fernwärme beim Verbraucher erfolgt eine Verminderung der Abwärme bei ihrer Erzeugung durch Kraft-Wärme-Kopplung, Brennstoff wird eingespart, auch minderwertige Brennstoffe können - anders als beim Hausbrand - zum Einsatz kommen.

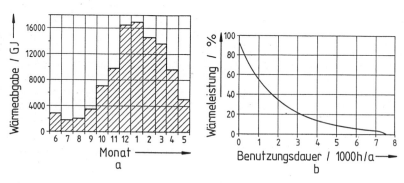

Abb. 13.13.   Auslastung von Fernwärmenetzen [13.11]

a: monatliche Wärmeabgabe in einem Fernwärmenetz mittlerer Größe in Schleswig-Holstein

b: geordnete Jahresdauerlinie eines Fernheizwerks in Schleswig-Holstein

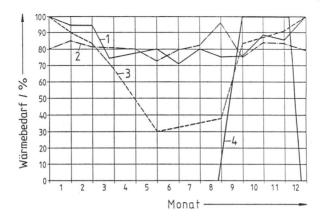

Abb. 13.14. Jahresgang des Wärmebedarfs verschiedener Industriebetriebe [13.11]

1 Textilbetrieb (Trocknungsprozesse), 2 Nahrungsmittelindustrie, 3 metallverarbeitender Betrieb (Heizwärme), 4 Zuckerindustrie (Saisonbetrieb)

Schließlich kann auch ″kostenlose″ Abwärme aus Produktionsprozessen ohne zusätzlichen Brennstoffeinsatz eingespeist werden.

Natürlich gibt es auch negative Aspekte bei der Beurteilung dieser Technik. So werden heute nur dichtbesiedelte Gebiete als fernwärmewürdig eingeschätzt, die Verlegung der Heißwasserleitungen in dicht besiedelten Gebieten ist schwierig, besonders bei nachträglichem Einbau. Vor Beginn des Betriebes sind hohe Investitions- und Anschlußkosten aufzubringen. Der Auslastungsfaktor ist bedingt durch die Länge der Heizperioden niedrig. Ein Fernwärmeausbau in Kleinstädten oder ländlichen Gebieten wäre nur dann kostendeckend möglich, wenn Anschlußzwang ausgeübt würde. Das Problem der Auslastung sei durch Abb. 13.13 verdeutlicht, hier sind die monatlichen Werte sowie die geordnete Jahresdauerlinie eines Netzes wiedergegeben. Die Auslastung kann verbessert werden, wenn industrielle Verbraucher von Niedertemperaturwärme an das Netz angeschlossen werden können. Manche Branchen weisen durchaus attraktive Bedingungen für die Dauerabnahme von Wärme auf (s. Abb. 13.14).

Auf Beispiele für die genannte und zukünftig sicher an Attraktivität gewinnende Rückgewinnung von Abwärme aus industriellen Prozessen zur Fernwärmeversorgung wird in Kapitel 18 näher eingegangen, in Abb. 18.9 auf Seite 271 sind einige Verfahren schematisch angedeutet. Die Fernwärmeschiene Niederrhein (s. Abb. 13.15a) beispielsweise bezog 1981 mehr als 60 % der abgegebenen Energie aus einer Hochofenanlage in Verbindung mit einer Warmbandstraße sowie einer Schwefelsäurefabrik und stellte über 90 % aus industrieller Abwärmenutzung und Kraft-Wärme-Kopplung bereit. Industrielle Abwärme fällt oft mit hoher Auslastung an und kann damit als Grundlast in Fernwärmenetzen eingesetzt werden, wie Abb. 13.15b ausweist. Benutzungsstunden von bis zu 7000 h/a werden so möglich.

13.6 Wärmepumpen

Beim Wärmepumpenprozeß [13.13, 13.14] wird Wärme, die sich auf einem unteren Temperaturniveau T_U befindet, durch Zufuhr von mechanischer Energie

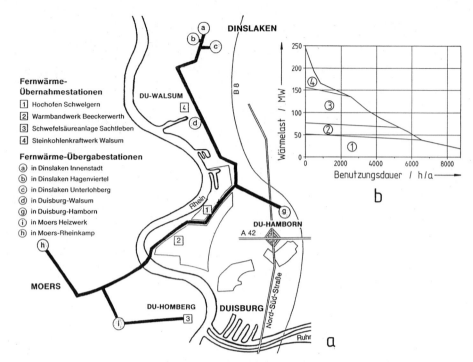

Abb. 13.15.   Nutzung industrieller Abwärme in der Fernwärmeschiene Niederrhein [13.12]

a: Verlauf und Wärmelieferanten
b: Geordnete Jahresdauerlinie mit 819 GWh Abgabe in 1981
      1 Hochofen und Warmbandstraße, 2 Schwefelsäurefabrik, 3 Anzapfdampf
      aus einen Kondensationskraftwerk, 4 Spitzenlastkessel

(oder auch von exergetisch hochwertigerer Wärme) auf einem höheren Temperaturniveau T_O bereitgestellt.   Abb. 13.16a stellt den einfachsten Wärmepumpenprozeß bestehend aus einen Kompressor mit Antrieb, einem Kondensator, einem Expansionsventil und einem Verdampfer dar. Im Kompressor erfolgt
im Idealfall eine isentrope Kompression ($1 \rightarrow 2$) (s. Abb. 13.16c) des Arbeits-
dampfes, im Kondensator eine isotherme/isobare Kondensation ($2 \rightarrow 3$) des
Dampfes, im Expansionsventil eine isentrope Expansion ($3 \rightarrow 4$) und schließlich
im Verdampfer eine isotherme/isobare Verdampfung des Arbeitsmediums ($4 \rightarrow$
1). Bei diesem Kreisprozeß wird aus der Umgebung eine Wärmemenge $\dot{Q}_{zu}$ aufgenommen und eine Wärmemenge $\dot{Q}_{ab}$ auf höherem Temperaturniveau nach außen abgegeben. Für die Wärmeaufnahme und -abgabe gilt:

$$\dot{Q}_{zu} = T_U \left(s_{II} - s_I \right) , \tag{13.14}$$

$$\dot{Q}_{ab} = T_O \left(s_{II} - s_I \right) . \tag{13.15}$$

$$P = \dot{Q}_{ab} - \dot{Q}_{zu} \tag{13.16}$$

wird dem Kreisprozeß als mechanische Arbeit zugeführt. Das Verhältnis

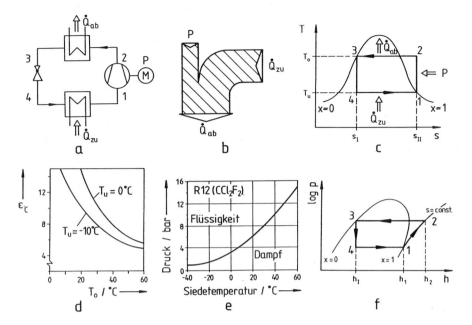

Abb. 13.16.   Idealer Wärmepumpenprozeß

a: Grundprinzip, b: Sankeydiagramm
c: Qualitatives T-s-Diagramm, d: Leistungsziffer
e: Dampfdruckkurve eines Kältemittels (R12), f: log p-h-Diagramm

$$\varepsilon_c = \frac{\dot{Q}_{ab}}{P} = \frac{T_O}{T_O - T_U} = \frac{1}{\eta_c} \qquad (13.17)$$

wird als theoretische Leistungsziffer des Wärmepumpenprozesses bezeichnet und entspricht dem Kehrwert des Carnot'schen Kreisprozeßwirkungsgrades. Werte für diese Größe sind für verschiedene obere und untere Prozeßtemperaturen in Abb. 13.16d aufgeführt.

Als Arbeitsfluide für den Wärmepumpenprozeß werden Stoffe verwendet, die schon bei niedrigen Temperaturen sieden und die bei nicht zu hohen Drücken kondensieren und so schon praktisch verwertbare Temperaturen, z.B. rund 50°C für Heizwärmepumpen, bereitstellen (s. Abb. 13.16e). Bei der Behandlung eines Wärmepumpenprozesses mit einem in der Praxis üblichen Kältemittel empfiehlt sich die Darstellung des Gesamtprozesses im log p-h-Diagramm. Dieses Diagramm weist den Vorteil auf, daß aus ihm die aufgewendete Arbeitsenergie für den Prozeß sowie die abgebbare Heizleistung als Strecken auf der Abszisse abgegriffen werden können und daß damit die Leistungszahl direkt bestimmbar ist (s. Abb. 13.16f). Für die Leistungsziffer des Prozesses liest man aus dem log p-h-Diagramm direkt

$$\varepsilon = \frac{h_2 - h_3}{h_2 - h_1} \qquad (13.18)$$

ab. Für reale Prozesse ergeben sich einige Abweichungen, die dazu führen, daß die Leistungsziffer in der Regel wesentlich kleiner ist als die theoretische. Es gilt in der Regel

$$\varepsilon_{real} \approx 0{,}5...0{,}6 \, \varepsilon_c \, . \tag{13.19}$$

Ein Grund für diese Verringerung ist die nicht isentrope sondern polytrope Verdichtung. Es müssen im Kreislauf zusätzliche Druckverluste überwunden werden. Schließlich werden für die Wärmeübertragung sowohl im Verdampfer als auch im Kondensator gewisse Temperaturdifferenzen benötigt, so daß T_O und T_U im Kreisprozeß selbst modifizierte Werte annehmen.

Als Wärmequellen kommen für Heizwärmepumpen Umgebungsluft, Erdreich, Brunnen, Fließgewässer, Solarenergie, industrielle und sonstige Abwärmen in Betracht. Alle Anergieträger weisen bei der Verwendung gewisse Vor- und Nachteile auf. So ist z.B. die Außenluft überall leicht verfügbar, jedoch sind große Luftmengen durch den Verdampfer hindurchzuleiten. Die Größe der Wärmetauscheroberflächen ist erheblich. Auch sind Vereisungsprobleme bei hoher Luftfeuchtigkeit und niedrigen Temperaturen nicht auszuschließen. Weiterhin ist gerade im Winter die Leistungszahl einer Wärmepumpe, die mit Außenluftwärme arbeitet, gering. Oberflächengewässer sind im allgemeinen nur bis herunter zu Temperaturen von etwa 5°C als Wärmequelle geeignet. Zufrierende Gewässer sind für die Nutzung ungeeignet. Grundwasser weist über das ganze Jahr hinweg bei hinreichender Tiefe (10 m und mehr) annähernd konstante Temperaturen auf. Es kann mit Temperaturen um 10°C in dieser Tiefe gerechnet werden, so daß gute Voraussetzungen für hohe Leistungsziffern der Wärmepumpe bestehen. Allerdings sind Störungen des Grundwasserhaushalts zu bedenken. Erdreich weist im Jahresablauf in 1 bis 2 m Tiefe Temperaturen zwischen 1 und 15°C auf und gestattet damit ganzjährig hohe Leistungsziffern. Sonnenenergie kann über Flachkollektoren für den Betrieb von Wärmepumpenanlagen eingesetzt werden. Dabei wird die Globalstrahlung genutzt. Abb. 13.17 zeigt das Schema einer mit Außenluft betriebenen Wärmepumpe, die auf der Nutzungsseite mit dem Kreislauf einer Warmwasserheizung verbunden ist. Daneben sind typische Temperatur-Wärme-Diagramme für den Verdampfer und den Kondensator eingezeichnet. Dies verdeutlicht nochmals den vorher erwähnten Sachverhalt der Reduktion von ε_c durch endliche Temperaturdifferenzen für den Wärmeübertrag. Die Wärmenutzung kann statt über einen Wasserkreislauf auch über einen solchen mit Luft erfolgen.

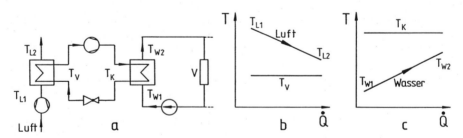

Abb. 13.17.   Einsatz einer Außenluftwärmepumpe zum Heizen

    a: Schaltschema
    b: T-Q-Diagramm des Verdampfers
    c: T-Q-Diagramm des Kondensators

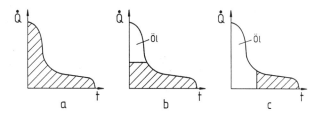

Abb. 13.18.   Jahresdauerlinie des Heizwärmebedarfs

    a: monovalenter Betrieb
    b: bivalent-paralleler Betrieb von Wärmepumpe und Ölkessel
    c: bivalent-alternativer Betrieb von Wärmepumpe und Ölkessel

Der Antrieb erfolgt bei den bislang beschriebenen Kompressionswärmepumpen entweder durch einen Elektromotor oder durch einen Diesel- bzw. Gasmotor. Alternativ stehen heute auch Absorptionswärmepumpen zur Verfügung, bei denen der Antrieb durch Wärme auf vergleichsweise hohem Temperaturniveau erfolgt. Hierbei werden Absorptions- und Desorptionsprozesse in Mehrstoffgemischen in geeigneter Weise in einem Kreisprozeß eingesetzt.

Die Betriebsweise einer Heizwärmepumpe kann monovalent oder bivalent erfolgen. Bei monovalenter Betriebsweise ist die Wärmepumpe auf die am kältesten Tag maximal erforderliche Heizleistung ausgelegt (s. Abb. 13.18a), so daß sie die gesamte durch die Jahresdauerlinie charakterisierte Wärme aufbringt. Unter diesen Bedingungen ist die Leistungszahl niedrig und die Anlage vergleichsweise teuer, da eine hohe Heizleistung zu installieren ist. Günstiger ist ein bivalenter Betrieb, der entweder bivalent parallel (s. Abb. 13.18b) oder bivalent alternativ (s. Abb. 13.18c) erfolgen kann. In beiden Fällen weist die Wärmepumpenanlage eine reduzierte Leistung auf, die Belastungsspitzen an sehr kalten Tagen werden z.B. durch einen Ölkessel gedeckt. Jahresdeckungsraten mit Hilfe der Wärmepumpe von rund 70 % werden derzeit als sinnvoll angesehen. Natürlich hängt diese Aufteilung entscheidend vom Verhältnis der Kosten der elektrischen Energie zu den der Wärme aus der Ölverbrennung ab.

Eine besonders attraktive Art der Wärmenutzung wird erreicht, falls eine Wärmepumpe durch einen Gas- oder Dieselmotor angetrieben wird und folglich die motorische Abwärme mit für den Heizprozeß genutzt werden kann (s. Abb. 13.19). In diesem Fall gilt für die Gesamtwärmebilanz:

$$\dot{m}_B H_u = P_m + \dot{Q}_1 + \dot{Q}_2 + \dot{Q}_{Str} \ . \tag{13.20}$$

Definiert man

$$\varepsilon = \frac{\dot{Q}_3}{P_m} = \frac{\dot{Q}_{zu} + P_m}{P_m} \quad , \quad \eta_m = \frac{P_m}{\dot{m}_B H_u} \ , \tag{13.21}$$

so folgt für den Gesamtnutzungsgrad der eingesetzten Brennstoffenergie, wenn ε die Leistungsziffer, ξ_1 bzw. ξ_2 den Anteil der Motor- bzw. der Abgasabwärme bezeichnet, zu

$$\eta_N = \frac{\dot{Q}_1 + \dot{Q}_2 + \dot{Q}_3}{\dot{m}_B H_u} \ , \tag{13.22}$$

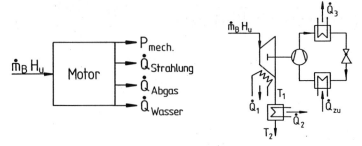

Abb. 13.19. Antrieb einer Wärmepumpe durch einen Gas- oder Dieselmotor

$$\eta_N = \xi_1 + \xi_2 f + \eta_m \varepsilon , \qquad (13.23)$$

$$\xi_1 = \frac{\dot{Q}_1}{\dot{m}_B H_u} \ , \quad \xi_2 = \frac{\dot{Q}_{Abgas}}{\dot{m}_B H_u} \ , \quad f = \frac{\dot{Q}_2}{\dot{Q}_{Abgas}}$$

Praktische Werte für einen derartigen Prozeß sind $\xi_1 = 0{,}2$, $\xi_2 = 0{,}3$, $f = 0{,}8$, $\varepsilon = 3$, $\eta_m = 0{,}35$. Für η_N erhält man damit 1,5, d.h. diese Anlage stellt das 1,5-fache der eingesetzten Brennstoffwärme als Heizwärme bereit. Im Vergleich dazu erreicht man bei einer guten Ölheizung $\eta_N \approx 0{,}75$.

Ergänzend zu den bisherigen Ausführungen sei noch bemerkt, daß angesichts der über das Jahr stark schwankenden Werte der Leitungszahl ε eine Arbeitszahl β zur Charakterisierung des Betriebs besser geeignet ist. Es gilt

$$\beta = \frac{\displaystyle\int_0^{1a} \dot{Q}_H(t)\,dt}{\displaystyle\int_0^{1a} P(t)\,dt} \ , \qquad (13.24)$$

mit $\dot{Q}_H$ abgegebene Wärmeleistung. Insgesamt dürften Wärmepumpen für die Zukunft angesichts langfristig steigender Energiepreise eine erhöhte Bedeutung erlangen. Es sei darauf hingewiesen, daß dieses Prinzip bereits heute für spezielle industrielle Prozesse vielfach mit großem Erfolg eingesetzt wird (s. Kapitel 15).

Die in diesem Kapitel dargestellten Verfahren zur Heizwärmeversorgung unterscheiden sich teilweise erheblich im Hinblick auf die erreichbare Primärenergienutzung, wie Tab. 13.1 verdeutlicht.

Tab. 13.1. Primärenergienutzung verschiedener Heizsysteme

System	Heiz-/Primärenergie	Bemerkung
Öl-/Gasheizung	0,75/0,85	
Fernwärme	0,6	10 % Transportverluste
Elektroheizung	0,33	10 % Netzverluste
Wärmepumpe	0,8	Elektroantrieb
Wärmepumpe	1,5	Dieselantrieb

14 Energieeinsatz im Verkehr

14.1 Überblick

Im Sektor Verkehr [14.1] werden derzeit jährlich rund $64 \cdot 10^6$ t SKE eingesetzt, entsprechend ca. 25 % des Endenergieverbrauchs der BRD im Jahre 1987. Derzeit kommen im wesentlichen flüssige Energieträger zum Einsatz. Der Anteil der festen Energieträger - im wesentlichen die früher in Dampflokomotiven eingesetzte Kohle - ist während der letzten Dekaden stark zurückgegangen. Elektrische Energie wird zwar zunehmend im Eisenbahnverkehr eingesetzt, hat aber noch keine praktische Bedeutung im Individualverkehr. Der Anteil dieser Energieform am Endenergieeinsatz im Verkehr ist insgesamt immer noch sehr gering (s. Abb. 14.1a, b). Wie das Energieflußbild für diesen Sektor ausweist werden fast 60 % des Endenergieeinsatzes im Straßenverkehr als Otto- und 29 % als Dieselkraftstoff eingesetzt, während schon mehr als 7 % als Treibstoff im Luftverkehr Verwendung finden. Binnenschiffahrt und Eisenbahn sind mit insgesamt 5,2 % am Endenergieumsatz dieses Sektors beteiligt.

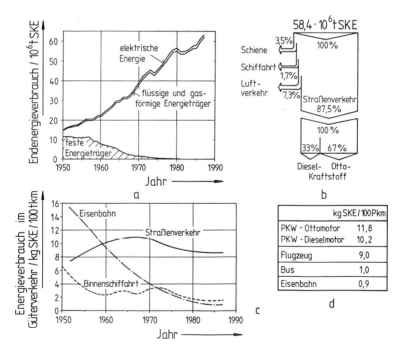

Abb. 14.1. Energieeinsatz in der BRD im Sektor Verkehr

    a: Endenergieeinsatz
    b: Endenergiefluß (1985)
    c: spezifischer Energieeinsatz beim Güterverkehr
    d: spezifischer Energieeinsatz beim Personenverkehr (1987)

Der spezifische Einsatz von Energie etwa im Güterverkehr konnte zwar in den vergangenen Jahrzehnten zum Teil stark reduziert werden - z.B. bei der Eisenbahn durch Übergang von Dampf- zu Diesel- und Elektrolokomotiven -, er ist aber wegen des hohen Anteils von Straßenfahrzeugen am Güterverkehr immer noch relativ groß. Auch im Personenverkehr sind Straßenfahrzeuge unter energetischen Gesichtspunkten aufwendige Lösungen, die im Energieeinsatz nur noch durch den Luftverkehr erreicht werden (s. Abb. 14.1d). Die Bemühungen im Energieverbrauchssektor Verkehr dürfen sich daher in den nächsten Jahren nicht nur auf die Minderung des Schadstoffausstoßes, z.B. CO, C_nH_m, NO_x, Ruß, beschränken, sondern sie müssen auch zu einer drastischen Reduktion des spezifischen Energieeinsatzes führen. Zu diesen Bemühungen zählen auch Überlegungen zum Einsatz von Wasserstoff, Methanol oder elektrischer Energie als Fahrzeugenantrieb. Hierzu finden sich einige Ausführungen in Abschnitt 14.4.

14.2 Kreisprozesse für den Antrieb im Verkehrssektor

Derzeit basiert der weltweite Verkehr noch zum größten Teil auf dem Einsatz von Otto- und Dieselmotoren [14.2-14.5]. Große Bedeutung haben in den letzten Jahren auch Strahltriebwerke erlangt. Die drei Prozeßführungen sollen in diesem Abschnitt im Hinblick auf ihre energetischen Aspekte näher erläutert werden. Beim Ottoprozeß werden ideal betrachtet je zwei adiabate und isochore Zustandsänderungen miteinander verknüpft (s. Abb. 14.2a). Um den Kreisprozeß in vereinfachter Weise behandeln zu können, wird das in Abb. 14.2b dargestellte Modellsystem für das Hubvolumen betrachtet. Es wird üblicherweise ein Verdichtungsverhältnis ε in Abhängigkeit vom Hubraum V_H und vom technisch unvermeidbaren Verlustraum V_V eingeführt. Die Behandlung der bereits in Abb. 14.2a eingeführten Zustandsänderungen führt auf die im folgenden dargestellten Gleichungen. Die adiabate Verdichtung des Gemisches ergibt ausgehend vom Anfangszustand *1* den Endzustand *2* mit den Werten für T_2 und p_2 unter Aufwendung der spezifischen Arbeit w_{12}:

$$T_2 = T_1 \left(\frac{V_1}{V_2} \right)^{\kappa - 1} = T_1 \, \varepsilon^{\kappa - 1} \quad , \quad \Delta s = 0 \, , \tag{14.1}$$

$$p_2 = p_1 \left(\frac{V_1}{V_2} \right)^{\kappa} = p_1 \, \varepsilon^{\kappa} = p_1 \, \frac{T_2}{T_1} \, \varepsilon \, , \tag{14.2}$$

$$w_{12} = c_V \, (T_1 - T_2) \, . \tag{14.3}$$

Bei der isochoren Wärmezufuhr von *2* nach *3*, die durch Zündung des Brennstoff-Luft-Gemisches am oberen Totpunkt des Hubkolbens bewirkt wird, folgt:

$$T_3 = T_2 \, \frac{p_3}{p_2} \quad , \quad V_2 = V_3 \, , \tag{14.4}$$

$$\Delta s = c_V \ln \left(\frac{T_3}{T_2} \right) = c_V \ln \left(\frac{p_3}{p_2} \right) . \tag{14.5}$$

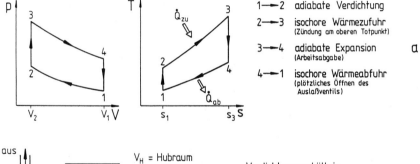

Abb. 14.2.   Kreisprozeß des Ottomotors

a: p-V- und T-s-Diagramm des idealen Prozesses
b: Modell zur Ableitung des Wirkungsgrades

Bei diesem Schritt wird eine spezifische Wärmemenge

$$q_{zu} = c_V \, (T_3 - T_2) \tag{14.6}$$

zugeführt. Im nächsten Schritt erfolgt von *3* nach *4* die adiabate Expansion des Arbeitsfluids mit Abgabe der spezifischen Arbeit w_{34}:

$$T_3 = T_4 \, \varepsilon^{\kappa - 1} \quad , \quad \Delta s = 0 \;, \tag{14.7}$$

$$\frac{p_3}{p_4} = \left(\frac{V_1}{V_2} \right)^{\kappa} , \tag{14.8}$$

$$w_{34} = c_V \, (T_3 - T_4) \;. \tag{14.9}$$

Der Kreisprozeß wird durch eine isochore Wärmeabfuhr an die Umgebung von *4* nach *1* geschlossen. Diese Zustandsänderung wird durch plötzliches Öffnen des Auslaßventils bewirkt. Man findet die Zustandsgrößen und die abgeführte spezifische Wärmemenge für diesen Teilabschnitt zu:

$$\frac{T_1}{T_4} = \frac{p_1}{p_4} \quad , \quad V_4 = V_1 \;, \tag{14.10}$$

$$\Delta s = c_V \ln \left(\frac{T_1}{T_4} \right) , \tag{14.11}$$

$$q_{ab} = c_V \, (T_4 - T_1) \;. \tag{14.12}$$

Der Kreisprozeßwirkungsgrad folgt dann aus der Beziehung

$$\eta_{th} = \frac{q_{zu} - q_{ab}}{q_{zu}} = \frac{(T_3 - T_2) - (T_4 - T_1)}{T_3 - T_2} = 1 - \varepsilon^{1 - \kappa} \;. \tag{14.13}$$

Der Wirkungsgrad hängt also gemäß der idealisierten Prozeßführung nur vom Verdichtungsverhältnis und vom κ-Wert des Arbeitsfluids ab. Für heute technisch relevante Verdichtungsverhältnisse von 6 bis 10 errechnen sich mit dem Arbeitsmedium Luft ($\kappa = 1,4$) theoretische Wirkungsgrade zwischen 50 und 60 %. Reale Ottomotoren weisen jedoch nur Wirkungsgrade von ca. 25 % auf. Dieser vergleichbar niedrige Wert resultiert aus mechanischen Verlusten, Wärmeverlusten und aus den nicht ideal verlaufenden Zustandsänderungen.

Als Beispiel soll ein Ottoprozeß mit den Randbedingungen $T_1 = 27°C$, $p_1 = 1$ bar, $p_3 = 40$ bar, $\varepsilon = 8$, $\kappa = 1,4$ und $c_v = 0,72$ kJ/kg K betrachtet werden. Das spezifische Volumen der Luft beträgt bei Umgebungsdruck 0,88 m^3/kg. Somit ergeben sich die Eckpunkte des Prozesses wie folgt (s. Abb. 14.2a).

1: $T = 27°C$ $p = 1$ bar $v = 0,88$ m^3/kg
2: $T = 416°C$ $p = 18,4$ bar $v = 0,11$ m^3/kg
3: $T = 1227°C$ $p = 40$ bar $v = 0,11$ m^3/kg
4: $T = 380°C$ $p = 2,2$ bar $v = 0,88$ m^3/kg

Die zu- und abgeführten Wärmemengen errechnen sich dann zu 584 bzw. 254 kJ/kg, so daß ein theoretischer Wirkungsgrad von 0,572 resultiert.

Beim Dieselprozeß werden die Prozeßschritte adiabate Verdichtung, isobare Wärmezufuhr, adiabate Expansion sowie isochore Wärmeabfuhr zu einem idealen Kreisprozeß zusammengefügt (s. Abb. 14.3). Bei der praktischen Ausführung des Kreisprozesses müssen zwei charakteristische Verhältnisse definiert und bei der Rechnung berücksichtigt werden, das aus dem Ottoprozeß bekannte Verdichtungsverhältnis ε (s. Abb. 14.2b) und das Einspritz- oder Volldruckverhältnis ϕ, welches sich mit dem eingespritzten Kraftstoffvolumen V_3 zu

$$\phi = \frac{V_3}{V_2} \qquad (14.14)$$

ergibt. Während das Verdichtungsverhältnis ε bei technisch ausgeführten Dieselmotoren bis zu 24 gewählt wird, liegen praktische Werte für das Einspritzverhältnis ϕ bei 2. Bei der Analyse des idealen Kreisprozesses erhält man folgendes Resultat: Die adiabate Luftverdichtung von *1* nach *2* führt analog zum Ottoprozeß auf die in (14.1) bis (14.3) angegebenen Berechnungsgleichungen. Bei der isobaren Wärmezufuhr von *2* nach *3* ergeben sich Temperatur und spezifische Wärmezufuhr zu

$$T_3 = T_2 \, \frac{V_3}{V_2} = T_2 \, \phi \, , \qquad (14.15)$$

$$q_{zu} = c_p \, (T_3 - T_2) \, . \qquad (14.16)$$

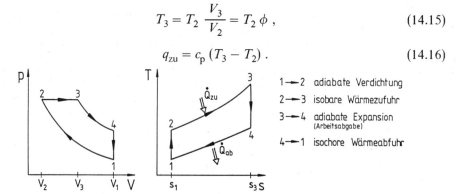

1→2 adiabate Verdichtung
2→3 isobare Wärmezufuhr
3→4 adiabate Expansion
      (Arbeitsabgabe)
4→1 isochore Wärmeabfuhr

Abb. 14.3. p-V- und T-s-Diagramm des idealen Dieselprozesses

In der realen Prozeßführung wird die Lufttemperatur so stark erhöht, daß der eingespritzte Treibstoff ohne Zündhilfe verbrennt. Als nächster Schritt folgt die adiabate Expansion des Arbeitsgases von *3* nach *4*. Diese ist durch die Beziehungen

$$\frac{T_4}{T_3} = \left(\frac{V_3}{V_4}\right)^{\kappa-1} = \left(\frac{V_3}{V_2}\right)^{\kappa-1} \left(\frac{V_2}{V_1}\right)^{\kappa-1} = \left(\frac{\phi}{\varepsilon}\right)^{\kappa-1} \qquad (14.17)$$

gekennzeichnet. Schließlich wird der Kreisprozeß von *4* nach *1* durch einen Prozeßschritt mit isochorer Wärmeabfuhr an die Umgebung geschlossen. Hierfür erhält man

$$\frac{T_4}{T_1} = \frac{T_4}{T_3} \frac{T_3}{T_2} \frac{T_2}{T_1} = \frac{\phi^{\kappa-1} \phi \, \varepsilon^{\kappa-1}}{\varepsilon^{\kappa-1}} = \phi^{\kappa} , \qquad (14.18)$$

$$q_{ab} = c_V (T_4 - T_1) . \qquad (14.19)$$

Der Wirkungsgrad des idealen Dieselprozesses wird damit insgesamt zu

$$\eta_{th} = \frac{q_{zu} - q_{ab}}{q_{zu}} = \frac{c_p (T_3 - T_2) - c_V (T_4 - T_1)}{c_p (T_3 - T_2)}$$

$$= 1 - \frac{1}{\kappa} \frac{\phi^{\kappa} - 1}{\phi - 1} \frac{1}{\varepsilon^{\kappa-1}} \qquad (14.20)$$

bestimmt. In Tab. 14.1 ist eine Auswertung dieser Beziehung für verschiedene Verdichtungs- und Einspritzverhältnisse wiedergegeben. Auch für den Dieselprozeß liegen die heute erreichten Werte aufgrund von mechanischen Verlusten und Wärmeverlusten sowie wegen Unvollkommenheiten der Prozeßführung mit 30 bis 35 % deutlich niedriger.

Tab. 14.1.   Theoretischer Wirkungsgrad des Dieselprozesses in Abhängigkeit vom Verdichtungsverhältnis ε sowie vom Einspritzverhältnis ϕ

ϕ \ ε	10	15	20	25	30
1,5	0,565	0,630	0,671	0,699	0,720
2,0	0,534	0,604	0,647	0,677	0,700
2,5	0,506	0,580	0,625	0,657	0,682
3,0	0,480	0,588	0,606	0,640	0,665

Der Seiligerprozeß kann als umfassender Modellprozeß angesehen werden, der in Grenzfällen sowohl den Otto- als auch den Dieselprozeß enthält. Abb. 14.4 zeigt ein p-V- sowie ein T-s-Diagramm und macht deutlich, daß die Wärmezufuhr bei diesem Prozeß in einen isochoren sowie einen isobaren Anteil aufgeteilt ist. Man definiert hier drei charakteristische Verhältnisse:

Verdichtungsverhältnis $\qquad \varepsilon = \dfrac{V_1}{V_2}$,

Drucksteigerungsverhältnis $\qquad \xi = \dfrac{p_3}{p_2} = \dfrac{T_3}{T_2}$,

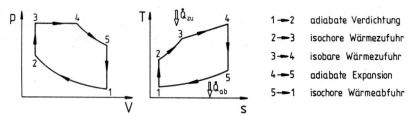

1→2	adiabate Verdichtung
2→3	isochore Wärmezufuhr
3→4	isobare Wärmezufuhr
4→5	adiabate Expansion
5→1	isochore Wärmeabfuhr

Abb. 14.4.   Seiliger-Prozeß in p-V- und T-s-Diagramm

Einspritzverhältnis

$$\phi = \frac{V_4}{V_3} = \frac{T_4}{T_3}.$$

Führt man nun, wie in den beiden vorhergehenden Prozeßbeschreibungen im Detail gezeigt, die einzelnen Schritte entsprechend den Angaben in Abb. 14.4 aus, so erhält man die Beträge der Wärmezu- und -abfuhr aus:

$$q_{zu} = c_V \left\{ (\xi - 1)\, T_1\, \varepsilon^{\kappa - 1} + \kappa\, T_2\, (\phi - 1) \right\}$$
$$= c_V\, T_1\, \varepsilon^{\kappa - 1} \left\{ (\xi - 1) + \kappa\, \xi\, (\phi - 1) \right\},$$
(14.21)

$$q_{ab} = c_V\, T_1\, (\phi^\kappa\, \xi - 1) .$$
(14.22)

Der Kreisprozeßwirkungsgrad gewinnt damit die endgültige Form

$$\eta_{th} = 1 - \frac{\phi^\kappa\, \xi - 1}{(\xi - 1) + \kappa\, \xi\, (\phi - 1)}\, \frac{1}{\varepsilon^{\kappa - 1}} .$$
(14.23)

Im Grenzfall $\phi \to 1$ findet man den Wirkungsgrad des Otto-Prozesses, im Grenzfall $\xi \to 1$ den des Dieselprozesses.

Im Flugverkehr werden Strahltriebwerke [14.6-14.7] eingesetzt, allein in der BRD werden jedes Jahr mehr als $3 \cdot 10^6$ t Treibstoff in diesem Bereich verbraucht, weltweit derzeit rund 10^8 t. Für diese Antriebsart ist der Jouleprozeß maßgebend (s. Abb. 14.5). Die praktische Ausführung eines derartigen Strahlantriebes zeigt Abb. 14.6 schematisch. In diesem Prozeß werden die Aggregate so aufeinander abgestimmt, daß Turbinen- und Verdichterarbeit gerade gleich sind. Die Umgebungsluft vom Zustand *1* wird durch den Diffusor isentrop auf den Zustand *2* und im anschließenden Verdichter auf den Zustand *3* verdichtet. In der Brennkammer wird durch Verbrennung von Kerosin isobar Wärme zugeführt (*3* nach *4*). In der Turbine erfolgt die isentrope Entspannung nach Punkt *5*. Schließlich wird in der Austrittsdüse auf den Zustand *6* entspannt. Die Nutzar-

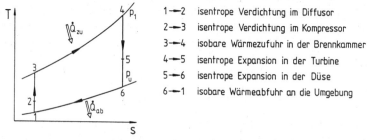

1→2	isentrope Verdichtung im Diffusor
2→3	isentrope Verdichtung im Kompressor
3→4	isobare Wärmezufuhr in der Brennkammer
4→5	isentrope Expansion in der Turbine
5→6	isentrope Expansion in der Düse
6→1	isobare Wärmeabfuhr an die Umgebung

Abb. 14.5.   Joule-Prozeß für einen Strahlantrieb

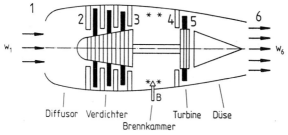

Abb. 14.6. Schema zur Ausführung eines Strahltriebwerks

beit des gesamten Aggregats besteht in der Erhöhung der kinetischen Energie des austretenden Strahls des Arbeitsfluids gegenüber der eintretenden Luft. Bezogen auf den Massendurchsatz durch das Strahltriebwerk gelten folgende Gleichungen. Die Temperatur hinter dem Diffusor beträgt

$$T_2 = T_1 + \frac{w_1^2}{2\,c_\mathrm{p}} \, , \tag{14.24}$$

während Verdichterarbeit, zugeführte Wärme und Turbinenarbeit als

$$a_\mathrm{V} = h_3 - h_2 = c_\mathrm{p}\,(T_3 - T_2) \, , \tag{14.25}$$

$$q_\mathrm{zu} = h_4 - h_3 = c_\mathrm{p}\,(T_4 - T_3) \, , \tag{14.26}$$

$$a_\mathrm{T} = h_4 - h_5 = c_\mathrm{p}\,(T_4 - T_5) = c_\mathrm{p}\,(T_3 - T_2) \tag{14.27}$$

geschrieben werden können. Führt man das Druckverhältnis $\pi = p_3/p_1$ ein, so resultiert für den thermischen Wirkungsgrad des idealen Prozesses

$$\eta_\mathrm{th} = \frac{h_4 - h_6 - (h_3 - h_1)}{h_4 - h_3} = 1 - \left(\frac{1}{\pi} \right)^{\frac{\kappa-1}{\kappa}} \, . \tag{14.28}$$

Die spezifische kinetische Energie des austretenden Gasstrahls nimmt den Wert

$$\frac{w_6^2}{2} = \frac{w_1^2}{2} + c_\mathrm{p}\,(T_4 - T_3) \left(1 - \left(\frac{1}{\pi} \right)^{\frac{\kappa-1}{\kappa}} \right) \tag{14.29}$$

an. Zur kurzfristigen Erhöhung des Schubes ist es auch möglich, hinter der Turbine zusätzlichen Brennstoff einzuspritzen und zu verbrennen, um durch die Nachverbrennung die kinetische Energie des Gasstrahls zu erhöhen. Strahltriebwerke können auch bei stationären Anwendungen als vorgeschaltete Heißgaserzeuger für Arbeitsturbinen oder für sonstige Anwendungen eingesetzt werden (vgl. Abschnitt 3.2).

14.3 Fragen des Energieeinsatzes bei Antriebssystemen im Verkehrssektor

Um Fragen des Energieeinsatzes in Antriebssytemen [14.8] beurteilen zu können, sei zunächst eine einfache Abschätzung zur notwendigen Antriebsleistung an den Rädern eines Autos vorangestellt. Die geleistete Arbeit setzt sich entsprechend

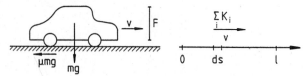

Abb. 14.7.   Schema zur Bestimmung der Arbeit bei Fahrzeugantrieben

Abb. 14.7 aus einem Anteil für die Rollreibung sowie einem für die Luftreibung zusammen. Für eine zurückgelegte Strecke l gilt

$$A_{\text{ges}} = A_{\text{Roll}} + A_{\text{Luft}} = \int_0^l \sum_i K_i \, \mathrm{d}s = \int_0^l \left(\mu \, m \, g + c_{\text{w}} \, F \, \frac{\rho_{\text{L}}}{2} \, v^2 \right) \mathrm{d}s \, , \qquad (14.30)$$

mit μ Rollreibungsbeiwert, m Fahrzeugmasse, g Erdbeschleunigung, c_{w} Widerstandsbeiwert, ρ_{L} Dichte der Luft und v Fahrgeschwindigkeit. Bleiben die Werte μ, c_{w} und v über dem Fahrweg konstant, so gilt

$$A_{\text{ges}} = \left(\mu \, m \, g + c_{\text{w}} \, F \, \frac{\rho_{\text{L}}}{2} \, v^2 \right) l \, . \qquad (14.31)$$

Der spezifische Brennstoffbedarf bezogen auf den zurückgelegten Weg L errechnet sich bei Kenntnis des Brennstoffheizwertes und des Motorwirkungsgrades zu

$$b^* = \frac{A_{\text{ges}}}{H_u \, \eta_{\text{ges}} \, L} \, . \qquad (14.32)$$

Der Leistungsbedarf ist insbesondere von der Fahrgeschwindigkeit abhängig. Eine geeignete Formgebung des Fahrzeuges hilft, die Verluste möglichst gering zu halten, indem sie den c_{w}-Wert und die Querschnittsfläche klein macht. Der zur Überwindung des Luftwiderstandes erforderliche Leistungsaufwand P errechnet sich aus

$$P = c_{\text{w}} \, \frac{1}{2} \, \rho_{\text{L}} \, F \, v^3 \, . \qquad (14.33)$$

F ist dabei die Projektionsfläche des Wagens in Fahrtrichtung. Die Widerstandsbeiwerte c_{w} liegen je nach Bauform des Fahrzeugs zwischen 0,2 und 1. In günstigen Fällen werden heute für Personenwagen c_{w}-Werte von 0,3 erreicht.

Sind beispielsweise die Werte μ = 0,002, m = 1200 kg, g = 9,81 m/s^2, c_{w} = 0,3, ρ_{L} = 1,29 kg/m^3, v = 100 km/h, F = 2 m^2, η_{ges} = 0,25, l = 100 km und H_u = 42 MJ/kg gegeben, so ergibt sich ein spezifischer Benzinverbrauch von 7,3 l/100 km oder 0,59 kWh/km. Der Leistungsbedarf für den Antrieb wird dann zu 8,3 kW bestimmt. Bei einer Fahrgeschwindigkeit von 170 km/h sind bereits 41 kW Antriebsleistung erforderlich.

Abb. 14.8a zeigt, daß der Luftreibungswiderstand und damit auch der Endenergieeinsatz mit steigender Fahrzeuggeschwindigkeit stark anwächst, während der Rollreibungswiderstand praktisch konstant bleibt. Wie das Energieflußdiagramm in Abb. 14.8b ausweist, sind bei der Energieumsetzung im Motor Abgas-, Kühlungs- und Strahlungsverluste zu berücksichtigen. Daraus ergibt sich der Motorwirkungsgrad

$$\eta_{\text{M}} = P_{\text{M}} / \dot{m}_{\text{B}} \, H_u \qquad (14.34)$$

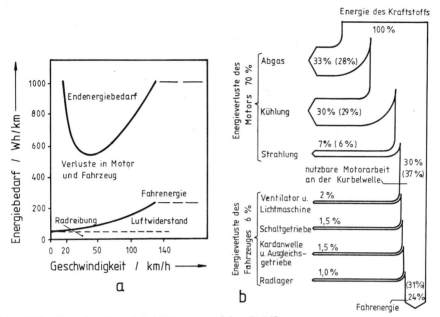

Abb. 14.8.   Energieverbrauch bei Fahrzeugantrieben [14.8]

a: Aufteilung der Endenergie
b: stationärer Energiefluß im Ottomotor (Dieselmotor)

als Quotient aus Motorleistung und Brennstoffleistung. Von der Motorleistung verbleibt eine Antriebsleistung P_a, die zur Überwindung der Roll- und Luftreibung dient. Es gelten Wirkungsgrade für diese Umsetzungen in Höhe von

$$\eta_a = \frac{P_a}{P_M} \quad , \quad \eta_{ges} = \frac{P_a}{\dot{m}_B H_u} = \eta_a \eta_M \;. \tag{14.35}$$

Diese zusätzlichen Verluste sind durch Lichtmaschine, Ventilator, Schaltgetriebe, Kardanwelle und Radlager bedingt. Während Werte für η_M bei Otto- bzw. Dieselmotoren bei rund 30 bzw. 37 % liegen, findet man für η_a rund 80 %. Für den Antrieb resultiert dann etwa ein Wert von 24 % bei Otto- und 31 % bei Dieselmotoren.

Die Energieumsetzung im Motor kann durch ein Schema nach Abb. 14.9 verdeutlicht werden. Als Energiebilanz gilt

$$\dot{m}_B \left[H_u + \lambda\, L_{min}\, c_{p_L} (T_L - T_U) \right] = P_M + \dot{Q}_{Kühl} + \dot{Q}_{Str} + \dot{Q}_{RG} \;, \tag{14.36}$$

$$\dot{Q}_{RG} = \dot{m}_B\, V_{ges}\, c_{pR} (T_R - T_U) \;, \tag{14.37}$$

$$L_{min}^{Diesel} = \frac{0{,}239\, H_u - 1115}{808} \quad \left(\frac{m^3}{kg} \right), \tag{14.38}$$

$$V_{min}^{Diesel} = \frac{0{,}3\, H_u - 3025}{808} \quad \left(\frac{m^3}{kg} \right), \tag{14.39}$$

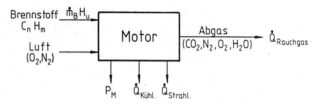

Abb. 14.9.   Energiebilanz für einen Verbrennungsmotor

$$V_{ges} = V_{min} + (\lambda - 1)\, L_{min} \, . \tag{14.40}$$

Hierbei sind eine Vorwärmung der Luft auf eine Temperatur T_L und ein Austritt des Abgases aus dem Motor mit einer Temperatur T_R unterstellt. Aus den vorgenannten Betrachtungen läßt sich ein spezifischer Brennstoffverbrauch bezogen auf die geleistete mechanische Arbeit bestimmen

$$b = \frac{\dot{m}_B}{P_M} = \frac{1}{H_u\, \eta_M} \, . \tag{14.41}$$

Mit η_M = 30 % und H_u = 42 000 kJ/kg folgt so b = 0,29 kg/kWh als typischer Brennstoffverbrauch eines Ottomotors.

Aus einfachen stöchiometrischen Beziehungen lassen sich im übrigen die notwendigen Luftmengen sowie die entstehenden Abgasmengen errechnen. Als ein allgemeines Schema für die Kraftstoffverbrennung kann die Umsatzgleichung

$$C_x H_y O_z + \left(x + \frac{y}{4} - \frac{z}{2}\right) O_2 \quad \rightarrow \quad x\, CO_2 + \frac{y}{2}\, H_2O$$

angesehen werden. Eine praktisch wichtige Komponente im Kohlenwasserstoffgemisch ist Heptan, für das die folgende Gleichung relevant ist

$$C_7 H_{16} + 11\, O_2 \quad \rightarrow \quad 7 CO_2 + 8 H_2O \, ,$$

1 kg Heptan + 15,2 kg Luft $\rightarrow$ 3,08 kg CO_2 + 1,44 kg H_2O + 11,7 kg N_2 .

Theoretisch werden also rund 11,5 m³ Luft je kg Benzin eingesetzt, während 12,3 m³ Abgas je kg Benzin entstehen. λ liegt bei Ottomotoren zwischen 0,9 und 1,3. Bei Dieselmotoren wird λ im praktischen Fall zwischen 1,2 und 2 gewählt.

14.4 Treibstoffe und alternative Energieträger

Die derzeit für den Betrieb von Verbrennungsmotoren und Strahltriebwerken eingesetzten Kraftstoffe stammen weltweit nahezu vollständig aus der Destillation und Weiterverarbeitung von Rohölen [14.9, 14.10]. Nur sehr geringe Anteile werden bislang durch Flüssiggas abgedeckt. Erdöl ist, wie in Kapitel 15 näher ausgeführt wird, ein komplexes Gemisch verschiedenster Kohlenwasserstoffe, die je nach Fundort sehr unterschiedliche Zusammensetzungen aufweisen. Im Ottomotor verwendetes Benzin muß einer Reihe von Anforderungen genügen. Zunächst muß ein Siedebereich zwischen 30°C und etwa 200°C eingehalten werden, damit sich keine Dampfblasen in der Kraftstoffleitung bilden können und damit eine rückstandsfreie Verbrennung möglich wird. Abb. 14.10a zeigt eine typische Siedekurve von Fahrbenzin, während aus Abb. 14.10b einige Charakteristika von Benzin und anderen Treibstoffen entnommen werden können. Ein

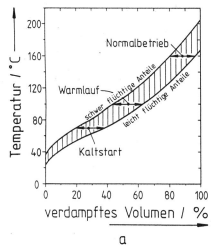

Stoff	Formel	Dichte bei 20°C (kg/m³)	Heizwert (kJ/kg)		Analyse (Gew.%)		
			H_o	H_u	C	H	O
Diesel	$C_n H_m$	850 - 880	44720	41590	87	13	-
Fahrbenzin	$C_n H_m$	720 - 800	46600	42420	85	15	-
Flugbenzin	$C_n H_m$	700 - 760	47440	42420	85	15	-
Flüssiggas	$C_3 H_8$	580	49950	45770	82,5	17,5	-
Methanol	CH_3OH	792	22280	19480	37,5	12,5	50

a   b

Abb. 14.10.   Charakteristika von Treibstoffen

a: Siedekurve von Fahrbenzin, b: Daten verschiedener Treibstoffe

gutes Fahrbenzin sollte innerhalb der in Abb. 14.10a angedeuteten Grenzen liegen. Zu hohe oder zu geringe Flüchtigkeiten führen zu den schon angesprochenen Problemen.

Weiterhin muß die Klopffestigkeit des Treibstoffs, d.h. die Sicherheit gegen ungewollte Zündung, hoch sein. Unter diesem Gesichtspunkt soll besonders der Anteil an Benzol, reformierten Benzinen oder an Alkoholen im Fahrbenzin hoch sein. Die Klopfgrenze in einem Ottomotor hängt bekanntlich vom Verdichtungsverhältnis, von Gestalt und Temperaturverteilung im Brennraum sowie vom Zustand und von der Bewegung des Luft-Kraftstoffgemischs ab. Die Klopffestigkeit von Vergaserkraftstoffen wird in Prüfmotoren bestimmt und im Vergleich zu einer Mischung aus Isooktan und Normalheptan gleicher Klopffestigkeit durch Angabe der Oktanzahl ausgedrückt.

Dieselkraftstoff ist ein Destillationsprodukt mit einem Siedebereich von etwa 180°C bis 370°C. Dieselmotoren arbeiten mit Selbstzündung, daher ist im Gegensatz zum Ottokraftstoff eine möglichst gute Zündwilligkeit erwünscht. Wichtig für die Qualität des Dieselkraftstoffs sind die Paraffinanteile, da diese einerseits die verlangte Zündwilligkeit positiv beeinflussen, anderseits aber bei Kälte zum Stocken neigen. Übliche Dieselkraftstoffe sind bis rund -15°C kältefest. Auch bei Dieselmotoren sind Klopfeffekte zu beachten, wenn der eingespritzte Kraftstoff erst mit Verzögerung zündet und dann schlagartig verbrennt. Auch die Zündwilligkeit von Dieselkraftstoffen wird in Prüfmotoren bestimmt. Als Vergleichskraftstoff wird eine Mischung aus Cetan und Methylnaphtalin verwendet. Bei gleicher Zündwilligkeit des untersuchten Kraftstoffs wird der Cetananteil im Vergleichskraftstoffgemisch als Cetanzahl definiert.

Für Strahlantriebe kommt Kerosin zum Einsatz. Hier werden Erdölfraktionen im Siedebereich 60°C bis 300°C verwendet. Wichtig ist eine Kältebeständigkeit bis herunter zu -60°C sowie die Freiheit von ungelöstem Wasser, um Vereisungen zu verhindern. Aspekte der Klopffestigkeit sind beim Einsatz in Gasturbinen nicht von Interesse.

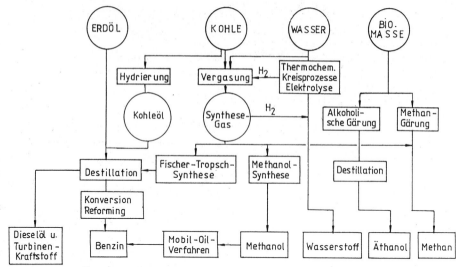

Abb. 14.11.   Übersicht über mögliche Treibstoffe und deren Herstellungslinien

Die Ölreserven sind langfristig gesehen begrenzt, daher werden seit langem Alternativen für die Energieversorgung im Verkehrssektor untersucht [14.11-14.14]. Abb. 14.11 zeigt eine Übersicht über die ganze Palette von Optionen, die heute hinsichtlich einer langfristig gesicherten Treibstoffversorgung bestehen. Der Weg vom Erdöl über die Destillation zu Diesel, Kerosin und Benzin ist der heute weltweit übliche. Die spätere Nutzung von Ölsänden und Ölschiefern sei unter dieser Verfahrensroute ebenfalls subsummiert. Durch Nutzung dieser Ressourcen wird die Menge an nutzbarem Öl weltweit um etwa einen Faktor 10 erhöht werden können. Kohle kann über Vergasung und Hydrierung zur Herstellung von Kohleöl oder Methanol eingesetzt werden; weitere Einzelheiten hierzu finden sich in Kapitel 20. Methanol kann direkt als Treibstoff eingesetzt oder mit Hilfe des Mobiloilprozesses in Benzin überführt werden. Wasser kann durch Elektrolyse oder thermochemische Kreisprozesse in Wasserstoff überführt werden, der dann in gasförmiger oder flüssiger Form gespeichert, in Fahrzeugen mitgeführt und als Treibstoff eingesetzt werden kann. Auch Biomassen lassen sich in Treibstoffe, z.B. Äthanol oder Methan, überführen.

Die Diskussion um einen möglichen Ersatz von flüssigen Kohlenwasserstoffen gewinnt insbesondere vor dem Hintergrund der CO_2-Frage (s. Kapitel 24) zunehmend an Bedeutung. Tab. 14.2 zeigt eine Übersicht über einige möglicherweise interessante Treibstoffalternativen. Grundsätzlich ist zu fordern, daß alternative Treibstoffe aus gut verfügbaren Primärenergieträgern herstellbar sein müssen, daß nur geringe Umweltbelastungen durch Motorabgase auftreten und daß auch der Umgang mit diesen Stoffen ungefährlich sein muß. Sie sollten weiterhin hohe Energiedichten aufweisen, gut speicherbar sein und eine einfache Betankung von Fahrzeugen erlauben. Zudem sollten ihre Herstellungskosten in der Größenordnung derjenigen von Benzin oder Diesel liegen. Unter diesen Bedingungen wird zumindest für eine Übergangszeit bis zur vollständigen Entwicklung von Wasserstoff oder Elektroenergie als Antriebsenergie dem Methanol als Treibstoff eine gute Chance eingeräumt. Im Vergleich zu Benzin ist dieser Alkohol durch folgende Merkmale gekennzeichnet:

- Heizwert ca. 50 % kleiner, daher ist ein größerer Tank erforderlich.
- hervorragende Hochleistungseigenschaften, d.h. hohe Oktanzahl
- besserer thermischer Wirkungsgrad
- geringerer Luftbedarf aufgrund des gebundenen Sauerstoffs
- ungefähr gleiche spezifische Energiedichte des Verbrennungsgemisches
- niedrigere CO-, NO_x-, C_nH_m-Emissionen
- notwendige Änderungen der Infrastruktur

Tab. 14.2.   Vergleich verschiedener Treibstoffe für eine Strecke von 500 km

Brennstoff	Gewicht (kg)	Volumen (dm^3)	Bemerkungen
Benzin	49	70	Tank drucklos, kaum giftig
H$_2$ flüssig	18	250	Siedepunkt -253°C, günstiges Abgas, kein NO_x
Methanol	93	118	flüssig, Tank drucklos, wenig CO_2, CO, NO_x
Ammoniak	114	188	Siedepunkt -30°C, giftig, NO_x-Bildung
Hydrazin	122	120	giftig, NO_x-Bildung
Methan, flüssig	43	96	Siedepunkt -175°C, ungiftig, günstiges Abgas
Eisen-Titanhydrid	666	167	billig, Raumtemperatur, 2...20 bar
Magnesiumhydrid	333	167	relativ leicht, 200...400°C, 0,1...10 bar

Die Herstellung dieses Treibstoffs ist heute auf der Basis aller Kohlenwasserstoffe technisch möglich, insbesondere können auch Fackelgase an Erdölquellen und Kohle als Rohstoffe eingesetzt werden.

Von besonderem Interesse für die Zukunft ist die Frage, ob Elektroantriebe wirtschaftlich einsetzbar sein werden. Während sie beim schienengebundenen Verkehr voll etabliert und weitgehend gleichwertig mit dem Dieselantrieb sind, wie Abb. 14.12 anhand der Energieflußdiagramme von Diesel- und Elektrolokomotiven verdeutlicht, sind bei PKW- und LKW-Antrieben noch wesentliche Weiterentwicklungen und Verbesserungen bei der Speicherung von elektrischer Energie erforderlich, bevor es zu einem Einsatz dieser Energieform in nennenswertem Umfang kommen kann. Der Energiefluß eines elektrisch angetriebenen Straßenfahrzeugs ist, wie Abb. 14.13 im Vergleich zwischen Elektro- und Ottomotor verdeutlicht, jedenfalls nicht ungünstiger als beispielsweise der eines benzingetriebenen PKW. Die Speicherdichte in den einzusetzenden Batterien muß in Zukunft im Verleich zur Energiespeicherung in flüssigen Kohlenwasserstoffen noch erheblich erhöht werden, wie Tab. 14.3 verdeutlicht. Ansätze hierzu sind bereits erkennbar, wie in Kapitel 17 noch weiter ausgeführt wird.

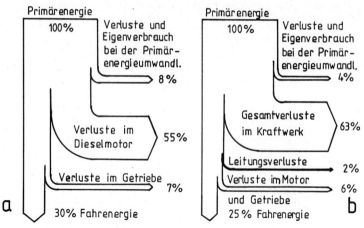

Abb. 14.12.   Vergleich des Energieflusses verschiedener Bahnantriebe

a: dieselmotorisch, b: elektromotorisch

Tab. 14.3.   Zu den Bedingungen von PKW mit Elektroantrieb

	Benzinantrieb	**Elektroantrieb**	**Bemerkung**
Leistung	35 kW	30 kW	
Tank-/Speicherinhalt	50 dm^3	100 kWh	Na/S-Batterie
Reichweite	600 km	200...300 km	
Zusatzgewicht	60 kg	600 kg	

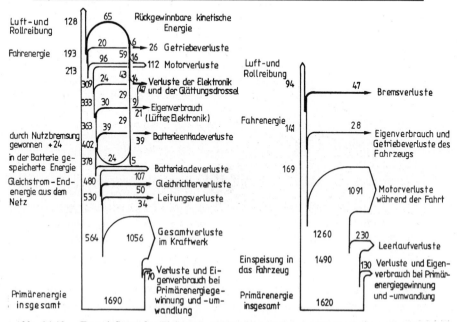

Abb. 14.13.   Energieflüsse für Elektro- und Benzinantriebe von Straßenfahrzeugen [14.8]

15 Energieeinsatz in der Industrie

15.1 Allgemeine Übersicht

Die Industrie der BRD setzt derzeit etwa 30 % des gesamten Primärenergieeinsatzes der Energiewirtschaft für ihre Produktionsprozesse ein, wobei die Verwendung von Primärenergie als Rohstoff in diesen Zahlen eingeschlossen ist [15.1]. In diesem Sektor war die Entwicklung des Energieeinsatzes in den vergangenen Jahrzehnten gekennzeichnet durch einen Rückgang der Bedeutung von festen Brennstoffen und durch eine Zunahme des Anteils von elektrischer Energie und Gas (s. Abb. 15.1). Flüssige Brennstoffe hatten insbesondere bis Mitte der 70iger Jahre eine überragende Marktstellung, danach wurden sie zunehmend durch Strom, Gas und teilweise durch feste Brennstoffe substituiert. Der in den letzten Jahren insgesamt abnehmende Endenergieeinsatz ist bei steigenden Produktmengen wesentlich durch intensive Anstrengungen im Hinblick auf eine rationellere Energienutzung bedingt (s. Kapitel 18). Nur wenige Branchen sind für den größten Teil des Endenergieumsatzes (10^6 t SKE) verantwortlich: eisenschaffende Industrie 20,2, chemische Industrie 15,2, Steine und Erden 6, Papier 3,6, Investitionsgüterindustrie 10,5, Verbrauchsgüterindustrie 7,4, Nahrungs- und Genußmittelindustrie 5,3 und Sonstige 6,9. Demnach sind insbesondere die beiden erstgenannten die größten Endenergieverbraucher. Bei der chemischen Industrie ist der nicht energetische Verbrauch von Primärenergie als Rohstoff noch hinzuzurechnen; 1987 z.B. waren dies rund $20 \cdot 10^6$ t SKE.

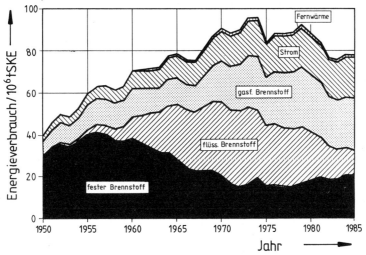

Abb. 15.1. Entwicklung des Endenergieverbrauchs der Industrie in der BRD [15.2]

Der Endenergiebedarf der Industrie ist sehr unterschiedlich in der Temperaturstaffelung der Wärme. Wie Abb. 15.2 zeigt, besteht insbesondere im Niedertemperaturbereich bis 300°C sowie im Hochtemperaturbereich zwischen 1200 und 1500°C ein vergleichsweise hoher Bedarf. Niedertemperaturwärme kommt vor-

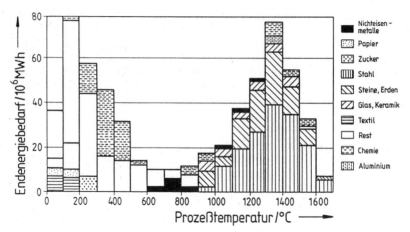

Abb. 15.2. Endenergiebedarf der Industrie in Abhängigkeit von der Prozeßtemperatur

zugsweise für Prozesse wie Kochen, Eindampfen, Trocknen und Destillieren zum Einsatz. Viele Verfahren erfordern den gleichzeitigen Einsatz von elektrischer Energie und Wärme, letztere in Form von Dampf. Hier finden Verfahren der Kraft-Wärme-Kopplung (s. Kapitel 4) besonders günstige Einsatzbedingungen vor. Hochtemperaturwärme wird im wesentlichen in der Hüttenindustrie, im Bereich Steine und Erden sowie in der chemischen Industrie eingesetzt. Im übrigen sind die Verflechtungen bei der Energienutzung in einzelnen Bereichen der industriellen Produktion ausgesprochen vielfältig und komplex.

Aus der Fülle möglicher Prozesse sollen im folgenden einige wenige verfahrenstechnisch interessante und energiewirtschaftlich wichtige herausgestellt und unter den Gesichtspunkten der Energienutzung kurz erläutert werden.

15.2 Raffinerieprozesse

Erdöl ist ein zusammenfassender Begriff für alle aus der Erdkruste zu Tage geförderten flüssigen Produkte, die im wesentlichen aus Kohlenstoff und Wasserstoff bestehen. Die Zusammensetzung, insbesondere auch der Schwefelgehalt, ist je nach Herkunft des Rohöls sehr unterschiedlich. Daher können folgende Gewichtsanteile nur als charakteristische Wertebereiche angesehen werden:

C: 85...89 %, H: 10...14 %, S: 0,2...7 %, N: 0,1...0,5 %, O: 0...1,5 %

Insbesondere der Schwefelgehalt ist für die Qualität des Rohöls entscheidend wichtig. Rohöle enthalten darüber hinaus nur geringe Mengen an Aschebildnern, beispielsweise Eisen-, Aluminium-, Vanadium- und Mangansalze. In diesem Zusammenhang sind Vanadiumverbindungen von besonderem Interesse, da sie bei hohen Temperaturen auch an hitzebeständigen Stählen korrosiv wirken.

Grundsätzlich sind Erdöle sehr komplexe Gemische, die im allgemeinen mehrere Tausend verschiedenartige Kohlenwasserstoffverbindungen enthalten. Zur weiteren Verwendung von Rohölprodukten müssen deshalb Fraktionen mit unterschiedlichen und genau definierten Qualitätsmerkmalen gewonnen werden. Aufgabe der Raffinerieverfahren [15.3-15.5] ist es, das Rohöl zunächst durch Destillation in einzelne Fraktionen zu zerlegen und dann eine Weiterverarbeitung

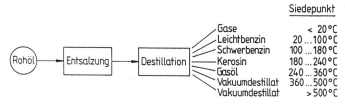

	Siedepunkt
Gase	< 20 °C
Leichtbenzin	20 ... 100 °C
Schwerbenzin	100 ... 180 °C
Kerosin	180 ... 240 °C
Gasöl	240 ... 360 °C
Vakuumdestillat	360 ... 500 °C
Vakuumdestillat	> 500 °C

Abb. 15.3. Prinzip der Rohölbehandlung

und Veredlung der einzelnen Fraktionen durchzuführen. Das angelieferte Rohöl wird zunächst in einem ersten Verfahrensschritt von Salzresten, die bis zu 2 Vol.-% betragen können, befreit. Hierzu wird das rohe Erdöl unter Zusatz von Frischwasser und einem Demulgator mehrere Stunden bei rund 150°C und bis zu 15 bar Druck in Wasserabscheidern bearbeitet, um Emulsionswasser und gelöste Salze als Sole zu entfernen. Zur Salzabscheidung ist auch eine Behandlung in einem elektrischen Wechselfeld möglich. Dadurch werden die das Wasser umhüllenden Asphalthäutchen zerrissen, so daß die kleinen Soletröpfchen sich vereinigen und abgeschieden werden können. Nach der Salzentfernung erfolgt die Destillation des Rohöls (s. Abb. 15.3 und Abb. 15.4).

Zunächst wird das Rohöl in einem Rohölerhitzer auf etwa 380°C erwärmt. Es gelangt dann als Flüssigkeits-Dampf-Gemisch in die Normaldruckkolonne. Die verdampften Anteile steigen auf, kühlen sich ab und kondensieren entsprechend ihrer Siedelage auf unterschiedlichen Böden der Destillationskolonne. Im unteren Bereich der Kolonne sind die Temperaturen am höchsten, so daß dort die schweren Fraktionen mit hohem Siedepunkt kondensieren. Im oberen Bereich kondensieren entsprechend ihrer niedrigen Siedetemperatur die leicht flüchtigen Benzinschnitte. Am Kopf der Kolonne werden schließlich Gase abgezogen (s. Abb. 15.4). Die Stofftrennung beruht hier insgesamt auf dem Prinzip der fraktionierten Destillation, d.h. auf der Tatsache, daß die einzelnen Stoffgemischkomponenten bei gleicher Temperatur unterschiedliche Dampfdrücke aufweisen. Der Rückstand, der die atmosphärische Kolonne am unteren Ende flüssig verläßt, wird dann in der Regel in die Vakuumdestillation eingeleitet. Viele Kohlenwasserstoffe dürfen nicht über rund 380°C erhitzt werden, damit sie nicht in unbrauchbare Produkte zerfallen. Bei stark abgesenktem Druck von 8 bis 50 mbar sieden die schweren Kohlenwasserstofffraktionen ebenfalls bei ausreichend niedrigen Temperaturen, so daß ein Zerfall vermieden wird. Auch in der Vakuumkolonne wird eine Aufspaltung in einzelne Siedeschnitte erreicht. Als Rückstand verbleibt Bitumen oder schweres Heizöl.

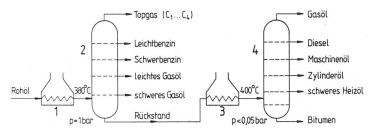

Abb. 15.4. Schema der Destillation mit Normaldruck- und Vakuumkolonne

1 Rohölerhitzer, 2 Normaldruckkolonne, 3 Rückstandserhitzer, 4 Vakuumkolonne

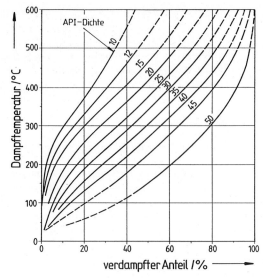

Abb. 15.5.   Siedekurven von Rohölen [15.4]

Mit diesem Verfahren der fraktionierten Destillation können der Menge und Qualität nach nur die von Natur aus bereits im Rohöl vorhandenen Erzeugnisse gewonnen werden. So gewinnt man z.B. aus zwei sehr unterschiedlichen Rohölen die in Tab. 15.1 ausgewiesenen Fraktionen. Eine annähernde Übersicht über mögliche Ausbeuten gewinnt man aus der Destillationskurve für Rohöle, in der der API-Wert (Average true-boiling gravity) als Parameter aufgetragen ist (s. Abb. 15.5). Der API-Wert ist dabei durch die Beziehung

$$API = \frac{141,5}{\rho} - 131,5 \; , \tag{15.1}$$

mit ρ Dichte (g/cm³) definiert. Schwere Rohöle mit 0,97 g/cm³ liegen bei API = 14,4, während leichte mit 0,8 g/cm³ API = 45,4 aufweisen. Entsprechend unterschiedlich sind die Ausbeuten in den einzelnen Temperaturbereichen.

Tab. 15.1.   Destillationsausbeuten bei unterschiedlichen Rohölen

Her-kunft	Dichte bei 20°C (g/cm³)	Siedebe-ginn (°C)	S-Gehalt (Gew.-%)	Benzin T < 180°C (Vol.-%)	atm. Dest. T < 360°C (Vol.-%)
Mexiko	0,97	125	5,18	3	20
Pennsylvenia	0.8	45	0,08	50	80

Die aus der Destillation gewonnenen Produkte entsprechen noch nicht den Qualitätsanforderungen des Marktes für die verschiedenen Anwendungen. Deshalb ist noch eine Veredelung erforderlich. Aus der Vielzahl der heute in Raffinerien üblichen Weiterverarbeitungsverfahren seien das Cracken, das Reformieren, das Hydrocracken und das Hydrotreatverfahren als besonders wichtige Prozesse im folgenden kurz beschrieben.

Ein oft benutztes Verfahren zur Weiterverarbeitung von Fraktionen aus der Destillation ist das Cracken. Hier werden Kohlenwasserstoffmoleküle größerer Kettenlänge in solche geringerer Kettenlänge gespalten. Diese Spaltung erfolgt entweder ausschließlich durch Temperaturerhöhung auf 400 bis 500°C (thermisches Cracken) oder durch katalytisches Cracken, wobei die Spaltung der Moleküle ebenfalls unter Temperaturerhöhung bis zu 500°C erfolgt, jedoch gleichzeitig unter Einsatz eines Katalysators. Die Benzinausbeute ist bei dieser Verfahrensweise höher als bei rein thermischer Behandlung. Ein modernes katalytisches Wirbelschichtverfahren, das Fluid-Catalytic-Cracking, ist in Abb. 15.6 erkennbar. Als Einsatzgut kommen leichte Produkte, wie Destillate, in Frage, um hohe Benzinausbeuten zu erreichen. Eine derartige Anlage umfaßt im wesentlichen einen Reaktor, einen Regenerator für den Katalysator sowie eine Fraktionierkolonne. Das Einsatzgut wird in der Katalysatorsteigleitung mit dem heißen Katalysator vermischt und verdampft durch die in den Partikeln gespeicherte Wärmeenergie. Der Strom der Kohlenwasserstoffdämpfe lockert die Katalysatormasse im Reaktor auf und führt zur Ausbildung des Fließbettes. Das Gemisch aus Öldampf und Katalysator bewegt sich in der Mitte des Reaktors nach oben, der Katalysator sinkt außen wieder nach unten. Da sich beim Cracken auch Koks an den Katalysator anlagert, wird der verbrauchte Katalysator kontinuierlich aus dem Reaktor abgezogen und dem Regenerator zugeführt. Vorher werden die Partikel mit Dampf gestrippt, um sie von anhaftenden Ölteilchen zu befreien. Im Regenerator wird der anhaftende Koks in einem Luftstrom verbrannt und die aufgeheizten Partikel wieder über die Steigleitung in den Reaktor zurückgeführt. Die dampfförmigen Produkte werden am Kopf des Reaktors abgezogen und in der Fraktionierkolonne getrennt. Das Sumpfprodukt der Kolonne wird wieder in den Prozeß zurückgeführt. Geht man vom Einsatzgut Gasöl mit einem API-Grad von 27 aus, so erhält man z.B. 63 Vol.-% Benzin und 28 % C_3- und C_4-Kohlenwasserstoffe. Nur 5 % fallen als Koks an, der Rest ist Rückstand.

Die beim Cracken und bei der Destillation gewonnenen Rohbenzine weisen nur einen geringen Gehalt an Aromaten auf. Damit ist auch die Klopffestigkeit beim Einsatz als Ottotreibstoff gering. Um die Oktanzahl zu erhöhen, wird ein katalytischer Reformierprozeß durchgeführt. Die Moleküle werden umgeordnet, z.B. werden kettenförmige Moleküle in ringförmige umgewandelt. Wie Abb. 15.7

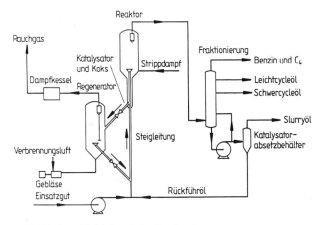

Abb. 15.6. Schaltbild einer Fluid-Catalytic-Crackanlage

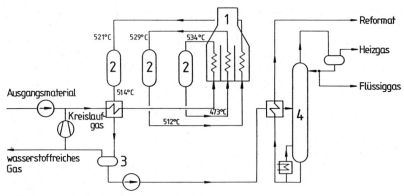

Abb. 15.7.   Schaltschema einer Reforminganlage

1 Röhrenofen, 2 Reaktoren, 3 Gasabscheider, 4 Stabilisierungskolonne

erläutert, wird das Ausgangsmaterial im Röhrenofen vorgewärmt und in mit Katalysator, z.B. Platin, gefüllten Reaktoren reformiert. Die Prozeßbedingungen sind mit 530°C und 30 bis 40 bar anzugeben. Da die Reaktion stark endotherm ist, wird mit einer wiederholten mehrstufigen Aufwärmung des Einsatzgutes im Röhrenofen gearbeitet.

Ein wichtiges Raffinerieverfahren, mit dessen Hilfe der Anteil leichter Kohlenwasserstoffe im Produktspektrum erhöht werden kann, ist das Hydrocracken. Das schwere Einsatzgut wird zunächst im Röhrenofen vorgewärmt und zusammen mit Wasserstoff in einen Reaktor geleitet. Hier wird in Gegenwart eines Katalysators, oft wird $CoMo/SiO_2 - Al_2O_3$ eingesetzt, gleichzeitig gecrackt und hydriert. Die Produkte werden in einer nachfolgenden Kolonne getrennt (s. Abb. 15.8). Das Hydrocracken stellt eine Kombination aus katalytischem Cracken und Hydrieren dar. In Abhängigkeit vom Einsatzgut und von der gewünschten Produktverteilung werden die Anlagen mit einer unterschiedlichen Anzahl von Reaktoren ausgerüstet. Gleichzeitig erfolgt durch die Behandlung mit Wasserstoff auch eine Entschwefelung. Das Verfahren wird mit Einsatztemperaturen zwischen 300 und 450°C sowie bei Drücken zwischen 80 und 250 bar betrieben. Der

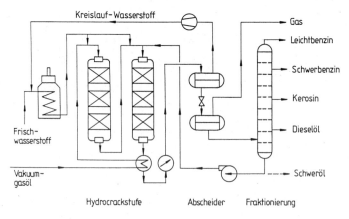

Abb. 15.8.   Schema des Hydrocrackverfahrens

Wasserstoffeinsatz liegt je nach H/C-Verhältnis des Einsatzguts zwischen 200 und 500 m_N^3 H_2/t Einsatzgut.

Hydrotreating-Verfahren werden eingesetzt, um Fraktionen wie Benzin, Gasöl, Vakuumgasöl, Mitteldestillate oder Vakuumrückstände zu entschwefeln. Auch störende Restgehalte an Stickstoff und Schwermetallen werden entfernt. Das Einsatzgut wird rekuperativ mit heißem Produkt vorgewärmt und dann zusammen mit Wasserstoff in einem Röhrenofen auf die notwendige Prozeßtemperatur erhitzt und verdampft. Anschließend wird es über einem Katalysator hydrierend raffiniert. Dabei werden Olefine abgesättigt sowie Stickstoff-, Schwefel- und Sauerstoffverbindungen zu Ammoniak, Schwefelwasserstoff und Wasser umgesetzt. Gleichzeitig entstehen Kohlenwasserstoffverbindungen, die dann durch Destillation separiert werden können. Die Prozeßparameter werden entscheidend durch die Art des Einsatzguts bestimmt. So findet z.B. die Entschwefelung von Benzin bei 350 bis 400°C und 25 bis 35 bar statt.

Während in früheren Jahren eine aufwendige Nachverarbeitung der bei der Rohöldestillation anfallenden Produkte kaum erforderlich war, ist in den letzten Jahren durch Änderungen auf dem Kohlenwasserstoffmarkt, jedoch auch durch Änderungen auf dem Ölmarkt, eine Erhöhung der Verarbeitungstiefe erforderlich geworden. Die Nachfrage nach schweren Produkten nimmt stark ab, während die nach leichten zunimmt. Diesen Forderungen entsprechend wurden Raffinerien gebaut, deren Produktverteilung weitgehend unabhängig von den Eigenschaften des eingesetzten Rohöls ist. Dies wird erreicht durch Verwendung einer ganzen Reihe von Raffineriegrundverfahren. In einer modernen Erdölraffinerie werden grundsätzlich drei verfahrenstechnisch unterschiedliche Verarbeitungsschritte durchgeführt. Zunächst erfolgt die Destillation des Rohöls unter Umge-

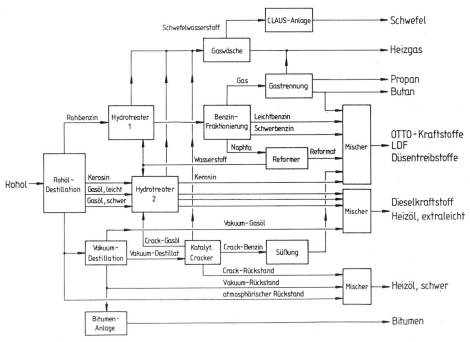

Abb. 15.9.   Schaltbild einer modernen Raffinerie mit großer Verarbeitungstiefe [15.6]

bungsdruck sowie unter Vakuum, dann erfolgt die Konversion schwerer Kohlen-wasserstoffmoleküle in leichtere, und schließlich folgen Schritte der Veredelung und Nachbehandlung zur Anpassung an die Marktbedürfnisse. Ein typisches Schaltbild einer modernen Raffinerie, bei der all diese Schritte integriert sind, ist in Abb. 15.9 wiedergegeben.

Bei allen erwähnten und in Abb. 15.9 angeführten Verfahrensschritten müssen die Einsatzstoffe wiederholt in Röhrenöfen auf Temperaturen bis zu 500°C auf-geheizt werden. Auch sind zur Prozeßführung, für Produktleitungs- und für Tankbeheizungen große Mengen an Dampf sowie für Antriebe an elektrischer Energie einzusetzen. Der mittlere Eigenbedarf einer modernen Raffinerie beträgt heute rund 7 % des Rohöleinsatzes. Bei weiterer Erhöhung der Verarbeitungs-tiefe wird der Eigenbedarf noch ansteigen. Der Wärmebedarf wird durch Ver-brennung von Gasen sowie von leichten und schweren Ölfraktionen gedeckt. Die Energieverbräuche der wichtigen Raffineriegrundverfahren sind je nach Qualität des Einsatzguts und den Verfahrensbedingungen recht unterschiedlich (s. Tab. 15.2).

Destillations-, Konversions- und Veredelungsprozesse laufen fast immer auf einem hohen Temperaturniveau ab. Die zur Aufwärmung der Einsatzstoffe not-wendige Energie wird in modernen Verfahren ausschließlich in Röhrenöfen ein-gekoppelt. Die verwendeten Röhrenöfen sind in ihren Aufbau Dampfkesseln mit Zwangsdurchlauf sehr ähnlich. Ein wesentlicher Unterschied besteht jedoch in der Gestaltung der Feuerungszone. Das Einsatzgut strömt im Innenbereich des Ofens durch Rohre und wird dort aufgeheizt. Die Vorwärmung erfolgt in einer nachgeschalteten Konvektionszone, in der zusätzlich auch Dampferzeuger-heizflächen liegen können (s. Abb. 15.10).

Tab. 15.2.   Charakteristische Daten und Energieverbräuche einiger wichtiger Raffinerieverfahren

Verfahren	Einsatz	T (°C)	p (bar)	Wärme (MJ/t)	Dampf (kWh/t)	Strom (kWh/t)
Normal-druck-destillation	Rohöl	350...380	1	576	25	5
Vakuum-destillation	atmosphäri-sche Rück-stände	350...400	< 0,1	200		
katalytisches Cracken	Gasöl	500...525	1,5...2		700	2
thermi-sches Cracken	Rückstand	490...510	2	720	50	20
Hydro-cracken	Vakuumöl	300...450	80...250	200		20
Hydro-treating	schwefelhal-tiger Einsatz	350...450	20...70	230...750	50	5
katalytisches Reformie-ren	Rohbenzin	530	30...40	2700		5

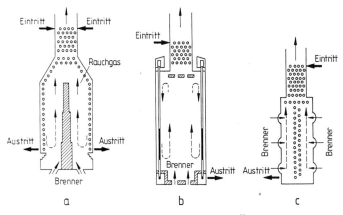

Abb. 15.10. Ofenformen zur Erwärmung von Rohöl oder Ölfraktionen [15.4]

        a: Ofen mit horizontalen Rohren
        b: Ofen mit vertikalen Verdampferrohren
        c: Ofen mit horizontalen Rohren und Seitenwandbrennern

15.3 Petrochemische Prozesse

Äthylen (C_2H_4) hat für die Erzeugung von Kunststoffen und anderen wichtigen Produkten des täglichen Lebens in der BRD oder anderen Industrieländern eine überragende Bedeutung erlangt [15.7, 15.8]. Diese Verbindung ist das Basismaterial für viele weitere Verarbeitungsschritte (s. Abb. 15.11).

Die Herstellung von Äthylen erfolgt aus Äthan, Benzinfraktionen und in Sonderfällen auch aus schweren Ölfraktionen. Das weltweit am weitesten verbreitete Verfahren ist der Steam-Crack-Prozeß, der zumeist von Leichtbenzin als

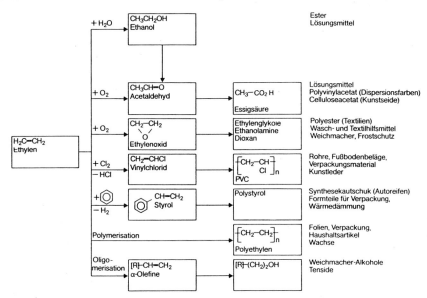

Abb. 15.11. Chemie des Äthylens

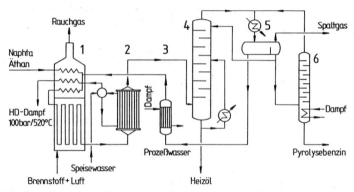

Abb. 15.12.   Herstellung von Olefinen nach dem Steam-Crack-Verfahren

1 Spaltofen, 2 Spaltgaskühler, 3 Verdampfer, 4 Ölwäsche, 5 Kühler/Abscheider, 6 Stripper

Einsatzmaterial ausgeht. Kohlenwasserstoffe werden dabei unter geringem Dampfeinsatz in von außen beheizten Rohrschlangen auf 750 bis 850°C erhitzt und in endothermer Reaktion gespalten und dehydriert (s. Abb. 15.12). Die Pyrolyse des Benzins ist eine homogene endotherme Gasphasenreaktion, die oberhalb 700°C mit technisch ausreichender Geschwindigkeit abläuft. So zerfallen z.B. paraffinische Kohlenwasserstoffe in zwei Radikale. Die Aufenthaltszeit der Reaktanden in den Rohren des Crackofens ist mit nur wenigen Sekunden kurz. Nach Verlassen des Pyrolysereaktors erfolgt ein Quenchen, d.h. ein schnelles Abkühlen des Gases. In einer anschließenden Öl-Benzinwäsche wird im Pyrolyseprozeß entstandenes Heizöl abgeschieden. Am Kopf der Kolonne werden die leichteren Spaltprodukte und die Spaltgase abgezogen. Eine abschließende Kühlung fällt das Pyrolysebenzin aus und trennt das Spaltgas ab. Das Pyrolysebenzin wird hydriert und als Vergaserkraftstoff eingesetzt. Das Spaltgas, welches Olefine und weitere Gase enthält, wird durch eine Tieftemperaturzerlegungsanlage in die einzelnen Komponenten aufgetrennt. So werden getrennt Restgase (H_2, CH_4), Äthylen, Propylen und C_4- bis C_6-Fraktionen gewonnen. Um eine Tonne Äthylen zu erzeugen, müssen auf der Basis von Naphta im Mittel rund 4 t Benzin eingesetzt werden. Die Olefinerzeugung stellt damit eines der wesentlichen Verfahren des Rohstoffverbrauchs dar. Der Pyrolyseprozeß ist gekennzeichnet durch aufwendige Maßnahmen zur Ausnutzung der Abwärmen sowohl auf der Beheizungsseite als auch auf der Spaltgasseite. Dabei werden große Mengen an Prozeßdampf gewonnen, die zur Gastrennung sowie zur Prozeßgasverdichtung eingesetzt werden.

Ein wesentliches Produkt der Äthylenchemie sind Kunststoffe. Eine mögliche Produktpalette mit den jeweiligen Einsatzmengen an Ausgangsstoffen zeigt Abb. 15.13. So folgt als Ergebnis, daß 3 t Benzin ca. 1 t Kunststoffe als Gemisch aus PVC, Polyäthylen, Polystyrol sowie Polypropylen ergeben.

15.4   Herstellung von Wasserstoff und Ammoniak

Die Herstellung von Wasserstoff oder Synthesegasen [15.9-15.11] besitzt weltweit, insbesondere im Zusammenhang mit der Produktion von Düngemitteln, größte Bedeutung. So werden heute Wasserstoff oder ein Gemisch aus Wasser-

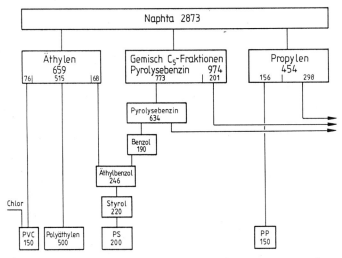

Abb. 15.13. Prozeßkette und Mengen (kg) für die Herstellung von Thermoplasten auf der Basis der Pyrolyseprodukte Äthylen und Propylen

stoff und Kohlenmonoxyd großtechnisch nach dem Dampf-Reformier-Verfahren aus Erdgas oder aus flüssigen Kohlenwasserstoffen entsprechend den Reaktionen

$$CH_4 + H_2O \quad \rightarrow \quad CO + 3\,H_2 \,,$$

$$C_nH_m + n\,H_2O \quad \rightarrow \quad \left(\frac{m}{2} + n\right) H_2 + n\,CO \,,$$

$$CO + H_2O \quad \rightarrow \quad CO_2 + H_2 \,.$$

hergestellt. In beiden Fällen wird den endothermen Reaktionen die benötigte Wärme in beheizten Apparaten zugeführt. Aus schweren Ölfraktionen kann unter Ausführung einer partiellen Oxidation auch Synthesegas gewonnen werden, wobei die Verbrennungsreaktion von Kohlenstoff mit Sauerstoff den Wärmebedarf prozeßintern deckt. Auch die Kohlevergasung kann über die Reaktionen

$$C + H_2O \quad \rightarrow \quad CO + H_2 \,,$$

$$CO + H_2O \quad \rightarrow \quad CO_2 + H_2 \,,$$

$$C + O_2 \quad \rightarrow \quad CO_2$$

die gewünschten Gase liefern. Die letztgenannte Reaktion deckt auch hier durch prozeßinterne Verbrennung den Wärmebedarf der Hauptreaktion. Schließlich kann Wasserstoff durch Elektrolyse des Wassers über die Reaktion

$$H_2O \quad \rightarrow \quad H_2 + \frac{1}{2}\,O_2$$

dargestellt werden. Von besonderer Bedeutung ist die Dampfreformierung von Erdgas oder anderen leichten Kohlenwasserstoffen. Da dieses Verfahren auch wärmetechnisch sehr interessant ist, sollen hier einige Einzelheiten erläutert werden. Der Dampfreformierungsprozeß ist heute technisch voll entwickelt und wird weltweit für die Herstellung von Gasen für die Ammoniak- und die Methanolsynthese sowie für die H_2-Erzeugung für Hydrocrack-Verfahren einge-

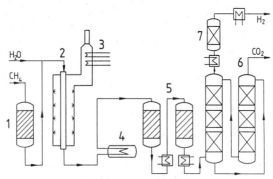

Abb. 15.14. Schema der Dampfreformierung von Erdgas

1 Entschwefelung, 2 Röhrenspaltofen, 3 Abhitzekessel für Rauchgase, 4 Abhitzekessel für die Spaltgase, 5 Konvertierung (2-stufig), 6 CO$_2$-Wäsche, 7 Methanisierung

setzt. Der Wasserstoff wird mit Drücken zwischen 10 bis 20 bar und mit einer Reinheit von bis zu 99,5 % (CO + CO$_2$ ≈ 10 ppm, CH$_4$ ≈ 0,5 %) abgegeben. Abb. 15.14 zeigt ein Verfahrensschema für diesen Prozeß. Zunächst werden die Ausgangsmaterialien, Erdgas, Flüssiggas, Raffineriegas oder leichte Benzine bis zu Siedenden von 220°C hydriert und adsorptiv entschwefelt. Danach wird Prozeßdampf im gewünschten Verhältnis zugemischt, das Gemisch einem von außen beheizten Röhrenspaltofen zugeführt und in den Rohren in Gegenwart eines Nickelkatalysators gespalten. Die Rohre werden unter Verbrennung eines schwefelfreien Brennstoffs überwiegend durch Strahlung beheizt (Maximaltemperatur ≈ 1500°C). Das Kohlenwasserstoff/Dampf-Gemisch hat beim Eintritt in die Spaltrohre Temperaturen zwischen 450 und 550°C und Drücke von 1 bis 30 bar. Die Zusammensetzung Wasserdampf/Methan variiert von 2 bis 5 zu 1. Die Spaltungsendtemperatur liegt heute je nach Verwendungszweck der Spaltgase zwischen 750 und 850°C. Abhängig von Druck und Wasserdampfanteil sind so Methanumsetzungen bis auf wenige Prozent Restmethan möglich. Die Abwärme der Rauchgase und des Spaltgases wird zur Erzeugung von Prozeßdampf, zur Vorwärmung der Verbrennungsluft sowie zur Vorwärmung des eingesetzten Kohlenwasserstoff-/Dampfgemisches genutzt. Die abgekühlten Spaltgase werden, falls die Erzeugung von reinem Wasserstoff gewünscht wird, in zwei Stufen konvertiert. In einer ersten Stufe erfolgt eine Umsetzung des Kohlenmonoxidanteils bei etwa 400°C zu Wasserstoff an einem Eisenoxidkatalysator. Nach Kühlung wird CO in einer weiteren Stufe bei rund 200°C an einem Kupferkatalysator bis auf geringe Spuren zu CO$_2$ umgesetzt. Für die Entfernung des Kohlendioxidanteils stehen heute eine ganze Reihe von chemischen und physikalischen Waschverfahren zur Verfügung, z.B. Heißpottaschewäschen, Äthanolaminwäschen, Purisolwäschen oder Rectisolwäschen, die Methanol als Waschflüssigkeit benutzten. Der Wirkungsgrad des Verfahrens ist definiert zu

$$\eta = \frac{\dot{m}_{H_2} H_{u,\,H_2}}{\dot{m}_{CH_4} H_{u,\,CH_4} + \dot{m}_G H_{u,\,G}} \tag{15.2}$$

und beträgt ca. 65 %. Der Index G bezeichnet die Heizgase zur Feuerung des Röhrenspaltofens.

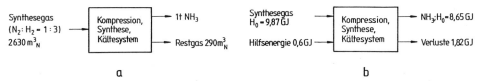

Abb. 15.15. Ammoniaksynthese

a: Mengenbilanz, b: Energiebilanz

Soll Ammoniak auf der Basis von Erdgas erzeugt werden, so muß ein Gasgemisch mit $H_2/N_2 = 3/1$ bereitgestellt werden. In diesem Fall ist es zweckmäßig, hinter dem Röhrenspaltofen Luft zur Einkopplung des notwendigen Stickstoffanteils in den Prozeß einzubringen. In Abb. 2.13a auf Seite 37 wurde das Fließschema eines so modifizierten Reforming-Prozesses bereits dargestellt. Es sind demnach rund 1000 m_N^3 CH_4 für die Erzeugung von 1 t NH_3 notwendig. Ein Teil des Gases aus der Ammoniaksynthese muß als Restgas abgegeben werden, da durch die mehrfache Kreislaufführung des Gases inerte Gasanteile gebildet werden, die sich andernfalls unzulässig hoch anreichern würden. Die NH_3-Synthese wird gemäß der Reaktionsgleichung

$$N_2 + 3\,H_2 \quad \rightarrow \quad 2\,NH_3$$

bei rund 300°C und 200 bar durchgeführt (s. Abb. 2.13b auf Seite 37). Für die Synthese des Ammoniaks findet man die in Abb. 15.15 dargestellte vereinfachte Mengen- und Energiebilanz, die man der Größenordnung nach leicht aus stöchiometrischen Betrachtungen ableiten kann. Aus den Daten in Abb. 15.15b errechnet man einen Wirkungsgrad von ca. 83 %. Ammoniak dient weltweit unter anderem zur Erzeugung von großen Mengen an Düngemitteln und chemischen Basisprodukten (s. Abb. 15.16).

Neben der Herstellung von Ammoniak kommt auch der Methanolsynthese als Wasserstoffverbraucher große Bedeutung zu. Gemäß den Reaktionsgleichungen

$$CO + 2\,H_2 \quad \rightarrow \quad CH_3OH \;,$$

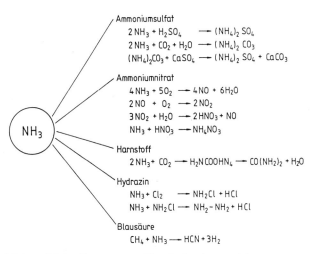

Abb. 15.16. Einige wichtige Prozesse zur Chemie des Ammoniaks

$$CO_2 + 3\,H_2 \quad \rightarrow \quad CH_3OH + H_2O$$

entsteht Methanol aus einem H_2/CO-Gemisch im Verhältnis 2/1 bis 3/1. Das Syntheseverfahren läuft nach einem ähnlichen Schema wie die Ammoniak-Synthese ab. Methanol ist derzeit neben Äthylen der bedeutendste Grundstoff der organisch-chemischen Industrie; für die Zukunft ist es auch als alternativer Treibstoff interessant. In der Nahrungsmittelproduktion kann Methanol wichtig werden, beispielsweise für die Darstellung von Proteinen. Aus 2 kg Methanol entsteht in einem heute bereits gut bekannten Verfahren der Proteinherstellung 1 kg Biomasse.

15.5 Herstellung von Koks aus Kohle

In der BRD werden derzeit rund $26 \cdot 10^6$ t SKE/a, d.h. 6 % der Primärenergie, in Kokereien zur Erzeugung von Koks eingesetzt. Damit stellt der Kokereiprozeß [15.12, 15.13] ein wichtiges Verfahren der Energietechnik dar, in dem der Primärenergieträger Kohle in die Sekundärenergieträger Koks, Kokereigas und Kohlenwertstoffe wie Teer und Öl umgesetzt werden. Der heutige Stand der Technik sei anhand von Abb. 15.17 erläutert. Luft wird unter Ausnutzung der Abwärme von Rauchgasen regenerativ vorgewärmt und zusammen mit Heizgas in einer Brennkammer verbrannt. Die entstehende Wärme wird durch Leitung an die mit Frischkohle gefüllten Kokskammern übertragen. Diese Kokskammern sind bei modernen Anlagen ca. 7,5 m hoch, 17 m lang und rund 0,5 m breit, so daß eine gute Wärmeleitung in die Kohleschüttung möglich ist. In Abb. 15.18a ist schematisch der Querschnitt eines derartigen Regenerativ-Koksofens dargestellt. Im Wechsel wird in den Regeneratoren Rauchgas abgekühlt oder Luft vorgeheizt. Große Kokereianlagen enthalten bis zu 100 Zellen der zuvor beschriebenen Abmessungen.

Die Ausbeuten an Koks und Gas sind wesentlich bestimmt durch die beim Verkokungsprozeß eingestellte Prozeßtemperatur (s. Abb. 15.18b). Moderne Kokereianlagen gestatten ein Ausbringen von rund 70 % des wasserfreien Kohleeinsatzes als Koks. Während des bis zu 10 h andauernden Verkokungsprozesses wird das entstandene Abgas des Koksofens gesammelt, gekühlt und gereinigt. Bei der Gasreinigung fallen Öl, Teer und Ammoniak als verwertbare Nebenprodukte an. Kokereigas wird als wichtigstes Nebenprodukt abgegeben. Der heiße Koksrückstand wird nach Beendigung des Verkokungsprozesses aus der Kokskammer ausgetragen und mit Wasser abgelöscht. Dabei entstehen

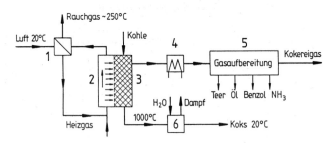

Abb. 15.17. Prinzip des Kokereiprozesses

1 integrierter Regenerator, 2 Brennkammer, 3 Kokskammer, 4 Gaskühler, 5 Gasaufbereitung, 6 Kokskühlung

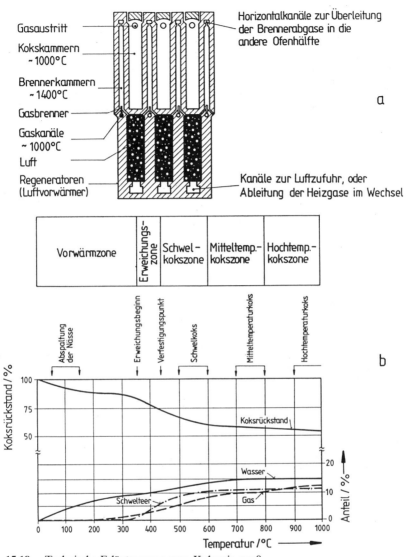

Abb. 15.18.   Technische Erläuterungen zum Kokereiprozeß

      a: Querschnitt durch einen Regenerator-Koksofen
      b: Vorgänge beim Erhitzen von Steinkohle im Verkokungsprozeß

Wärmeverluste und Beeinträchtigungen der Umwelt durch Schadstoffemissionen. Die Bemühungen gehen heute dahin, diesen letzten Schritt durch Einführung der trockenen Kokskühlung zu verbessern. Bei einem derartigen Verfahren wird der heiße Koks durch umlaufendes Inertgas gekühlt und durch Abkühlung des Inertgases Dampf erzeugt.

Eine moderne Kokerei weist in etwa eine Mengenbilanz gemäß Abb. 15.19a auf. Der Energiebedarf einer Kokerei umfaßt Aufwendungen in Form von Gas zur Unterfeuerung der Reaktionskammern sowie Dampf und elektrische Energie für

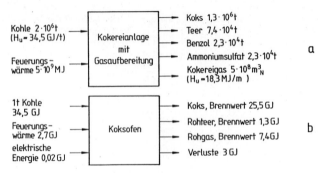

Abb. 15.19. Bilanzen einer modernen Kokerei

a: Mengenbilanz, b: Energiebilanz eines Koksofens

die Gasaufbereitung. Die Reaktionswärme für den Verkokungsprozeß wird aus den Brennkammern an die Verkokungskammern übertragen, ein Großteil der notwendigen Wärme von rund 40 % wird aus der fühlbaren Wärme der aus der Brennkammer austretenden Gase mittels Regeneratoren zurückgewonnen. Bezogen auf den Einsatz von 1 t Kohle ergibt sich für den eigentlichen Kokereiprozeß die in Abb. 15.19b dargestellte Energiebilanz. Damit errechnet sich nach der Beziehung

$$\eta_{\text{th}} = \frac{\left(\sum_i \dot{m}_i H_{\text{ui}}\right)_{\text{aus}}}{\left(\sum_j \dot{m}_j H_{\text{uj}}\right)_{\text{ein}}} \tag{15.3}$$

der thermische Wirkungsgrad des Kokereiofens zu rund 92 %. Die Gesamtenergiebilanz der Kokerei führt unter Berücksichtigung von Verlusten bei der Produktaufbereitung auf einen Wirkungsgrad von 88 %. Gewisse Verbesserungen des Gesamtverfahrens sind bei noch weiterer Optimierung der Verfahrensschritte denkbar.

15.6   Stahlerzeugung

Die eisenschaffende Industrie ist innerhalb des Sektors Industrie der größte Nutzer von Endenergie. So erfolgte z.B. im Jahre 1986 in der BRD ein Einsatz von $20{,}2 \cdot 10^6$ t SKE/a oder 27 % des Endenergieumsatzes in dieser Branche. Rund 50 % dieses Endenergieeinsatzes sind feste Brennstoffe, 33 % Gas und 10 % elektrische Energie. Die klassische Route der Stahlerzeugung [15.14-15.16] umfaßt den Sinter-, Hochofen- und Konverterprozeß (s. Abb. 15.20). Daran anschließend folgen die verschiedenen Verfahren der Stahlweiterverarbeitung. In den Sinteranlagen werden Feinerze, Walzzunder, Gichtstaub und Kalkstaub unter Wärmezufuhr zu einem im Hochofen einsatzfähigen Produkt verbacken. Zusammen mit Kalkstein, Stückerzen und Koks wird dieses Produkt in den Hochofen eingebracht und dort unter Luftzufuhr in Roheisen, Schlacke und Gichtgas umgewandelt. Koks dient dabei zur Reduktion des Eisenoxides sowie zur Deckung des Wärmebedarfs des Hochofenprozesses. Ein Teil des Kokses ist

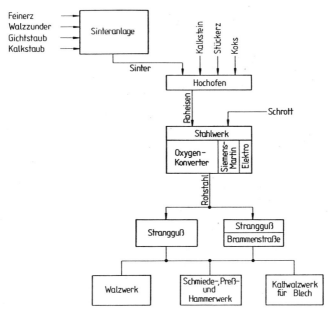

Abb. 15.20. Verfahrensschritte bei der Stahlerzeugung und -weiterverarbeitung

auch im Hochofen durch gasförmige und flüssige Kohlenwasserstoffe substituierbar. Kalk, Flußspat, Dolomit und Quarzsand werden als Schlackebildner zugegeben. Das Schema eines Hochofens sowie eine Übersicht zu den wichtigsten Reaktionen in den einzelnen Bereichen sind der Abb. 15.21 zu entnehmen.

Koks, Erz und eventuell Schrott sowie Zuschläge werden dem Hochofen von oben zugeführt, durch Rekuperatoren vorgewärmte Luft wird im unteren Bereich eingeblasen. Das flüssige Roheisen sowie die Schlacke werden diskontinuierlich nach einer Hochofenfahrt von etwa 5 Stunden im unteren Bereich durch Abstich entnommen. Das Gichtgas, bestehend aus rund 40 % CO und im wesentlichen N_2, verläßt den Hochofen oben. Abb. 15.22 zeigt eine Mengen- sowie eine Energiebilanz für den Hochofenprozeß. Der thermische Wirkungsgrad des Hochofenprozesses liegt entsprechend den Zahlen in Abb. 15.22b bei 93 %, falls eine Nutzung von Enthalpie und Heizwert der Gichtgase vorausgesetzt wird. Dies ist im allgemeinen innerhalb des gesamten Hüttenprozesses möglich.

Die für die Prozeßführung notwendigen Mengen an Reaktionspartnern können näherungsweise auf der Basis von stöchiometrischen Betrachtungen und vereinfachten energetischen Abschätzungen ermittelt werden. Da diese Vorgehensweise bei vielen Prozessen in der Industrie Anwendung finden kann, sei die Rechnung hier kurz angedeutet. Es gilt:

$$Fe_2O_3 + 3\,CO \quad \rightarrow \quad 2\,Fe + 3\,CO_2$$

$$1{,}43 \text{ kg Eisenoxyd} + 750 \text{ g CO} \quad \rightarrow \quad 1 \text{ kg Fe} + 1{,}178 \text{ kg CO}_2$$

Die Erzeugung des notwendigen Reduktionsgases kann formal entsprechend den Umsetzungen

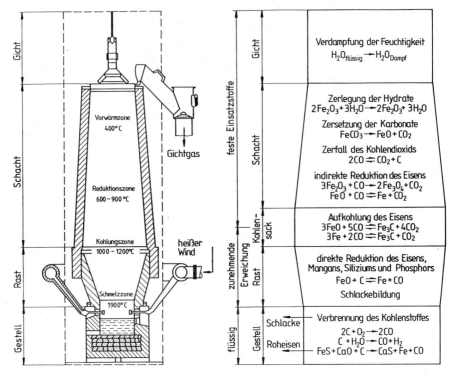

Abb. 15.21.   Hochofen

a: Schema, b: wichtige Reaktionen in verschiedenen Zonen

$$C + O_2 \quad \rightarrow \quad CO_2$$
$$C + CO_2 \quad \rightarrow \quad 2\,CO$$
$$\overline{2\,C + O_2 \quad \rightarrow \quad 2\,CO}$$

$$0{,}321 \text{ kg C} + 0{,}428 \text{ kg O}_2 \quad \rightarrow \quad 750 \text{ g CO}$$

beschrieben werden. Umgerechnet folgt aus der obigen Gleichung, daß als Reduktionsmittel mindestens 0,321 kg C/kg Fe und 1,44 m³ Luft/kg Fe eingesetzt werden müssen. Die notwendige Koksmenge für die Reduktion ergibt sich gemäß

Abb. 15.22.   Bilanzierung des Hochofenprozesses

a: Mengenbilanz, b: Energiebilanz

$$m_{Koks} = m_C \; \frac{H_{u_C}}{H_{u_{Koks}}} \tag{15.4}$$

zu 0,37 kg Koks/kg Fe. Zusätzliche Koksmengen werden prozeßintern für die Vorwärmung des Erzes auf Schmelztemperatur, für die Bereitstellung der Schmelzwärme, für die Aufheizung des Kokses auf Reaktionstemperatur sowie für die Aufwärmung der Luft umgesetzt. Diese vier genannten Effekte bedingen einen zusätzlichen Bedarf von 0,15 kg Koks/kg Fe. Insgesamt sind damit in Übereinstimmung mit den Zahlenangaben in Abb. 15.22b 0,52 kg Koks/kg Fe einzusetzen.

Bei der sich anschließenden Stahlerzeugung werden Verunreinigungen durch Frischvorgänge entfernt. So werden im heute üblichen Sauerstoffaufblaskonverter Spuren von Silizium, Mangan, Kohlenstoff, Phosphor und Schwefel durch Oxidationsreaktionen beseitigt. Die Oxidation der Beimengungen erfolgt dabei über Eisen-Sauerstoffverbindungen und nicht direkt durch den eingeblasenen Luftsauerstoff. Im Verfahrensablauf werden dazu rund 50 m_N^3 O_2 in das flüssige Eisenbad eingeblasen. Schrottanteile in Höhe von bis zu 30 % können hier ebenfalls zugegeben werden.

Neben dem Kokseinsatz sind in allen Schritten der Verarbeitung zusätzliche Mengen an elektrischer Energie einzusetzen. So erfordern die Sinteranlagen für den Antrieb von Förderbändern und Saugzuggebläsen rund 35 kWh/t Sinter, im Hochofenbetrieb sind für Antriebe, Fördereinrichtungen, Gasreinigung und Kühlanlagen etwa 80 kWh/t Roheisen erforderlich, während im Sauerstoffaufblasstahlwerk etwa 70 kWh/t Rohstahl einzusetzen sind, rund 35 kWh davon für die O_2-Produktion. Alternativ zum hier erwähnten Sauerstoffaufblasverfahren kann Stahl auch im Elektrolichtbogenofen nach dem Herdschmelzverfahren erzeugt werden. Hier können zusätzlich vergleichsweise große Schrottmengen eingesetzt werden. Die elektrische Energie wird dem Einsatzgut über Graphitelektroden zugeführt. Je Tonne Elektrostahl werden etwa 600 kWh benötigt. Da derzeit in der BRD jährlich bereits $7{,}5 \cdot 10^6$ t Elektrostahl erzeugt werden, stellt die eisenschaffende Industrie insgesamt schon wegen dieser Position einen bedeutenden Abnehmer von elektrischer Energie dar (s. Abb. 15.23). Bei den

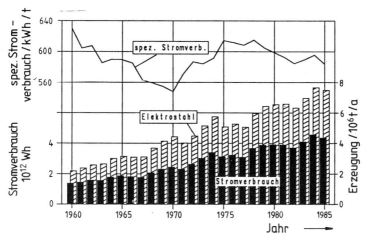

Abb. 15.23. Entwicklung der Elektrostahlerzeugung und des Stromverbrauchs [15.1]

nachfolgenden Schritten der Stahlweiterverarbeitung z.B. in Walzwerken, Schmiede-, Preß- und Hammerwerken sind weitere Energieeinsätze in Form von Strom und Erdgas notwendig. Man kann hierzu von einem fiktiven mittleren Wert z.B. für den Einsatz von elektrischer Energie von 260 kWh/t Rohstahl ausgehen. Diese Betrachtungen machen auch die Bedeutung konkurrenzfähiger Energiepreise für die Stahlindustrie deutlich.

Die Erzeugung von Eisen ist auch ohne den Hochofenprozeß nach dem Direktreduktionsverfahren realisierbar. Bei diesem Verfahren wird ein H_2/CO-Gemisch auf der Basis von Erdgas, Erdölprodukten oder auch Kohle hergestellt und in einer Direktreduktionsanlage unter Ausnutzung der Reaktionen

$$Fe_2O_3 + 3 H_2 \quad \rightarrow \quad 2 Fe + 3 H_2O ,$$

$$Fe_2O_3 + 3 CO \quad \rightarrow \quad 2 Fe + 3 CO_2$$

zur Erzeugung von Eisenschwamm eingesetzt. Rund 600 m_N^3 Reduktionsgas werden stöchiometrisch zur Erzeugung von 1 t Fe verbraucht. Hierzu müssen beispielsweise 250 m_N^3 Erdgas bei einem mittleren Wirkungsgrad von 65 % in Synthesegas umgewandelt werden. Verfahrenstechnisch wird die Direktreduktion in Schachtöfen, in Drehrohröfen oder im Wirbelbett durchgeführt (s. Abb. 15.24). Immer dann, wenn Kokskohle nicht verfügbar oder teuer ist, andere Kohlenwasserstoffe jedoch kostengünstig eingesetzt werden können, ist die Direktreduktion, die bereits in vergleichsweise kleinen Leistungseinheiten wirtschaftlich arbeitet, vorteilhaft.

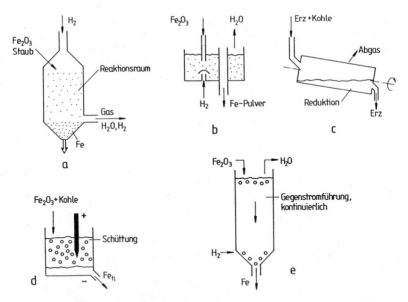

Abb. 15.24. Verfahrensprinzipien zur Direktreduktion von Eisenerz [nach 15.15]

a: Flugstaubwolke, b: Wirbelschicht, c: Drehrohrofen, d: Schachtofen, e: Elektroschachtofen

16 Energietransport

16.1 Überblick

Sowohl Primärenergie- als auch Sekundär- oder Endenergieträger müssen von den Orten der Gewinnung oder Herstellung zu den Orten der nachfolgenden Umwandlung transportiert werden. Je nach Art des Energieträgers sind damit erhebliche Aufwendungen an Energie und Kosten verbunden. Die Bedeutung des Energietransports für die Energiewirtschaft eines Landes sei mit Verweis auf Abb. 16.1a erläutert. So basieren rund 66 % der Energieversorgung der BRD auf Importen, rund 6 % der Energie wird exportiert. Die einzelnen Energieträger werden aus sehr unterschiedlichen Ländern eingeführt (s. Abb. 16.1b), aus Gründen der Versorgungssicherheit wird heute eine möglichst weitgehende Diversifizierung der Versorgung angestrebt. Die regionale Verteilung der bekannten Weltenergievorräte (s. Abb. 16.1c) zieht heute zwangsläufig den Transport großer Energiemengen nach sich. Für die Energieträger Kohle, Erdgas und Uran gelten ähnliche geographische Verteilungen.

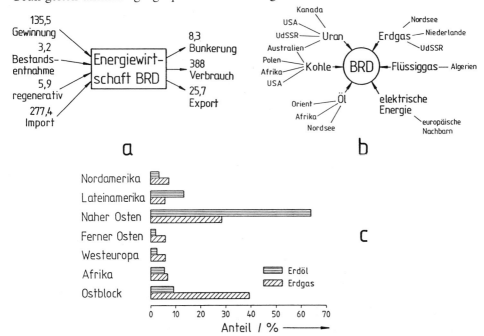

Abb. 16.1. Bedeutung des Energietransports für die Energiewirtschaft der BRD

  a: Energieimporte und -exporte im Jahre 1987 (10^6 t SKE)
  b: Herkunft der Energieimporte in die BRD
  c: Verteilung der bekannten Erdöl- und Erdgasvorräte im Jahre 1988 (Erdöl: $120{,}7 \cdot 10^9$ t $\hat{=}$ $175{,}4 \cdot 10^9$ t SKE; Erdgas: $107{,}5 \cdot 10^{12}$ m_N^3 $\hat{=}$ $117{,}2 \cdot 10^9$ t SKE) [16.1]

Zwischen den einzelnen Kontinenten wird Öl in großen Tankschiffen und auf den Kontinenten durch Pipelines zu den Raffinerien transportiert. Der Abtransport der Produkte von der Raffinerie zu den Verbrauchern erfolgt überwiegend durch Tankfahrzeuge. Ergas wird zumeist durch Pipelines und nachfolgende Rohrleitungsnetze [16.2, 16.3] an die Endverbraucher verteilt. Für den Kohletransport zwischen den Kontinenten werden überwiegend Frachter eingesetzt, die Endverteilung erfolgt unter Einsatz von Bahnsystemen, Lastkraftwagen und Binnenschiffen. Die Versorgung der Energiewirtschaft mit Uran stellt wegen der äußerst geringen Mengen kein nennenswertes Transportproblem dar. Der Transport und die Verteilung von elektrischer Energie mittels unterschiedlicher Transportsysteme (Hochspannung, Mittelspannung, Niederspannung) sei hier nur der Vollständigkeit halber erwähnt, bezüglich Einzelheiten sei auf spezielle Literatur verwiesen [16.4, 16.5].

Aus den Erfahrungen mit den weltweit eingesetzten Energietransportsystemen haben sich die in Tab. 16.1 zusammengestellten Werte als sinnvolle und wirtschaftlich vertretbare Transportentfernungen herausgestellt. Aus der Vielzahl möglicher Transportsysteme sollen in den folgenden Abschnitten einige heute für die weltweite Energieversorgung besonders wichtige kurz vorgestellt werden.

Tab. 16.1. Typische Entfernungen für den Energietransport

Energieträger	typische Entfernung (m)	Transportmittel	Energiegehalt
Erdöl, Erdgas	einige 10^6	Pipelines, Tanker	$H_u = 9...11$ kWh/kg
Steinkohle	einige 10^6	Schiffe	$H_u = 8$ kWh/kg
Braunkohle	10^4	Band, Bahn	$H_u = 2...3$ kWh/kg
Braunkohlebriketts	einige 10^5	Bahn, LKW	$H_u = 6$ kWh/kg
Strom	$10^5...10^6$	Hochspannungsleitung	max. 380 kV
Dampf	$5 \cdot 10^3$	Rohrleitung	$T_{max} = 300°C$
Heißwasser	$\approx 3 \cdot 10^4$	Rohrleitung	$\Delta T = 70°C$
mechan. Energie	10	Riemenantrieb	$P < 100$ kW

16.2   Transport von Fluiden in Rohrleitungen

Auf technische Details des Energietransports mit Hilfe von Schiffen und Tankwagen soll hier nicht näher eingegangen werden [16.6], jedoch soll der Transport von Fluiden in Rohrleitungssystemen etwas näher untersucht werden. Bei der Strömung durch eine Rohrleitung [16.7-16.9] sind die Grundgleichungen für die Erhaltung von Impuls, Masse und Energie anzuwenden. So gilt bei der Rohrströmung in vereinfachter Form mit Verweis auf Abb. 16.2 die Bewegungsgleichung

$$\rho \, dV \, \frac{dv}{dt} = -\frac{\partial p}{\partial z} \, dV - \rho \, g \sin(\phi) \, dz - \tau \, U \, dz \, . \tag{16.1}$$

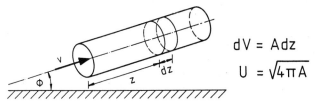

$$dV = A\,dz$$
$$U = \sqrt{4\pi A}$$

Abb. 16.2.   Strömung eines Fluids durch eine Rohrleitung

Die Bewegung, d.h. die Beschleunigung, des Massenelements $\rho\,dV$ wird durch drei Kräfte bestimmt: eine durch Druckdifferenzen, eine durch die Axialkomponente der Schwerkraft und eine durch die Wandreibung hervorgerufene Kraft. Die Erhaltung der Masse wird durch die Kontinuitätsgleichung beschrieben

$$\frac{\partial \rho}{\partial t} + \frac{\partial}{\partial t}\,(\rho\,v) = 0\ . \tag{16.2}$$

Schließlich liefert die auf ein Volumenelement dV bzw. auf ein Längenelement dz angewandte Energiegleichung

$$\rho\,dV\,\frac{d}{dt}\left(h + \frac{v^2}{2}\right) + \dot{m}\,g\,\sin(\phi)\,dz = \frac{\partial p}{\partial t}\,dV \pm \dot{q}\,U\,dz\ . \tag{16.3}$$

Hiernach werden die Änderungen von Enthalpie, kinetischer und potentieller Energie des Fluides durch Druckänderungsarbeit und durch zu- oder abgeführte Wärme erreicht.

Diese grundlegenden Gleichungen sind relevant zur Beschreibung von Transportsystemen für Öl oder sonstige Kohlenwasserstoffe wie Benzin, Diesel, Äthylen, für Gase wie Erdgas, Kokereigas, Gichtgas, Wasserstoff und Synthesegase. Auch Heißwasser in Fernwärmesystemen, Dampf in Dampfnetzen oder Kraftwerksleitungen und heiße Wärmeträgeröle in verfahrenstechnischen Anlagen lassen sich nach diesen Formalismen behandeln. Einige Beispiele sind in den nachfolgenden Abschnitten aufgeführt.

16.3 Transport von Öl in Pipelines

Nach der Anlandung von Rohöl oder Raffineriefertigprodukten in Seehäfen werden die Energieträger weltweit über Pipelines bis in die Verbrauchsschwerpunkte geleitet. Die Pipelines haben je nach Transportkapazität einen Durchmesser von bis zu einem Meter und sind gewöhnlich frostsicher im Boden verlegt. Abb. 16.3 zeigt eine Karte mit den wichtigsten Öl- und Produkttransportleitungen in der BRD. Man erkennt, daß die Ballungsgebiete durch diese Energietransportsysteme direkt miteinander verbunden sind. Mit Hilfe einer Pipeline vom Durchmesser D kann eine Energietransportleistung entsprechend

$$\dot{Q} = \dot{m}\,H_{\mathrm{u}} = \rho\,v\,\frac{\pi}{4}\,D^2\,H_{\mathrm{u}} \tag{16.4}$$

erbracht werden. Die jährlich transportierte Energiemenge folgt zu

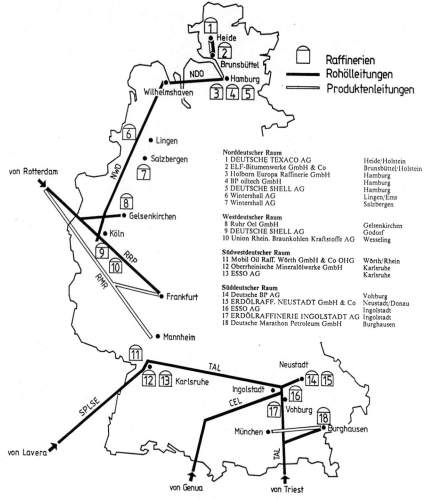

Raffinerien
Rohölleitungen
Produktenleitungen

Norddeutscher Raum
1 DEUTSCHE TEXACO AG	Heide/Holstein
2 ELF-Bitumenwerke GmbH & Co	Brunsbüttel/Holstein
3 Holborn Europa Raffinerie GmbH	Hamburg
4 BP oiltech GmbH	Hamburg
5 DEUTSCHE SHELL AG	Hamburg
6 Wintershall AG	Lingen/Ems
7 Wintershall AG	Salzbergen

Westdeutscher Raum
8 Ruhr Oel GmbH	Gelsenkirchen
9 DEUTSCHE SHELL AG	Godorf
10 Union Rhein. Braunkohlen Kraftstoffe AG	Wesseling

Südwestdeutscher Raum
11 Mobil Oil Raff. Wörth GmbH & Co OHG	Wörth/Rhein
12 Oberrheinische Mineralölwerke GmbH	Karlsruhe
13 ESSO AG	Karlsruhe

Süddeutscher Raum
14 Deutsche BP AG	Vohburg
15 ERDÖLRAFF. NEUSTADT GmbH & Co	Neustadt/Donau
16 ESSO AG	Ingolstadt
17 ERDÖLRAFFINERIE INGOLSTADT AG	Ingolstadt
18 Deutsche Marathon Petroleum GmbH	Burghausen

Abb. 16.3.   Rohöl-Fernleitungen und angeschlossene Raffinerien [16.10]

$$Q = \int_0^{1a} \dot{Q}\, \mathrm{d}t = \tau \cdot \dot{Q}\,. \tag{16.5}$$

Da derartige Systeme in der Regel ganzjährig mit voller Leistung betrieben werden, nimmt τ einen Wert von annähernd 8760 h/a an.

Beim Transport durch die Rohrleitung tritt ein Druckverlust auf, der sich auf den Start- und Endpunkt der Rohrleitung (1 bzw. 2) bezogen aus der Bernoulli'schen Gleichung ableiten läßt.

$$p_1 + \rho_1\, g\, z_1 + \frac{\rho_1}{2}\, v_1^2 = p_2 + \rho_2\, g\, z_2 + \frac{\rho_2}{2}\, v_2^2 + \Delta p_V\,, \tag{16.6}$$

mit p Druck, ρ Dichte des transportierten Mediums, g Erdbeschleunigung, v Strömungsgeschwindigkeit, Δp_V Druckverlust, der der Rohrreibung sowie den Umlenkungen Rechnung trägt.

$$\Delta p_V = \frac{\rho \, v^2}{2} \left(\sum_i \frac{\lambda_i \, l_i}{d_{H_i}} + \sum_j \xi_j \right) , \tag{16.7}$$

mit l_i gestreckte Rohrlängen, ξ_j Widerstandsbeiwerte für Umlenkungen, Querschnittsänderungen usw., λ Rohrreibungszahl. Der hydraulische Durchmesser

$$d_H = \frac{4 \, A}{U} \tag{16.8}$$

ist aus dem freien durchströmten Querschnitt A und aus dem benetzten Umfang des durchströmten Querschnitts U zu bilden. Für einen kreisförmigen Rohrquerschnitt gilt natürlich $d_H = D$. Die benötigte Rohrreibungszahl λ hängt von der den Strömungszustand charakterisierenden Reynoldszahl

$$Re = \frac{\rho \, v \, d_H}{\eta} , \tag{16.9}$$

mit η dynamische Viskosität und v Strömungsgeschwindigkeit, sowie von der Rohrrauhigkeit ab. Die dynamische Viskosität ist besonders stark von der Qualität und der Temperatur des transportierten Öls abhängig (s. Abb. 16.4). Aus Abb. 16.5 kann der Rohrreibungsbeiwert in Abhängigkeit von der Reynoldszahl und der relativen Rauhigkeit der Rohrleitung D/k entnommen werden. Die absolute Rauhigkeit k von Stahlrohren in Öltransportleitungen liegt zwischen 0,04 und 0,1 mm, so daß für Überschlagsrechnungen mit $\lambda = 0{,}02\ldots0{,}03$ gerechnet werden kann. Für die Widerstandsbeiwerte ξ_j in (16.7) sind zahlreiche Meßwerte und Gebrauchsformeln für verschiedene Geometrien verfügbar (s. Abb. 16.6).

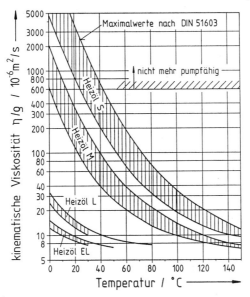

Abb. 16.4.   Kinematische Viskosität verschiedener Ölprodukte [16.8]

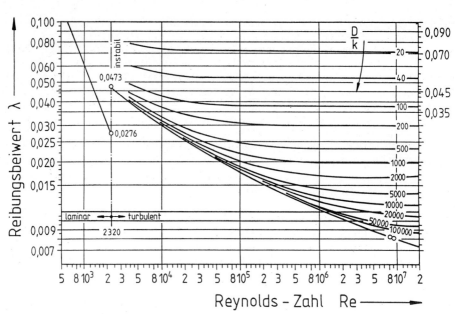

Abb. 16.5.   Reibungsbeiwerte für durchströmte Rohre [16.8]

Zur Überwindung der entstehenden Druckverluste in der Transportleitung sind Pumpen zu installieren, deren Leistung sich aus dem Druckverlust errechnet:

$$P_{\mathrm{P}} = \frac{\dot{m}\,(p_1 - p_2)}{\rho\,\eta_{\mathrm{P}}}\;.\qquad\qquad (16.10)$$

Als Beispiel sei eine Pipeline von 300 km Länge mit 1 m Durchmesser betrachtet. Bei einer Fördergeschwindigkeit von 1 m/s (H_{u} = 10 kWh/kg, ρ = 950 kg/m^3) wird eine Transportleistung von 26,9 GW erbracht. Die jährlich durchgesetzte Energie beträgt somit rund 29 · 10^6 t SKE. Berücksichtigt man zusätzlich zu den Rohrreibungsverlusten (λ = 0,03) noch 500 Umlenkungen und Einbauten mit ξ = 0,15, so stellt sich ein Druckverlust von 43 bar ein, dessen Überwindung eine Pumpleistung von 4,2 MW bei einem unterstellten Wirkungsgrad von 80 % erfordert. Bezogen auf die Transportleistung ist der Anteil der Pumpenergie mit 0,16 ‰ vernachlässigbar gering.

Schieber	90°-Bogen, glatt		stetige Erweiterung		stetige Verengung	
$\xi = 0,3$	r/D	ξ	β	ξ	β	ξ
	0,5	1,0	10°	0,20	30°	0,02
	1,0	0,35	20°	0,45	45°	0,04
	2,0	0,20	30°	0,60	60°	0,70
	3,0	0,15	40°	0,75		

Abb. 16.6.   Widerstandsbeiwerte für Einbauten in Rohrleitungen

16.4   Gastransport

Gastransportleitungen werden heute sowohl für den Ferntransport von Erdgas als auch zur Verteilung in Städten und Produktionsanlagen eingesetzt. Verteilungsnetze sind auch für Kokereigas, Gichtgas, Wasserstoff und Synthesegas an vielen Stellen im Einsatz. Bei Zukunftsüberlegungen für Versorgungssysteme auf der Basis von Wasserstoff als Energieträger kommt auch Ferntransportsystemen große Bedeutung zu. Das heute in Westeuropa vorhandene Erdgasnetz ist in Abb. 16.7 wiedergegeben, in diesem Gebiet werden rund $300 \cdot 10^6$ t SKE/a Erdgas transportiert und verbraucht. Derzeit stammen nur rund 42 % des in der BRD umgesetzten Erdgases aus eigener Produktion, 58 % werden importiert und zwar 22 % aus den Niederlanden, 11 % aus Norwegen, 23 % aus der UdSSR und 2 % aus anderen Staaten.

Durchsatz und Rohrdurchmesser sind beim Erdgastransport über die aus den Beziehungen für ideale Gase abgeleitete Größengleichung miteinander verknüpft

$$D = 1{,}147 \sqrt{\frac{\dot{V} T}{p v}} \ , \tag{16.11}$$

mit D Durchmesser (mm), $\dot{V}$ Volumenstrom (m_N^3/h), T Temperatur (K), p Druck (bar) und v Transportgeschwindigkeit (m/s). Bei der Auslegung der Rohrleitung müssen wirtschaftlich-technisch zuverlässige Strömungsgeschwindigkeiten eingehalten werden. Der Durchmesser muß so gewählt werden, daß auf der einen Seite die Investitionskosten für Rohrleitungen und Kompressoren nicht zu hoch wer-

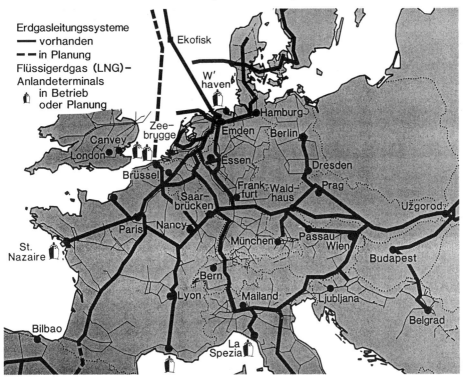

Abb. 16.7.   Europäischer Erdgasverbund [16.11]

den und daß auf der anderen Seite die durch hohe Druckverluste bestimmten Betriebskosten nicht zu sehr ansteigen. Das hiermit vorliegende Optimierungsproblem kann mit den in Kapitel 23 beschriebenen Hilfsmitteln behandelt werden. Der Druckverlust kann bei Annahme isothermer Expansion und idealem Gasverhalten aus Umformungen von (16.6, 16.7) unter Verwendung der bekannten Größen, insbesondere des Reibungsbeiwertes λ (s. Abb. 16.5) nach der folgenden Größengleichung berechnet werden

$$\Delta p = p_1 \left\{ 1 - \sqrt{1 - 1{,}3 \, \frac{\dot{V}^2 \rho_1}{D^4 p_1} \left(\frac{10^3 \lambda \, l}{D} + \sum_i \xi_i \right)} \right\}. \qquad (16.12)$$

Zur Beurteilung und zum Vergleich der Transporteigenschaften sind in Tab. 16.2 einige charakteristische Daten für relevante Gase zusammengestellt. Bei der Angabe zum Verhältnis von Pump- und Transportleistung $(P_P/\dot{Q})$ wird von einem Druck von 60 bar, einer Entfernung von 1000 km, einer Strömungsgeschwindigkeit von 10 m/s und einem Rohrdurchmesser von 1 m ausgegangen. Demnach ist Methan das am besten zum Ferntransport geeignete Gas.

Tab. 16.2. Daten zum Transportverhalten von Gasen

Art	Dichte (kg/m_N^3)	Heizwert (kJ/m_N^3)	dyn. Viskosität (10^6 N s/m^2)	$\dot{Q}$ (MW)	$P_P/\dot{Q}$ (%)
Erdgas (CH_4)	0,717	25 665	11	12 319	3,2
Kohlenmonoxid	1,25	15 800	18,3	7000	6,3
Wasserstoff	0,0899	967,3	8,8	405	7,3

Geht man von einem Transport von Erdgas aus mit $v = 10$ m/s, $p = 60$ bar, $D = 1$ m, $H_u = 25\ 600$ kJ/m$_N^3$, $l = 100$ km, so besitzt die Leitung eine Transportleistung

$$\dot{Q} = \frac{\pi}{4} \, D^2 \, v \, H_u \, \frac{\rho}{\rho_0} \qquad (16.13)$$

in Höhe von 12 288 MW. Der Druckverlustbeiwert ergibt sich bei einer absoluten Rauhigkeit von 0,06 mm zu 0,011, so daß sich unter Einbeziehung von 500 Umlenkungen und Einbauten mit $\xi = 0{,}15$ ein Druckverlust von 40,2 bar je 100 km Länge ergibt. Damit errechnet sich die Pumpleistung je 100 km zu $P_P = 39{,}4$ MW, falls ein Kompressionswirkungsgrad von 0,8 unterstellt wird. Bei Transportentfernungen von bis zu 5000 km sind dann die Aufwendungen für den Ausgleich von Druckverlusten mit 16 % des geförderten Energiestroms erheblich.

16.5 Transport von Fernwärme und Dampf

Im Falle des Transports von Medien, deren Temperatur über der Umgebungstemperatur liegt, ist die in den vorigen Abschnitten dargelegte hydraulische Analyse um Gleichungen zur thermischen Analyse zu ergänzen. Bei Transport von heißem Wasser, heißem Wärmeträgeröl oder Dampf durch Rohrleitungen treten trotz Einsatz von Isolationen Wärmeverluste auf, indem ein Wärmestrom durch die Isolation hindurchtritt, dessen Höhe in Anlehnung an Abb. 16.8 gemäß der Beziehung

$$\dot{q}'' = k_a \, (T_i - T_u) \qquad (16.14)$$

zu ermitteln ist. In der Wärmedurchgangszahl k_a werden alle inneren und äußeren Wärmeübergänge sowie die Wärmeleitung in der Rohrwand und in der Isola-

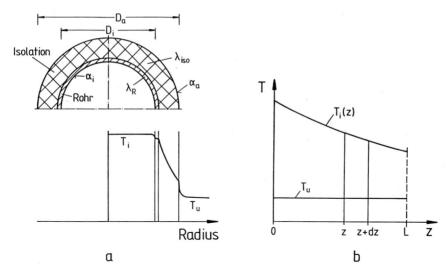

Abb. 16.8.   Wärmeverluste beim Transport heißer Medien

      a: radiales Temperaturprofil
      b: axialer Temperaturverlauf

tionsschicht erfaßt. Die auf die Außenwand bezogene Wärmedurchgangszahl kann aus der Beziehung

$$\frac{1}{k_a} = \frac{D_a}{\alpha_i D_i} + \frac{D_a}{2 \lambda_{iso}} \ln \frac{D_a}{D_i} + \frac{1}{\alpha_a} \tag{16.15}$$

berechnet werden, falls wie üblich $\lambda_R \gg \lambda_{iso}$ gesetzt werden kann. Die Energiebilanz für eine Strecke dz des Rohres nach Abb. 16.8b liefert

$$\dot{m} c \left[T_i(z + dz) - T_i(z) \right] = - k_a \pi D_a \left(T_i - T_u \right) dz . \tag{16.16}$$

Mittels Taylorreihenentwicklung und Abbruch der Reihe nach dem ersten Glied findet man aus der einfachen Differentialgleichung die Lösung für den Temperaturverlauf entlang des Strömungsweges

$$\dot{m} c \, dT_i = - k_a \pi D_a \left(T_i - T_u \right) dz , \tag{16.17}$$

$$T - T_u = (T_0 - T_u) \exp \left(- \gamma z \right) , \tag{16.18}$$

wenn die Anfangstemperatur des Fluids $T(z = 0) = T_0$ war. Der Koeffizient

$$\gamma = \frac{\pi k_a D_a}{\dot{m} c} \tag{16.19}$$

gibt die Stärke des exponentiellen Abfalls der Fluidtemperatur in Strömungsrichtung wieder. Der Wärmeverlust kann nun zu

$$d\dot{Q}_V = k_a \pi D_a \left(T - T_u \right) dz , \tag{16.20}$$

$$\dot{Q}_V = \dot{m} c \left(T_0 - T_u \right) \left(1 - \exp \left(- \gamma L \right) \right) \tag{16.21}$$

für eine Rohrleitung der Länge L bestimmt werden. Für Werte $\gamma L \ll 1$ kann die Exponentialfunktion durch $1 - \gamma L$ approximiert werden, so daß ein vereinfachter Ausdruck für (16.21) resultiert:

$$\dot{Q}_V \approx k_a \, \pi \, D_a \, L \, (T_0 - T_u) \, . \tag{16.22}$$

Die Isolationsdicke muß durch eine technisch-wirtschaftliche Optimierung festgelegt werden, wie sie in Kapitel 23 beispielhaft beschrieben wird.

Im Falle heißer Medien gelten für die Transportleistung folgende Beziehungen:

$$\text{Fernwärme:} \quad \dot{Q} = \dot{m} \, c_W \, \Delta T \, , \tag{16.23}$$

$$\text{Wärmeträgeröl:} \quad \dot{Q} = \dot{m} \, c_{\text{Öl}} \, \Delta T \, , \tag{16.24}$$

$$\text{Dampf:} \quad \dot{Q} = \dot{m} \, (h_D - h_R) \, , \tag{16.25}$$

mit ΔT Temperaturspreizung, d.h. die Temperaturdifferenz zwischen Vorlauf und Rücklauf und h_D bzw. h_R Dampfenthalpie bzw. Enthalpie des rücklaufenden Kondensats.

Geht man aus Gründen der Vergleichbarkeit mit den in den vorigen Abschnitten diskutierten Beispielen wiederum von einem Leitungsdurchmesser von 1 m aus, so ergeben sich die folgenden Resultate: Bei einer Stömungsgeschwindigkeit von 1,5 m/s mit einer Spreizung von 70°C wird bei einer Fernwärmeleitung eine Transportleistung von rund 340 MW erreicht. Bei Verwendung von Wärmeträgeröl und einer Spreizung von 250°C sind dann etwa 600 MW erreichbar. Soll dagegen Dampf (z.B. Sattdampf $p = 30$ bar, $h_D = 2800$ kJ/kg, $h_R = 250$ kJ/kg) transportiert werden, so ergibt sich bei einer Dampfgeschwindigkeit von 20 m/s eine Leistung von etwa 570 MW. Die Transportleistungen bei Verwendung heißer Medien sind demnach vergleichsweise gering.

Fernwärmetransportsysteme haben, wie bereits in Kapitel 13 erläutert, weltweit große Bedeutung erlangt. Ausgedehnte Gebiete werden heute mit Fernwärme versorgt. Abb. 13.15 auf Seite 190 zeigt ein Transportsystem mit großer Ausdehnung, ausgelegt für eine Transportleistung von etwa 300 MW. Bei der technischen Ausgestaltung eines derartigen Systems sind wirksame langzeitbeständige Isolationen (z.B. Vakuumsysteme) einzusetzen. Erhebliche thermische Dehnungen sind zu kompensieren, dies gelingt durch sogenannte Lyrabögen. Die Verlegung kann oberirdisch oder unterirdisch durchgeführt werden.

Der Transport von Dampf kann nach Beziehungen analog denen beim Gastransport beurteilt werden; wenn Kondensationsvorgänge auftreten, sind dagegen spezielle Betrachtungen erforderlich. Auch sind dann besondere apparative Einrichtungen zur Kondensatentfernung vorzusehen. Die thermischen Dehnungen sowie die Isolationen stellen im Vergleich zu Fernwärmesystemen noch weitaus höhere Anforderungen an die Ausführung der Leitungen. Diese Probleme werden jedoch heute, wenn auch für geringere Leitungsdurchmesser, bis in den Heißdampfbereich (530°C, 180 bar) hinein zuverlässig gelöst. Große Mengen Dampf auf niedrigerem Temperaturniveau, meist leicht überhitzter Dampf, werden in Raffinerien, Chemiebetrieben, Papierfabriken usw. transportiert.

17 Energiespeicherung

17.1 Überblick

Bei allen Bemühungen, Energieträger besser auszunutzen, insbesondere auch bei der Erschließung regenerativer Energiequellen, werden Probleme der Energiespeicherung sichtbar [17.1, 17.2]. So wird z.B. die wirtschaftlich vertretbare Nutzung von Solarenergie ohne die Entwicklung wirksamer an das Problem angepaßter Energiespeicher kaum realisierbar sein. Hier werden sowohl Kurzzeitspeicher für den Ausgleich von Tagesdiskrepanzen bei Bedarf und Angebot als auch Langzeitspeichersysteme für Diskrepanzen im Jahresgang notwendig. Auch die verstärkten Anstrengungen in Richtung rationeller Energienutzung führen auf die Notwendigkeit, wirksame und kostengünstige Speichersysteme einzusetzen.

Fragen der Energiespeicherung stellen sich in allen Bereichen der Energiewirtschaft. So müssen in der Elektrizitätswirtschaft Speichersysteme für elektrische Energie verfügbar sein, um Grundlastkraftwerke mit möglichst gutem Wirkungsgrad und kostengünstig einzusetzen. Bei der Heizwärmeversorgung sind mit Kohle, Öl und Gas sehr wirksame Speicher mit hoher Energiedichte beim Endverbraucher verfügbar. Auch für Fernwärme sind Heißwasserspeicher im großtechnischen Einsatz bewährt. Die enorme Entwicklung des Verkehrssektors wurde nur möglich, weil mit Benzin und Dieselöl Treibstoffe mit sehr hoher Energiedichte verfügbar sind, die in den Speicheranlagen der gesamten Infrastruktur sowie beim Endverbraucher leicht zu handhaben sind. Ähnliche Speichersysteme lassen sich auch bei der Darlegung des Energieumsatzes in der industriellen Produktionstechnik aufzeigen.

Die folgenden Abschnitte enthalten Details zu einzelnen speziellen Systemen der Energiespeicherung. Prinzipiell sind die verschiedensten physikalischen Effekte für die Energiespeicherung ausnutzbar (s. Abb. 17.1). Die Speicherwirkung und die Angabe einer massen- oder volumenbezogenen Energiedichte σ bei der Speicherung als

$$\sigma = \frac{E}{m} \quad , \sigma' = \frac{E}{V} \tag{17.1}$$

mit E Energie (kJ), m Masse (kg) und V Volumen (m³) setzt spezielle Angaben über die physikalisch-chemischen Prozesse bei der Speicherung voraus. Diskutabel sind die in Tab. 17.1 aufgeführten Energieformen. Die Höhe der im einzelnen erreichbaren Energiedichten und insbesondere der heute erreichte Stand der Technik sind sehr unterschiedlich, wie Tab. 17.2 in einer Zusammenstellung zeigt. Hier sind die Verfahren mit abnehmender Energiedichte aufgeführt.

Im Betrieb werden Speicher, insbesondere solche für elektrische und thermische Energie, ständig geladen und entladen (s. Abb. 17.2). Diese Vorgänge lassen sich durch einfache Ansätze für instationäre Mengen- und Energiebilanzen behandeln. Für die Inhaltsmenge des Speichers, z.B. kann hier an heißes Wasser gedacht werden, gilt:

Tab. 17.1.   Speichermöglichkeiten für Energie

Bezeichnung	charakteristische Formel	Bemerkung
Heizwert	$m\,H_u$	flüssige, gasförmige, feste Brennstoffe
fühlbare Wärme	$m\,c\,\Delta T$	feste und flüssige Wärmeträger
Phasenumwandlung	$m\,r$	Verdampfen-Kondensieren, Schmelzen-Erstarren
mechanische Energie	$m\,g\,h$	potentielle Energie
mechanische Energie	$\dfrac{c}{2}\,x^2$	potentielle Energie
mechanische Energie	$\dfrac{m}{2}\,v^2$	kinetische Energie
mechanische Energie	$\dfrac{\Theta}{2}\,\omega^2$	kinetische Energie
Deformationsenergie	$V\sum\limits_{i}\sigma_i\,\Delta\varepsilon_i$	
Druckenergie	$\int p\,\mathrm{d}V$	Volumenänderungsarbeit bei Gasen
elektrische Energie	$\dfrac{C}{2}\,U^2$	Kondensatorenergie
magnetische Energie	$\dfrac{L}{2}\,I^2$	Spulenfeldenergie
Kernenergie	$\Delta m\,c^2$	Masse-Energie-Äquivalenz

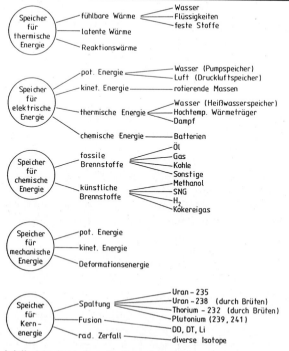

Abb. 17.1.   Prinzipielle Möglichkeiten der Energiespeicherung

Tab. 17.2.   Übersicht über Energiespeichersysteme

Energieträger	Reaktion zur Energiefreisetzung	Reaktionsgleichung	Energiedichte (J/kg)	Stand der Technik
Deuterium	D-D-Fusion	$H_1^2 + H_1^2 \rightarrow H_2^3 + n_0^1 + 3{,}26$ MeV	$3{,}5 \cdot 10^{11}$	technisch <u>nicht</u> verfügbar
Uran-235	Kernspaltung	$U_{92}^{235} + n_0^1 \rightarrow X + Y + 2\,n_0^1 + 200$ MeV	$7 \cdot 10^{10}$	technisch-wirtschaftlich verfügbar
Natururan (0,7 % U-235)	Kernspaltung	$U_{92}^{235} + n_0^1 \rightarrow X + Y + 2\,n_0^1 + 200$ MeV	$5 \cdot 10^8$	technisch-wirtschaftlich verfügbar
Polonium-210-Quelle	radioaktiver α-Zerfall	$Po_{84}^{210} \rightarrow He_2^4 + Pb_{82}^{206} + 5{,}3$ MeV	$2{,}5 \cdot 10^6$	nicht großtechnisch nutzbar
Wasserstoff	Verbrennung	$H_2 + \frac{1}{2} O_2 \rightarrow H_2O + \Delta H$	$1{,}2 \cdot 10^5$	technisch-wirtschaftlich verfügbar
Methan	Verbrennung	$CH_4 + 2\,O_2 \rightarrow CO_2 + 2\,H_2O + \Delta H$	$5 \cdot 10^4$	technisch-wirtschaftlich verfügbar
Öl	Verbrennung	$C_nH_m + \left(n + \frac{m}{4}\right) O_2 \rightarrow n\,CO_2 + \frac{m}{2}\,H_2O + \Delta H$	$4 \cdot 10^4$	technisch-wirtschaftlich verfügbar
Kohle	Verbrennung	$C + O_2 \rightarrow CO_2 + \Delta H$	$3 \cdot 10^4$	technisch-wirtschaftlich verfügbar
Wasser	Fall aus 100 m Höhe	$m g h = \frac{m}{2} v^2$	980	technisch-wirtschaftlich verfügbar
Silberoxyd-Zink-Batterie	Entladung	$2\,AgO + 2\,Zn + H_2O \rightarrow ZnO + Zn(OH)_2 + 2\,Ag$	437	in der Entwicklung
Heißwasser	Abkühlung von 100°C auf 50°C	$\Delta E = m\,c\,\Delta T$	210	technisch-wirtschaftlich verfügbar
Dampf (im Ruths-Speicher)	Druckabsenkung von 20 auf 10 bar	$Q \approx h \left[1 - \exp\left(\int \frac{T}{r}\,ds\right)\right]$	140	technisch-wirtschaftlich verfügbar
Blei-Schwefelsäure-Batterie	Entladung	$Pb + PbO_2 + 2\,H^+ + 2\,HSO_4^- \rightarrow 2\,PbSO_4 + 2\,H_2O$	119	technisch-wirtschaftlich verfügbar
Schwungrad	Kopplung mit Generator	$E = \frac{m}{4}\,r^2\,\omega^2$	79	technisch verfügbar
komprimierte Luft	Druckabsenkung von 50 auf 40 bar	$E \approx p_1 V_1 - p_0 V_0$	71	technisch-wirtschaftlich verfügbar

$$\frac{dX}{dt} = \dot{X}_E(t) - \dot{X}_A(t) - \dot{X}_V(t) \, . \tag{17.2}$$

$\dot{X}_V(t)$ berücksichtigt eventuell auftretende materielle Verluste. Für den Energieinhalt des Speichersystems kann sinngemäß angesetzt werden:

$$\frac{dE}{dt} = \dot{E}_E(t) - \dot{E}_A(t) - \dot{Q}_V(t) \, . \tag{17.3}$$

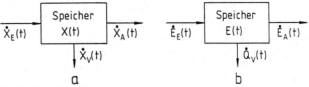

Abb. 17.2.   Prinzip eines Speichers

a: Mengenbilanz, b: Energiebilanz

Dabei ist $E(t)$ der Energieinhalt des Speichers. Für das vorgenannte Beispiel des Heißwasserspeichers gilt dann $E = m\,c\,T$, E_E bzw. E_A sind die ein- bzw. austretenden Energieströme. Q_V berücksichtigt Wärmeverluste sowohl durch Wärmeübertragung nach außen als auch durch materielle Verluste. Es werden drei Betriebszustände eines Speichers unterschieden:

$$\frac{dX}{dt} > 0 \quad \text{Laden},\tag{17.4}$$

$$\frac{dX}{dt} < 0 \quad \text{Entladen},\tag{17.5}$$

$$\frac{dX}{dt} = 0 \quad \text{Beharrungszustand}.\tag{17.6}$$

Die Lösung der oben aufgeführten Speichergleichungen führt auf

$$X(t) = X(0) + \int_0^t \left\{ \dot{X}_E(t') - \dot{X}_A(t') - \dot{X}_V(t') \right\} dt',\tag{17.7}$$

$$E(t) = E(0) + \int_0^t \left\{ \dot{E}_E(t') - \dot{E}_A(t') - \dot{Q}_V(t') \right\} dt'.\tag{17.8}$$

Insbesondere bei der Gewinnung einer expliziten Lösung für $E(t)$ sind im allgemeinen komplizierte Differential- oder auch Integralgleichungen zu lösen, da E_A und Q_V üblicherweise von der Temperatur des Speicherinhalts abhängen. Ein einfaches Problem wird beispielhaft in Abschnitt 17.3 behandelt.

17.2   Speicherung von elektrischer Energie

Für die Speicherung von elektrischer Energie in großem Umfange, wie es in einem Verbundnetz erforderlich ist, kommen heute die drei Prinzipien Pumpspeicher, Luftspeicher und Heißwasserspeicher in Frage. Für die Speicherung kleinerer Energiemengen, wie dies für Sonderanwendungen, z.B. Elektroantriebe, in Frage kommt, können auch Batterien eingesetzt werden. Die Speicherung von elektrischer Energie im Kraftwerksverbund resultiert aus dem Bemühen, Kraftwerke möglichst im Grundlastbetrieb zu fahren und Spitzen im Netz abzubauen, wie dies in Abb. 17.3a qualitativ angedeutet ist. Das bekannteste und meistverbreitete Verfahren stellen Pumpspeicheranlagen dar [17.3, 17.4] (s. Abb. 17.3b). Bei diesem Verfahren wird elektrische Energie in Schwachlastzeiten des Verbrauchs aus dem Netz entnommen und benutzt, um Wasser aus einem unteren Reservoir

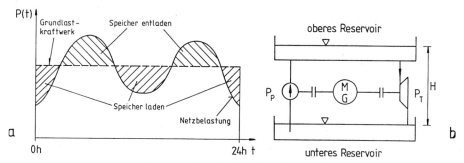

Abb. 17.3.   Zusammenwirken von Grundlast- und Speicherkraftwerk

    a: Netzkennlinie
    b: Prinzip eines Pumpspeicherkraftwerks

in ein oberes zu pumpen. Wenn Lastspitzen im Netz abzudecken sind, strömt das
Wasser vom oberen Reservoir über die Turbine zurück ins untere und liefert
elektrische Energie ins Netz. Setzt man für die während der Pumpphase geleistete
Arbeit und für die Turbinenarbeit

$$A_P = \int_0^{\tau_1} \rho \, g \, \dot V_P(t) \, H \, \frac{1}{\eta_P} \, \frac{1}{\eta_M} \, dt \qquad (17.9)$$

$$A_T = \int_0^{\tau_2} \rho \, g \, \dot V_T(t) \, H \, \eta_T \, \eta_{Gen} \, dt \qquad (17.10)$$

an, so erhält man den Energierückgewinnungsfaktor

$$R = \frac{A_T}{A_P} = \eta_T \, \eta_P \, \eta_M \, \eta_{Gen} \, , \qquad (17.11)$$

falls die Integrale der Volumendurchsätze gleich sind:

$$\int_0^{\tau_1} \dot V_P \, dt = \int_0^{\tau_2} \dot V_T \, dt \, . \qquad (17.12)$$

Bei genaueren Analysen ist in den Rückgewinnungsfaktor noch ein Wirkungsgrad
η_{RL} einzubeziehen, der die Verluste in den Rohrleitungen erfaßt. R liegt bei ausgeführten Anlagen zwischen 0,7 und 0,8. Bei Pumpspeicheranlagen, die zusätzlich
über natürliche Wasserzuflüsse ins Oberbecken verfügen, sind modifizierte Mengenbilanzen für das obere Reservoir anzusetzen. Bei großem zusätzlichen Zufluß
kann sich ein Rückgewinnungsfaktor größer 1 ergeben.

In der BRD sind derzeit etwa 3500 MW Pumpspeicherkapazität in Betrieb, 1000
MW sind in Bau und 3800 MW befinden sich in der Planung. Die Auslastungen
dieser Anlagen liegen derzeit zwischen 1000 und 2000 h/a. Insgesamt stellen
Pumpspeicheranlagen eine äußerst attraktive Lösung für die Beherrschung von
Lastspitzen im Netz dar.

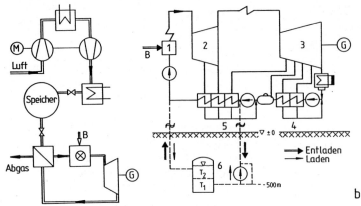

Abb. 17.4.   Speicherverfahren für elektrische Energie

a: Prinzip eines Luftspeicherkraftwerks
b: Prinzip der Speicherung von Heißwasser im Dampfturbinenkreislauf
1 Dampferzeuger, 2 Hochdruckturbine, 3 Mittel- und Niederdruckturbine, 4
Niederdruckspeisewasservorwärmer, 5 Hochdruckspeisewasservorwärmer, 6
Untertagespeicher

Ein einfaches Zahlenbeispiel soll die Verhältnisse bei der Pumpspeicherung verdeutlichen. Die Fallhöhe betrage 300 m, der Wirkungsgrad $\eta_T\,\eta_{Gen}$ sei 0,9, der Durchsatz 75 m^3/s. Dann gibt die Anlage eine elektrische Leistung von 200 MW ab. Soll diese Anlage täglich 8 Stunden Spitzenlast abgeben können, so muß ein Speichersee von $2,2 \cdot 10^6$ m^3 Fassungsvermögen vorhanden sein, falls kein natürlicher Zulauf vorhanden ist. Derartig große Speicherseen lassen sich in der BRD an vielen Stellen realisieren.

Eine weitere attraktive Möglichkeit der Speicherung von elektrischer Energie ergibt sich im Zusammenhang mit Gasturbinenprozessen [17.5]. Bei diesem Verfahren wird in Zeiten des elektrischen Energieüberschusses aus dem Netz Energie zum Betrieb einer Luftverdichteranlage eingesetzt. Die Speicherung der Druckluft erfolgt in großen unterirdischen Kavernen. Hierbei handelt es sich um ausgebeutete Erdgaslagerstätten, aber auch eigens ausgesolte Steinsalzkavernen können zum Einsatz kommen. Bei Anforderung von elektrischer Spitzenlast durch das Netz wird Druckluft aus dem Speicher zur Versorgung eines offenen Gasturbinenprozesses eingesetzt. Der Energieanteil für den Betrieb des Verdichters ist somit zwischengespeichert (s. Abb. 17.4a).

Technisch realisierbar sind Gleich- und Gleitdruckspeicher. Bei der erstgenannten Methode wird der Druck in der unterirdischen Speicherkaverne durch ein ebenerdiges Wasserbecken infolge des Drucks der hydrostatischen Wassersäule konstant gehalten. Beim Gleitdruckverfahren sinkt der Druck während der Luftentnahme aus dem Speicher bis auf einen nutzbaren unteren Druck ab, d.h. der Speicherinhalt ist nur bis zu einem gewissen Anteil nutzbar. Beim Gleichdruckverfahren ist dagegen der gesamte Speicherinhalt für den Prozeß verfügbar. Beim Gleitdruckverfahren kann im Druckintervall p_1 bis p_2 grundsätzlich eine Arbeit

$$A = \int_{p_1}^{p_2} R\,T\,\frac{\mathrm{d}p}{p} = R\,T \ln \frac{p_2}{p_1} \tag{17.13}$$

gespeichert werden. So folgt beispielsweise, daß zwischen 10 und 30 bar rund 0,5 kWh/m³ Luft gespeichert werden können.

Eine technisch ausgeführte Anlage (Huntorf, BRD) gestattet es so, bei einem Speichervolumen von $4 \cdot 10^5$ m³ in einem Salzstock in 600 m Tiefe und bei einem Arbeitsbereich zwischen 52 und 60 bar, für 2 Stunden Spitzenstrom in Höhe von 360 MW$_{el}$ abzugeben [17.5].

Die Einsetzbarkeit der hier dargestellten Speichertechnik ist, wie schon erwähnt, an das Vorhandensein günstiger geologischer Voraussetzungen gebunden. Die Anlagenkosten sind ähnlich niedrig oder unter besonderen Bedingungen - vorhandene Kaverne - sogar niedriger als die von Pumpspeicheranlagen. Auch im Vergleich zur Spitzenstromerzeugung mit offenen Gasturbinen zeichnen sich Vorteile ab.

Grundsätzlich kann auch im Dampfturbinenprozeß eine Energiespeicherung vorgenommen werden, indem Heißwasser in großen Mengen innerhalb der Anlage zwischengespeichert wird [17.6-17.8]. Während Zeiten, in denen die Netzanforderung niedrig ist, wird ein Heißwasserspeicher durch Entnahmedampf aus der Turboanlage geladen. Während Zeiten erhöhter Leistungsanforderung des Netzes an das Kraftwerk wird die Entnahme von Turbinendampf zur Speisewasservorwärmung reduziert oder gestoppt und heißes Speisewasser aus dem Speicher direkt in den Dampfkessel gefahren, während das anfallende Kondensat kalt in den Speicher gefahren wird. Das Schema in Abb. 17.4b zeigt die grundsätzliche Ausführung einer derartigen Speicherschaltung. Die Speicherung des Heißwassers kann in Felskavernen, die in rund 500 m Tiefe angeordnet und entsprechend isoliert sind, vorgenommen werden. Alternativ können große vorgespannte Druckbehälter aus Sphäroguß für die Aufnahme des heißen Druckwassers Verwendung finden. Die Speicherbedingungen sind auf der Hochdruckseite bei den geforderten thermodynamischen Bedingungen von 250°C/180 bar schwierig. Grundsätzlich sind natürlich auch Speichersysteme auf dem wesentlich niedrigeren Druckniveau der Niederdruckseite der Vorwärmstrecke einsetzbar, derartige Anlagen werden vielfach ausgeführt.

Der Speicherbehälter ist entsprechend Abb. 17.4b im Nebenschluß zu den MD- und HD-Vorwärmern geschaltet. Während des Ladevorganges wird von oben her eingespeist und unten Kaltwasser entnommen. Innerhalb des Speichers besteht eine Trennfläche zwischen heißem und kaltem Wasser, die bei vollständiger Beladung schließlich bis zum Boden gesunken ist. In Spitzenzeiten wird das heiße Speisewasser oben entnommen, kaltes Kondensat wird unten wieder eingespeist. Gleichzeitig sind während dieser Zeit die Entnahmen für die HD-Vorwärmer geschlossen, wodurch die Leistung der Turbine erhöht wird. Die maximale Zusatzleistung des Turbosatzes kann so rund 10 bis 15 % betragen, wenn man bedenkt, daß bei regenerativer Vorwärmung insgesamt rund 30 % des Dampfes aus dem Turbosatz entnommen werden müssen. Mit Hilfe einer derartigen Speicherschaltung können so kurzzeitig erhebliche Zusatzmengen an elektrischer Energie in das Netz abgegeben werden.

Für ein 600 MW$_{el}$-Kraftwerk beträgt z.B. der Speisewassermassenstrom 480 kg/s bei einer Temperatur von 250°C. Soll ein Tiefenspeicher für 4 Stunden den vollen Massenstrom aufnehmen können, so müssen rund 8500 m³ Heißwasser gespeichert werden. Es können dann 4 Stunden lang rund 70 MW zusätzlich zur Nominalleistung in das Netz abgegeben werden.

Natürlich können auch Anlagen, die für die Durchführung der Kraft-Wärme-Kopplung ausgerüstet sind, zur Abgabe von Spitzenstrom herangezogen werden. In diesem Fall muß ein Speicher auf der Seite des Wärmeabnehmers, z.B. im Fernwärmenetz, die Entnahmeenergie ersetzen, die dann zur zusätzlichen Produktion von elektrischer Energie herangezogen werden kann.

Die bisherigen Betrachtungen zielten darauf ab, in elektrischen Netzen für begrenzte Zeiten erhöhte Mengen an elektrischer Energie bereitzustellen. Eine völlig andere Anforderung wird in Zukunft wahrscheinlich der Straßenverkehr mit sich bringen. Elektroantriebe für Straßenfahrzeuge sind attraktiv, da diese Traktionsart abgasfrei arbeitet und die Systeme unabhängig vom Öl betrieben werden können. Wohlbekannt ist die Bleibatterie (s. Abb. 17.5), die aber ein verhältnismäßig großes Gewicht bezogen auf die gespeicherte Energie aufweist.

Eine neue Hochleistungsbatterie, die Natrium-Schwefel-Batterie [17.9, 17.10], bringt Vorteile im Speichervermögen mit sich. Bei diesem Batterietyp befinden sich die Reaktanden in zwei Metallbehältern, deren Öffnungen einander zugewandt und durch eine Keramikplatte voneinander getrennt sind. Der eine Becher enthält Natrium, der andere Schwefel. Beide Reaktanden liegen in flüssiger Form vor, was durch eine Beheizung der gesamten Zelle auf eine Betriebstemperatur von 300°C erreicht wird. Die zwischen beiden Bereichen angeordnete Keramikplatte dient als Elektrolyt. In dieser Zone werden Natriumionen geleitet, Elektronen jedoch nicht. Ohne Belastung weist das System eine Spannung von rund 2 V zwischen den beiden Elektroden auf. Bei Einschaltung eines äußeren Belastungswiderstandes wandern positiv geladene Natriumionen durch die

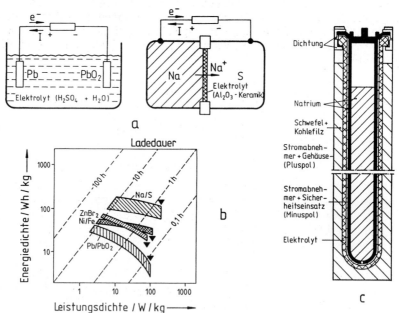

Abb. 17.5.   Batterien zur Speicherung von elektrischer Energie

a: Prinzip der Bleibatterie und der Natrium-Schwefel-Batterie
b: Energiedichte als Funktion der Leistungsdichte für verschiedene Batterien
c: NaS-Zelle nach dem BBC-Konzept [17.9]

keramische Platte zum Schwefel und bilden dort Natriumsulfid. Die freigesetzten Elektronen fließen über den äußeren Widerstand ab. Somit fließt der Entladestrom von der Schwefelelektrode (Kathode) über den äußeren Lastwiderstand zur Natriumelektrode (Anode) ab. Beim Laden der Batterie wird die Natriumsulfidverbindung durch Stromdurchgang auf der Schwefelseite aufgelöst, gleichzeitig erfolgt eine Rückwanderung der Natriumionen durch die keramische Trennwand in den Natriumraum.

Technische Ausführungen der Na-S-Zelle sind rohrförmig aufgebaut (s. Abb. 17.5c). Der Elektrolyt ist als einseitig geschlossenes Rohr ausgebildet. Innen befindet sich Natrium und außen Schwefel. Durch Reihen- und Parallelschaltung von Zellen werden die gewünschten Spannungen und Leistungen realisiert. So weist eine Batterie mit 265 kg Gewicht und 0,25 m³ Volumen eine Spannung von 120 V auf und speichert 32 kWh. Kurzfristig kann eine Leistung von 50 kW erreicht werden. Eine derartige Batterie kann schon recht günstig in einem PKW angeordnet werden. Sie wurde bereits erfolgreich im Betrieb getestet. Wie Abb. 17.5b deutlich zeigt, ist dieses Batteriekonzept herkömmlichen Lösungen besonders im Hinblick auf die Energiedichte weit überlegen. Zwar ist ein Wert von 0,1 kWh/kg noch immer weit von den Energiedichten flüssiger Kraftstoffe mit ca. 11 kWh/kg entfernt, jedoch wird diese Lösung zumindest bei Anwendungen in Stadtgebieten schon bald praktikabel und wirtschaftlich attraktiv sein.

17.3 Speicherung von thermischer Energie

Thermische Energie kann grundsätzlich in Form von fühlbarer Wärme, latenter Wärme oder mit Hilfe reversibler chemischer Reaktionen gespeichert werden (s. Abb. 17.6). Als Beispiel für Systeme zur Speicherung fühlbarer Wärme kann hier das sehr häufig angewendete Heißwasser [17.11-17.15] angeführt werden. Über die Beziehung

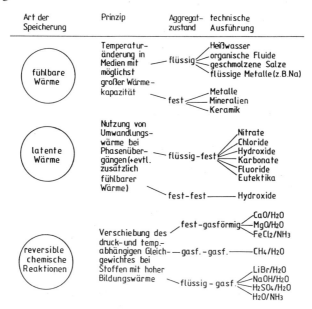

Abb. 17.6. Speichermöglichkeiten für thermische Energie

$$\frac{\Delta E}{m} = c\,\Delta T\;, \tag{17.14}$$

mit c spezifische Wärmekapazität des Wassers (kJ/kg) und ΔT Aufheizspanne (K), kann der gespeicherte Energiebetrag je Masseneinheit bei Ausnutzung einer Temperaturdifferenz ΔT bestimmt werden. Latentwärmespeicher [17.9] nutzen die umgesetzten Energiebeträge bei Phasenumwandlungen aus. Beispielsweise setzt Glaubersalz ($Na_2SO_4 \cdot H_2O$) bei 32°C Kristallisationswärme frei oder nimmt diese beim Schmelzen auf. Für die Energiedichte nach (17.14) ist in diesem Fall die Phasenänderungsenergie ΔH_u einzusetzen. Als ein Beispiel für die Wärmespeicherung durch reversible chemische Reaktionen kann die Spaltung von Methan mit Wasserdampf herangezogen werden.

$$CH_4 + H_2O \;\underset{\rightarrow}{\leftarrow}\; CO + 3\,H_2 \;\pm\; \Delta H_R$$

Beim Ablauf der Reaktion von links nach rechts wird endotherme Reaktionswärme in das System eingekoppelt und im kalten Spaltgas (CO und H_2) gespeichert. Die Methanisierungsreaktion in umgekehrter Richtung setzt den gleichen Wärmebetrag wieder frei. Für die je Masseneinheit des Spaltgases gespeicherte Energie ist in (17.14) dann $\pm\Delta H_R$ zu setzen, mit ΔH_R als reversibler Reaktionsenthalpie der oben angeführten Reaktion, die auch großtechnisch für die Erzeugung von Wasserstoff sehr wichtig ist.

Nach dieser kurzen Übersicht zu den prinzipiellen Verfahren der thermischen Energiespeicherung sollen hier Einzelheiten der Heißwasserspeicherung behandelt werden. In einfachster Form können z.B. in Fernwärmenetzen Verdrängungsspeicher zum Ausgleich von Belastungsspitzen eingeschaltet werden. Ein solcher Speicher kann im Haupt- oder im Nebenschluß angeordnet sein. Abb. 17.7a zeigt das Schema eines im Nebenschluß geschalteten Speichers. Die Trennschicht zwischen dem Speicherwasser aus Vor- und Rücklauf verschiebt sich innerhalb des Speichers je nach Wärmeaufnahme im angeschlossenen Fernwärmenetz. Diese Eigenschaft des Wassers, sich nur sehr langsam zu vermischen, ist eine grundlegende Voraussetzung für die Funktion von Verdrängungsspeichern. Als·Spei-

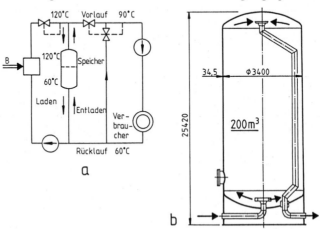

Abb. 17.7.   Speicherung von Heißwasser

a: Prinzip eines Verdrängungsspeichers
b: Druckspeicher (180°C/32 bar, 27 MWh bei ΔT = 120°C) [17.12]

chersysteme kommen Rohrleitungen, Druckspeicher und drucklose Wärmespeicher in Frage.

Durch Anhebung der Temperatur lassen sich auch in Rohrleitungen erhebliche Energiemengen speichern. In einer Rohrleitung von 3 km Länge, Durchmesser 0,4 m, läßt sich bei einer Änderung der Temperatur um 40°K eine Wärmemenge von ca. 18 MWh speichern. Ladung und Entladung sind durch Änderung der Temperatur mehrfach pro Tag möglich.

Die Druckspeicherung mit Spitzentemperaturen bis 180°C und großem Speichervermögen ist in Behältern bis rund 3,4 m Durchmesser realisiert (s. Abb. 17.7b). Allerdings ist der Aufwand bei Auslegung des Speichers auf Druck (hier 32 bar) erheblich. Große Warmwasserspeicher, die auch als Wasserreservoire und Puffer in Fernwärmenetzen große Bedeutung haben, lassen sich vergleichsweise einfach in großen Dimensionen und mit hohem Fassungsvermögen ausführen. Insbesondere bei der Verwendung von Kraftwerkswärme oder industriellen Abwärmen in Fernwärmenetzen kommt Speichersystemen erhebliche Bedeutung zu (s. Abb. 17.8a). Der Anteil an Frischwärme kann durch Einschaltung dieser Komponente erheblich reduziert werden. Im Sinne einer rationellen Energienutzung ist dies verständlicherweise sehr erwünscht.

Zur Beurteilung von Heißwasserspeichern ist der Nutzungsgrad von Interesse. Diese Größe ist als Quotient aus der dem Speicher entnommenen Wärmemenge und der ideal entladbaren Wärmemenge definiert.

$$\eta_N = \frac{Q_{Entl}}{Q_{ideal}} = \frac{\rho\,c\,\int \dot{V}_E\,(T_E(t) - T_R)\,dt}{\rho\,c\,V\,(T_B - T_R)}\,, \tag{17.15}$$

mit $\dot{V}_E$ Entladevolumenstrom, T_E zeitabhängige Endladetemperatur, T_R Rücklauftemperatur, T_B maximale Temperatur nach der Beladung und V Speichervolumen. Bei einer genauen Analyse sind die Verluste mit einzubeziehen, insbesondere bei der Langzeitspeicherung von Medien auf hohem Temperaturniveau ist dieser Effekt von Bedeutung. Die Behandlung eines Heißwasserspeichers möge hier helfen, die Einflüsse von Wärmeverlusten zu verdeutlichen. Ausgehend vom einfachen Schema (s. Abb. 17.8b) eines Speichers mit Wärmeisolation gelten folgende Bilanzen:

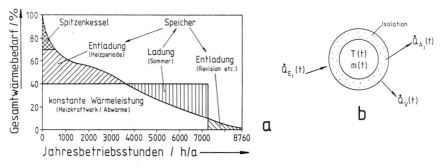

Abb. 17.8. Einsatz eines Wärmespeichers in einem Fernwärmesystem

  a: Geordnete Jahresdauerlinie des Wärmebedarfs
  b: Schema zur Bilanzierung eines Heißwasserspeichers mit Wärmeverlusten

$$\frac{dm}{dt} = \sum_i \dot{m}_{E_i} - \sum_j \dot{m}_{A_j} = f(t) \, , \tag{17.16}$$

$$\frac{dE}{dt} = \frac{d}{dt} \left(c \, m(t) \, T(t) \right) = \sum_i \dot{Q}_{E_i}(t) - \sum_j \dot{Q}_{A_j}(t) - \dot{Q}_V(t) \, , \tag{17.17}$$

$$\dot{Q}_{A_j}(t) = \dot{m}_{A_j}(t) \, c \, T_A(t) \, , \tag{17.18}$$

$$\dot{Q}_{E_i}(t) = \dot{m}_{E_i}(t) \, c \, T_E(t) \, . \tag{17.19}$$

Die Lösung für den Speicherinhalt kann unmittelbar durch Integration von (17.16) gewonnen werden als

$$m(t) = m(0) + \int_0^t f(\tau) \, d\tau \, . \tag{17.20}$$

Bei Kenntnis der Funktion $m(t)$, $\dot{m}_A(t)$, $\dot{m}_E(t)$, $T_E(t)$ und $T_A(t)$ kann im Prinzip die Differentialgleichung für die zeitliche Entwicklung der Temperatur im Speicher gelöst werden, wenn für die Verluste ein einfacher Ansatz der Form

$$\dot{Q}_V(t) = k \, A \, [T(t) - T_U(t)] \, , \tag{17.21}$$

mit k Wärmedurchgangszahl, A Oberfläche des Speichers und T_U Umgebungstemperatur gewählt wird. Unter der Annahme $T \approx T_A$ ist die Differentialgleichung (17.17) ist dann von der Form

$$\frac{dT}{dt} = \Psi(t) - \Phi(t) \, T \, . \tag{17.22}$$

Durch die Bestimmung einer homogenen und einer partikulären Lösung erhält man

$$T(t) = C \exp \left(- \int_0^t \Phi(\tau) \, d\tau \right) +$$
$$\exp \left(- \int_0^t \Phi(\tau) \, d\tau \right) \int \Psi(\tau) \exp \left(\int_0^t \Psi(t') \, dt' \right) d\tau \, , \tag{17.23}$$

wobei sich die Konstante C aus den Anfangsbedingungen bestimmt. Die Speicherverluste können nach Ermittlung des zeitlichen Verlaufs der Temperaturverteilung durch Integration der Definitionsgleichung (17.21) berechnet werden. Durch eine ausreichende Isolation werden die Verluste möglichst gering gehalten. Die Aufwendungen für die Isolation führen auf ein charakteristisches Optimierungsproblem (s. Kapitel 23). Für den speziellen Fall eines Speichers mit konstantem Inhalt $m(t) = m_0$ läßt sich die Zeitkonstante für den Abfall der Temperatur durch Wärmeverluste recht einfach angeben. Ohne Wärmeabfuhr und Wärmeentnahme reduziert sich die instationäre Energiebilanz zu

$$\rho \, c \, V \, \frac{\mathrm{d}T}{\mathrm{d}t} = - \, k \, A \, (T - T_\mathrm{U}) \tag{17.24}$$

mit der Lösung und der Zeitkonstante α

$$T(t) = T_\mathrm{U} + (T_0 - T_\mathrm{U}) \exp \, (- \, \alpha \, t) \, , \tag{17.25}$$

$$\alpha = \frac{k \, A}{\rho \, c \, V} \, . \tag{17.26}$$

Für den Fall eines Speichers mit kugelförmiger Gestalt gilt $A/V = 3/R$. Mit $k = 0,1$ W/m^2 K, $\rho = 1000$ kg/m^3, $c = 4,18$ kJ/kg K, $R = 1$ m folgt so $\alpha = 7,18 \cdot 10^{-8}$ s^{-1}. Die Temperatur sinkt beispielsweise bei $T_\mathrm{U} = 0\,°$C innerhalb von 1000 h von $T_0 = 80\,°$C auf $T = 61,8\,°$C ab.

Die Energiedichte in drucklos gespeichertem heißen Wasser bei einer angenommenen Temperaturspreizung von 50 K liegt bei rund 58 kWh/m^3. Höhere Energiedichten lassen sich in Wasser durch Anwendung von hohem Druck und damit höheren oberen Arbeitstemperaturen oder durch Verwendung von Stoffen, die auch oberhalb von 100°C bei Umgebungsdruck flüssig bleiben, erreichen. So sind z.B. Thermalöle bis 300°C für Wärmespeicherzwecke geeignet und haben bei einer Spreizung von z.B. 200°C eine Energiedichte von 116 kWh/m^3. Feststoffe bieten gegebenenfalls als Speichermaterialien verfahrenstechnische Vorteile, da sie in drucklosen Systemen bis zu hohen Temperaturen benutzt werden können (s. Tab. 17.3).

Tab. 17.3.   Feststoffe als Energiespeicher

Stoff	c_p (kJ/kg K)	ρ (kg/m^3)	λ (W/m K)	b (W $\sqrt{s}$ /K m^2)	a (m^2/s)
Kupfer	0,419	8300	370	36 000	107
Stahl	0,502	7800	14,7	7590	3,75
Granit	0,89	2750	2,9	2700	1,18
Schamott	0,84	1700...2000	0,5...1,2	1100	0,35...0,7

Besonders wichtig ist es, Stoffe mit hohen Werten für die Temperaturleitfähigkeit a und des Wärmeeindringvermögens b

$$a = \frac{\lambda}{\rho \, c_\mathrm{p}} \, , \, b = \sqrt{\lambda \, \rho \, c_\mathrm{p}} \tag{17.27}$$

zu wählen. Ge- und entladen werden können derartige Feststoffspeicher durch Luft- oder Inertgasströme, die mit Hilfe von Gebläsen z.B. durch Schüttungen hindurchgepreßt werden.

Die Speicherung von Dampf [17.13] kann vorteilhaft mit Hilfe von Ruths-Speichern erfolgen. Ein derartiger Speicher (s. Abb. 17.9) ist zu rund 90 % mit Wasser gefüllt und außen gut isoliert. Beim Laden des Speichers wird Dampf in das Wasser eingeblasen, die Kondensationswärme wird vom Wasser unter Drucksteigerung aufgenommen. Bei der Entladung des Speichers wird unter Druckabsenkung Dampf aus der Wasservorlage freigesetzt. Derartige Ruths-Speicher werden mit Volumina von mehreren 100 m^3 in Druckbereichen um 20 bar realisiert. Sie werden in Fernwärmenetzen verwendet und können als Momentanreserve in Produktionsprozessen, beispielsweise in der Chemie, eingesetzt

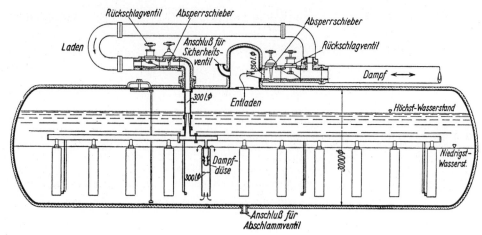

Abb. 17.9. Aufbau eines Ruths-Speichers [17.13]

werden. Das Zusammenwirken eines derartigen Speichersystems mit einem Hochdruck- sowie einem Niederdrucknetz zeigt Abb. 17.10a. Die Funktionen Laden und Entladen sowie die notwendigen Ventilverstellungen sind leicht zu erkennen. Die Speicherfähigkeit eines derartigen Gefällespeichers ist abhängig vom gesamten Wasservolumen sowie von den Druckverhältnissen. Eine vereinfachte thermodynamische Betrachtung liefert folgendes Bild: Die abgegebene differentielle Dampfmenge dm steht über die Verdampfungswärme r, die spezi-

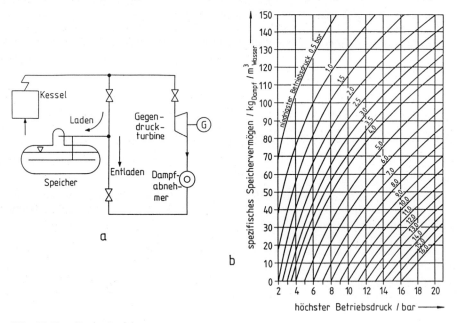

Abb. 17.10. Ruths-Speicher

    a: Beispiel zur Einbindung in ein Dampfnetz
    b: spezifische Speicherfähigkeit [17.13]

fische Wärme c und die Temperaturänderung dT mit der Wassermenge m in Zusammenhang

$$d(m\,r) = -\,m\,c\,dT\,,\tag{17.28}$$

$$\Delta m = -\int \frac{m\,c\,dT}{r}\,.\tag{17.29}$$

Diese Beziehung kann anhand der thermodynamischen Daten von Wasserdampf ausgewertet werden. Als Ergebnis der Rechnung erhält man die spezifische Speicherfähigkeit (kg Dampf/m³ Speichervolumen) als Funktion vom Ladedruck und dem Druck des entnommenen Dampfes (s. Abb. 17.10b). Mit ausreichender Genauigkeit kann die spezifische Speicherfähigkeit δ auch aus einer einfachen Mengen- und Energiebilanz vor und nach der Entladung des Speichers bestimmt werden

$$m_1\,h'_1 = m_2\,h'_2 + (m_1 - m_2)\,h''_D\,,\tag{17.30}$$

$$\delta = \frac{m_1 - m_2}{V} = \frac{\Delta m}{V} = \rho_1\,\frac{h'_1 - h'_2}{h''_D - h'_2}\,,\tag{17.31}$$

mit m_1 Wassermasse im geladenen Zustand beim Druck p_1 und der Enthalpie h'_1, m_2 Wassermenge im entladenen Zustand beim Druck p_2 und der Enthalpie h'_2 und $\Delta m = m_1 - m_2$ entladene Dampfmenge mit der mittleren Enthalpie h''_D.

Die Anwendung der vereinfachten Beziehungen soll an einem Zahlenbeispiel mit den folgenden Vorgaben verdeutlicht werden: $p_1 = 12$ bar, $\rho_1 = 878$ kg/m³, $h'_1 = 798{,}43$ kJ/kg, $p_2 = 10$ bar, $h'_2 = 762{,}61$ kJ/kg, $h''_D = 2779{,}5$ kJ/kg. Hieraus resultiert eine spezifische Speicherfähigkeit von 15,5 kg Dampf je m³ Wasser. Dieser Wert stimmt gut mit dem exakten Wert von 15 kg/m³ (s. Abb. 17.10b) überein. Bei einem technischen Apparat von 300 m³ Volumen können so durch Druckabsenkung 4,5 t Dampf von 10 bar gewonnen werden.

Bei Latentspeichersytemen [17.14, 17.15] werden Speichermedien eingesetzt, bei denen reversible Änderungen des Aggregatzustandes oder Phasenwechsel erfolgen. Diese Vorgänge laufen ohne Temperaturänderungen ab. Im Sinne von Abb. 17.11a sind fünf Aggregatzustandsänderungen möglich. Die Wärmemenge, die in einem Temperaturbereich T_1 bis T_2 mit $T_1 < T^* < T_2$ gespeichert oder wieder abgegeben wird, kann aus der Beziehung

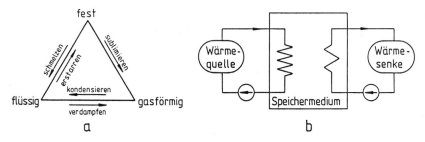

Abb. 17.11.   Hinweise zu Latentspeichern

a: Übersicht über mögliche Änderungen des Aggregatzustands
b: Prinzipschema eines Latentspeichersystems

$$\Delta Q = m \left\{ \int_{T_1}^{T^*} c_{p,\text{fest}}(t)\, \mathrm{d}t + \Delta H^* + \int_{T^*}^{T_2} c_{p,\text{flüssig}}(t)\, \mathrm{d}t \right\} \tag{17.32}$$

bestimmt werden, wenn z.B. ein Schmelzübergang unterstellt wird. Ein bekanntes Beispiel ist in diesem Zusammenhang Glaubersalz ($Na_2SO_4 \cdot H_2O$) mit einer Umwandlungstemperatur $T^* = 32°C$ und einer Umwandlungsenergie $\Delta H^* = 251$ kJ/kg. Bei einer Dichte von 1,458 kg/m³ sind so rund 100 kWh/m³ speicherbar. Es stehen eine Reihe von Speichermedien zur Verfügung, die ihre latente Wärme auf für die Heizwärmeversorgung oder auch für industrielle Prozesse interessantem Temperaturniveau abgeben können (s. Tab. 17.4). Auch Phasenänderungen fest $\longleftrightarrow$ fest sind bekannt und grundsätzlich für Speicherzwecke ausnutzbar (s. Tab. 17.5). Bei der technischen Ausführung eines derartigen Speichersystems wird eine Schaltung nach Abb. 17.11b verwendet.

Tab. 17.4.   Latentspeichermedien mit Umwandlungen von fest nach flüssig

Material	Formel	Schmelzpunkt (°C)	Schmelzwärme	
			(kJ/kg)	(kJ/dm³)
Wasser	H_2O	0	334,9	305,5
Calziumnitrat-tetrahydrat	$Ca(NO_3)_2 \cdot 4\,H_2O$	42	152,8	288,7
Natriumhydroxyloctalhydrat	$NaOH \cdot 8\,H_2O$	64	272,1	472
Natrium	Na	98	116,3	117,4
Ammoniumthiocynat	NH_4CNS	146	260,5	337,2
Natriumhydroxyd	$NaOH$	300	225,6	465,7
Natriumchlorid	$NaCl$	810	493,1	763,8

Tab. 17.5.   Latentspeichermedien mit Umwandlungen fest $\longleftrightarrow$ fest

Material	Formel	Übergangstemperatur (°C)	Übergangswärme (kJ/dm³)
Vanadiumtetraoxyd	V_2O_4	72	208,6
Silberselenid	Ag_2Se	133	193,7
Eisensulfid	FeS	138	231

Generell sollten Latentspeichermedien hohe spezifische Umwandlungswärmen und Umwandlungstemperaturen im gewünschten Arbeitsbereich aufweisen. Der Dampfdruck sollte niedrig sein, die Stoffe müssen chemisch stabil, nicht korrosiv, ungiftig, nicht explosibel oder feuergefährlich sein. Auch sollte die thermische Leitfähigkeit hoch sein. Schließlich müssen die Stoffe billig und gut verfügbar sein. Großspeicher werden im allgemeinen modular aus einzelnen Speicherelementen aufgebaut. Die Weiterentwicklung thermischer Speicher nach dem hier dargestellten Verfahrensprinzip macht in den letzten Jahren insbesondere im Zusammenhang mit der Nutzung regenerativer Energiequellen Fortschritte.

17.4   Speicherung von flüssigen Kohlenwasserstoffen und Gasen

Im Hinblick auf die realisierbaren Energiedichten bei der Speicherung sind flüssige Kohlenwasserstoffe und heizwertreiche Gase, wie schon in Abschnitt 17.1 erwähnt, die attraktivsten Medien [17.16-17.20]. Flüssige Kohlenwasserstoffe mit Energiedichten um 11 000 kWh/m³ Speichervolumen werden weltweit in großem Umfang in Form von Rohöl und diversen flüssigen Raffinerieprodukten wie Benzin, Diesel, Heizöl gespeichert. Als Speichereinrichtungen werden großvolumige Stahlbehälter, aber auch unterirdische Kavernen, z.B. ausgebeutete Öl- und Gasfelder oder Kavernen in Salzstöcken, eingesetzt. Durch besondere Maßnahmen wird die Verdampfungsrate der Kohlenwasserstoffe möglichst niedrig gehalten. Bezüglich technischer Einzelheiten sei hier auf die Spezialliteratur verwiesen.

Für die Speicherung von Gasen stehen eine Vielzahl von Möglichkeiten zur Verfügung (s. Abb. 17.12). Beim Einsatz von Gasspeichern ist zwischen Kurzzeitspeichern, die für einen Ausgleich der Tagesschwankungen sorgen, und Langzeitspeichern, die einen Jahresausgleich ermöglichen, zu unterscheiden. Als Kurzzeitspeicher dienen Niederdruckbehälter, Hochdruckspeicher sowie die Speicherung in Pipelines. Niederdruckbehälter kommen bei geringem Überdruck insbesondere zur Speicherung von Kokereigasen zum Einsatz. Hochdruckspeicher werden für Drücke bis zu 14 bar und für Speichermengen bis zu 50 000 m_N^3 als Kugelspeicher in der Nähe von Verbrauchsschwerpunkten installiert. Pipelines können oberhalb ihres Arbeitsdrucks betrieben werden. Damit weisen sie eine gewisse Speicherkapazität zum Ausgleich von Lastspitzen auf. So sind z.B. in einer Transportleitung von 100 km Länge mit 1 m Rohrdurchmesser und bei einem Betriebsdruck von 70 bar etwa $5,4 \cdot 10^6$ m_N^3 Gas gespeichert. Rund 10 % dieser Menge können bei Spitzenlastanforderungen durch Druckvariation abgegeben und so zum Abfangen kurzzeitiger Bedarfsspitzen genutzt werden. Ein weiteres geeignetes Mittel zur Beherrschung von Lastspitzen sind kurzzeitig unterbrechbare Lieferverträge mit industriellen Großverbrauchern oder Kraftwerken.

Eine Langzeitspeicherung von Gas ist wegen der unterschiedlichen Charakteristiken von Gasabsatz und Gaslieferungen (s. Abb. 17.13) notwendig und wird nach einer Reihe von Verfahrensprinzipien durchgeführt. Als Untertagespeicher dienen ausgebeutete Erdöl- und Erdgasfelder mit Speichervolumina von einigen $100 \cdot 10^6$ m_N^3 bei Drücken bis 70 bar, Aquiferspeicher und Hohlräume in Salzstöcken oder in gasdichtem Gestein. Eine ebenso interessante Möglichkeit bietet die Gasverflüssigung und die anschließende Lagerung des Flüssiggases.

Bei Aquiferspeichern wird durch Gaseinfüllen in eine geologische Formation dort vorliegendes Wasser verdrängt. Voraussetzung ist, daß poröse, permeable Gesteinsschichten mit einer gasundurchlässigen Deckschicht überdeckt sind (s. Abb.

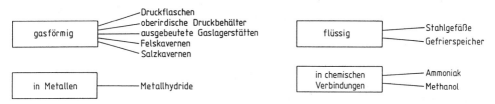

Abb. 17.12.   Speichersysteme für Gase

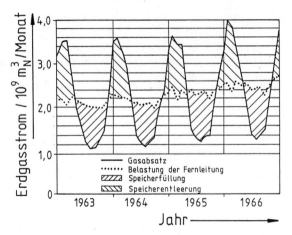

Abb. 17.13. Vergleichmäßigung der Auslastung eines Ferntransportsystems durch Unter-
tagespeicherung

17.14). In derartigen Speichern sind heute ebenfalls einige $100 \cdot 10^6 \, m_N^3$ Gas bei
Drücken um 60 bar speicherbar. Großvolumige Steinsalzkavernen werden mit
Hilfe von Wasser in großer Tiefe (bis 1000 m) ausgesolt und erreichen Gasfül-
lungen bis zu $50 \cdot 10^6 \, m_N^3$ bei Drücken bis 250 bar.

Gase können nach Verflüssigung mit sehr hoher Energiedichte gespeichert werden. Methan kann unter Normaldruck bei Temperaturen unterhalb von
-161,5°C verflüssigt werden. Oberhalb eines Druckes von 47 bar reicht eine
Temperaturabsenkung auf nur -82°C aus. In diesem Fall tritt beispielsweise bei
-104°C eine Volumenverringerung gegenüber dem Normalzustand im Verhältnis
1:436 auf. In einem Flüssiggasspeicher ist demnach gegenüber einem Normal-
druckspeicher rund 600 mal soviel Energie gespeichert. Als technische Konzepte
für derartige Flüssiggasspeicher kommen gut isolierte oberirdische Tanks,
Bodengefrierspeicher und Spannbetonbehälter in Frage. Ein in den USA ausgeführter Spannbetonbehälter weist z.B. bei einem Durchmesser von 82 m und
einer Höhe von 29 m ein geometrisches Volumen von $1,56 \cdot 10^5 \, m^3$ auf. In diesem

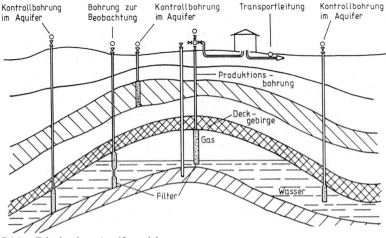

Abb. 17.14. Prinzip eines Aquiferspeichers

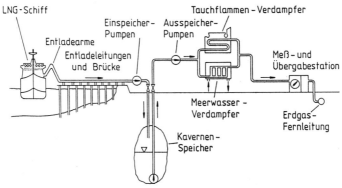

Abb. 17.15.   Schema eines LNG-Terminals mit Kavernenspeicher

Behälter sind $5,2 \cdot 10^7$ m_N^3 Flüssiggas gespeichert. Vor der Nutzung des Gases wird dann eine Verdampfung durchgeführt.

Tab. 17.6.   Daten von Flüssiggasen

	Propan	Propen	handels-übliches Propan	n-Butan	i-Butan	handels-übliches Butan
Siedetemperatur (°C), 1 bar	-42,1	-47,7	-44	-0,5	-11,7	-4
Dampfdruck (bar), 0°C -40°C	4,8 13,6	6,0 17,1	5,3 15,0	1,0 3,9	1,7 5,8	1,2 4,6
Dichte (fl.) (kg/m³), 15°C	507	523	510	585	563	580
Dichte (g.) (kg/m³ₙ), 0°C	2,011	1,913	1,97	2,708	2,697	2,70
Volumenverh. (g./fl.), 0°C	264	285	270	223	218	220
Heizwert (MJ/kg)	46,35	46,06	46,2	45,6	45,51	45,6
Brennwert (MJ/kg)	50,41	49,28	50,0	49,57	49,49	49,5

Auch Flüssiggase spielen in der Energiewirtschaft zunehmend eine Rolle. Hierbei handelt es sich um C_3- sowie C_4-Fraktionen, die sowohl als Raffinerieprodukte als auch als direkte LNG-Produkte verfügbar gemacht werden. Einige wichtige Daten sind der Tab. 17.6 zu entnehmen. Diese Flüssiggase werden teils mit Hilfe von Tankschiffen in die BRD importiert, in Kavernen zwischengespeichert und nach Wiederverdampfung ins Netz abgegeben. Eine derartige Kette ist in Abb. 17.15 dargestellt. Wichtig ist insbesondere das Einhalten einer geringen Verdampfungsrate in derartigen Speichern, sie liegt heute unterhalb von 1 ‰/Tag. Bei der technischen Gestaltung derartiger Anlagen müssen wegen der niedrigen Temperatur besondere kaltzähe Stähle eingesetzt werden.

Wasserstoff ist nach Einschätzung kompetenter Energiewirtschaftler ein interessanter Energieträger für zukünftige Anwendungen. Neben der Speicherung von Wasserstoff als Gas oder in verflüssigter Form bietet sich hier die Speicherung

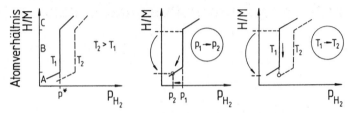

Abb. 17.16.   Vorgänge bei der Wasserstoffspeicherung durch Metallhydride

als Metallhydrid an [17.21, 17.22]. Einige Metalle und Metallegierungen haben die Eigenschaft, Wasserstoff unter bestimmten Bedingungen von Druck und Temperatur aufzunehmen und in ein Hydrid einzubinden. Zu nennen sind hier z.B. Eisen-Titan-Hydrid und Magnesium-Hydrid. Bei der Speicherung von Wasserstoff in einem derartigen System sind charakteristische Vorgänge zu beobachten (s. Abb. 17.16). Im Bereich A steigt mit ansteigendem H_2-Außendruck der Wasserstoffgehalt (H/M) im Metall an.   Nach Erreichen eines bestimmten Druckwertes p^* beginnt im Bereich B die eigentliche Speicherwirkung. Bei weiterer Wasserstoffzufuhr wird dieser bei konstantem Druck und konstanter Temperatur an das Metall gebunden. Es bildet sich als neue Phase das Metallhydrid. Nach Abschluß dieser Phasenumwandlung steigt bei anhaltender H_2-Zufuhr im Bereich C der H_2-Druck weiter an. Die Abgabe des gespeicherten Wasserstoffs aus dem Metallgitter erfolgt durch Druckabsenkung oder durch Temperaturerhöhung. Ein praktisch ausgeführter Hydridspeicher ist in Abb. 17.17 dargestellt. Hier ist eine Speichermasse von 10 t (Legierung auf der Basis von Ti, V, Mn) in der Lage 2000 m_N^3 Wasserstoff zu speichern. Metallhydridspeicher stellen im Vergleich zu Flüssig-Wasserstoffspeichern, insbesondere im Hinblick auf eine spätere Nutzung von Wasserstoff für Antriebszwecke, eine interessante Alternative dar. Ihre volumen- und massenbezogene Energiedichte ist relativ hoch, wie Tab. 17.7 im Vergleich zu Benzin ausweist.

Tab. 17.7.   Speicherung von Wasserstoff im Vergleich zu Benzin

Speicherart	Raumbedarf m^3/m^3 Benzin	Masse kg/kg Benzin
Flüssigwasserstoffspeicher (LH$_2$-Kryogenspeicher)	4...5	≈ 2
Titan-Eisen-Hydridspeicher	1,7	16
Druckgasspeicher 400 bar	7	32
H$_2$ unter Normaldruck	2500	

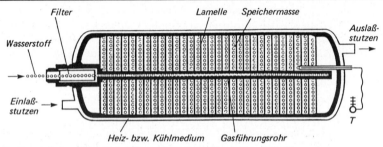

Abb. 17.17.   Schematische Darstellung eines Metallhydridspeicherelements

18 Rationelle Energieumwandlung und -nutzung

18.1 Allgemeine Aspekte

Bezogen auf den Primärenergieeinsatz der BRD werden nur rund 30 % wirklich als Nutzenergie verwendet. Sowohl bei der Umwandlung der Primärenergie in Sekundärenergie oder Endenergie als auch bei der anschließenden Umwandlung in Nutzenergie treten in den einzelnen Sektoren erhebliche Verluste auf (s. Abb. 18.1). Im ersten Schritt verursachen insbesondere die Prozesse der Erzeugung von elektrischer Energie erhebliche Verluste. Auch Raffinerien, Kokereien und Anlagen zur Brennstoffaufbereitung tragen erheblich zu den Einbußen bei. Einschließlich Transport- und Speicherverlusten resultiert so insgesamt für das ausgewiesene Jahr 1987 ein Energieumwandlungsgrad von 75 % für die Energiewirtschaft in der BRD. Bei der Bereitstellung von Nutzenergie sind die Verhältnisse noch ungünstiger. Besonders im Verkehrssektor wird die Endenergie im Mittel zu weniger als 20 % in Nutzenergie überführt. Auch beim nichtenergetischen Verbrauch (NEV) werden ähnliche Verluste wie beim Schritt der Endenergieumwandlung zu Nutzenergie zu berücksichtigen sein [18.1, 18.2].

Die hier in integraler Betrachtung dargelegten Relationen seien anhand zweier spezieller Beispiele erläutert. Bei der Umsetzung von Energie im Verbrauchssektor Verkehr gilt näherungsweise die Kette in Abb. 18.2a, während die Bereitstellung von Lichtenergie im Sektor Haushalt und Kleinverbrauch entsprechend einem Schema nach Abb. 18.2b zu beurteilen ist. Man erkennt sehr deutlich, daß Bemühungen zur rationelleren Verwendung von Energie an allen Stellen der Umwandlungskette gerechtfertigt sein werden. Vorab seien einige grundlegende Möglichkeiten genannt, in späteren Abschnitten werden diese zum Teil genauer erläutert.

- Es ist eine Reduktion des Energieeinsatzes beim Verbraucher möglich; hier sei z.B. auf technische Möglichkeiten der Wärmeisolation von Häusern oder auf eine Absenkung der Heizungstemperatur hingewiesen.

- Die Umwandlungsverluste können in allen Schritten der Energiekette reduziert werden. Hier sei beispielhaft die Erhöhung von Kraftwerkswirkungsgraden genannt.

- Energieintensive Techniken können durch sparsamere Techniken ersetzt werden. Als typisches Beispiel sei der Antrieb von Kompressoren in großtechnischen Verfahren durch Dampf anstelle von elektrischer Energie erwähnt.

- Der Anlagenbetrieb kann oft generell verbessert werden. So wird beim intermittierenden Betrieb zumeist erheblich mehr Energie einzusetzen sein als bei Vollast-Dauerbetrieb.

- Bei einer Mehrfachnutzung von Energie sind erhebliche Einsparungen möglich. Als bedeutsames Beispiel für dieses Prinzip möge die Kraft-Wärme-Kopplung gelten; es sind jedoch auch Mehrstufenentspannungsverfahren für die Verdampfung zu erwähnen.

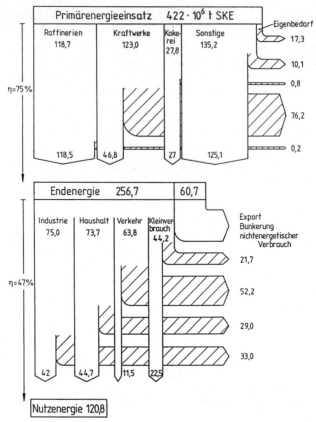

Abb. 18.1. Verluste bei der Umwandlung von Primär- in Endenergie bzw. bei der Bereitstellung von Nutzenergie (BRD, 1987)

- Die Kombination von Anlagen mit gegensätzlichen Erfordernissen hilft Energie einzusparen. Als ein besonders anschauliches Beispiel für eine derartige Technik sei die zeitgleiche Bereitstellung von Heizwärme und von Kälte an benachbarten Orten mit Hilfe einer Wärmepumpe genannt.

- Durch die Einführung von Speichern in energietechnischen Systemen wird oft eine bessere Ausnutzung der Primärenergie ermöglicht.

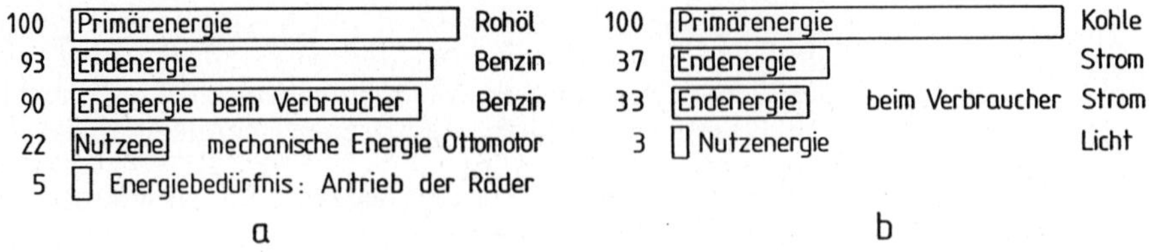

100	Primärenergie		Rohöl
93	Endenergie		Benzin
90	Endenergie beim Verbraucher		Benzin
22	Nutzene.	mechanische Energie	Ottomotor
5	Energiebedürfnis: Antrieb der Räder		

100	Primärenergie		Kohle
37	Endenergie		Strom
33	Endenergie	beim Verbraucher	Strom
3	Nutzenergie		Licht

a

b

Abb. 18.2. Umwandlungsketten für Energie

a: Energieeinsatz im Verkehr
b: Energieeinsatz zur Lichterzeugung

- In vielen Verfahren können durch Substitution ungeeigneter Energieträger Verbesserungen der Umsetzung oder des Wirkungsgrades erreicht werden.

- Durch Verbesserung der Prozeßführung kann der Energieeinsatz in Verfahren erheblich reduziert werden. Als Beispiele seien genannt Verbrennungsmotoren mit verringertem Treibstoffverbrauch, Heizungskessel mit gesteigertem Wirkungsgrad und die Reduktion des spezifischen Kokseinsatzes beim Hochofenprozeß.

- Verfahren der Energierückgewinnung sowie der Abhitzenutzung gewinnen in allen Bereichen der Energiewirtschaft zunehmend an Bedeutung.

- Auch Rezyklingverfahren sind als sehr effektive Möglichkeiten zum sparsamen Wirtschaften mit Energie anzusehen. Hingewiesen sei z.B. auf das Rezyklieren von Aluminium, Kupfer oder Eisenschrott.

- Wesentliche Verbesserungen in der industriellen Energienutzung werden auch durch apparative Modifikationen möglich. Erwähnt seien hier etwa Aufwendungen für Isolationen oder geeignete Dimensionierungen, um etwa Druckverluste klein zu halten.

Bei allen Bemühungen Energie einzusparen und die Umwandlungsketten möglichst effektiv zu gestalten, müssen allerdings vielfältige Randbedingungen eingehalten werden. Diese sind meist wirtschaftlicher, technischer oder ökologischer Art. Eine Überprüfung, ob eine Energiesparmaßnahme sinnvoll ist, hat derzeit z.B. folgende Aspekte zu berücksichtigen:

- Höhe der Einsparung von Primärenergie,
- zusätzliche Investitionskosten,
- Kapitalrückflußzeiten,
- Zinsniveau, Abschreibungszeiten,
- Inflationsentwicklungen bei den Kosten von Energieträgern und Kapitalinvestitionen,
- Auslastung der Anlage,
- Verfügbarkeiten,
- Lebensdauer der Komponenten,
- Wartungs- und Bedienungsaufwand,
- Umweltaspekte,
- Genehmigungsfragen,
- Rohstoffversorgung,
- Substitutionsmöglichkeiten und
- Marktentwicklung.

Heute werden Bemühungen um rationelle Energienutzung meist noch ausschließlich vor dem Hintergrund eines energietechnisch-ökonomischen Kompromisses gesehen. Es wird fast immer eine Optimierung des technischen Aufwandes zur Einsparung von Energie bzw. zur Rückgewinnung durchgeführt. Im Vorgriff auf die detaillierten Ausführungen und Beispiele in Kapitel 23 sei hier erklärt, was darunter verstanden sein soll. Die Betriebskosten einer Anlage werden wesentlich durch den Energieeinsatz mitbestimmt. Wird durch technischen Aufwand A eine Verringerung des Energieeinsatzes erreicht, so kann im Prinzip folgender Ansatz für die betriebs- und kapitalabhängigen Jahreskosten gemacht werden:

$$K_{\text{Betrieb}} = C_1 + \frac{C_2}{A} \quad , K_{\text{Kap}} = C_3 + A\, C_4 \tag{18.1}$$

Ein linearer Ansatz wurde hier allein aus Zweckmäßigkeitsgründen gewählt. Für den optimalen Aufwand unter technisch-ökonomischen Bedingungen folgt dann aus einer einfachen Optimierungsbetrachtung (s. Kapitel 23)

$$A_{\text{opt.}} = \sqrt{C_2/C_4} \; . \tag{18.2}$$

Es sei betont, daß in Zukunft einige Gesichtspunkte zwingend für eine allgemeine Etablierung von Verfahren der rationellen Energieumwandlung und -nutzung sprechen werden: Steigender Weltenergiebedarf, abnehmende Energieressourcen, steigende Energiekosten sowie insbesondere die CO_2-Problematik (s. Kapitel 24) werden weltweit große Anstrengungen erfordern. Dies bedeutet, daß in den entwickelten Ländern baldmöglichst ein Übergang zu energiesparenden Techniken erfolgen muß und daß in den heute noch nicht entwickelten Ländern von Anfang an möglichst energiesparende Techniken eingeführt werden müssen, auch wenn diese Techniken einen höheren Kapitaleinsatz erfordern.

18.2 Rationelle Energienutzung bei der Erzeugung von elektrischer Energie

Der Wirkungsgrad für die Umwandlung von Primärenergie in elektrische Energie kann bei Einsatz von fossilen Brennstoffen oder Kernbrennstoffen nach einem Ansatz entsprechend

$$\eta_{\text{ges}} = \prod_i \eta_i = \eta_{\text{th}}\, \eta_{\text{K}}\, \eta_{\text{mech}}\, \eta_{\text{Gen}}\, \eta_{\text{Abgabe}} \tag{18.3}$$

ermittelt werden, mit η_{th} Kreisprozeßwirkungsgrad, η_{mech} mechanischer Wirkungsgrad der Turbine, η_{Gen} Generatorwirkungsgrad, η_{K} Wirkungsgrad des Kessels, η_{Abgabe} Verluste durch Eigenverbrauch. Speziell η_{th} und η_{K} hängen, wie schon in früheren Kapiteln dargelegt, von einer Vielzahl von Anlagencharakteristika ab. Wichtige Parameter, die den Kesselwirkungsgrad beeinflussen, sind Abgastemperatur, Brennstoffausbrand, Verluste durch Strahlung und Leitung, Ascheverluste und Luftvorwärmung. Der thermische Wirkungsgrad des Kreisprozesses dagegen wird durch Größen wie Frischdampfzustand, Zustand und Zahl der Zwischenüberhitzungen, Kesseleintrittstemperatur, Zahl der regenerativen Speisewasservorwärmstufen, Kondensationsdruck und innere Turbinenwirkungsgrade bestimmt. Darüber hinaus wird der Gesamtwirkungsgrad durch Parameter wie Anlagenleistung, -auslastung, -zustand, Entwicklungsstand und Betriebsweise beeinflußt. Diese Einflüsse sind aber meist nur aus langjährigen Erfahrungen ableitbar. Insgesamt ist der Energieeinsatz bei Kraftwerken in den letzten Jahrzehnten durch ständige Verfahrensverbesserungen reduziert worden. So betrug der Wirkungsgrad von Steinkohlekraftwerken im Jahre 1955 im Mittel 25 %, während er heute in der BRD bei rund 38 % liegt. In den letzten Jahren erfolgte allerdings ein Anstieg des Eigenbedarfs speziell bei der Steinkohleverstromung, bedingt durch energetische Aufwendungen für Rauchgasentschwefelung und -entstickung.

Zukunftsentwicklungen bei der Kohleverstromung, z.B. Dampfturbinenprozesse mit integrierter Kohlevergasung, lassen Gesamtwirkungsgrade von 45 % als realistisch erscheinen. Insbesondere bei Steigerung der Gasturbineneintrittstemperatur zeichnen sich hier Verbesserungen der Energienutzung ab [18.3-18.5]. Allerdings werden all diese Maßnahmen derzeit im Lichte einer ökonomisch-technischen Optimierung zu beurteilen sein (s. Kapitel 23). Auch bei Kernkraftwerken ist eine Steigerung des Wirkungsgrades von derzeit 32 % bei Leichtwasserreaktoren auf über 45 % bei Hochtemperaturreaktoren mit GUD-Prozessen möglich.

Besonders wichtig für eine energetisch optimale Elektrizitätserzeugung ist auch ein möglichst hoher Auslastungsgrad der Kraftwerke. Dies wird durch Einbindung von Verbrauchern ins Netz zur Ausfüllung von Schwachlasttälern erreicht.

18.3   Rationelle Energienutzung im Sektor Haushalt und Kleinverbrauch

Auch in diesem Sektor der Energiewirtschaft haben technische Verbesserungen im Laufe der vergangenen Jahre zu einer kontinuierlichen Reduktion des spezifischen Energieeinsatzes geführt (s. Abb. 18.3a). So wurden innerhalb eines Zeitraums von 15 Jahren Reduktionen der spezifischen Verbrauchszahlen bei elektrischen Haushaltsgeräten um bis zu 75 % realisiert. Auch im Heizungssektor konnte in den letzten 15 Jahren fast eine Halbierung des spezifischen Heizwärmeverbrauchs erreicht werden [18.6-18.9]. Einige Maßnahmen, die zu diesem Erfolg führten, sind: vollisolierte Neubauten, verstärkte Wärmeisolation bei Altbauten, Einbau von Thermostaten, bewußtes Heizen sowie regelmäßige Wartung und höhere Energienutzungsgrade der Heizanlagen. Auch bei den hier erwähnten Maßnahmen werden derzeit immer noch Optimierungsüberlegungen im Hinblick auf ein wirtschaftlich optimales Ergebnis angestellt. So hilft natürlich eine Verbesserung der Wärmeisolation eines Hauses bei der Verringerung des Energieeinsatzes, der erhöhte Isolationsaufwand führt allerdings zu einer Steigerung der Investitionskosten (s. Kapitel 23). Insbesondere bei Einführung von Wärmepumpenanlagen, oder in Zukunft bei Solaranlagen, kann der Einsatz an Primärenergie im Verhältnis zur bereitgestellten Heizenergie erheblich gesenkt werden (s. Abb. 18.4). Während im Falle einer konventionellen Ölheizung das Verhältnis $N_{\text{Heiz}}/N_{\text{Primär}}$ bei rund 0,6 liegt, kann dieses Verhältnis bei Verwendung einer dieselgetriebenen Wärmepumpenheizanlage auf 1,5 gesteigert werden. Bei Solaranlagen schließlich können je Primärenergieeinheit sieben Einheiten Heizenergie bereitgestellt werden.

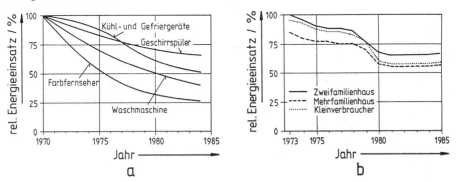

Abb. 18.3.   Entwicklung spezifischer Energieeinsätze im Sektor Haushalt und Kleinverbrauch

a: Entwicklung des spezifischen Stromverbrauchs
b: Entwicklung des spezifischen Heizölverbrauchs (temperaturbereinigt)

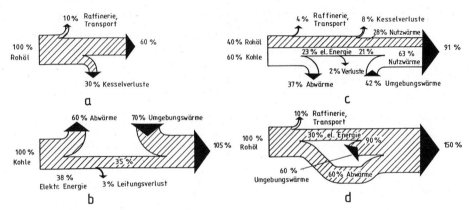

Abb. 18.4.   Verhältnis von Heizenergie zu Primärenergie bei Einsatz verschiedener Techniken

a: Ölheizung ($N_H/N_P = 0,6$)
b: monovalente elektrische Wärmepumpe ($\varepsilon = 3$, $N_H/N_P = 1,05$)
c: bivalente elektrische Wärmepumpe mit Ölheizung ($\varepsilon = 3$, $N_H/N_P = 0,91$)
d: dieselgetriebene Wärmepumpe ($\varepsilon = 3$, $N_H/N_P = 1,5$)

Weitergehende technische Lösungen für die Zukunft sehen die Wärmerückgewinnung aus der Abluft von Räumen oder aber auch aus Haushaltsabwässern vor, teils unter Einsatz von Wärmepumpen. In all diesen Fällen wird der primäre Energieeinsatz durch Aufwendung von Kapital für Anlagenkomponenten stark reduziert. Im Zusammenhang mit Energiesparmaßnahmen bei der Heizwärmeversorgung sei auch die Möglichkeit erwähnt, den oberen Heizwert von fossilen Brennstoffen auszunutzen. Hierbei wird die Kondensationswärme des im Rauchgas enthaltenen Wasserdampfes genutzt. Diese Technik setzt allerdings korrosionsfeste Apparaturen im Rauchgasweg voraus. Derartige Anforderungen wirken verteuernd auf die Anlagen. Insgesamt bleibt festzuhalten, daß in allen Schritten der Umwandlungskette des hier behandelten Sektors große Einsparungspotentiale vorhanden sind, die es in Zukunft zu realisieren gilt.

18.4   Rationelle Energienutzung im Sektor Verkehr

Auch in diesem Bereich der Energiewirtschaft sind in der Vergangenheit Erfolge im Hinblick auf eine rationellere Energienutzung erreicht worden [18.9] (s. Abb. 18.5a). Der spezifische Verbrauch hängt von einer Vielzahl von Parametern ab, wie z.B. Prozeß (Otto, Diesel), Prozeßparameter, Widerstandsbeiwert, Fahrzeuggewicht, Geschwindigkeit, Reifen- und Straßenzustand, Treibstoffqualität und Betriebsweise. Besonders die Betriebsweise des Motors ist eine wichtige Einflußgröße, wie Abb. 18.5b zeigt, denn es existiert offenbar für jeden Gang ein Punkt mit minimalem Kraftstoffverbrauch. Bei zukünftigen Bemühungen zur Senkung des spezifischen Kraftstoffeinsatzes sind sowohl Verbesserungen der Motorentechnik als auch der Motorensteuerung denkbar. Ein Blick auf Abb. 14.8b auf Seite 203 verdeutlicht Ansatzmöglichkeiten für derartige Bemühungen. Auch der Einsatz alternativer Treibstoffe mit der Möglichkeit der Wirkungsgradsteigerung ist für die Zukunft denkbar. Methanol und Wasserstoff sind hier geeignete Energieträger [18.10, 18.11].   Die zukünftige Entwicklung für den Kraftfahrzeugantrieb geeigneter Batterien läßt eine erhebliche Steigerung der Energienutzung in elektromotorisch angetriebenen Fahrzeugen erwarten. Hier

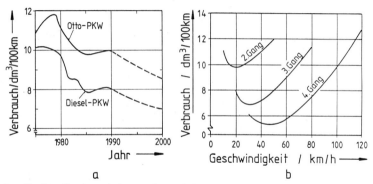

a   b

Abb. 18.5.   Kraftstoffverbrauch im Straßenverkehr

    a: Spezifischer Treibstoffverbrauch bei PKW-Neuzulassungen [18.12]
    b: Kraftstoffverbrauch eines PKW [18.13]

wird der erforderliche Primärenergieeinsatz dann im wesentlichen durch die Stromerzeugung festgelegt.

18.5   Rationelle Energienutzung in der Industrie

18.5.1   Überblick

Bei der Herstellung industrieller Produkte haben technische Verbesserungen und Verfahrensänderungen in der Vergangenheit zu erheblichen Energieeinsparungen geführt [18.14-18.19]. Klar belegt wird diese Entwicklung besonders mit dem Verweis auf spezielle Produkte. So gelang es z.B. beim Hochofenprozeß mit zunehmender Kenntnis über den Verfahrensablauf den spezifischen Kokseinsatz um mehr als die Hälfte zu reduzieren (s. Abb. 18.6a). Sicherlich hat auch die Steigerung der Hochofenleistung diese Entwicklung unterstützt. Durch Übergang zu anderen Verfahren wurden ebenfalls Verminderungen des spezifischen Energie-

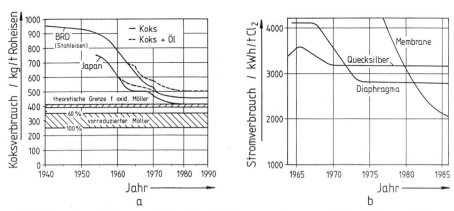

a   b

Abb. 18.6.   Entwicklung spezifischer Energieeinsätze zur Erzeugung industrieller Produkte

    a: Kokseinsatz zur Erzeugung von Roheisen [18.19]
    b: Einsatz von elektrischer Energie zur Erzeugung von Chlor [18.20]

einsatzes erreicht. Bei der Chlorherstellung mittels Elektrolyse beispielsweise konnte die Ausbeute durch den Übergang vom Diaphragma- zum Membranverfahren bei gleichem Energieeinsatz verdoppelt werden (s. Abb. 18.6b). Viele industrielle Produkte können durch Änderung der Primärenergiebasis bezüglich ihres Energieeinsatzes rationeller hergestellt werden. Ein Beispiel für derartige Entwicklungen ist Ammoniak. Hierbei war es möglich, den spezifischen Energieeinsatz von 1,6 t SKE/t NH_3 auf 1,2 t SKE/t NH_3 durch den Übergang von Kohle zu Erdgas zu reduzieren. Ähnliches gilt für die Herstellung von Äthylen als petrochemischem Grundstoff. Je nach Art des eingesetzten Kohlenwasserstoffs sind Ausbeuten der gewünschten Komponenten von 65 bis 20 % erreichbar. Besonders vorteilhaft ist Äthan einsetzbar, die geringsten Ausbeuten werden dagegen bei Bunker-C-Öl erreicht. Meist sind auch die apparativen Aufwendungen zur Durchführung der Prozesse bei Einsatz diverser Energieträger sehr unterschiedlich. Beispielsweise ist die Umwandlung von Erdgas in Ammoniak wesentlich einfacher durchführbar als die von Kohle.

18.5.2 Luftvorwärmung und Abhitzenutzung

Bei vielen industriellen Prozessen treten sehr hohe Abgastemperaturen auf, da die Wärme verfahrenstechnisch bedingt auf hohem Temperaturniveau appliziert wird. Tab. 18.1 gibt einige wichtige Prozesse mit den charakteristischen Temperaturdaten wieder. Im Prinzip werden bei derartigen Hochtemperaturprozessen zwecks rationeller Energienutzung Wärmetauscher für die Vorwärmung der Verbrennungsluft sowie nachgeschaltete Heizflächen zur Auskopplung von Fernwärme oder zur Dampferzeugung eingesetzt (s. Abb. 18.7a). Die mögliche Brennstoffeinsparung durch Luftvorwärmung läßt sich einfach abschätzen. Aus der Äquivalenz der Energie des eingesparten Brennstoffs und der Energie der vorgewärmten Luft folgt

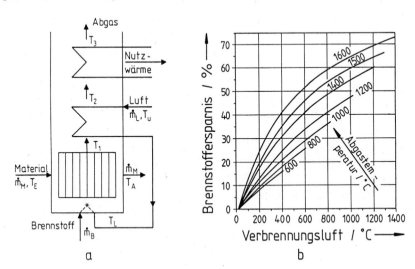

Abb. 18.7.   Luftvorwärmung und Abhitzenutzung bei Industrieöfen

> a: Schaltungsprinzip
> b: Brennstoffersparnis durch Luftvorwärmung in Abhängigkeit von Abgas- und Verbrennungslufttemperatur bei Verwendung von Erdgas ($\lambda = 1,05$)

$$\Delta \dot{m}_B H_u = \dot{m}_L c_{pL} (T_L - T_U) , \tag{18.4}$$

$$\frac{\Delta \dot{m}_B}{\dot{m}_B} = \frac{\dot{m}_L}{\dot{m}_B} \frac{c_{pL}}{H_u} (T_L - T_U) . \tag{18.5}$$

Der Zusammenhang zwischen Luft- und Brennstoffmenge ergibt sich z.B. aus stöchiometrischen oder statistischen Verbrennungsrechnungen (s. Kapitel 5)

$$\dot{m}_L = \lambda \dot{m}_B L_{min} = \lambda \dot{m}_B (C_1 H_u + C_2) . \tag{18.6}$$

Beispielsweise ergibt sich mit $\lambda = 1,2$, $L_{min} = 8$ m^3/kg, $c_{pL} = 1$ kJ/m^3 K, $T_L - T_U = 300$ K und $H_u = 30$ MJ/kg eine spezifische Brennstoffeinsparung $\Delta \dot{m}_B / \dot{m}_B = 0,096$, also rund 10 %.

Tab. 18.1.   Parameter von Hochtemperaturprozessen

Verfahren	max. Prozeßtemperatur (°C)	Abgastemperatur ohne Abwärmenutzung (°C)	Bemerkung
H₂-Erzeugung	800	1000	Steam-Reforming
C₂H₄-Erzeugung	850	1000	Steam-Cracken
Zementerzeugung	1500	1000	Drehrohrofen
Kokereiöfen	1250	300	regenerative Luftvorwärmung
Hochofen	2000	250	regenerative Windvorwärmung
Kupolofen	2000	700	
Glasschmelzöfen	1500	500	
LD-Konverter	1700	1700	

Bei genauer Rechnung folgen die in Abb. 18.7b angeführten Ergebnisse für die Brennstoffeinsparung in Abhängigkeit von der Vorwärmtemperatur der Luft. Luftvorwärmung ist heute bei fast allen großtechnischen Prozessen eingeführt. Die Restenthalpie der Rauchgase kann zur Erzeugung von Dampf oder Fernwärme genutzt werden. Der Wärmegewinn folgt zu

$$\dot{Q}_N = \dot{m}_{RG} c_{pRG} (T_2 - T_3) . \tag{18.7}$$

Im Verbund mit den aus Abb. 18.7a ablesbaren Bilanzgleichungen

$$\dot{m}_B H_u = \dot{m}_M c_p (T_A - T_E) + \dot{Q}_N + \sum_i \dot{Q}_{V_i} \tag{18.8}$$

$$\dot{m}_{RG} c_{pRG} (T_1 - T_2) = \dot{m}_L c_{pL} (T_L - T_U) \tag{18.9}$$

und mit einem Erfahrungswert für die Energieverluste $\sum \dot{Q}_{vi}$ kann die Höhe der gewinnbaren Nutzwärme Q_N bestimmt werden. Die Gesamtwärmebilanz eines

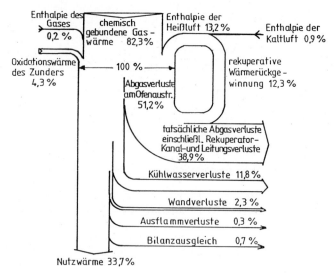

Abb. 18.8.   Wärmebilanz eines Industrieofens großer Leistung [18.21]

Industrieofens zeigt, daß wesentliche Energiemengen zurückgewonnen werden können (s. Abb. 18.8).

Vielfältige Varianten der Ausnutzung von industrieller Abwärme sind heute bereits realisiert und werden unter wirtschaftlichen Bedingungen betrieben; Abb. 18.9 zeigt hierzu einige Grundprinzipien. So läßt sich z.B. die Restwärme der Hochofenabgase etwa zwischen 300 und 150°C zur Erzeugung von Fernwärme nutzen (s. Abb. 18.9a). Die trockene Kokskühlung, bei der ein Inertgas im Kreislauf gefahren wird, gestattet neben einer starken Reduktion der Emissionen auch die Erzeugung von rund 0,5 t Dampf (430°C/40 bar) je t Koks (s. Abb. 18.9b). Viele exotherme Prozesse in der chemischen Industrie, Petrochemie, Raffinerietechnik sowie Nichteisenmetallindustrie bieten die Möglichkeit, kontinuierlich Fernwärme oder Niedertemperaturdampf auszukoppeln (s. Abb. 18.9c). Kompressoranlagen in großtechnischen Synthesen eröffnen bei mehrstufiger Kompression eine Fernwärmebereitstellung aus der zwischen zwei Kompressionsschritten abzuführenden Wärme des Arbeitsmediums (s. Abb. 18.9d). Bei diesen Nutzungsmöglichkeiten muß natürlich eine Anpassung des Wärmeanfalls an die Nachfrage erreicht werden. Auch ist das Temperaturniveau der Wärmedarbietung entscheidend wichtig. Auf Besonderheiten des wärmetransportierenden Mediums (Rauchgase, Dämpfe, Flüssigkeiten) ist Rücksicht zu nehmen. Vorteilhaft ist schließlich ein kontinuierlicher Anfall von Abwärme. Ansonsten werden Speicher oder ausreichend stark bemessene Netze für die Aufnahme der Wärme benötigt.

Als ein praktisch ausgeführtes Beispiel für die Nutzung von Wärme hinter einem Hochofen sei folgende Abschätzung angeführt. Bei einer Jahreskapazität des Hochofens von $3 \cdot 10^6$ t werden stündlich 400 t Roheisen erzeugt. Bei einer spezifischen Abgasmenge von 1980 m^3/t Eisen bedeutet dies mit einer nutzbaren Temperaturspanne von 150 K einen Wärmerückgewinn von rund 33 MW.

Üblich ist heute beispielsweise ein Wärmerückgewinn, im wesentlichen zur Erzeugung von Dampf, hinter LD-Konvertern zur Stahlerzeugung (s. Abb. 18.10a). Die heißen Abgase strömen dabei mit 1700°C in einen Flossenwandkessel und werden im intermittierenden Betrieb bis auf etwa 200°C abgekühlt. Als weiteres

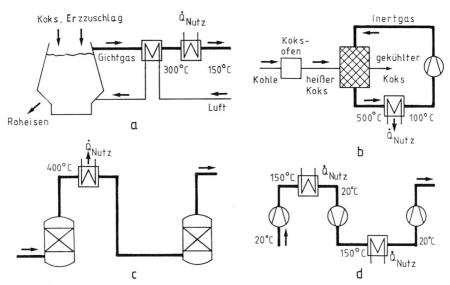

Abb. 18.9.   Auskopplung von Abwärme aus industriellen Prozessen

    a: Nutzung von Abwärme hinter Hochöfen
    b: Nutzwärmeauskopplung bei der trockenen Kokskühlung
    c: Wärmeauskopplung bei exothermen Reaktionen
    d: Auskopplung von Wärme aus einer mehrstufigen Verdichterschaltung

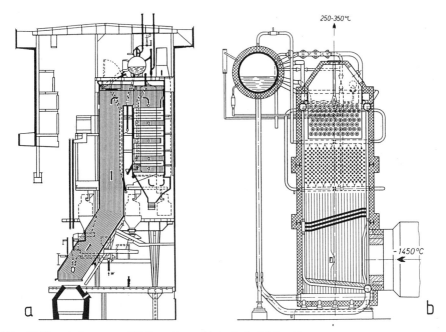

Abb. 18.10.   Anlagen zur Abhitzenutzung hinter industriellen Prozessen

    a: Dampferzeugung hinter einem LD-Konverter
    b: Abhitzekessel (Naturumlaufdampferzeuger) hinter der Schwefelproduktion

Beispiel sei die Dampferzeugung hinter Anlagen zur Schwefelproduktion angeführt (s. Abb. 18.10b). Hier werden in Heizflächen, die ähnlich einem Kraftwerkskessel ausgeführt sind, Prozeßgase von rund 1450°C bis auf 250 bis 350°C
abgekühlt. Die hier erwähnten Formen des Wärmerückgewinns sind schon allein
aus verfahrenstechnischen Gründen unverzichtbar, da sonst beispielsweise eine
Reinigung der Abgase technisch nicht möglich wäre. In Zukunft werden wahrscheinlich ökologische Gründe, die Notwendigkeit von Energieeinsparungen, aber
auch wirtschaftliche Erwägungen für eine generelle Einführung derartiger Techniken sprechen.

18.5.3 Verfahren der Mehrfachentspannungsverdampfung

Bei Verfahren der Meerwasserentsalzung, aber auch in der chemischen Verfahrenstechnik, wird seit langem ein sehr wirksames Verfahren der rationellen
Energienutzung, die Mehrfachentspannungsverdampfung, eingesetzt [18.22].
Das Verfahren sei zunächst anhand des einstufigen Prozesses erläutert (s. Abb.
18.11a). Im Heizwärmetauscher wird Wärme durch eine Dampfbeheizung zugeführt, so daß das im Brüdenkondensator bereits vorgewärmte Meerwasser weiter
vorgewärmt wird. In der Drossel erfolgt eine Entspannung des heißen Meerwassers unter den Siededruck, so daß im nachgeschalteten Entspannungsverdampfer
Brüdendampf und Sole austreten. Der Brüdendampf wird durch das einströmende kalte Meerwasser kondensiert und als Produkt der Anlage, Frischwasser,
abgegeben. Die einfache Behandlung des Schemas in Abb. 18.11a liefert folgende
Bilanzgleichungen für den Brüdenkondensator und den Heizwärmetauscher:

$$\dot{m}_F \left(h_F^0 - h_F^* \right) = \dot{m}_D \left(h_D - h \right) , \tag{18.10}$$

$$\dot{m}_F (h_F - h_F^0) = \dot{m}_H \left(h_H - c_P\, t_H \right) . \tag{18.11}$$

Die Bilanzierung des Entspannungsverdampfers liefert schließlich

$$\dot{m}_F\, h_F = (\dot{m}_F - \dot{m}_D)\, h_S + \dot{m}_D\, h_D . \tag{18.12}$$

Daraus folgt der Heizdampfverbrauch bezogen auf das Brüdenkondensat zu

$$\frac{\dot{m}_H}{\dot{m}_D} = \frac{(h_F - h_F^0)\,(h_D - h)}{(h_H - c_P\, t_H)\,(h_F^0 - h_F^*)} . \tag{18.13}$$

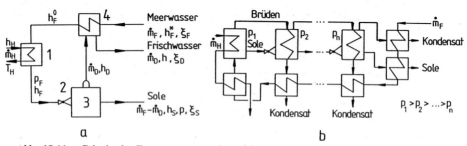

Abb. 18.11. Prinzip der Entspannungsverdampfung

1 Heizwärmetauscher, 2 Drossel, 3 Entspannungsverdampfer, 4 Brüdenkondensator
a: einstufig, b: mehrstufig

Die Relation Frischwasser zu Meerwasser führt mit ξ als Salzkonzentration auf

$$\frac{\dot{m}_D}{\dot{m}_F} = \frac{h_F^0 - h_F^*}{h_D - h} = \frac{\xi_F - \xi_S}{\xi_D - \xi_S} \approx 1 - \frac{\xi_F}{\xi_S} \ . \tag{18.14}$$

Geht man beispielsweise von einem Salzgehalt des Meerwassers von 35 g/dm^3 sowie einem Gehalt der Sole von 40 g/dm^3 aus, so errechnet sich das Frisch- zu Meerwasserverhältnis zu 0,125. Wählt man entsprechend der Schaltung in Abb. 18.11a $T_F = 20°C$, $T_D = 30°C$ und einem Entspannungsdruck von 1 bar, so errechnet sich bei einem Heizdampfdruck von 8 bar das Verhältnis Frischwasser zu Heizdampf zu 1 kg Dampf/1 kg Frischwasser.

Dieser hohe spezifische Heizdampfbedarf ist für praktische Anwendungen unwirtschaftlich. Einen Weg zur Reduktion bietet die Hintereinanderschaltung mehrerer Entspannungsverdampfereinheiten, so daß die Kondensationswärme des Brüdendampfes aus der vorangegangenen Stufe zur Beheizung der nachfolgenden eingesetzt werden kann. Dies wird durch eine Absenkung des Druckniveaus von einer Stufe zur anderen möglich (s. Abb. 18.11b). Infolge der mehrfachen Ausnutzung der Kondensationswärme bei einer einmaligen Heizwärmeeinkopplung in der ersten Stufe wird sich der spezifische Heizwärmebedarf mit steigender Stufenzahl reduzieren. Allgemein wird gelten

$$\frac{\dot{m}_H}{\dot{m}_D} = f(N, h_H, T_F, \Delta T_i) \ , \tag{18.15}$$

mit N Stufenzahl, h_H Enthalpie des Heizdampfes, T_F Temperatur des zufließenden Meerwassers, ΔT_i Temperaturdifferenzen beim Wärmeübergang. Da die einmalig einzukoppelnde Heizwärme N-mal verwendet wird, kann ein spezifischer Heizdampfverbrauch nach

$$\left.\frac{\dot{m}_H}{\dot{m}_D}\right|_{N>1} \approx \frac{1}{N+C} \left.\frac{\dot{m}_H}{\dot{m}_D}\right|_{\text{einstufig}} \tag{18.16}$$

abgeschätzt werden, wo C einen gewissen Energieverlust bei der Wärmeeinkopplung mit fortschreitender Stufenzahl berücksichtigt. Eine genauere Behandlung der mehrstufigen Entspannungsverdampfung führt auf Ergebnisse entsprechend Tab. 18.2. Durch diese Mehrfachnutzung der eingekoppelten Wärme gelingt somit eine deutliche Reduktion des Dampfeinsatzes. Natürlich wirft auch das hier behandelte Verfahren sofort ein Optimierungsproblem auf, da mit steigender Stufenzahl einerseits der Energieeinsatz sinkt, andererseits aber die Investkosten der Anlage steigen. Üblich sind heute bei Meerwasserentsalzungsanlagen 10 bis 30 Stufen.

Tab. 18.2.   Dampfeinsatz bei der Mehrfachentspannungsverdampfung

Stufenzahl	1	2	3	4	5
$\dot{m}_H/\dot{m}_F$	1,22	0,7	0,45	0,35	0,3

18.5.4 Wärmepumpeneinsatz in der Industrie

Wärmepumpen können in industriellen Verfahren vielfach eingesetzt werden, um Energie rationeller zu nutzen [18.23, 18.24]. Sowohl Antriebssysteme, die mechanische Energie (Elektroantrieb, Dieselmotoren, Dampfturbinen) benutzen, als auch Absorptionswärmepumpen, bei denen Wärme auf vergleichsweise hohem Temperaturniveau als Antrieb dient, sind im praktischen Einsatz. Auch Dampfstrahlwärmepumpen sind verfügbar. Bei den beiden zuletzt genannten Prinzipien handelt es sich um sogenannte thermische Verdichtungssysteme (s. Abb. 18.12). In der Industrie werden heute Wärmepumpenprozesse zum Trocknen, zum Eindampfen, zur Destillation und Rektifikation, zur Wärmerückgewinnung sowie zur Abwärmeverwertung eingesetzt. Auch als Boosteranlagen für wärmetechnische Prozesse, d.h. zur Vorwärmung, sind Wärmepumpen geeignet. Integrierte Energieversorgungssysteme, z.B. gleichzeitige Bereitstellung von Kälte und Wärme oder Total-Energy-Systeme, d.h. Kälte, Wärme und Kraft, sind ebenfalls oft vorteilhaft mit Hilfe von Wärmepumpen realisierbar.

Als ein typisches Anwendungsbeispiel sei hier auf eine Eindampfwärmepumpe verwiesen (s. Abb. 18.13a). Hier wird die einzudampfende Lösung zunächst rekuperativ vorgewärmt und in den Verdampfer eingespeist. In diesen Apparat, der bei einem Druck p und einer Temperatur T arbeitet, wird die Verdampfung durch Brüdendampf mit dem Zustand $p + \Delta p$, $T + \Delta T$ aufrecht erhalten. Diese Zustandsänderung des aus dem Verdampfer austretenden Brüdendampfs wird durch Einschaltung eines Dampfkompressors erreicht. Unter Abgabe seiner Verdampfungswärme an die vorgewärmte Frischlösung wird der Brüdendampf kondensiert, im Rekuperator weiter abgekühlt und als Destillat abgezogen. Damit läßt sich die Leistungsziffer für den Wärmepumpenprozeß aus

$$\varepsilon = \frac{h_3 - h_4}{h_3 - h_2} \cong \frac{r}{A} = \frac{\text{Verdampfungswärme}}{\text{aufgewendete mechanische Arbeit}} \qquad (18.17)$$

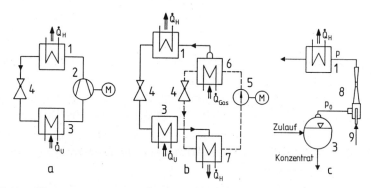

Abb. 18.12.   Wärmepumpensysteme für den industriellen Einsatz

1 Kondensator, 2 Verdichter, 3 Verdampfer, 4 Drossel, 5 Lösungsmittelpumpe, 6 beheizter Austreiber, 7 Absorber, 8 Dampfstrahlverdichter, 9 Treibdampf $p_{Tr} > p > p_0$

a: Kondensationswärmepumpe
b: Absorptionswärmepumpe
c: Dampfstrahlwärmepumpe

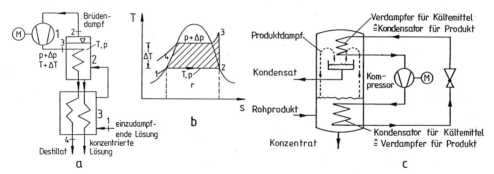

Abb. 18.13. Prinzip von Eindampfwärmepumpen

  a: Schaltprinzip mit offenem Wärmepumpenkreislauf
    1 Kompressor, 2 Verdampfer, 3 Rekuperator
  b: Qualitatives T-s-Diagramm
  c: Schema einer Eindampfanlage mit geschlossenem Wärmepumpenkreislauf

errechnen. Real sind Werte zwischen 15 und 40 erreichbar, wenn mit geringen Temperaturdifferenzen für den Wärmeaustausch gearbeitet wird. So errechnet sich bei $T = 100°C$ und $\Delta T = 10°C$ ein Verhältnis r/A von 37,3. Alternativ wäre eine Beheizung des Eindampfprozesses mit fossilen Brennstoffen möglich, dann allerdings auf wesentlich höherem Energieniveau. Der Vorteil der besseren Energieausnutzung wird hier offensichtlich durch einen erhöhten Kapitaleinsatz für die Anlage erreicht.

In der Schaltung nach Abb. 18.13a kommt ein offener Wärmepumpenprozeß zum Einsatz. Natürlich können auch geschlossene Kreisläufe eingesetzt werden (s. Abb. 18.13c), was beispielsweise bei aggressiven oder gefährlichen einzudampfenden Medien Vorteile bringen würde. Bei einer derartigen Anlage enthält der Reaktionsapparat zwei verschiedene Wärmetauscher. Der erste dient als Verdampfer für das im geschlossenen Kreislauf umlaufende Kältemittel sowie als Kondensator für das Produkt. Der zweite Wärmetauscher dagegen stellt den Kondensator für das Kältemittel und den Verdampfer für das Produkt dar. Auch zur Rektifikation, d.h. zur thermischen Trennung von Gemischen, lassen sich Wärmepumpen vorteilhaft einsetzen.

Abschließend sei noch auf eine besonders interessante Variante zum Wärmepumpeneinsatz verwiesen. Es handelt sich hierbei um die Kopplung von Kälte und Wärme. Prozesse, bei denen Kühlung bzw. Kälteerzeugung erforderlich ist, fungieren als Wärmequellen, während Prozesse mit Wärmezufuhr die Wärmesenke darstellen (s. Abb. 18.14).

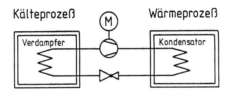

Abb. 18.14. Kopplung von Kälte- und Wärmeprozessen über eine Wärmepumpe

18.5.5   Energierückgewinnung mit Hilfe von ORC-Anlagen

ORC (Organic Rankine Cycle)-Anlagen können eingesetzt werden, um industrielle Abwärmen in Temperaturbereichen von 100°C bis 300°C zur Stromerzeugung auszunutzen [18.25]. Als Kreisprozeßmedium wird nicht Wasser verwendet, sondern man setzt organische Stoffe ein, beispielsweise Fluor-Chlor-Kohlenwasserstoffe. Im einzelnen läuft ein derartiger Prozeß ähnlich dem in Kapitel 3 behandelten Dampfkraftprozeß ab (s. Abb. 18.15a). Im Erhitzer wird Abluft aus industriellen Prozessen zur Verdampfung des Arbeitsmittels eingesetzt. In der anschließenden Expansionsmaschine wird mechanische Energie gewonnen, die einen Generator antreibt. Nach Kondensation und Druckerhöhung ist der Kreislauf geschlossen. Die Wirkungsgrade derartiger Prozesse liegen zwar nur bei 10 %, aber diese Zahl ist vor dem Hintergrund der Nutzung von niedertemperaturiger industrieller Abfallwärme zur Stromerzeugung zu bewerten.

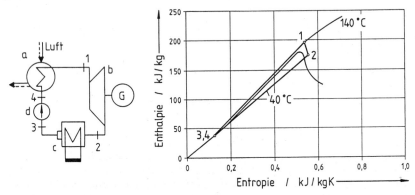

Abb. 18.15.   ORC-Prozeß zur Erzeugung von elektrischer Energie auf der Basis von R12

a: Schaltschema [18.25]
      a Verdampfer, b Turbosatz, c Kondensator, d Pumpe
b: h-s-Diagramm

18.5.6   Rezyklierungsverfahren

Die Rückgewinnung von Rohstoffen bzw. die Wiederverwendung von Abfallstoffen zur Herstellung neuer Produkte wird in Zukunft immer größere Bedeutung erlangen [18.26, 18.27]. Als besonders bekanntes und seit Jahrzehnten großtechnisch erfolgreich angewendetes Rezyklierungsverfahren sei hier der Einsatz von Eisenschrott anstelle von Eisenerz bei der Stahlproduktion erwähnt. Während bei der Erzeugung von 1 t Rohstahl auf der Basis von Eisenerz rund 500 kg Koks und 400 kWh_{el} einzusetzen sind, kann z.B. Stahl aus Schrott unter Aufwendung von etwa 800 kWh_{el} bereitgestellt werden. Heute werden in der BRD rund 30 % Schrott bei der Eisenerzeugung eingesetzt.

Rohstoffrückgewinnungsverfahren für Papier, Glas, Kunststoffabfälle und Nichteisenmetalle sind heute allgemein bekannt. Energetisch betrachtet haben diese Verfahren allerdings auch Grenzen, wie ein Blick auf Abb. 18.16 lehrt. So steigt der Energieeinsatz bei der teilweisen Herstellung von Kupfer aus Kupferschrott oberhalb eines Rezyklierungsgrades von etwa 60 bis 70 % offenbar stark

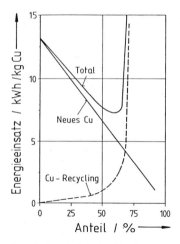

Abb. 18.16.   Spezifischer Energieeinsatz bei der Gewinnung von Kupfer mit Rezyklierung

an, so daß sich ein höherer Rückgewinnungsgrad als 70 % energetisch verbieten würde.

18.5.7   Technologische Entwicklungen bei der Produktherstellung

In vielen Bereichen der Herstellung industrieller Produkte ist im Laufe der Zeit eine Reduktion des Energieeinsatzes durch Verfahrensänderungen möglich geworden. Besonders deutlich wird dies bei der Stahlerzeugung. Ausgehend vom Schmelztiegelverfahren ist über das Bessemerverfahren, das Siemensmartinverfahren bis heute zum Sauerstoffaufblasverfahren und Elektroofen eine Weiterentwicklung erfolgt. Abb. 18.17 zeigt diese weltweiten Substitutionsprozesse, die übrigens auch bei anderen Verfahren und generell in der Energiewirtschaft beobachtet werden können, sehr anschaulich. Speziell in der BRD hat

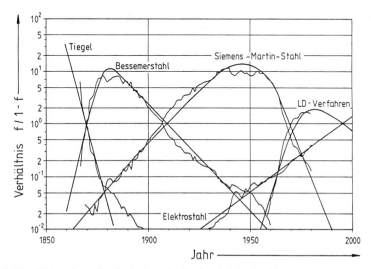

Abb. 18.17.   Weltweite technologische Substitution bei der Stahlerzeugung [18.28]
($f \stackrel{\wedge}{=}$ Anteil an der gesamten Produktion)

sich in den letzten drei Jahrzehnten genau die gleiche Entwicklung vollzogen. Im Hinblick auf den spezifischen Energieeinsatz ist damit eine ständig fortschreitende Reduktion erreicht worden.

Auch der Wechsel der Energiebasis führt mitunter zur drastischen Reduktion des spezifischen Energieeinsatzes. So ist z.B. oft die Verwendung von elektrischer Energie verfahrenstechnisch einfacher und damit rationeller als die Nutzung fossiler Brennstoffe. Abb. 18.18 zeigt diese Alternativen für den Erdgas- und Stromeinsatz am Beispiel des Erschmelzens von Aluminium. Bei Einsatz von elektrischer Energie können somit rund 45 % Primärenergie eingespart werden. Geht man von der Erzeugung der elektrischen Energie in Kernkraftwerken oder in ferner Zukunft von regenerativer Stromerzeugung aus, so kann in derartigen industriellen Prozessen ganz auf den Einsatz von fossilen Brennstoffen verzichtet werden. Im Sinne der Ausführungen in Kapitel 24 zum CO_2-Problem kann dies in Zukunft eine sinnvolle Forderung werden.

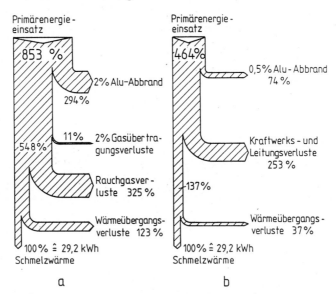

Abb. 18.18.   Reduktion des spezifischen Energieeinsatzes durch Wechsel der Energieart [18.15]

a: Einsatz von Erdgas zur Beheizung von Tiegelöfen
b: Einsatz von elektrischer Energie im widerstandsbeheizten Tiegelofen

19 Regenerative und alternative Energiequellen

19.1 Energiefluß der Erde

Die Weltenergieversorgung [19.1-19.5] basiert derzeit auf den nicht erneuerbaren fossilen Energieträgern Öl, Kohle und Erdgas. Hinzu traten in den letzten Jahrzehnten die nuklearen Brennstoffe Uran und Thorium. Seit altersher werden regenerative Energieträger wie Wasserkraft, Wind und Biomassen eingesetzt. Regenerative Energiequellen können in ein Schema entsprechend Abb. 19.1 eingeordnet werden. Die bedeutsamste Energiequelle ist die Strahlungsenergie der Sonne. Im Verhältnis hierzu sind die geothermische Energie sowie die Gezeitenenergie von erheblich geringerer Bedeutung. Vorhandene fossile Energieträger stammen aus der Biomassenproduktion der Vorzeit. Die auf die Erde auftreffende Solarenergie, die Wärme aus der Nutzung fossiler Energieträger und aus den Kernbrennstoffen, weiterhin die Gezeitenenergie und die geothermische Energie, werden letztlich als kurz- oder langwellige Strahlung von der Erde in den Weltraum abgegeben (s. Abb. 19.2). Grundsätzlich zeigt dieses Bild sehr deutlich, daß regenerative Energieträger ein Vielfaches der für die Weltenergieversorgung notwendigen Energiemengen bereitstellen könnten. Es kommt zukünftig darauf an, die technisch-wirtschaftlichen Bedingungen dafür zu schaffen, daß ein hinreichend großer Einsatz dieser Energiequellen möglich werden kann.

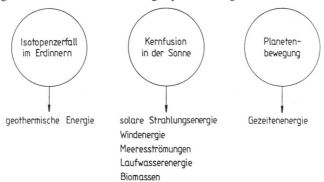

Abb. 19.1.   Vereinfachtes Schema zur Einordnung regenerativer Energiequellen [19.1]

19.2 Übersicht über Verfahren

In diesem Kapitel sollen aus der Vielfalt möglicher Nutzungssysteme (s. Abb. 19.3) einige besonders typische oder für langfristige Überlegungen wichtige kurz behandelt werden. Bezüglich weiterer Einzelheiten sei auf die sehr umfangreiche Spezialliteratur verwiesen. Im einzelnen werden hier behandelt: Niedertemperatur-Solarkollektoren, solarthermische Kraftwerke, fotovoltaische Kraftwerke, Windenergiekonverter, Bioenergienutzung, Meereswärmenutzung, Laufwasserenergie, Gezeitenenergie und geothermische Energie.

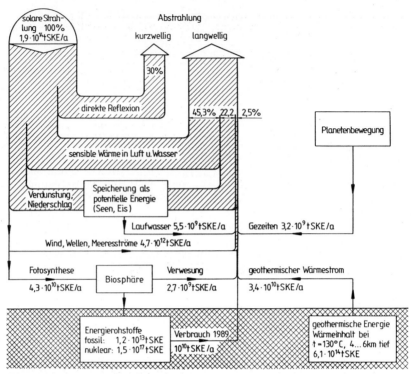

Abb. 19.2.   Energieflußbild der Erde [19.1]

19.3 Solares Energieangebot

Sonnenenergie [19.6-19.8] ist eine elektromagnetische Strahlung. Das Spektrum der extraterrestrischen Strahlung läßt sich in Abhängigkeit von der Wellenlänge der Strahlung recht gut durch die Emissionskurve eines schwarzen Körpers mit einer Temperatur von 5900 K beschreiben (s. Abb. 19.4a). Für die Abhängigkeit von der Wellenlänge gilt das Planck'sche Strahlungsgesetz

$$I_\lambda(\lambda, T)\, d\lambda = c_1\, \lambda^{-5} \left[\exp\left(\frac{c_2}{\lambda}\, T \right) - 1 \right]^{-1} d\lambda \;, \tag{19.1}$$

mit $c_1 = 3{,}74 \cdot 10^{-12}$ W/m² und $c_2 = 1{,}432$ cm K. Durch Integration über den gesamten Wellenlängenbereich folgt die Solarkonstante Φ_0

$$\Phi_0 = \int_{\lambda=0}^{\infty} I_\lambda(\lambda, T)\, d\lambda = \sigma\, T^4 = 1{,}35 \text{ kW/m}^2 \;. \tag{19.2}$$

Diese flächenbezogene Leistung wäre außerhalb der Troposphäre meßbar. Durch Integration über spezielle Wellenlängenbereiche lassen sich leicht die Anteile der Sonneneinstrahlung im ultravioletten, sichtbaren und infraroten Bereich ermitteln (s. Tab. 19.1). Durch Wechselwirkungen der Sonnenstrahlung mit Spurengasen und Staub in der Troposphäre kommt es, wie Abb. 19.4a,b zeigt, zu einer Modifikation des Spektrums und insgesamt zur einer Reduktion der Einstrahlung in Meereshöhe. Bei der auf die Erdoberfläche auftreffenden Strahlung wird zwi-

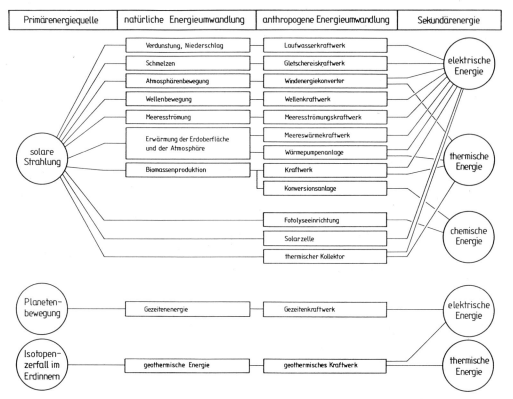

| Primärenergiequelle | natürliche Energieumwandlung | anthropogene Energieumwandlung | Sekundärenergie |

Abb. 19.3. Energienutzung aus regenerativen Quellen

schen direkter und diffuser Himmelsstrahlung unterschieden. Beide Anteile zusammen bilden die Globalstrahlung, die in Abhängigkeit von der geographischen Lage variiert (s. Abb. 19.4c). Die geordnete Jahresdauerlinie (s. Abb. 19.4d) liefert für die BRD die jährlich auf eine horizontale Fläche auftreffende Globalstrahlung von rund 950 kWh/m²a. Rechnet man in Anlehnung an Abb. 19.4b mit einer terrestrischen Solarkonstante von etwa 0,5 Φ_0, so bedeutet dies, daß bei 950 kWh/m²a rund 1400 h/a die volle Sonneneinstrahlung erfolgt. Weltweit sind die Bedingungen der Solarenergienutzung sogar teilweise erheblich günstiger, wie Abb. 19.5 zeigt. In vielen Gebieten der Erde ist eine bis zu 60 % größere Sonnenscheindauer vorzufinden.

Tab. 19.1. Verteilung der extraterrestrischen Sonnenstrahlung auf spezielle Wellenlängenbereiche

Bereich	Spektralbereich (μm)	Bestrahlungsstärke (W/m²)	Anteil der Solarkonstante (%)
Ultraviolett	0...0,4	125	9
sichtbares Licht	0,4...0,78	694	49
Infrarot	> 0,78	601	42

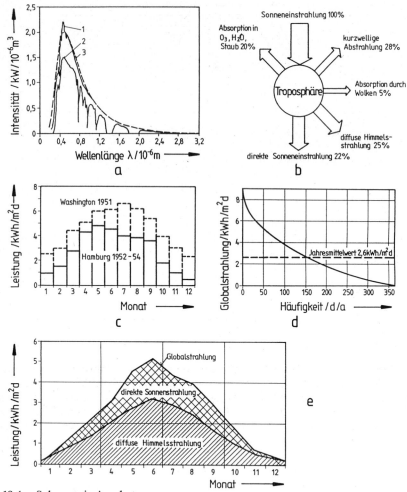

Abb. 19.4. Solarenergie-Angebot

a: Spektrum der Sonnenstrahlung
    1 extraterrestrisch, 2 in Meereshöhe, 3 schwarzer Körper mit 5900 K
b: Strahlungsbilanz der Troposphäre
c: Monatsmittelwerte der täglichen Einstrahlung auf eine unter 45° nach Süden
    geneigte Fläche
d: geordnete Jahresdauerlinie der täglichen Globalstrahlung auf eine horizontale
    Fläche (Hamburg)
e: Jahresgang der Tagessummen der Globalstrahlung und ihrer Komponenten
    (Hamburg, 1963 - 1965)

19.4 Niedertemperatur-Solarkollektoren

Zur Bereitstellung von erwärmtem Brauchwasser und Heizwärme sind Niedertemperatur-Solarkollektoren [19.9, 19.10] geeignet. Die durch ein System von
Glasscheiben einfallende Solarstrahlung wird von einer schwarzen Absorberplatte
aufgenommen (s. Abb. 19.6a). Die Abfuhr der hier entstandenen Wärme wird
durch ein mit Luft oder Wasser betriebenes Rohrschlangensystem bewirkt. Der

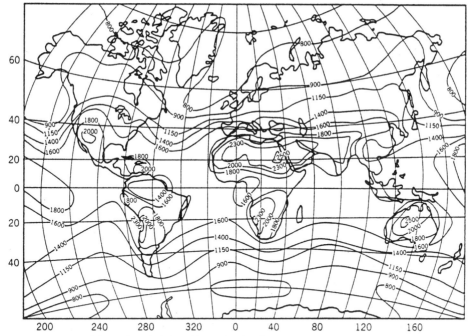

Abb. 19.5. Weltkarte der Globalstrahlung (kWh/m^{2}a)

Kollektor ist zur Reduktion von thermischen Verlusten mit einer Isolation umgeben. Die Infrarotabstrahlung wird durch eine Beschichtung der inneren Glasscheibe gering gehalten. Gewisse optische Verluste durch Reflexion von Sonnenstrahlung lassen sich aber nicht vermeiden. Eine einfache Bilanzierung des energetischen Geschehens führt auf den Wirkungsgrad eines Solarkollektors. Entsprechend Abb. 19.6b gilt:

$$\dot{Q}_{\text{Ein}} = \dot{Q}_{\text{Nutz}} + \dot{Q}_{\text{V (therm)}} + \dot{Q}_{\text{V (optisch)}} \, . \tag{19.3}$$

Setzt man für $\dot{Q}_{\text{Ein}} = I_\perp A$ mit $I_\perp$ als Intensität der senkrecht einfallenden Strahlung und A als Fläche des Kollektors und für die thermischen Verluste $k A (T_A - T_U)$ mit k als Wärmedurchgangszahl, die wesentlich durch die Isolation bestimmt wird, so folgt schließlich für den Wirkungsgrad

$$\eta = \frac{\dot{Q}_{\text{Nutz}}}{\dot{Q}_{\text{Ein}}} = \alpha \, \tau - \frac{k}{I_\perp} \, (T_A - T_U) \, . \tag{19.4}$$

Hier wurde noch das Produkt $\alpha \, \tau$ zur Kennzeichnung der optischen Verluste eingeführt. α ist dabei das Absorptions- und τ das Transmissionsvermögen des Kollektorsystems. Der Wirkungsgrad wird also wesentlich durch $I_\perp$ und die Differenz zwischen Absorber- und Umgebungstemperatur bestimmt (s. Abb. 19.6c, d).

Ein kurzes Rechenbeispiel führt mit $\alpha \, \tau = 0{,}85$, $k = 7$ W/m^2 K, $I_\perp = 800$ W/m^2, $T_U = 15°$C, $T_A = 40°$C auf einen Wirkungsgrad $\eta = 0{,}63$ im Sommer. Im Winter fällt dieser Wert bei $T_U = -10°$C und $I_\perp = 500$ W/m^2 auf $\eta = 0{,}15$.

Die jährlich von einem Kollektor aufgesammelte spezifische Energiemenge

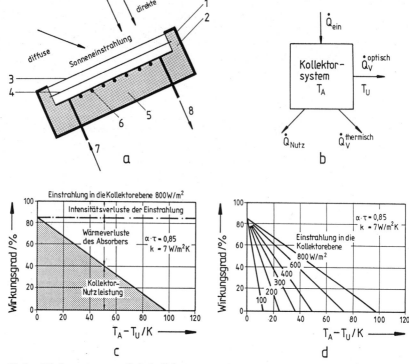

Abb. 19.6. Niedertemperatur-Solarkollektoren

a: Prinzip eines Solarkollektors
1 Rahmen, 2 Isolation, 3 lichtdurchlässige Abdeckung, 4 lichtdurchlässige
Abdeckung (z.B. IR-reflektierende Glasscheibe), 5 Absorber (schwarz oder
selektiv beschichtete Platte), 6 Rohrschlangen des Wärmeleitmediums, 7
Eintritt des Wärmeleitmediums, 8 Austritt des Wärmeleitmediums
b: Schema zur Aufstellung der Energiebilanz
c: Wirkungsgrad eines Solarkollektors in Abhängigkeit von der Absorbertemperatur (selektiver Kollektor mit Einfachverglasung)
d: Wirkungsgrad eines Solarkollektors in Abhängigkeit von der Einstrahlung
sowie der Absorbertemperatur

$$\frac{E_{\text{ges}}}{A} = \int_0^{1a} \frac{\dot{Q}_{\text{Nutz}}(t)}{A}\, dt = \int_0^{1a} \eta(t)\, I_\perp(t)\, dt \ . \tag{19.5}$$

kann z.B. für spezielle Kollektorsysteme aus Messungen bestimmt werden. So gilt
in der BRD z.B. für einfache selektiv beschichtete Kollektoren ein Wert von 300
bis 400 kWh/m²a. Durch Steigerung des Aufwandes, z.B. bei der Isolation oder
der Beschichtung der Glasscheiben, ist eine Steigerung auf 500 kWh/m²a möglich. Allerdings steigen dann auch die Herstellungskosten.

Solarkollektoren eignen sich heute bereits gut zur Bereitstellung von Warmwasser
und zur Schwimmbadbeheizung. Große Schwierigkeiten ergeben sich dagegen
wegen ihrer schlechteren Wirkungsgrade zu Heizzwecken. Der jahreszeitliche
Verlauf des Raumwärmebedarfs und der des solaren Strahlungsenergieangebots
sind gegeneinander verschoben. Zusätzlich muß noch das Problem des sich

jahreszeitlich ändernden Wirkungsgrades, wie zuvor schon beschrieben, berücksichtigt werden. Damit wird die jeweilige Diskrepanz zwischen Angebot und Nachfrage noch vergrößert. Eine gewisse Abhilfe schaffen Wärmespeicher, die zur Aufnahme der Wärme für mehrere Tage dimensioniert werden können, jedoch nicht für Monate. In Kombination mit einer Zusatzheizung auf der Basis fossiler Brennstoffe könnte eine langfristig interessante Variante zur Heizwärmebereitstellung realisiert werden. Auch Wärmepumpen können eingesetzt werden, um Solarkollektoren wirksamer zur Heizwärmeversorgung einzusetzen. Als spezielle Formen von Solarkollektoren sind in diesem Zusammenhang Absorberdächer oder -wände zu erwähnen, die auch eine Nutzung von diffusem Sonnenlicht und anderen Formen von Umgebungswärme gestatten. Die Bedingungen der Solarenergienutzung, beispielsweise zum Betrieb von Klimaanlagen, stellen sich in vielen sonnenreichen Ländern erheblich günstiger dar.

19.5 Solarfarmanlagen

Durch parabolische Spiegelrinnen ist eine Konzentration des Sonnenlichts mit einem Faktor von 100 möglich. In der Brennlinie eines derartigen Spiegelsystems kann damit in einem Arbeitsfluid eine Nutztemperatur von etwa 300°C erreicht werden (s. Abb. 19.7a,b). Moderne Konzepte von Solarfarmanlagen [19.11] arbeiten heute mit Wärmeträgerölen, die praktisch drucklos im Rohrsystem des Spiegelbereichs auf 300°C erwärmt und in einem Dampferzeuger die Bereitstellung von Turbinendampf mit rund 250°C/40 bar gestatten. Anschließend wird ein Sattdampfprozeß ausgeführt, der einen Wirkungsgrad der Stromerzeugung um 30 % erreicht (s. Abb. 19.7c,d). Unter Einschluß der Wirkungsgrade des

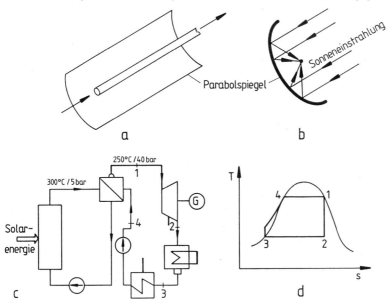

Abb. 19.7. Solarfarmkonzept

a: Parabolrinne, b: Konzentration bei der Parabolrinne
c: Schaltschema, d: T-s-Diagramm für den Sattdampfprozeß

Spiegelfeldes und des Eigenbedarfs der Anlage kann bezogen auf die eingestrahlte Sonnenenergie ein Gesamtwirkungsgrad von ca. 15 % erwartet werden. Solaranlagen nach dem Farmkonzept sind heute in den USA mit elektrischen Leistungen bis 50 MW in Betrieb. Der Betrieb wird bei diesen Anlagen in sonnenarmen Zeitspannen, durch Zufuhr von Wärme aus der Verbrennung fossiler Brennstoffe aufrecht erhalten. Auch Wärmespeicher im Wärmeträgerölkreislauf sind für kurzzeitige Überbrückungen einsetzbar.

19.6 Solartoweranlagen

Eine noch stärkere Konzentration des Sonnenlichts als beim Solarfarmkonzept wird bei Solartoweranlagen [19.12-19.14] erreicht. Zu diesem Zweck wird am Erdboden ein Spiegelfeld, bestehend aus Heliostaten, aufgebaut, welches eine Reflexion des gesamten Sonnenlichts einer großen Fläche in einem Receiver bewirkt (s. Abb. 19.8a,b). Im Receiver, der sich in großer Höhe (100 m und höher) über dem Spiegelfeld befindet, werden so große Energiemengen konzentriert und hohe Temperaturen (bis zu 1500°C) erreicht. Dort kann nun entweder die Erzeugung von Heißdampf, die Aufheizung von Gasen (Luft oder Edelgas) oder die Aufheizung eines Flüssigmetalls (z.B. Natrium) erfolgen. Mit Hilfe des heißen Wärmeträgers kann, oft unter Einschaltung eines Dampferzeugers, ein geeigneter thermodynamischer Kreisprozeß betrieben werden. Auch bei diesen Anlagen

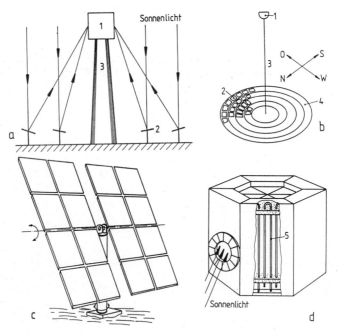

Abb. 19.8. Solartoweranlagen

    a: Konzept
        1 Receiver, 2 Spiegel (Heliostaten), 3 Turm, 4 Spiegelfeld, 5 Wärmetauscherrohre
    b: Spiegelfeld, c: Heliostatelement, d: Receiver mit Wärmetauscherrohren

dient ein fossil befeuerter Zusatzkessel dazu, Anlagenstillstände zu vermeiden. Für den Gesamtwirkungsgrad der Anlage gilt die Beziehung

$$\eta_{ges} = \eta_{KP}\, \eta_S\, \eta_R\, \eta_{RL} \, ,\tag{19.6}$$

mit η_{KP} Kreisprozeßwirkungsgrad, η_S Wirkungsgrad des Spiegelfeldes, η_R Wirkungsgrad des Receivers, η_{RL} Wirkungsgrad des Rohrleitungssystems.

Für erste ausgeführte Versuchsanlagen gilt z.B. bei Verwendung eines Dampfturbinenprozesses $\eta_{KP} = 0,35$, $\eta_R = 0,85$, $\eta_S = 0,75$, $\eta_{RL} = 0,9$, so daß für den Gesamtwirkungsgrad ein Wert von 22 % resultiert.

Anlagen bis zu einer elektrischen Leistung von 10 MW sind in USA in Betrieb. Die Heliostaten sind meist mit einer zweiachsigen Nachführung ausgestattet und weisen je Einheit Spiegelflächen von rund 20 m² auf (s. Abb. 19.8c). Für die Receiversysteme gibt es eine Reihe von Konzepten, die meist auf der Verwendung von Rohrwärmetauschern basieren, die vom gebündelten Sonnenlicht beheizt werden (s. Abb. 19.8d). Es sind jedoch auch Lösungen bekannt, bei denen durch solare Strahlung aufgewärmte Wärmespeicher von einem Arbeitsgas durchströmt werden. Um eine Vorstellung über die Größenordnung des Spiegelfeldes zu geben, sei hier als Anhaltswert eine 100 MW$_{el}$-Anlage betrachtet, die bei einem Wirkungsgrad von 20 % rund $8 \cdot 10^5$ m² Spiegelfläche benötigt. Solarthermische Kraftwerke nach dem Solartowerkonzept sind heute offenbar bis in den Leistungsbereich von 100 MW$_{el}$ baubar und in sonnenreichen Regionen mittelfristig als attraktive Lösung anzusehen.

19.7 Fotovoltaische Kraftwerke

Sonnenlicht kann in Halbleitern unter Ausnutzung des Fotoeffekts zur direkten Erzeugung von elektrischer Energie genutzt werden [19.15-19.18]. Die Sonnenstrahlung setzt sich aus einer Vielzahl von Lichtquanten mit der Energie

$$E = h\, v = h\, \frac{c}{\lambda} \, ,\tag{19.7}$$

mit h Planck'sches Wirkungsquantum ($6,6 \cdot 10^{-34}$ W s²), c Lichtgeschwindigkeit ($3 \cdot 10^8$ m/s), v Frequenz (s) und λ Wellenlänge der Strahlung (m) zusammen. Lichtquanten können durch das Auftreffen auf Materialien ihre Energie verlieren, indem beim Fotoeffekt Elektronen mobilisiert werden. Es gilt die Energiebilanz

$$E = h\, \frac{c}{\lambda} = E_0 + \frac{m}{2}\, v^2 \, ,\tag{19.8}$$

mit E_0 Grenzenergie für die Ablösung des Elektrons und $m/2\, v^2$ kinetische Energie des Elektrons. Die Übertragung der Lichtquantenenergie erfolgt auch auf gebundene Elektronen in Festkörpern. Die Bindung der Elektronen in Festkörpern wird durch Energiebänder veranschaulicht. Bei niedrigen Temperaturen sind alle Elektronen im Valenzband gebunden, so daß im Leitungsband noch keine Elektronen vorliegen. Wenn die auftreffenden Lichtquanten Energien $E > E_0$ aufweisen, können aber Elektronen in das Leitungsband gehoben werden. Insgesamt entsteht so ein Ladungsträgerpaar, d.h. ein frei bewegliches Elektron im Leitungsband und ein freibewegliches Loch im Valenzband. Man bezeichnet diesen Effekt auch als Fotoleitung. Normalerweise kommt es bei derartigen Eigenhalbleitern zu einer Rekombination. Wenn jedoch durch einen Zusatz von Donatoren freie Elektronen im Leitungsband (n-Leitung) und durch einen Zusatz von Akzeptoren im Valenzband freie Löcher vorhanden sind (p-Leitung), können bei Bestrahlung mit Sonnenlicht, dessen Energie größer als E_0 ist, sowohl Elektronen im n- als auch Löcher im p-Leiter erzeugt werden. Verbindet man nun einen n- und einen p-Leiter, so wird durch die Raumladungszone an der Grenzschicht ein elektrisches Feld aufgebaut. Durch diese Grenzfläche fließt dann bei Bestrahlung mit Sonnenlicht ($E > E_0$) Strom (s. Abb. 19.9a). Als Akzeptormaterial wird dem Basismaterial Silizium beispielsweise Phosphor zugefügt.

Wie schon erwähnt, setzt der Fotoeffekt erst für Energien der Lichtquanten $E > E_0$ ein. Strahlung mit längerer Wellenlänge als $\lambda_0 = h\,c/E_0$ wird nicht im Halbleiter absorbiert. Dementsprechend wird je nach Material, d.h. abhängig vom Wert E_0, auch nur ein Teil des Sonnenspektrums nutzbar sein. In Abb. 19.9b sind einige Halbleitermaterialien mit ihrem theoretischen Umwandlungswirkungsgrad aufgeführt. Die bereits hochentwickelte Technik der Siliziumherstellung war offenbar der Grund dafür, daß die wesentlichen Entwicklungsarbeiten für Solarzellen bislang von diesem Material ausgingen, obwohl andere Materialien höhere Wirkungsgrade erwarten lassen.

Technisch sind Solarzellen als scheibenförmige Halbleiter von einigen zehntelmillimetern Dicke und mehreren 100 cm² Fläche ausgeführt. In das p-leitende Basismaterial Silizium ist auf einer Seite eine n-leitende Schicht (Dicke < 1 μm) eindiffundiert. Die Rückseite ist mit einem die ganze Fläche bedeckenden metallischen Kontakt ausgerüstet, während die dem Sonnenlicht zugewandte Vorderseite mit fingerartigen metallischen Kontakten bedeckt ist. Durch diese Gitter hindurch kann Sonnenlicht in das Halbleitermaterial eindringen. Um Verluste durch Reflexion zu verringern, erhält die Solarzelle auf der Vorderseite eine bläuliche Antireflexschicht.

Bei Bestrahlung der Solarzelle mit Lichtquanten werden Ladungsträgerpaare erzeugt, bestehend aus Elektronen und Löchern. Die Paare gelangen aufgrund von Diffusionsprozessen zur p/n-Grenzschicht, in deren Feld sie getrennt werden. Wenn der Stromkreis durch einen äußeren Lastwiderstand geschlossen wird, fließt ein durch das Sonnenlicht induzierter Strom. Die Spannung einer Fotozelle

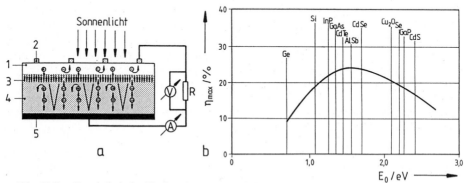

Abb. 19.9.   Fotovoltaische Kraftwerke

a: Prinzip bei der fotovoltaischen Nutzung der Sonnenenergie
1 n-Silizium, 2 Kontaktfinger, 3 Übergangszone 4 p-Silizium, 5 Metallkontakt

b: theoretische Wirkungsgrade verschiedener Solarzellen

hängt nur schwach von der Intensität des Sonnenlichts ab, Strom und Leistung verlaufen dagegen proportional zur Sonneneinstrahlung. Der Wirkungsgrad einer Solarzelle wird als Verhältnis der maximal abgegebenen elektrischen Leistung zur einfallenden Sonnenleistung definiert

$$\eta = P_{max}/P_{Solar} \, .$$ (19.9)

Der praktische Wirkungsgrad ausgeführter Solarzellen auf Siliziumbasis liegt heute zwischen 5 und 13 %, während der theoretische Wert bei etwa 20 % liegt (s. Abb. 19.9b). Der Grund für diese Reduktion liegt darin begründet, daß nicht alle Fotonen absorbiert werden, daß ein gewisser Anteil der Fotonenenergie überschüssig ist und damit Ohm'sche Verluste verursacht und daß schließlich nicht alle Ladungsträger das Kontaktsystem erreichen, sondern vorher durch Rekombination verschwinden. Der Wirkungsgrad ausgeführter Systeme wird bestimmt durch die Art des eingesetzten Siliziumbasismaterials (multikristallin, monokristallin, amorph), durch die Art der Dotierung sowie von der Konstruktion (Kontaktfinger, Antireflexschicht). Die höchsten Wirkungsgrade werden derzeit offenbar bei Verwendung von 13,3 % ionenimplantiertem Silizium erreicht. Am niedrigsten sind die Wirkungsgrade bei amorphem Material mit 4 bis 6 % Ionenanteil. Größere Leistungen von Solaranlagen werden durch Reihen- und Parallelschaltungen von Solarzellen erreicht. Diese Module mit je rund 100 W Leistung werden zu Panels mit Ausgangsleistungen von mehreren kW zusammengebaut. Die gewonnene elektrische Energie wird mit einer aufwendigen Leistungselektronik über Wechselrichter und Transformatoren ins Netz abgegeben. Dieser Schritt der Energieumwandlung bedeutet nochmals Verluste in Höhe von 10 bis 15 %. Mit Hilfe von Nachführungssystemen läßt sich die elektrische Energieausbeute steigern, indem die Leistungsabgabe während der Sonnenscheindauer vergleichmäßigt wird. Natürlich führt diese Maßnahme auch zu erhöhten Investitionskosten. Mit einem Modul, dessen Spitzenleistung zu 1 kW gewählt wird, lassen sich in der BRD je nach Standort und Aufwand bei der Nachführung im Jahr maximal 1000 bis 1300 kWh an elektrischer Energie gewinnen. Naturgemäß fällt diese Energie zum weitaus größten Teil im Sommer an. Daher stellt sich direkt das Problem der Speicherung oder der Zusatzstromerzeugung in Schwachlastzeiten. Die Entwicklungsarbeiten zielen heute neben dem Bestreben einer Wirkungsgradverbesserung auf die Senkung der Herstellungskosten. So werden z.B. auch Dünnschichtsolarzellen entwickelt, die eine erhebliche Materialeinsparung versprechen. Auch alternative Materialien zu Silizium, z.B. Galliumarsenit, Iridiumphosphat, werden auf ihre Verwendbarkeit untersucht. Der Anreiz liegt im höheren theoretisch erreichbaren Wirkungsgrad der Energieumwandlung (s. Abb. 19.9b). Generell muß heute festgestellt werden, daß die fotovoltaische Stromerzeugung selbst an sonnenbegünstigten Standorten noch zu teuer ist. Weiterentwicklungen, Kostensenkungen - insbesondere bei der Infrastruktur - und Massenproduktion lassen zukünftig deutliche Reduktionen der Stromgestehungskosten erhoffen.

19.8 Windenergie

Aufgrund regional unterschiedlicher Erwärmung der Erdoberfläche entsteht innerhalb der Atmosphäre ein Temperatur- und Druckgefälle. Ausgleichende Luftströmungen äußern sich als Wind. Die Windenergienutzung [19.19-19.22] stellt damit eine indirekte Nutzung der Solarenergie dar. Es wird geschätzt, daß sich in Mitteleuropa rund 2 % der eingestrahlten Solarenergie in Windenergie

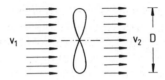

Abb. 19.10.   Schema zur Ableitung der Leistung eines Windenergiekonverters

umsetzt. Dem Wind kann in verschiedener Weise Energie entzogen werden. Abb. 19.10 zeigt ein sehr vereinfachtes Schema, welches Basis für die im folgenden abgeleitete Leistung eines Windenergiekonverters ist. Massenstrom und Leistung des Windrads folgen zu

$$\dot{m} = \rho \, \bar{v} \, \frac{\pi}{4} \, D^2 = \rho \left(\frac{v_1 + v_2}{2} \right) \frac{\pi}{4} \, D^2 \, , \tag{19.10}$$

$$P = \frac{\mathrm{d}}{\mathrm{d}t} \, E_{kin} = \frac{\dot{m}}{2} \left(v_1^2 - v_2^2 \right) = \frac{\pi}{16} \, \rho \, D^2 \, v_1^3 \left(1 + x - x^2 - x^3 \right) . \tag{19.11}$$

mit $x = v_2/v_1$. Die dem Wind entzogene Leistung wird für $x = 1/3$ maximal:

$$P = \frac{8}{27} \, \rho \, \frac{\pi}{4} \, D^2 \, v_1^3 = c_{\mathrm{p}} \, \rho \, A \, v_1^3 \, . \tag{19.12}$$

Ein idealer Windenergiekonverter kann also theoretisch 59,3 % des Leistungsangebots in Nutzleistung umsetzen. Die Luftgeschwindigkeit hinter dem Rotor beträgt dann 33 % des Wertes vor dem Rotor. Bedingt durch aerodynamische Verluste kann der auch als Betz-Faktor bezeichnete Leistungsbeiwert c_{p} nicht voll erreicht werden. Eine wesentliche Größe zur Beurteilung von Windenergiekonvertern ist die Schnellaufzahl λ, die durch das Verhältnis der Umlaufgeschwindigkeit u der Flügelspitzen zur Windgeschwindigkeit v festgelegt ist

$$\lambda = \frac{u}{v} = \frac{2 \, \pi \, r \, n}{v} \, , \tag{19.13}$$

mit n Drehzahl und r Radius des Rotors. Der Leistungsbeiwert c_{p} als Funktion von der Schnellaufzahl λ ist in Abb. 19.11a sowohl für ausgeführte Anlagen als auch als Idealwert wiedergegeben. Die auf den Rotorquerschnitt bezogene theoretische Leistungsdichte sowie der typische Leistungsdichteverlauf einer ausgeführten Anlage sind in Abb. 19.11b wiedergegeben. Man erkennt unmittelbar, daß zwischen der theoretisch und der praktisch erreichten Leistung der Zusammenhang $P_{\mathrm{P}} = \eta_{\mathrm{P}} \, P$ besteht, wobei η_{P} heute zwischen 0,5 und 0,65 liegt.

Ein einfaches Beispiel möge die Verhältnisse verdeutlichen. Mit $\rho = 1,29$ kg/m³, $D = 30$ m, $v = 9$ m/s und $\eta_{\mathrm{P}} = 0,5$ folgt für einen Windenergiekonverter mittlerer Leistung $P_{\mathrm{P}} \approx 100$ kW.

Das in Abb. 19.11b wiedergegebene Leistungsdiagramm weist aus, daß unterhalb einer Einschaltgeschwindigkeit v_{E} keine Leistungsabgabe möglich ist. v_{E} liegt oft bei 5 m/s. Im Windgeschwindigkeitsbereich von $v_{\mathrm{E}} < v < v_{\mathrm{N}}$ wird dem Wind durch den Rotor die jeweils maximale Leistung entzogen. v_{N} wird oft zu 10 bis 13 m/s gewählt. Für Werte $v_{\mathrm{N}} < v < v_{\mathrm{A}}$ gibt die Windenergieanlage die konstante Nennleistung ab. v_{A} liegt meist zwischen 20 und 25 m/s und charakterisiert die Grenze für einen sicheren Betrieb des Rotors. Oberhalb der Abschaltgeschwindigkeit wird die Leistungsabgabe eingestellt, indem die Rotorblätter in Fahnenstellung gefahren werden und die Rotorachse mit einer Bremseinrichtung festgestellt wird. Die Windgeschwindigkeiten variieren stark in Abhängigkeit von Standort und Jahreszeit. Eine Auswertung des Jahresgangs der Windgeschwindigkeit führt auf absolute und relative Häufigkeitsverteilungen (s. Abb. 19.11c,d). Die Summenhäufigkeitsverteilung zeigt an, für wieviele Stunden des Jahres eine bestimmte Windgeschwindigkeit unterschritten wird. So werden offenbar gemäß dem Verlauf in Abb. 19.11d 5 m/s nur in 25 % der Zeit eines Jahres, d.h. während ca. 2200 h/a unterschritten. Diese Größe wird auch als Flautendauer bezeichnet. Begünstigte Gebiete der BRD mit hohen Jahresmittelwerten der Windgeschwindigkeit von mehr als 4 m/s sind die Küstengebiete und die Höhenlagen der Mittelgebirge. Detaillierte Analysen zur Energieproduktion sowie zur Auslastung der Anlagen müssen unter genauer Berücksichtigung der Leistungscharakteristik und der Verteilung der Windgeschwindigkeit erfolgen.

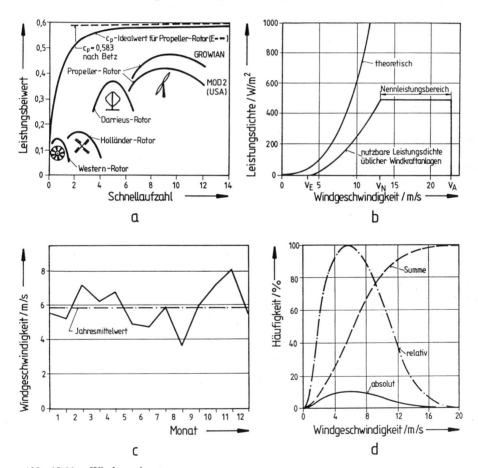

Abb. 19.11.   Windenergienutzung

a: Leistungsbeiwert in Abhängigkeit von der Schnellaufzahl
b: Leistungsdichte in Abhängigkeit von der Windgeschwindigkeit
c: Monatsmittelwerte der Windgeschwindigkeit auf der Wasserkuppe/Rhön (1970)
d: Verläufe zum Windgeschwindigkeitsspektrum

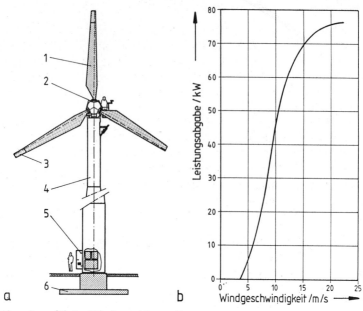

Abb. 19.12. Ausgeführter Windenergiekonverter
Rotordurchmesser 16,6 m, maximale Leistung 75 kW, Nabenhöhe 23 m,
Rotordrehzahl 50/min, Turmhöhe 22 m

  a: Anlagenübersicht
      1 Flügel, 2 Nabe, 3 Flügeltipbremsen, 4 feuerverzinkter Stahlturm, 5 Ein-
      gangstür, 6 Fundament
  b: Leistungscharakteristik

Setzt man z.B. für eine 100 kW-Anlage einen Jahresmittelwert der Windgeschwindigkeit von 6 m/s voraus, so erhält man einen Wert von etwa 500 kWh/m² a. Bei einem Rotordurchmesser von etwa 30 m werden demnach jährlich $3 \cdot 10^5$ kWh gewonnen. Die Anlage würde also 3000 h/a Vollastbetrieb erreichen.

Abb. 19.12 zeigt einen ausgeführten Windenergiekonverter moderner Bauart mit einer Nennleistung von 75 kW. Die Rotorblätter sind aus glasfaserverstärktem Polyester, und der Turm ist aus feuerverzinktem Stahlrohr hergestellt. Zur Übersetzung der Rotorfrequenz wird dem Generator ein zweistufiges Getriebe vorgeschaltet. Generell kann heute davon ausgegangen werden, daß die Windenergienutzung an günstigen Standorten unter nahezu akzeptablen wirtschaftlichen Bedingungen erfolgen kann, sofern die Reservehaltung nicht als Pönale angerechnet wird.

19.9 OTEC-Prozesse

Tropische Meere sind auf der Erde die größten Speicher für Sonnenenergie. Täglich nehmen sie bei einer Oberfläche von rund $6 \cdot 10^7$ km² rund $5,5 \cdot 10^{10}$ t SKE Sonnenenergie auf. Die oberen Schichten des Meerwassers werden hierdurch erwärmt und weisen im Jahresablauf eine Temperatur von 20 bis 25°C auf. In einigen 100 m Wassertiefe liegt dagegen die Temperatur bei etwa 5°C konstant. Diese Temperaturdifferenzen erlauben die Durchführung eines thermodynamischen Kreisprozesses, dessen maximaler Wirkungsgrad gemäß

$$\eta_C = 1 - T_U/T_O , \qquad (19.14)$$

mit T_O = 20°C und T_U = 5°C zu etwa 5 % abgeschätzt werden kann. Ein Verfahrensprinzip der Ocean Thermal Energy Conversion (OTEC) sei hier näher erläutert (s. Abb. 19.13a) [19.23]. Im Verdampfer des Kreisprozesses wird das Arbeitsmedium (z.B. NH_3) durch Abkühlung von warmem Oberflächenwasser verdampft. Das Oberflächenwasser wird dabei z.B. von rund 25°C auf 22°C abgekühlt. Der Arbeitsdampf NH_3 leistet in der Turbine Arbeit und wird entspannt. Hinter der Turbine wird der Arbeitsdampf kondensiert. Als Kühlmedium dient kaltes Meerwasser aus großer Tiefe, welches dabei im Kondensator von rund 5°C auf 7°C erwärmt wird. Das wieder verflüssigte NH_3 wird danach über eine Speisepumpe wieder dem Verdampfer zugeführt, wo der Kreislauf von neuem beginnt. Alternativ zu dem hier dargestellten Kreislaufschema werden auch Vorschläge diskutiert, bei denen Dampf aus dem 25°C-Meerewasser durch Entspannungsverdampfung gewonnen werden soll.

Wegen der angedeuteten Bedingungen des Wärmeaustauschs in Verdampfer und Kondensator werden die im Kreisprozeß nutzbaren Temperaturdifferenzen noch weiter verringert, im hier genannten Beispiel auf eine Spanne zwischen 20 und 10°C. Unter Berücksichtigung von inneren Wirkungsgraden der Maschinen, Eigenbedarf der NH_3-Pumpe und insbesondere durch den Bedarf für das Pumpen des Meerwassers aus großer Tiefe reduziert sich der praktisch erreichbare Gesamtwirkungsgrad auf etwa 1 bis 2 %. Hinsichtlich technischer Vorstellungen zu OTEC-Konzepten sei auf Abb. 19.13b verwiesen, in der die Lage der einzelnen Anlagenkomponenten schematisch angedeutet ist.

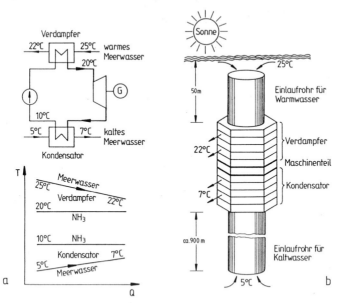

Abb. 19.13.   OTEC-Anlage

   a: Schaltschema mit T-Q-Diagrammen der Wärmetauscher
   b: Vorstellung zur Anordnung einer OTEC-Anlage

Die Nutzung der erzeugten elektrischen Energie soll bei küstennahen Standorten über Kabel oder bei weit vom Land entfernten Ankerplätzen über Wasserstoff erfolgen. Erste Pilotanlagen nach diesem Konzept werden mit Leistungen von 20 kW bzw. 100 kW in Hawai bzw. im Pazifik betrieben. Neben den erheblichen Aufwendungen für die Kreislaufkomponenten sind große Probleme durch Korrosion und Verschmutzung, insbesondere der Wärmetauscher, zu lösen. Auch Störungen des Sauerstoff- und Nährstoffgehalts der Ozeane durch Austausch riesiger Wassermengen unterschiedlicher Temperaturen müßten im Falle einer großtechnischen Anwendung des OTEC-Verfahrens bedacht werden.

19.10 Bioenergie

Unter Biomassen werden die Gesamtmassen aller vorkommenden Lebewesen verstanden. Im Sinne einer energetischen Nutzung [19.24, 19.25] werden damit im wesentlichen Pflanzen, land- und forstwirtschaftliche Abfälle, tierische Exkremente und organische Bestandteile des Haus- und Industriemülls gemeint. Der Energieinhalt all dieser organischer Substanzen geht auf die Fotosynthese der Pflanzen zurück, bei der die Strahlungsenergie der Sonne in chemische Energie umgewandelt wird. Die Fotosynthese, die nur unter Mitwirkung des Chlorophylls der Grünpflanzen zustandekommt, kann durch eine pauschale Gleichung Form

$$H_2O + CO_2 + E_{Solar} + (a\,NO_3 + b\,SO_4 + c\,PO_4) \rightarrow$$
$$C_nH_mO_r + H_2O + O_2 + \text{Stoffwechselprodukte}$$

beschrieben werden. Die Faktoren a, b, c kennzeichnen Spuren dieser Verbindungen, die am Gesamtprozeß teilnehmen, $C_nH_mO_r$ steht für die Biomasse. Für eine spezielle Form der Biomasse, Traubenzucker $C_6H_{12}O_6$, kann die Gleichung approximiert werden durch

$$12\,H_2O + 6\,CO_2 + 2,8\,MJ\,(E_{Solar}) \rightarrow C_6H_{12}O_6 + 6\,O_2 + 6\,H_2O\ .$$

Auf der Erde werden offenbar derzeit mit Hilfe der Fotosynthese jährlich rund 10^{11} t Kohlenstoff durch die Biosphäre der Erde fixiert und in Form von chemischer Energie gespeichert bzw. umgewandelt. Die Grenze biologischer Umwandlungsmöglichkeiten ist durch die Flächendichte an Chlorophyll gegeben. Die Wirkungsgrade biologischer Systeme sind relativ gering. So werden bezogen auf die einfallende Sonnenenergie beispielsweise durch Grasflächen nur 0,3 % genutzt, bei Wäldern sind es etwa 1 %, spezielle Pflanzen, wie Zuckerrohr, Mais, Zuckerrüben und Algen, erreichen 5 %. So wird im Gras etwa 1 kg organische Substanz/m²a gebildet, bei Algen dagegen rund 15 kg/m²a. In den Wäldern der BRD wächst bei einem spezifischen Holzwachstum von rund 10 m³/ha insgesamt eine Energiemenge von maximal $20 \cdot 10^6$ t SKE/a in Form von Holz zu. Die heutige Biomassenproduktion führt im wesentlichen auf die notwendigen Mengen an Nahrungsmitteln, Futtermitteln, Faserstoffen und Holz (s. Abb. 19.14a). Weltweit ist dies derzeit eine Menge von rund $2,5 \cdot 10^9$ t SKE/a. Die fossilen Energievorräte stammen aus der Biomassenproduktion der Vorzeit und sind für unsere Bedarfszeiträume nicht regenerierbar. Aus der großen Zahl von Umwandlungsmöglichkeiten für Biomassen sind nur einige wichtig erscheinende herausgegriffen und in Abb. 19.14b zusammengestellt. In zahlreichen Ländern der Erde stellt z.B. die Verbrennung von Holz und Stroh zur Wärmeversorgung eine wesentliche Methode in der Energiewirtschaft dar. Die Pyrolyse führt auf die Produkte Teer,

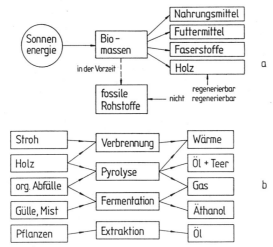

Abb. 19.14.   Bioenergienutzung

    a: Biomassenentstehung
    b: Biomassenumwandlung zur Energienutzung

Öl, Gas und Wärme. Auch die Fermentation von organischen Abfällen mit der Zielrichtung der Gasproduktion ist in vielen Ländern sehr wichtig geworden. Bei der Erzeugung von Biogas (z.B. 60...70 % CH_4, 30...35 % CO_2, 1 % H_2, Spuren von N_2, O_2, H_2S, Heizwert H_u = 15...20 MJ/m³) werden in mehrstufigen Prozessen, die simultan im gleichen Apparat ablaufen können, hochmolekulare organische Verbindungen, z.B. Kohlehydrate, Fette, Eiweißstoffe, unter Luftabschluß biochemisch durch Bakterien gespalten. Es entsteht Biogas, welches sowohl bei der Kraft- als auch bei der Wärmeversorgung eingesetzt werden kann. Bei Biogasanlagen werden organische Rückstände in einen Faulbehälter eingebracht und dort bei Temperaturen von 35°C einem Fermentationsprozeß unterworfen. Die Beheizung auf die erforderliche Reaktionstemperatur wird durch Teilverbrennung des Produktgases erreicht. Das gewonnene Gas wird gereinigt, zwischengespeichert und schließlich dem Verbraucher zugeführt. Der feste Rückstand wird als Biodung eingesetzt. Die mögliche Gasproduktion hängt stark von der Art der eingesetzten organischen Substanz und den Verfahrensbedingungen Temperatur und Verweilzeit ab. Tab. 19.2 enthält einige typische Zahlenwerte.

Tab. 19.2.   Umsetzungen zu Biogas (OTM = organische Trockenmasse)

Substanz	Biogasmenge (m³/kg OTM)	Gärdauer (d)
Gras	0,56	25
Stroh	0,37	78

Biogasanlagen sind auch unter dem Aspekt der Rückstandsbeseitigung wirtschaftlich sinnvoll einsetzbar. Ein spezieller Gedanke im Zusammenhang mit der Biogasnutzung ist das "Energyfarming", d.h. die Aufzucht spezieller Pflanzen zur energetischen Nutzung ihrer Biomassen. Hier entstünde aber eine Konkurrenz zur Nahrungsmittelproduktion, die sicher in den meisten Fällen nicht tolerabel wäre. Auch die Wirtschaftlichkeit derartiger Verfahren stellt sich vergleichsweise ungünstig dar. Als eine sehr spezielle Form der Biomassennutzung sei hier noch auf die Herstellung von Treibstoffen verwiesen. Durch Hydrolyse kann aus Biomasse Zucker erzeugt und durch einen Prozeß der anaeroben Gärung unter Zusatz von Hefe in Äthanol überführt werden. Äthanol kann direkt als Treibstoff oder nach Umwandlung im Mobiloilprozeß als Benzin eingesetzt werden. Dieses Verfahren wird derzeit in Brasilien in nennenswertem Umfang eingesetzt. Offenbar sind für die Produktion von 180 m³ Alkohol/d etwa 12 000 ha Land erforderlich, auf denen Zuckerrohr angebaut wird. Die Herstellungskosten für diesen Treibstoff liegen derzeit über denen für konventionelle Kohlenwasserstoffe.

19.11 Laufwasserenergie

Auf der Erde wird durch die Sonneneinstrahlung ein natürlicher Wasserkreislauf aufrecht erhalten. Wasser verdunstet und fällt als Niederschlag zurück auf die Erdoberfläche. Infolge der Höhenunterschiede zwischen den Landflächen der Kontinente und dem Meer entsteht dabei eine potentielle, in Wasserkraftanlagen [19.26] nutzbare, Energie von Wassermassen. Strömende Wassermengen stellen bei einem Volumenstrom V, einer Fallhöhe H, eine Turbinenleistung P sowie innerhalb eines Zeitraums τ eine elektrische Arbeit A dar.

$$A = \int_0^\tau P(t) \prod_i \eta_i \, \mathrm{d}t = \int_0^\tau g \, \rho \, H(t) \, \dot{V}(t) \prod_i \eta_i \, \mathrm{d}t \, , \qquad (19.15)$$

wobei mit dem Faktor $\prod \eta_i$ alle Strömungsverluste im Einlauf und am Auslauf der Turbine, Turbinenverluste sowie Generatorverluste erfaßt sein mögen. Bei der praktischen Anwendung unterscheidet man Laufwasserkraftwerke und Speicherkraftwerke, die heute weitweit eingesetzt werden. Als neue futuristische Anwendungen sei z.B. auf Wellenenergie- und Gletschereiskraftwerke verwiesen.

Laufwasserkraftwerke sind durch eine geringe Fallhöhe des Wassers charakterisiert. Sie werden z.T. wegen des nahezu gleichbleibenden Wasserdurchsatzes mit in der Grundlastversorgung eingesetzt. Oft werden Laufwasserkraftwerke im Verbund mit Stauwerken an Flüssen eingesetzt. Abb. 19.15a zeigt das Prinzip. Verlustquellen sind Reibungsverluste im Kanal, Verluste im Rohreinlauf, Druckverluste im Druckrohr, Verluste in der Spirale der Turbine, Verluste in der Turbine und Verluste im Auslaufkanal.

Folgendes einfaches Beispiel möge die Bedingungen bei der Wasserkraftnutzung beschreiben. Es sei $\dot{V} = 100$ m³/s, $H = 10$ m und $\prod \eta_i = 0{,}7$. Die nutzbare Turbinenleistung beträgt dann $P_T = 6{,}87$ MW. Bei einer jährlichen Vollaststundenzahl von z.B. 6000 h/a werden mit Hilfe eines derartigen Laufwasserkraftwerks an einem mittelgroßen Fluß in der BRD rund $4{,}1 \cdot 10^7$ kWh/a erzeugt.

In Kraftwerken mit geringer Fallhöhe (5...25 m) werden Kaplanturbinen (s. Abb. 19.15b) eingesetzt. Über eine Einlaufspirale fließt allseitig Wasser durch verstellbare Leitschaufeln in den Turbinenschacht. Hier versetzt das Wasser die bis zu 8 Flügel des Turbinenlaufrades, die ebenfalls verstellbar sind, in Rotation. Wegen dieser zweifachen Regulierungsmöglichkeit können Kaplanturbinen das Wasserangebot optimal ausnutzen. Daher ist über einen weiten Lastbereich ein Arbeiten mit hohem Wirkungsgrad möglich (s. Abb. 19.15c). Die Turbinenleistung wird der schwankenden Wasserführung und der jeweiligen Belastung durch den Generator angepaßt. Kaplanturbinen werden heute bis in einen Leistungsbereich von 150 MW je Einheit gebaut. Für spezielle Anwendungen sind auch Rohrturbinen mit horizontal angeordneter Welle im Einsatz. In der BRD tragen Laufwasserkraftwerke mit rund 5 % zur Elektrizitätserzeugung bei, weltweit mit etwa 22 %; in vielen Ländern, z.B. in Norwegen mit 99 %, stellen sie die einzige Quelle für die Erzeugung elektrischer Energie dar.

Speicherkraftwerke arbeiten mit großen Gefällen (300 bis 2000 m), hier kommen Peltonturbinen zum Einsatz (s. Abb. 19.15b). Das Wasser strömt tangential aus einer oder mehreren Düsen auf die becherförmigen Schaufeln des Turbinenlaufrads. Die Regelung der Leistung erfolgt über verstellbare Düsennadeln, die für eine Variation des Wasserdurchsatzes sorgen. Am unteren Ende der Druckrohrleitung befindet sich vor den Düsen ein Absperrschieber. Um unzulässige Druckstöße in der Rohrleitung zu vermeiden, wird am oberen Ende ein Ausgleichsgefäß, ein sogenanntes Wasserschloß, angeordnet, in das das Wasser beim Absperren der Turbine aufsteigen kann. Peltonturbinen werden mit Einheitsleistungen bis zu 250 MW gebaut.

Für mittlere Fallhöhen (25 bis 600 m) sind auch Francisturbinen im Einsatz. Bei diesem System wird das Wasser über eine Einlaufturbine zugeführt. Von der radialen Eintrittsrichtung wird das Wasser durch die Laufradschaufeln in die axiale Austrittsrichtung umgelenkt. Eine Regelung erfolgt durch vorgeschaltete Leitschaufeln. Francisturbinen werden bis in den Leistungsbereich von 700 MW realisiert. Im niedrigen Lastbereich sinkt der Wirkungsgrad der Francisturbine stark ab (s. Abb. 19.15c).

Während in der BRD bereits die verfügbaren als wirtschaftlich nutzbar eingestuften Wasserkräfte weitgehend ausgenutzt werden, besteht weltweit zusätzlich

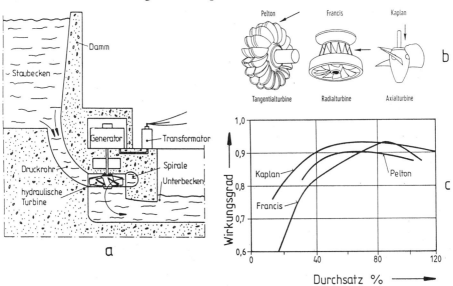

Abb. 19.15.   Wasserkraftnutzung

    a: Prinzip eines Wasserkraftwerks mit Kaplanturbine
    b: Laufräder von Wasserturbinen
    c: typische Verläufe der Wirkungsgrade über der Auslastung

zu den heute bereits genutzten 0,4 TW noch ein großes ungenutztes Potential von schätzungsweise 2 TW. Wasserkraftwerke gelten allgemein als umweltschonend, da keine Schadstoff- und Abwärmebelastungen auftreten. Teilweise wird der Sauerstoffgehalt der Flüsse durch die prozeßbedingten Belüftungseffekte noch erhöht. Auf die mit einer verstärkten Nutzung einhergehenden Probleme der Landvernichtung infolge Flußaufstauung, Änderung der ökologischen Bedingungen sowie auf die Gefahren durch mögliche Staudammbrüche sei aber abschließend hingewiesen.

19.12 Geothermische Energie

Man ist heute der Auffassung, daß im Erdinnern Temperaturen bis zu 10 000°C herrschen. Bedingt durch die Temperaturdifferenz zur Erdoberfläche ergibt sich in deren Nähe ein mittlerer Wärmefluß von 0,063 W/m^2. Unter normalen Bedingungen liegt der geothermische Temperaturgradient bei etwa 30°C/1000 m. In einigen Gebieten der Erde tritt der heiße Magmabereich des Erdinnern so dicht an die Erdoberfläche heran, daß schon in geringer Tiefe Temperaturen von über 1000°C auftreten. Vorkommen dieser Art werden als geothermale Anomalien bezeichnet. An diesen Stellen werden teils natürlich auftretende Heißdampf- oder Heißwasserquellen beobachtet, teils werden dort durch Bohrungen derartige Vorkommen erschlossen. Abb. 19.16a zeigt die Bedingungen für das Zustandekommen geothermischer Energiequellen [19.27-19.29] im Prinzip. Die heiße Zone ist von einer undurchlässigen Schicht, dem Bedrock, überlagert. Daran schließt sich eine poröse wasserführende Schicht an, die sogenannte Aquiferzone. Diese wiederum ist von einer wasserundurchlässigen Schicht, dem Caprock, nach oben hin abgeschlossen. Durch natürliche Kanäle und Spalten tritt an einigen Stellen auf der Erde Heißdampf oder Heißwasser aus diesen Aquiferbereichen aus. Teils wurden derartige Vorkommen durch Bohrungen auch künstlich erschlossen. Als Beispiele seien die Vorkommen The Geysers/USA (Dampf von 245°C, 10 bar, aus 2500 m Tiefe), Lardarello/Italien (Dampf von 210°C, 5 bar, aus 1000 m Tiefe) und Wairakei/Neuseeland (Heißwasser von 245°C, 15 bar) genannt.

Die Energie dieser Vorkommen wird nach unterschiedlichen Prinzipien zur Erzeugung elektrischer Energie genutzt. Es können Dampfumformer zur Erzeugung von Turbinendampf (s. Abb. 19.16c) eingesetzt werden oder nach einer Entspannungsverdampfung (s. Abb. 19.16d) Dampfkraftprozesse mit sauberem Dampf ausgeführt werden. Im erstgenannten Fall läßt sich ein Wirkungsgrad von maximal 15 %, im zweiten ein solcher von etwa 8 % erreichen. In The Geysers beträgt derzeit die Leistung 900 MW_{el}, in Lardarello 390 MW_{el} und in Wairakei 290 MW_{el}. Geothermische Kraftwerke bringen neben den durch den niedrigen Wirkungsgrad bedingten hohen Abwärmemengen Probleme infolge von Verunreinigungen des heißen Wassers oder Dampfes mit sich. Beimengungen von Stoffen wie Schwefel, Ammoniak, Salzen und weiteren Feststoffen müssen reinjiziert oder deponiert werden. Auch Korrosionsvorgänge an den Apparaten bereiten Schwierigkeiten. Fragen der erhöhten Wasserentnahme aus dem Untergrund bedürfen noch einer endgültigen Beurteilung. In der BRD sind offenbar kaum geeignete Vorkommen geothermischer Energie mit der erwähnten Anomalie in der Erdkruste vorhanden. Weltweit dürften noch einige Vorkommen erschließbar sein. Die Bedeutung für die Weltenergieversorgung dürfte allerdings gering bleiben, insbesondere im Vergleich zu Laufwasser- und Solarenergie.

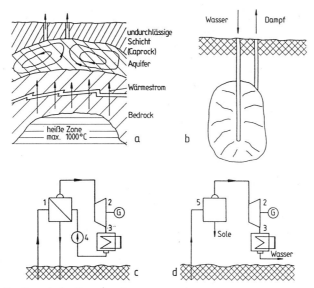

Abb. 19.16. Geothermische Energienutzung
1 Dampfumformer, 2 Turbosatz, 3 Kondensator, 4 Speisepumpe, 5 Entspannungsverdampfer

a: Schema zur Erläuterung eines geothermischen Vorkommens
b: Prinzip des Hot-Dry-Rock-Verfahrens
c: Erzeugung von elektrischer Energie mittels Dampfumformer
d: Erzeugung von elektrischer Energie mittels Entspannungsverdampfung

Für zukünftige geothermische Energienutzungssysteme wird die Technik des Hot-Dry-Rock-Verfahrens entwickelt (s. Abb. 19.16b). Hierbei wird in einer ersten Phase eine Bohrung in rund 5000 m Tiefe vorgetrieben. Wasser wird unter hohem Druck ($\approx$ 200 bar) in das Gestein eingepreßt, das dadurch zerklüftet und porös gemacht wird. In einer zweiten Phase, der Betriebsphase, wird eine zweite Bohrung niedergebracht. Durch die erste Bohrung wird nach wie vor Wasser unter Druck eingepreßt, aus der zweiten Bohrung wird Dampf (z.B. 150...200°C) entnommen und zur Durchführung eines Kraftwerksprozesses genutzt. Mit Hilfe dieses Verfahrens könnte Erdwärme mit einem Gesamtwirkungsgrad von max. 20 % zur Stromerzeugung ausgenutzt werden. Auch die Bereitstellung von Heizwärme ist so möglich.

19.13 Gezeitenenergie

Auf allen Meeren der Erde treten zweimal am Tag Ebbe und Flut auf. Gezeiten entstehen aufgrund der Massenanziehungskräfte von Mond und Sonne auf die Erde, wobei der Einfluß des Mondes überwiegt. Auch die Zentrifugalkräfte, die von der Drehung des Systems Erde-Mond um den gemeinsamen Schwerpunkt herrühren, sind für die Ausbildung von Gezeiten wesentlich. Der maximale Höhenunterschied zwischen Ebbe und Flut wird als Tide bezeichnet. Auf offenem Meer beträgt die Tide in der Regel rund 1 m, an besonderen Küstenformationen kann sie durch Resonanz- und Trichterwirkung bis zu 20 m betragen. Derzeit wird ein Tidenhub von rund 8 m als interessant für die Nutzung der Gezeitenenergie angesehen. Im Prinzip benötigt ein Gezeitenkraftwerk [19.30] ein Becken, welches vom Meer durch einen Damm abgeschlossen ist. Im Damm sind Turbinen eingebaut, die in beiden Richtungen durchströmt werden können (s. Abb. 19.17a,c). Bei Flut strömt Wasser aus dem Meer in das Becken und erzeugt die elektrische Arbeit A_1 beim Durchströmen der Turbine (s. Abb. 19.17b) und bei Ebbe die von A_2:

$$A_1 = \int_{t_1}^{t_2} \dot{V}(t)\, \rho\, g\, H(t)\, \eta_T\, \mathrm{d}t \quad , \quad A_2 = \int_{t_4}^{t_5} \dot{V}(t)\, \rho\, g\, H(t)\, \eta_T\, \mathrm{d}t \, . \qquad (19.16)$$

In den Zeiten $t_2 < t < t_4$ und $t_5 < t < t_1$ ist aufgrund des niedrigen Gefälles keine Erzeugung von elektrischer Energie möglich.

Eine Anlage zur Nutzung der Gezeitenenergie ist seit 1967 an der Rance-Mündung in St. Malo/Frankreich in Betrieb. Die Leistung beträgt 240 MW$_{el}$ bei einem maximalen Tidenhub von 8 m. Die Auslastung dieser Anlage belief sich in den letzten Jahren im Mittel auf rund 2500 h/a. Ein Staudamm von 750 m Länge trennt das Becken vom Meer ab. Das Fassungsvermögen des Beckens liegt bei etwa $185 \cdot 10^6$ m³. Weltweit werden viele Küstengebiete mit Tidenhubwerten von mindestens 5 m als mögliche Standorte für Gezeitenkraftwerke angesehen. Die Investitionskosten sind jedoch sehr hoch, zudem sind nachteilige Gesichtspunkte wie Veränderung der Meeresströmungen, Versandung, Beeinflußung der Fischpopulation und Behinderung der Schiffahrt zu bedenken. Auch die Korrosion der Turbinenanlagen durch Meerwasser hat sich als großes Problem erwiesen. An den deutschen Küsten liegen die maximalen Tidenhübe unter 3 m, d.h. eine Nutzung kommt hier offenbar nicht in Frage.

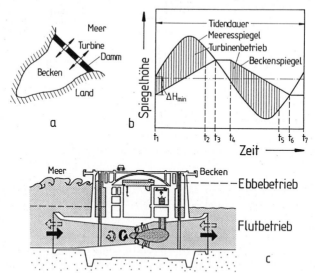

Abb. 19.17.   Nutzung von Gezeitenenergie

a: prinzipielle Anordnung
b: Arbeitsdiagramm eines Gezeitenkraftwerks
c: Anlagenbetrieb bei Ebbe und Flut

20 Neue Verfahren in der Energietechnik

20.1 Tertiäre Ölgewinnung

Bei der Ölförderung verbleiben beträchtliche Mengen an Öl als derzeit nicht förderbar in der Lagerstätte zurück. Auch die Ausbeutung von Schweröllagerstätten erfordert besondere Aufwendungen. Eine für die Zukunft besonders attraktive Methode ist die tertiäre Ölgewinnung [20.1-20.3], bei der Chemikalien, Gase, Kohlenwasserstoffe oder Dampf in die Lagerstätte eingepreßt werden. Besonders beim Injizieren von Dampf wird die Viskosität des Lagerstättenöls stark reduziert, dessen Mobilität verbessert und zudem der Druck in der Lagerstätte erhöht. Weltweit wird dieses Verfahren bereits an vielen Stellen eingesetzt. Man rechnet damit, daß gegen Ende dieses Jahrhunderts wesentliche Anteile der Weltölförderung unter Benutzung dieser Methode gewonnen werden. Ein einfaches Verfahrensschema zeigt Abb. 20.1. Unter Verbrennung eines Teils des gewonnenen Öls wird Dampf (z.B. 320°C/120 bar) erzeugt. Dieser Dampf wird auf dem Ölfeld verteilt und zu einzelnen Injektionsbohrungen geleitet. Durch diese Injektionsbohrungen, die innen thermisch isoliert sind und heute bis in Tiefen von rund 1000 m reichen, wird der Dampf der ölführenden Schicht zugeführt. Aus im Abstand von rund 50 bis 100 m von der Injektionsstelle angeordneten Produktionsbohrungen kann ein Öl-Wasser-Gemisch abgepumpt werden.

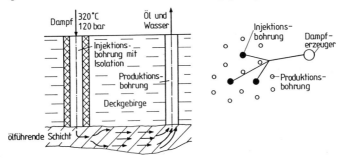

Abb. 20.1. Prinzip der tertiären Ölgewinnung durch Dampfinjektion

Je nach Lagerstätte werden derzeit 3 bis 5 t Dampf pro t gefördertem Öl eingesetzt. Von diesem geförderten Öl wird wieder ein erheblicher Anteil zur Beheizung der Dampferzeuger benötigt. Das Blockschema eines Systems zur tertiären Ölförderung umfaßt eine Reihe weiterer Anlagenbereiche (s. Abb. 20.2). Hierzu gehören eine aufwendige Wasseraufbereitung, Dampftransport- und Verteilungskosten sowie Einrichtungen zur Öl-Wasser-Trennung und zur Ölreinigung. Das gewonnene Rohöl wird anschließend raffiniert. Ein Teil des Rohöls - oder unter Umweltgesichtspunkten ein Teil der Raffinerieprodukte - wird zur Dampferzeugung benötigt. Rechnet man beim vorher genannten Dampfzustand mit einem Kesselwirkungsgrad von rund 80 %, so sind etwa 1000 kWh/t Dampf aufzuwenden. Unter diesen Bedingungen sind in Abb. 20.3 für ein Dampf/Ölverhältnis von 3,3 typische Mengenangaben aufgeführt. Demnach werden rund 33 %

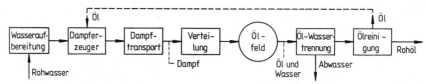

Abb. 20.2.   Blockschema eines Systems zur tertiären Ölgewinnung durch Dampfinjektion

des gewonnenen Öls direkt wieder verbraucht. Weitere Verluste treten durch die anschließende Raffination und Veredelung auf. Je nach Verarbeitungstiefe werden dies 10 bis 20 % sein. Andere Energiequellen zur Bereitstellung der Prozeßwärme für die Erzeugung des Injektionsdampfes, z.B. Kern- oder Solarenergie, werden derzeit technisch entwickelt.

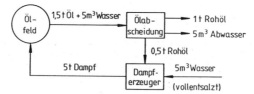

Abb. 20.3.   Mengenbilanz für ein System der tertiären Ölförderung durch Dampfinjektion

20.2 Ölgewinnung aus Ölschiefer und Ölsand

Zusätzlich zu den bekannten, heute und in absehbarer Zukunft als wirtschaftlich gewinnbar ausgewiesenen Ölreserven, stehen der Weltenergiewirtschaft gewaltige Ölreserven in Form von Ölschiefer und Ölsänden zur Verfügung [20.4-20.6]. Allein die bekannten Ölschiefervorkommen enthalten rund $500 \cdot 10^9$ t Öl, für Ölsände werden Mengenangaben in ähnlicher Höhe gemacht.

Ölschiefer ist ein aus verfestigtem Faulschlamm entstandenes toniges Gestein mit hohem Bitumengehalt. Die organische Materie geht auf Pflanzen und Algen zurück, deren Faulprozeß unter reduzierender Atmosphäre abgelaufen ist. Der Ölgehalt von Ölschiefer liegt bei 100 bis 150 dm³/t Ölschiefer, die Dichte bei 2,7 t/m³ und der Heizwert bei 3500 bis 5500 MJ/t Ölschiefer. Bei der Destillation von aus Ölschiefer gewonnenem Rohöl lassen sich typischerweise rund 16 bis 30 % Naphta, 15 bis 24 % leichte Destillate, 28 bis 36 % schwere Destillate und 16 bis 37 % Rückstände gewinnen. Der Schwefelgehalt des Rückstandes liegt meist in der Größenordnung von 1 Gew.-%. Öl aus Ölschiefer kann durch in-situ- oder ex-situ-Prozesse gewonnen werden. Bei in-situ-Verfahren kann durch chemische Explosionen oder hydraulische Methoden zunächst eine Lockerung des Gesteins erreicht werden. Danach findet vor Ort eine Schwelung durch Verbrennung, durch Einbringen von heißen Gasen oder Dampf statt. Nach der Produktförderung durch Gase oder Dampf wird das gewonnene Rohöl raffiniert. Alternativ wird der Ölschiefer bei ex-situ-Verfahren durch Tage- oder Bergbauverfahren gewonnen, zerkleinert und einer Schwelanlage zugeführt. Die Schwelung als endothermer Prozeß erfolgt unter partieller Verbrennung, unter Zufuhr von Wärme, durch Zugabe fester Wärmeträger oder heißer Gase. Es sind auch Verfahren bekannt, bei denen der Ölschiefer durch Wasserstoff behandelt wird. Die Schwelprodukte werden auch bei diesem ex-situ-Verfahren nach Verlassen der

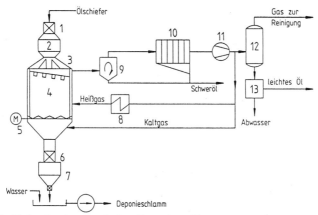

Abb. 20.4. Ölschieferschwelung nach dem Petrosixverfahren

1 Schleuse für Ölschiefer-Feed, 2 Bunker, 3 Ölschieferverteiler, 4 Pyrolysereaktor, 5 Entladeeinrichtung, 6 Ausschleusventil für Rückstände, 7 Rückstandsbunker, 8 Gaserhitzer, 9 Zyklon, 10 Elektrofilter, 11 Gaskompressor, 12 Kondensator, 13 Ölabscheider

Schwelstufe raffiniert und in die gewünschte Produktpalette zerlegt, beispielsweise Benzin, Diesel, Heizöl und Gas.

Als ein bereits großtechnisch in Brasilien eingesetztes Verfahren sei hier der Petrosixprozeß erläutert. Dieses ex-situ-Verfahren arbeitet mit partieller Verbrennung des Ölschiefers in einem Schachtreaktor (s. Abb. 20.4). Demnach wird zerkleinerter Ölschiefer über ein Schleusensystem eingegeben, durch aufsteigende Schwelgase vorgewärmt, geschwelt und über einem gekühlten Rost teilweise verbrannt. In der Schwelzone wird das organische Material bei Temperaturen von 500°C zersetzt und pyrolysiert, die heißen Gase aus der Verbrennungszone liefern dazu die notwendige Wärme. Bei der Pyrolyse entstehen neben Öl auch Gase und Restkoks. Dieser wird im wesentlichen in der Verbrennungszone zur Deckung der endothermen Prozeßwärmen umgesetzt. Die praktische Ausbeute bei diesem Prozeß liegt bei etwa 70 kg Öl/t Ölschiefer, d.h. der Wärmebedarf ist erheblich. Anlagen mit Durchsätzen von täglich 2000 t Schiefer sind in Betrieb. Es wird erwartet, daß ein wirtschaftlicher Einsatz dieses Verfahrens bei einem Ölpreis von rund 35 $/barrel erreicht werden kann. Ähnliche Verfahrensmöglichkeiten und Aussichten bestehen auch im Hinblick auf die Nutzung von Ölsänden.

20.3 Kohlevergasung

Das Ziel der Kohlevergasung [20.7-20.10] ist die möglichst vollständige Umwandlung der Kohle in ein brennbares Gas. Dies wird durch Behandlung der Kohle mit geeigneten Vergasungsmitteln bei hohen Temperaturen erreicht (s. Abb. 20.5). Wichtige Vergasungsmittel sind Dampf und Sauerstoff bzw. Luft. Auch Wasserstoff kann als Vergasungsmittel eingebracht werden. Geht man z.B. von der ersten der in Abb. 20.5 angeführten Vergasungsreaktionen aus, so wird Kohle entsprechend einer pauschalen Umsatzreaktion

$$1 \text{ kg C} + 1,5 \text{ kg H}_2\text{O} \quad \rightarrow \quad 3,7 \text{ m}^3_N \text{ (CO} + \text{H}_2\text{)}$$

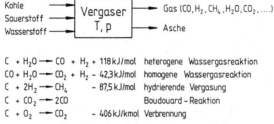

$$C + H_2O \longrightarrow CO + H_2 + 118\,kJ/mol \quad \text{heterogene Wassergasreaktion}$$
$$CO + H_2O \longrightarrow CO_2 + H_2 - 42,3\,kJ/mol \quad \text{homogene Wassergasreaktion}$$
$$C + 2H_2 \longrightarrow CH_4 \qquad\quad - 87,5\,kJ/mol \quad \text{hydrierende Vergasung}$$
$$C + CO_2 \longrightarrow 2CO \qquad\qquad\qquad \text{Boudouard - Reaktion}$$
$$C + O_2 \longrightarrow CO_2 \qquad\quad - 406\,kJ/kmol \quad \text{Verbrennung}$$

Abb. 20.5.   Vergasungsprozeß und wesentliche Vergasungsreaktionen

unter Einsatz einer endothermen Reaktionswärme von 2,75 kWh in Gas umgewandelt. Zusätzlich sind erhebliche Wärmemengen für die Sauerstoff- und Dampferzeugung sowie für die spätere Gasaufbereitung aufzuwenden. Mit Hilfe des Sauerstoffs wird der Wärmebedarf des Prozesses durch interne partielle Verbrennung entsprechend der letzten Reaktion in Abb. 20.5 gedeckt.

Die Gaszusammensetzung am Austritt aus dem Vergasungsprozeß hängt von Druck, Temperatur und von der Zusammensetzung der Vergasungsmittel ab. Zumeist überwiegen H_2 und CO als nutzbare Gasanteile. Sehr unterschiedliche Reaktionsführungen und Zielsetzungen bzw. Verwendungen der erzeugten Gase sind möglich (s. Abb. 20.6). Insbesondere die Route der Vergasung mit Sauerstoff und Dampf zu Synthesegas mit der anschließenden Nutzung in großtechnischen Synthesen, wie Ammoniak-, Fischer-Tropsch- oder Methanolsynthese, hat schon heute in einigen Ländern große Bedeutung erlangt. Die Erzeugung von SNG oder Erdgas für die öffentliche Gasversorgung stellt zukünftig eine bedeutsame Option dar. Auch die Bereitstellung von Brenngasen für Kraftwerke gilt im Zusammenhang mit GUD-Prozessen weltweit als sehr interessant (s. Kapitel 3).

Zur technischen Ausführung der Kohlevergasung kommen derzeit vier wesentliche Grundprinzipien in Betracht (s. Abb. 20.7). Bei Festbettvergasern wird Kohle in stückiger Form von oben auf das Bett gegeben und bewegt sich unter Schwerkraft, aufgelockert durch einen unteren Drehrost, nach unten. Die Vergasungsmittel werden unten eingegeben, die Vergasungsprodukte strömen im Ge-

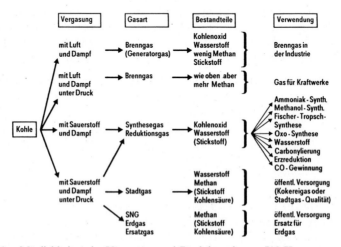

Abb. 20.6.   Möglichkeiten der Vergasung und Produktspektrum [20.7]

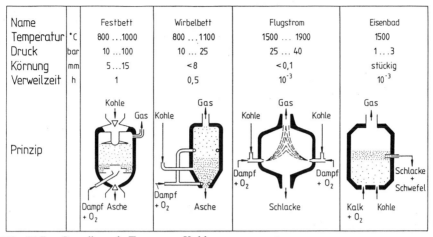

Name		Festbett	Wirbelbett	Flugstrom	Eisenbad
Temperatur	°C	800 ...1000	800 ...1100	1500 ... 1900	1500
Druck	bar	10 ...100	10 ... 25	25 ... 40	1...3
Körnung	mm	5...15	<8	<0,1	stückig
Verweilzeit	h	1	0,5	10^{-3}	10^{-3}

Abb. 20.7.   Grundlegende Typen von Kohlevergasungssystemen

genstrom zum Festbett nach oben. Im Reaktor findet im unteren Bereich eine partielle Verbrennung der Kohle statt, darüber liegt eine Vergasungszone, und im oberen Bereich wird die Kohle getrocknet. Die Vergasungstemperatur liegt zwischen 800 und maximal 1000°C, der Druck beträgt heute bis zu 100 bar. Es muß stückige Kohle von 5 bis 15 mm Korngröße eingesetzt werden. Bei Wirbelbettverfahren wird ein Kohlespektrum bis zu 8 mm Korngröße eingesetzt. Das von unten einströmende Vergasungsmittel hält die Kohlepartikel in wirbelnder Bewegung. Die Vergasungstemperatur wird zwischen 800 und 1100°C eingestellt. Der Druck beträgt heute bis zu 25 bar. Im Falle der Flugstaubwolke wird sehr feinkörnige Kohle zusammen mit dem Vergasungsmittel in den Reaktor eingebracht und bei hoher Temperatur (maximal 1900°C) total vergast. Hier entstehen praktisch nur CO und H_2 als Produkte, während die beiden vorher beschriebenen Verfahren teils auch Öl und Teer erzeugen. Die Asche wird beim Flugstaubwolkenverfahren geschmolzen und unten in einem Wasserbad granuliert. Als vierte Variante sei ein Eisenbadverfahren erwähnt, bei dem Kohle zusammen mit Vergasungsmitteln in flüssiges Eisen eingebracht und dort unmittelbar vergast wird. Im weiteren Verfahrensablauf muß das Gas entstaubt, gekühlt und gereinigt werden. Insbesondere H_2S und CO_2 müssen aus dem Produkt entfernt werden. Abb. 20.8 zeigt, daß eine vollständige Vergasungsanlage eine Vielzahl von Verfahrensschritten enthält.

Insgesamt ist die Kohlevergasung ein stark energieverbrauchender Prozeß. Will man z.B. Wasserstoff oder Synthesegas erzeugen, so resultiert bei der Gesamtbilanzierung ein Wirkungsgrad von rund 60 %, der hier als

$$\eta = \frac{\sum_i \dot{m}_{Gas_i} H_{u_{Gas_i}}}{\dot{m}_K H_{u_K}} \tag{20.1}$$

definiert sein möge. Die energetischen Aufwendungen sind notwendig, um die endotherme Vergasungsreaktion durchzuführen und den notwendigen Sauerstoff und Dampf zu erzeugen, für Schritte der Gasaufbereitung sowie für die Gaskompression. Will man nur Brenngas für Kraftwerksprozesse erzeugen, so kann

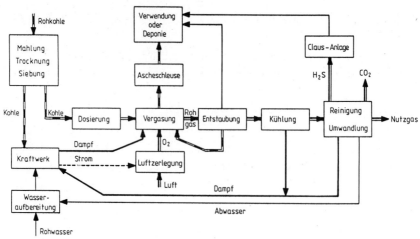

Abb. 20.8.   Elemente einer Kohlevergasungsanlage [20.7]

der Wirkungsgrad auf maximal 85 % gesteigert werden, da dann keine besonderen Anforderungen hinsichtlich der Qualität des Produktgases gestellt werden müssen. Ein derart hoher Wirkungsgrad impliziert allerdings eine ausgeklügelte Wärmebilanz unter Einschluß von Dampfentnahmen aus dem angeschlossenen GUD-Prozeß.

Abschließend sei noch erwähnt, daß der hohe Wärmebedarf der Kohlevergasung auch durch allotherme Energiequellen, z.B. Kernenergie, gedeckt werden kann, so daß damit die Gasausbeute aus der Kohle maximal um 50 % gesteigert werden kann. Entsprechende Verfahren sind heute entwickelt und zahlreiche Komponenten bereits erprobt.

20.4 Kohleverflüssigung

Die Herstellung von flüssigen Kraftstoffen aus Kohle [20.11-20.13] ist eine alte industrielle Praxis. So wurden Ende 1943 in Deutschland bereits ca. $3 \cdot 10^6$ t Treibstoff jährlich durch Kohlehydrierung erzeugt. In der Folgezeit sind Kohleverflüssigungsverfahren weltweit, teilweise unter besonderen Randbedingungen (Südafrika), im Einsatz, teils in der Weiterentwicklung, um eine langfristige zusätzliche Option für die Treibstoffherstellung zu erhalten. Am Beispiel der Kohlehydrierung sei das Prinzip derartiger Verfahren erläutert. Grundsätzlich handelt es sich um die Aufgabe, Wasserstoff in hinreichend großen Mengen an Kohlenstoff anzulagern. So sind beispielsweise, um vom Kohlenstoff zum Benzin (z.B. Heptan C_7H_{16}) zu gelangen, entsprechend rein formaler Beziehungen theoretisch etwa 1,8 m_N^3 Wasserstoff je kg Benzin am Kohlenstoff anzulagern:

$$C + H_{2,286} \quad \rightarrow \quad -CH_2- + H_{0,286}$$

$$1 \text{ kg C} + 2,139 \text{ m}_N^3 \text{ H}_2 \quad \rightarrow \quad 1,19 \text{ kg Heptan}$$

Der tatsächliche Wasserstoffbedarf hängt von der Kohlenqualität bzw. von der Rohstoffart ab, da z.B. Kohlen unterschiedliche Wasserstoffgehalte sowie Anteile an O, S und N aufweisen. Ein bestimmter disponibler Wasserstoffgehalt ist, wie Tab. 20.1 ausweist, in allen Rohstoffen enthalten. Die praktischen H_2-Bedarfswerte liegen, wie die späteren Ausführungen noch belegen werden, bei rund 1800 $m_N^3 H_2$/t Benzin.

Tab. 20.1.   Wasserstoffbedarf zur Kohle- und Schwerölhydrierung

	$\dfrac{\text{g O, S, N}}{100 \text{ g C}}$	$\dfrac{\text{g H}}{100 \text{ g C}}$	$\dfrac{\text{g H}_{disp.}}{100 \text{ g C}}$	$\dfrac{m_N^3 H_{2 \text{ theor.}}}{\text{t Benzin}}$	Molgewicht (g/mol)
Rohstoffe					
Gaskohle	9,4	6,15	4,9	1148	5000
Braunkohle	39,2	7,64	3	1330	5000
Erdöl (H-arm)	5	12,7	12,1	460	550
Vakuumrückstand	8,22	12,18	11,5	518	870
Fertigprodukte					
Dieselkraftstoff		15,2			200
Benzin		16,7			100

Eine praktische Durchführung der Kohlehydrierung kann entsprechend der Verfahrensführung in Abb. 20.9 erfolgen. Kohle reagiert bei hohem Druck (rund 300 bar) und mittlerer Temperatur (500°C) in Anwesenheit eines Katalysators mit Wasserstoff. Fein gemahlene Kohle wird daher zusammen mit Katalysator und Anmaischöl mittels Breipressen auf Reaktionsdruck gebracht und nach Vorhei-

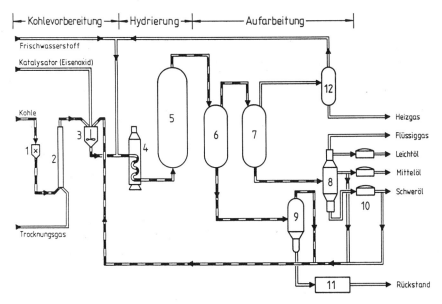

Abb. 20.9.   Verfahrensschema der Kohlehydrierung [20.13]

1 Mühle, 2 Trockner, 3 Anmaischbehälter, 4 Vorheizer, 5 Reaktor, 6 Heißabscheider, 7 Kaltabscheider, 8 atmosphärische Destillation, 9 Vakuumdestillation, 10 Produkttanks, 11 Granulierung des Rückstandes, 12 Ölwäsche

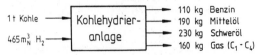

Abb. 20.10. Mengenschema für eine Kohlehydrieranlage [20.13]

zung zusammen mit Wasserstoff in den Hochdruckreaktor eingebracht, wo der Hydrierungsprozeß abläuft. Die Hydrierprodukte durchlaufen anschließend einen Heißabscheider, in dem gas- und dampfförmige Produkte vom schweren feststoffhaltigen Schlamm getrennt werden. Der Flüssiganteil des Schlamms wird durch Schleudern abgetrennt und schließlich geschwelt. Die gas- und dampfförmigen Produkte durchlaufen einen Kaltabscheider, aus dem flüssige Produkte in eine atmosphärische Destillationsstufe und gasförmige zurück in den Kreislauf geleitet werden. Aus der Ölwäsche wird ein Teil des Gases als Heizgas abgegeben, um eine Anreicherung mit inerten Anteilen zu vermeiden.

Der erforderliche Hydrierwasserstoff kann aus Kohle- oder Rückstandsvergasungsprozessen stammen. Ein grobes Mengenschema für den Gesamtprozeß zeigt Abb. 20.10. Bei der weiteren Aufarbeitung der schweren Anteile zu Benzin sind noch zusätzliche Wasserstoffmengen erforderlich. Die Energiebilanzierung des gesamten Herstellungsverfahrens für flüssige Kohlenwasserstoffe liefert für ältere Prozeßführungen das in Abb. 20.11 wiedergegebene Schema. Infolge von Weiterentwicklungen und Verfahrensverbesserungen wird es heute möglich sein, den Gesamtprozeß mit einem spezifischen Kohleeinsatz von rund 3 t/t Produkt zu führen. Weitere Modifikationen des hier erläuterten Hydrierverfahrens sind insbesondere in den USA in der Entwicklung.

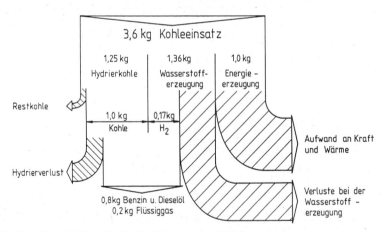

Abb. 20.11. Energiebilanz für die Kohlehydrierung [20.9]

Neben der Hydrierung, bei der Wasserstoff an den Kohlenstoff angelagert wird, ist ein völlig anderer Weg gangbar, um flüssige Kohlenwasserstoffe aus Kohle zu erzeugen. Beim Fischer-Tropsch-Verfahren (s. Abb. 20.12) wird die Kohle zunächst zu H_2 und CO vergast. Danach wird dieses Synthesegas katalytisch in Kohlenwasserstoffe entsprechend der Reaktionsgleichung

$$n\,CO + 2\,n\,H_2 \;\rightarrow\; (-CH_2-)_n + n\,H_2O$$

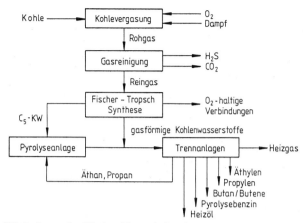

Abb. 20.12. Fließschema der Fischer-Tropsch-Synthese

umgesetzt. Es entsteht ein weites Spektrum von gasförmigen, flüssigen und festen Kohlenwasserstoffen (Paraffine). Der spezifische Kohleeinsatz ist aber höher als bei der Hydrierung. Entsprechend diesem Verfahren werden derzeit in Südafrika erhebliche Mengen an Treibstoffen gewonnen.

20.5 Fusionskraftwerke

Leichte Atomkerne lassen sich in exothermer Reaktion zu schwereren verschmelzen [20.14-20.17]. Folgende Verschmelzungsreaktionen sind möglich:

$$H_1^2 + H_1^2 \quad \rightarrow \quad He_2^3 + n_0^1 + 3,26 \text{ MeV}$$

$$H_1^3 + H_1^2 \quad \rightarrow \quad He_2^4 + n_0^1 + 17,4 \text{ MeV}$$

Das für die Reaktionsführung notwendige, natürlich nicht vorkommende, Tritium (H_1^3) kann durch Brutreaktionen aus Lithium gewonnen werden:

$$Li_3^6 + n_0^1 \quad \rightarrow \quad He_2^4 + H_1^3 + 4,8 \text{ MeV}$$

Durch Kombination mit der zweiten Fusionsreaktion werden in der Summe Lithium und Deuterium (H_1^2) unter Energiefreisetzung in Heliumkerne überführt.

$$Li_3^6 + H_1^2 \quad \rightarrow \quad 2 \, He_2^4 + 22,4 \text{ MeV}$$

Die beteiligten Stoffe Deuterium und Lithium (Li_3^6) sind in riesigen Mengen im Wasser bzw. in der Erdkruste vorhanden.

Die Energiegewinnung bei diesen Reaktionen ist vergleichsweise groß, wie das folgende Beispiel belegt. Legt man die zuletzt genannte Summenreaktion einer einfachen Betrachtung zur Energiegewinnung zugrunde, so ergibt sich folgendes Bild: 3 kg Lithium plus 1 kg Deuterium ergeben 4 kg Helium und 1,1 PJ $\hat{=}$ $0,037 \cdot 10^6$ t SKE. Bei einem Energieverbrauch der BRD von rund $400 \cdot 10^6$ t SKE/a entspricht dies einem Jahresverbrauch von 32,5 t Lithium sowie 10,8 t Deuterium.

Bei der Verschmelzung von Kernen müssen diese entgegen der Coulomb'schen Abstoßung gleichgeladener Massen einander so nahe gebracht werden, daß die Kernkräfte mit sehr kurzer Reichweite (Massenanziehung) zum Tragen kommen. Klassisch betrachtet ist dafür bei der $H_1^2 - H_1^2$-Reaktion eine Schwellenenergie von 280 keV erforderlich. Nach den Ergebnissen der Quantenmechanik besteht infolge des Tunneleffekts auch schon bei geringeren Energien eine gewisse Wahrscheinlichkeit für das Eintreten eines solchen Ereignisses. Diese Wahrscheinlichkeit wird durch Wirkungsquerschnitte gekennzeichnet. Diese sind temperatur- bzw. energieabhängig (s. Abb. 20.13a). Der $H_1^3 - H_1^2$-Prozeß ist in Bezug auf die Höhe seines Wirkungsquerschnitts und der notwendigen Energie günstiger als der $H_1^2 - H_1^2$-Prozeß. Ein Weg zur Einstellung von Fusionsbedingungen mit einem möglichen Nettoenergiegewinn ist die Erzeugung eines Plasmas - eine Mischung von Ionen und Elektronen - durch hohe Temperaturen. Sorgt man bei hinreichend hoher Temperatur für große Teilchendichten und lange Einschlußzeiten, so ereignen sich ausreichend viele Fusionsprozesse. Aus einfachen Energiebilanzierungen für die Reaktionsrate und Strahlungsverluste aus dem Plasma folgt das Lawson-Kriterium für einen sich selbst unterhaltenden Fusionsreaktor:

$$n\,\tau \geq \frac{3\,k\,T}{\dfrac{\eta}{1-\eta}\,h(t) - g(T)}\,, \tag{20.2}$$

mit n Teilchendichte im Plasma, τ Einschlußzeit, T Temperatur, η Wirkungsgrad des angeschlossenen thermodynamischen Kreisprozesses, k Boltzmannkonstante, $h(t)$ temperaturabhängige Funktion der Fusionsleistung, $g(T)$ temperaturabhängige Funktion der Strahlungsverluste. Aus diesen Betrachtungen folgt z.B., daß Fusion möglich sein sollte, wenn bei der $H_1^3 - H_1^2$-Reaktion eine Temperatur von $50 \cdot 10^6$ K entsprechend einer Energie von 5 keV und ein Produkt $n\,\tau$ von mindestens $5 \cdot 10^{14}$ s/cm³ eingestellt würde. Abb. 20.13b zeigt das Feld $n\,\tau = f(T)$, wobei der für die Fusion geeignete Bereich und bisherige Experimente, die den Abstand zu den Fusionsbedingungen ausweisen, eingezeichnet sind.

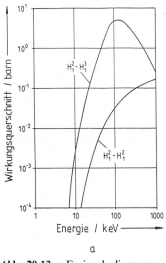
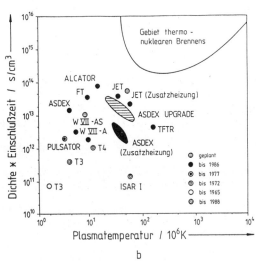

a   b

Abb. 20.13.   Fusionsbedingungen

a: Wirkungsquerschnitte für Fusionreaktionen [20.15]
b: Zünddiagramm für $H_1^3 - H_1^2$-Plasmen und heute erreichte experimentelle Werte [20.16]

Um zu einer Nettoproduktion von Energie durch Fusion zu gelangen, ist es also notwendig, das Plasma für genügend lange Zeit bei ausreichender Teilchendichte und genügend hoher Temperatur zusammenzuhalten. Magnetische Felder sind geeignete Hilfsmittel zum Einschluß des Plasmas, da geladene Teilchen Gyrationsbewegungen um magnetische Feldlinien beschreiben und damit für lange Zeiten in bestimmten Bereichen gehalten werden können. Im Verbund mit beschleunigenden elektrischen Feldern eröffnen starke elektromagnetische Felder damit die Möglichkeit, Plasmen hinreichend aufzuheizen und lange genug einzuschließen. In den vergangenen Jahrzehnten haben umfangreiche Experimente mit Plasmen stattgefunden und, wie Abb. 20.13b bereits zeigte, eine Annäherung an den gewünschten Bereich erbracht. Bei den meisten Anordnungen bereiten Plasmainstabilitäten mit dem Verlust geladener Teilchen Probleme. Aus der Vielzahl von Möglichkeiten des Plasmaeinschlusses in magnetischen Feldern sei hier das Tokamak-Prinzip erläutert (s. Abb. 20.14a). Plasmaendverluste können hierbei vermieden werden, wenn die magnetischen Feldlinien innerhalb des Reaktionsvolumens verbleiben. Charakteristisch für die Tokamak-Anordnung ist ein stark toroidales, d.h. längs des Plasmarings gerichtetes, Magnetfeld, welches durch rings um den Plasmatorus angeordnete Kreisspulen erzeugt wird. Der Plasmaschlauch stellt die einwindige Sekundärwicklung des Transformators dar, in dem elektrische Ströme induziert werden. Das Magnetfeld des so induzierten Stroms und das toroidale Magnetfeld überlagern sich zu einem tordierten, d.h. schraubenförmig im Torusbereich verlaufenden, Magnetfeld. Dadurch wird ein sehr wirksamer Plasmaeinschluß erreicht. Durch den induzierten Strom längs der Torusachse erfolgt eine Aufheizung des Plasmas. Weitere Methoden des magnetischen Einschlusses mit Hilfe toroidaler Felder, z.B. Stelleratoren, sind in Entwicklung.

Wenn auch der physikalische Nachweis des Energiegewinns durch Fusion noch aussteht, werden doch schon Vorstellungen über Reaktorkonzepte erarbeitet. In Abb. 20.15 ist das denkbare Schema eines Fusionsreaktors dargestellt. Demnach werden über ein Injektionssystem Tritium und Deuterium in das Plasma eingeschossen. Im Kern des Reaktors wird Energie durch Fusion freigesetzt. Im wesentlichen werden schnelle Neutronen und Strahlung ihre Energie im umge-

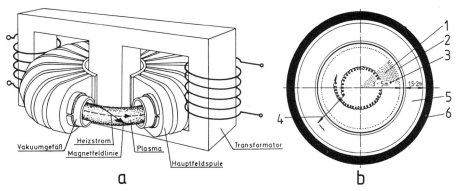

Abb. 20.14.   Prinzip eines Tokamak-Reaktors [20.16]

a: Übersicht
b: Schnitt durch den Torus
1 Brennkammer mit Fusionsplasma, 2 erste Wand, 3 α-Teilchen (3,5 MeV),
4 Neutron (14,5 MeV), 5 Blanket, 6 supraleitender Magnet

benden Blanket abgeben. Das Blanket enthält Lithium, aus dem durch Brutprozesse mit schnellen Neutronen Tritium entsteht, das nach Abtrennung als Brennstoff über den Injektor ins Plasma eingebracht wird. Aus dem Blanket wird Wärme z.B. durch einen Flüssigmetall- oder einen Edelgaskreislauf ausgekoppelt. In angeschlossenen Kreisläufen kann durch Gas- oder Dampfturbinenprozesse elektrische Energie erzeugt werden. Helium als wesentliches Endprodukt der Kernfusion wird aus der Tritiumaufbereitung und aus der Gasreinigung abgegeben. Deuterium und Lithium werden kontinuierlich als Brennstoffe zugeführt.

Abb. 20.14b zeigt den Schichtenaufbau des Torussystems im Prinzip. Ein innerer Bereich innerhalb einer Vakuumkammer enthält das Plasma, im äußeren Ring befindet sich Lithium, ganz außen liegen die Magnetspulen für die Verdrillung des Magnetfeldes. Diese Magnete sind supraleitend ausgeführt. Die erste Wand wird ständig von schnellen Neutronen getroffen, ihre langzeitbeständige Auslegung stellt heute ein sehr schwieriges Problem dar. Weiterhin müssen Wechselwirkungen der Wand mit dem heißen Plasma möglichst vermieden werden, insbesondere da ins Plasma eindringende Verunreinigungen zu erhöhten Strahlungsverlusten führen. Der Heiztransformator ist außerhalb des Torus angeordnet. Die Schwierigkeiten der physikalischen und anschließend der technisch-wirtschaftlichen Realisierung eines sich energetisch selbst erhaltenden fusionsfähigen Systems sind offenbar enorm. Trotzdem wird seit vielen Jahrzehnten und sicher auch in Zukunft weltweit mit großem Nachdruck an dieser Form der Energiegewinnung gearbeitet. Einige Gründe dafür seien hier zusammengestellt: Die Brenn- und Brutstoffe Deuterium und Lithium sind in praktisch unbegrenzter Menge verfügbar. Das radioaktive Inventar eines Fusionsreaktors kann bei Einsatz geeigneter Strukturmaterialien vergleichsweise gering gehalten werden. Langlebige Isotope, wie bei der Nutzung von Kernspaltenergie, entstehen nicht. Bei schweren Störfällen kann nur Tritium freigesetzt werden. Dies wird für eine weitaus geringere Gefahr als die Freisetzung radioaktiver Spaltprodukte gehalten. Ein Fusionsreaktor kann ganz offensichtlich niemals überkritisch werden und durchgehen. Auch eine mißbräuchliche Verwendung von Spaltstoffen scheidet aus. Damit wäre Kernfusion eine potentiell ideale Energiequelle, die weltweit zur Energieversorgung eingesetzt werden könnte.

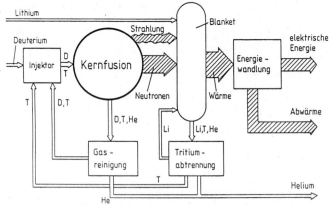

Abb. 20.15.   Schema eines Fusionsreaktorsystems einschließlich Brennstoffversorgung [20.17] T Tritium, D Deuterium, He Helium, Li Lithium

21 Allgemeine Betrachtungen zu Wirtschaftlichkeitsfragen in der Energiewirtschaft

21.1 Übersicht

Neben technischen Analysen von Anlagen, die in der Energiewirtschaft Verwendung finden, sind stets auch Beurteilungen der wirtschaftlichen Verhältnisse notwendig [21.1-21.6]. Hierfür gibt es eine Reihe von Gründen:

- Zunächst sind immer umfangreiche Untersuchungen zur Bewertung von Investitionen durchzuführen, denn Entscheidungen über den Bau neuer Anlagen müssen wirtschaftlich untermauert werden.

- Im allgemeinen werden mehrere mögliche Varianten verglichen, so daß eine Gegenüberstellung von Kosten und Erlösen notwendig sein wird.

- Für bestehende Anlagen werden betriebliche Kostenberechnungen zu erstellen sein. Hier werden z.B. die Kostenstrukturen von bereits vorhandenen Produktionsanlagen analysiert. Aufbauend auf diesen Ergebnissen erfolgt dann der wirtschaftliche Einsatz der Anlagen. Bei Kraftwerken wird z.B. das Energieversorgungsunternehmen an Hand der Belastungskurve des Netzes und der vorhandenen Kraftwerkskapazität einen optimalen Einsatz der Anlagen vornehmen.

- Betriebsbegleitend wird eine Berechnung der Erzeugungskosten für einzelne laufende Anlagen vorgenommen, um etwaige Verbesserungsmöglichkeiten aufzuzeigen und den Betrieb einzelner Anlagen oder von Anlagenteilen noch weiter zu optimieren.

Im Rahmen der Entwicklung von neuen Anlagenkonzepten ist eine Optimierung in mehrfacher Hinsicht notwendig. Hierbei handelt es sich um das Auffinden von

- technisch-ökonomischen,
- technisch-ökologischen und
- ökonomisch-ökologischen Kompromissen.

Zur Durchführung dieser Arbeiten ist ein vertieftes Eingehen auf wirtschaftliche Zusammenhänge unumgänglich. Nähere Ausführungen zur Optimierung von Anlagen befinden sich in Kapitel 23.

Innerhalb der Energiewirtschaft finden vielfältige Verfahren der Umwandlung von Primärenergieträgern in Endenergie sowie der Umsetzung von Endenergie in Nutzenergie Verwendung. Daneben sind umfangreiche Transport- und Speichervorgänge notwendig, um eine optimale Energieversorgung zu realisieren. Um geeignete Bewertungsverfahren erörtern zu können, seien zunächst die grundlegenden Zusammenhänge unter Zuhilfenahme des vereinfachten Schemas eines Energieversorgungssystems erläutert (s. Abb. 21.1).

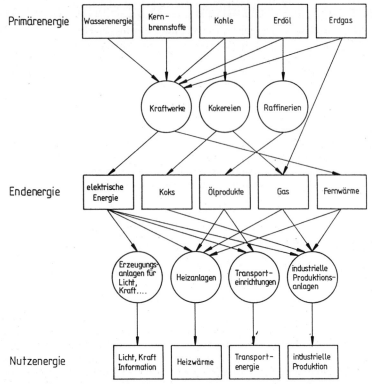

Abb. 21.1.   Umwandlungskette in der Energiewirtschaft als Basis für Kostenanalysen

Demnach finden in einer ersten Stufe Umwandlungen der Primärenergieträger in Endenergieträger statt; die wesentlichen zu bilanzierenden Umwandlungseinrichtungen sind z.B. Kraftwerke mit fossilen Brennstoffen, mit Kernbrennstoffen, Wasserkraftanlagen und zukünftig sinngemäß Kraftwerke auf der Basis regenerativer Energieträger.

In einer zweiten Stufe kommt es zur Nutzung der Endenergie zur Befriedigung der Energiebedürfnisse der Verbraucher. Einrichtungen, die diese Umsetzungen gestatten, sind industrielle Prozesse, Heizanlagen, Transportsysteme sowie vielfältige Anlagen zur Bereitstellung von Licht, Kraft und Information. Um Kostenanalysen durchführen zu können, muß jeder Schritt dieser Verfahrenskette durch Erfassung aller bestimmenden Parameter geeignet bilanziert werden.

Legt man eine Bilanzhülle jeweils um das Gesamtverfahren, so sind zur Umwandlung von Primärenergie als Aufwendungen Einflußgrößen wie Primärenergie, Hilfsstoffe, Kapital, Ersatzkomponenten und Bedienung zu erfassen. Als Produkte werden Sekundärenergieträger gewonnen. Aber auch anfallende Abfallstoffe und Abwärmen müssen berücksichtigt werden (s. Abb. 21.2). Bei der Energienutzung wird sinngemäß Endenergie in Nutzenergie umgewandelt.

Für alle Verfahren der Energieumwandlung, der Energienutzung, aber auch beim Energietransport sowie bei der Energiespeicherung, sind Kostenfaktoren zu berücksichtigen, die teils durch die installierte Anlage (z.B. durch deren Leistung),

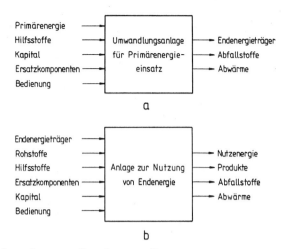

Abb. 21.2. Bilanzschema zur Energieumwandlung

a: Primärenergieumwandlung in Endenergie
b: Endenergieumwandlung in Nutzenergie

teils durch die geleistete Arbeit oder durch die jährlich gewonnene Produktmenge bestimmt sind. Man spricht im ersten Fall von festen oder leistungsabhängigen Kosten, im zweiten Fall von variablen oder arbeitsabhängigen Kosten. Wie Abb. 21.3 zeigt, können die leistungsabhängigen Kosten in kapitalabhängige Kosten und betriebsabhängige Kosten aufgespalten werden. Die ersteren enthalten Abschreibung und Verzinsung des eingesetzten Kapitals für die Anlage sowie Aufwendungen für Versicherungen und Versteuerung. Die Position betriebsabhängige Kosten umfaßt Ausgaben für Bedienung und Unterhalt, die unabhängig davon anfallen, ob die Anlage produziert oder nicht. Die arbeitsabhängigen Kosten umfassen Aufwendungen für Betriebsstoffe sowie sonstige betriebsabhängige Kosten. Unter Betriebsstoffen werden allgemein Rohstoffe, Brennstoffe, Energieeinsätze und Hilfsstoffe verstanden. Die betriebsabhängigen Kosten sind der geleisteten Arbeit oder der jährlichen Produktmenge proportional und beinhalten

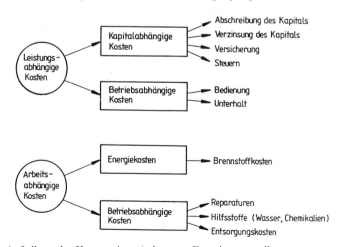

Abb. 21.3. Aufteilung der Kosten einer Anlage zur Energieumwandlung

Reparaturen und Bedienungsaufwand, der eventuell arbeitsabhängig ist. Auch Kosten für die Entsorgung von Abfallstoffen gehören in diese Rubrik. Grundsätzlich können die Jahreskosten K_{ges} (DM/a) nach diesem Schema immer in der allgemeinen Form

$$K_{ges} = P\,C_1 + C_2 \int_0^{1a} P(t)\,dt \qquad (21.1)$$

dargestellt werden. Der erste Teil ist proportional der Leistung bzw. der Produktionsmenge je Zeiteinheit, der zweite Anteil wird durch die geleistete Jahresarbeit bzw. die jährliche Produktmenge bestimmt. Einzelheiten zur Formulierung der Faktoren C_1 und C_2 finden sich für die verschiedensten Anwendungen von Kostenanalysen in Kapitel 22. Dort ist das Schema sowohl für die verschiedenen Energieumwandlungsverfahren als auch für die einzelnen wichtigen Prozesse der Nutzung von Energie aufgeschlüsselt und detailliert behandelt.

Es sei nochmals darauf hingewiesen, daß bei Wirtschaftlichkeitsanalysen im Sinne von Gesamtbilanzen immer Aufwendungen und Erlöse gegenübergestellt werden. Bei Anlagen zur Energieumwandlung, die Endenergieträger liefern, wird in der Regel die Bilanz

$$\sum \text{Erlöse} \lesseqgtr \sum \text{Aufwendungen} \qquad (21.2)$$

zweckmäßig sein, während bei der Verwendung von Endenergie zur Bereitstellung von Nutzenergie eher der Vergleich von Aufwendungen

$$\sum A_1 \lesseqgtr \sum A_2 \qquad (21.3)$$

in Frage kommen wird. In jedem Fall wird eine Analyse der Wirtschaftlichkeit eines Verfahrens folgende Punkte umfassen müssen:

• Formulierung der Aufgabe, Festlegung von möglichen Alternativen
• Klärung und Festlegung von wirtschaftlichen Zusammenhängen für die einzelnen Alternativen z.B. Investitionskosten, Bauzeiten, indirekte Kosten, Lebensdauern, Abschreibungssätze, Brennstoffkosten, Wirkungsgrade, Entsorgungskosten, Bedienungsaufwand usw.
• Durchführung der Wirtschaftlichkeitsrechnung
• Bewertung von Unsicherheiten und deren Auswirkungen sowie kritische Analyse der Ergebnisse
• Untersuchung von Finanzierungsmöglichkeiten
• Begründung und Absicherung der Investitionsentscheidung.

Wie wichtig derartige Analysen sind, möge mit dem Hinweis aus der Kraftwerkstechnik belegt werden, wo in der Regel von der Planung bis zur Stillegung ein Zeitraum von 30 bis 40 Jahren zu bedenken ist. In diesem Zeitraum können sich z.B. die Bedingungen der Brennstoffversorgung oder gesetzlicher Auflagen stark ändern (Beispiel: Entschwefelung und Entstickung fossil gefeuerter Kesselanlagen).

21.2 Verfahren zur Kostenbewertung

21.2.1 Übersicht

Sehr unterschiedliche Verfahren sind denkbar, um zu einer Beurteilung der wirtschaftlichen Verhältnisse beim Betrieb einer Anlage zu gelangen [21.1-21.4]. Zunächst werden statische und dynamische Verfahren zu unterscheiden sein (s. Abb. 21.4). Bei den statischen Verfahren wird unterstellt, daß über die gesamte Nutzungsdauer gleichartige Verhältnisse im Hinblick auf die die wirtschaftlichen Bedingungen bestimmenden Parameter vorliegen. Im Rahmen der Berechnungen für das erste Betriebsjahr werden Aussagen erarbeitet, die auf die Gesamtbetriebszeit übertragen werden. Insbesondere für industrielle Anlagen mit kurzer Einsatzzeit sind derartige Methoden sinnvoll, nicht jedoch für Kraftwerke mit jahrzehntelanger Lebensdauer.

Bei dynamischen Verfahren erfolgt meist eine Diskontierung von Einnahmen und Ausgaben in späteren Betriebsjahren auf den Inbetriebnahme- oder Beschaffungszeitpunkt, diese Verfahren sind meist zweckmäßig zur Beurteilung der Verhältnisse bei langlebigen Anlagen der Energiewirtschaft. Durch diese Bewertung wird erreicht, daß Geldströme in den ersten Jahren der Nutzung höher bewertet werden als diejenigen, die sich zu Ende der Nutzungsdauer ergeben.

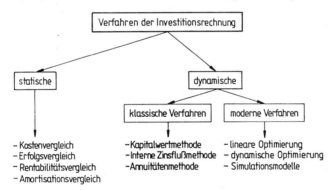

Abb. 21.4. Verfahren zur Beurteilung der wirtschaftlichen Verhältnisse bei Anlagen

21.2.2 Kostenvergleich

Bei Kostenvergleichen wird eine Gegenüberstellung der jährlichen Durchschnittskosten von Investitionsalternativen vorgenommen. Es werden die erwarteten Durchschnittskosten des ersten Nutzungsjahres ermittelt. Dabei wird unterstellt, daß diese Kosten repräsentativ für die Kosten während der gesamten Nutzungsdauer sind. Für die kalkulatorische Abschreibung k wird der Ansatz

$$k = \frac{A - R}{n} \tag{21.4}$$

verwendet. A ist der Anschaffungswert, R der Restwert, n die Nutzungsdauer. Die kalkulatorischen Zinsen berechnen sich zu

$$\frac{A - R}{2} p + R p = \frac{A + R}{2} p \tag{21.5}$$

mit p als Kalkulationszinsfuß. Die Geamtkosten für die Anlage werden schließlich mit

$$K_{\text{ges}} = K_{\text{Fest}} + K_{\text{Variabel}} = \frac{A-R}{n} + \frac{A+R}{2}\, p + K_{\text{Variabel}} \qquad (21.6)$$

ermittelt. In den variablen Kosten sind Brennstoffkosten, Rohstoffkosten, Kosten für Hilfsstoffe, Lohnkosten usw. enthalten. Für alternative Verfahren kann so z.B. zweckmäßig ein Kostenvergleich für industrielle Produkte durchgeführt werden.

21.2.3 Erfolgsvergleich

Bei der Methode der Erfolgsvergleiche orientiert sich die Entscheidung zwischen Investitionsalternativen am Gewinn pro Zeiteinheit. Als Gewinn wird hierbei die Differenz zwischen Erlös und Kosten definiert. Bei der Anwendung dieser Methode werden Kostenfunktionen für Erlöse und Gewinne aufgestellt. Für die Kosten gilt

$$K(t) = K_{\text{fest}} + C\,t\,. \qquad (21.7)$$

Für die Erlösfunktion kann

$$E(t) = P\,x\,t \qquad (21.8)$$

angesetzt werden, mit P als Produktmenge/Zeit und x als Produktkosten. Die Gewinnfunktion stellt sich dann als

$$G(t) = E(t) - K(t) \qquad (21.9)$$

dar. Abb. 21.5 zeigt den Verlauf der Funktionen über der Zeit. Erst von einem Zeitpunkt $t = t^*$ ab wirft demnach ein Verfahren Gewinn ab. Es kann eine Gewinn- und eine Verlustzone existieren. Beide Zonen sind durch den Kostendeckungspunkt t^* getrennt. Er berechnet sich aus

$$t^* = \frac{K_{\text{fest}}}{P\,x - C}\,. \qquad (21.10)$$

Werden zwei Alternativen verglichen, so gilt

$$P_1\,x_1\,t - K_{f_1} - C_1\,t = P_2\,x_2\,t - K_{f_2} - C_2\,t\,. \qquad (21.11)$$

Nach einem Zeitpunkt t^* weist Alternative 2 Vorteile gegenüber Variante 1 auf

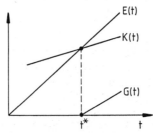

Abb. 21.5. Verläufe von Erlösen, Kosten und Gewinnen

$$t^* = \frac{K_{f_2} - K_{f_1}}{P_2\, x_2 - P_1\, x_1 - C_2 + C_1} \; . \tag{21.12}$$

21.2.4 Rentabilitätsvergleich

Bei dieser Methode, auch als Rendite- oder Return of Investment-Methode bezeichnet, werden die Sachinvestitionen über die Rentabilität r mit dem Zinssatz der Finanzinvestition verglichen. Das Kapital wird dort am zweckmäßigsten eingesetzt, wo es die höchste Verzinsung erbringt. Die Rentabilität wird als

$$r = \frac{\text{Erfolg (DM/a)}}{\text{Kapitaleinsatz (DM)}} \tag{21.13}$$

definiert. Unter Erfolg einer Investition wird der Erlös vermindert um die Kosten (ohne Zinskosten für Eigenkapital) verstanden. Als Kapitaleinsatz geht in die Rentabilität der durch die Investition bedingte zusätzliche Kapitaleinsatz (Fremdkapital) ein.

21.2.5 Amortisationsvergleich

Bei diesem Verfahren erfolgt eine Kontrolle und Bewertung des Kapitalrückflusses durch die Ermittlung der Amortisationsdauer. Die Begriffe Kapitalrückflußzeit, Paybackperiode, Payoffperiode sind ebenfalls gebräuchlich.

Beim Amortisationsvergleich wird die Zeit ermittelt, innerhalb der das ursprünglich eingesetzte Kapital dem Unternehmen voraussichtlich wieder über die Erlöse der produzierten Erzeugnisse zufließen wird. Die Geldrückflüsse werden dabei zunächst gedanklich ausschließlich für die Amortisation des eingesetzten Kapitals eingesetzt. Im Rahmen einer Durchschnittsrechnung gilt für die Amortisationsdauer

$$n^* = \frac{\text{Kapitaleinsatz (DM)}}{\text{durchschnittlicher Kapitalrückfluß (DM/a)}} \; . \tag{21.14}$$

Der durchschnittliche Kapitalrückfluß K_R bestimmt sich dabei aus der Differenz

$$K_R = \text{Erlöse} - \text{variable Kosten} \; . \tag{21.15}$$

Die variablen Kosten enthalten Rohstoff- und Energiekosten, Bedienungsaufwand usw. Die Amortisationszeit gibt damit die Zeit an, innerhalb der das Kapital gebunden und damit prinzipiell von Verlust bedroht ist. Somit ist die Amortisationszeit auch gleichbedeutend mit der Mindestnutzungsdauer der Investition.

Eine Investition wird bei einer Bewertung durch den Amortisationsvergleich dann als vorteilhaft angesehen, wenn die berechnete Amortisationsdauer niedriger als die vom Unternehmer als maximal zulässig angesehene Amortisationsdauer ist. Diese hängt naturgemäß stark von der Risikobereitschaft bei der Bindung des Kapitals für ein bestimmtes Produkt ab. Neben der Durchschnittsrechnung sind bei diesem Bewertungsverfahren auch Kumulationsrechnungen gebräuchlich. Hierbei werden Unterschiede der Kapitalrückflüsse während der Nutzungsdauer der Investition berücksichtigt und effektive jährliche Rückflüsse kumuliert.

Amortisationsvergleiche sind immer dann wichtige Entscheidungshilfen, wenn Risikobetrachtungen bei Investitionsentscheidungen eine wichtige Rolle spielen.

21.2.6 Kapitalwertmethode

Bei diesem dynamischen Verfahren wird die gesamte Nutzungsdauer der Investition betrachtet. Durch Auf- und Abzinsen der Differenzen zwischen jährlichen Aufwendungen und Erlösen auf einen bestimmten Bezugszeitpunkt werden diese wertmäßig vergleichbar gemacht. Es seien Einnahmeüberschüsse

$$g_t = E_t - A_t \tag{21.16}$$

definiert. E_t sind Einnahmen im Jahre t, A_t die entsprechenden Aufwendungen. Es ist üblich, die Werte von g_t auf den Inbetriebsetzungszeitpunkt abzuzinsen. Man wendet damit ein sogenanntes Diskontierungsverfahren an. Es wird dabei angenommen, daß Zahlungen zu Jahresbeträgen zusammengefaßt und als am Jahresende gezahlt betrachtet werden können. Dann gilt für den Wert einer Zahlung K_0 nach n Jahren:

$$K_n = K_0 \left(1 + \frac{p}{100} \right)^n . \tag{21.17}$$

Entsprechend beträgt zum Zeitpunkt 0 der Wert einer Zahlung, die im n-ten Jahr geleistet wurde:

$$K_0 = K_n \left(1 + \frac{p}{100} \right)^{-n} , \tag{21.18}$$

mit dem Abzinsungsfaktor

$$\left(1 + \frac{p}{100} \right)^{-n} . \tag{21.19}$$

Bei der Anwendung der Kapitalwertmethode, oft auch als present-value-Methode bezeichnet, werden insgesamt alle mit der Investition verbundenen Einnahmen und Ausgaben auf einen Startzeitpunkt abgezinst. Die Differenz zwischen dem Barwert aller Ausgaben wird als Kapitalwert der Investition bezeichnet.

$$C = (E - A) \frac{\left(1 + \frac{p}{100} \right)^n - 1}{\frac{p}{100} \left(1 + \frac{p}{100} \right)^n} - K_0 . \tag{21.20}$$

mit C Kapitalwert der Investition (DM), E jährlich gleichbleibende Einnahmen (DM), A jährlich gleichbleibende Ausgaben (DM), K_0 Anschaffungswert der Investition (DM), p Kalkulationszinsfuß und n Nutzungsdauer der Investition (a). Man bezeichnet den Faktor

$$\frac{\left(1 + \frac{p}{100} \right)^n - 1}{\frac{p}{100} \left(1 + \frac{p}{100} \right)^n} \tag{21.21}$$

als Barwertfaktor oder als Kehrwert des Kapitalwiedergewinnungsfaktors. Entsprechend der Kapitalwertmethode gilt eine Investition dann als vorteilhaft, wenn der Kapitalwert C positiv ist. Bei einem Kapitalwert $C = 0$ wird gerade die notwendige Verzinsung des eingesetzten Kapitals erreicht. Ein negativer Kapitalwert C bedeutet, daß der geforderte Zinssatz für die Investition nicht erreicht wird. Von mehreren möglichen Investitionsmöglichkeiten wird die mit dem höchsten Kapitalwert oder diejenige der höchsten Kapitalwertrate C/K_0 realisiert werden. Die Mindestnutzungsdauer n^* der Investition kann aus (21.20) mit $C = 0$ und $n = n^*$ bestimmt werden. Dann wird nach n^* Jahren gerade die geforderte Verzinsung für das eingesetzte Kapital erreicht. Die Mindestnutzungsdauer ist identisch mit der dynamischen Amortisationszeit, d.h. der Zeit, die zur Amortisation der Investition durch Einnahmeüberschüsse unter Berücksichtigung von Zinseszinsen erforderlich ist. Nach der Mindestnutzungsdauer ist dem Unternehmen der Kapitaleinsatz einschließlich der notwendigen Verzinsung wieder zugeflossen.

21.2.7 Methode des internen Zinsfußes

Dieses Verfahren baut auf der zuvor diskutierten Kapitalwertmethode auf. Unter dem internen Zinsfuß einer Investition versteht man den Zinsfuß, der einen Kapitalwert C von Null ergibt. Der interne Zinsfuß λ zeigt an, wie hoch die Rendite der Investition unter Berücksichtigung der Verzinsung ist. Es gilt für den Kapitalwert nach (21.20) mit zeitlich variablen Gewinnen

$$C = -K_0 + \sum_{t=1}^{n} \frac{E_t - A_t}{\left(1 + \dfrac{p}{100}\right)^t} \; . \tag{21.22}$$

Dabei führt ein Wert $p/100 = -1$ auf $C \to \infty$ und $p/100 \to +\infty$ auf $C = -K_0$. Diese Verhältnisse sind in Abb. 21.6a dargestellt. Die Ermittlung des internen Zinsfußes λ erfolgt über (21.22) durch Auflösung der Gleichung nach p und Setzen von $p = \lambda$. Oft können lineare Ansätze für $C(\lambda)$ als ausreichend genau angesehen werden (s. Abb. 21.6b). Dann gilt:

$$\frac{C_1}{C_2} = \frac{\lambda - \lambda_1}{\lambda - \lambda_2} \; . \tag{21.23}$$

Es werden Schätzwerte λ_1, λ_2 eingesetzt und der Schnittpunkt mit der Abszisse als gesuchter interner Zinsfuß

$$\lambda^* = \frac{C_1 \lambda_1 - C_2 \lambda_2}{C_1 - C_2} \tag{21.24}$$

ermittelt. Bei der Entscheidung über eine Investition ist die Variante mit dem maximalen Wert von λ^* die attraktivste.

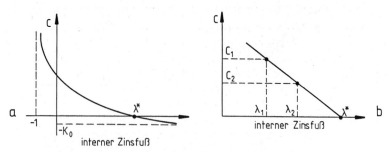

Abb. 21.6.   Darstellung zur Methode des internen Zinsfußes

a: Verlauf des Kapitalwerts in Anhängigkeit vom Zinsfuß
b: linearisierte Abhängigkeit des Kapitalwerts vom internen Zinsfuß

21.2.8 Annuitätenmethode

Bei der Annuitätenmethode wird der Kapitalwert in gleichbleibenden Jahresraten auf die Nutzungsdauer umgelegt. Die Annuität bedeutet eine Rente auf den Kapitalwert. Man bezeichnet eine Größe g als Kapitalwiedergewinnungsfaktor:

$$g = C \; \frac{\dfrac{p}{100} \left(1 + \dfrac{p}{100}\right)^n}{\left(1 + \dfrac{p}{100}\right)^n - 1} \; . \tag{21.25}$$

Unterstellt man jährlich gleiche Differenzen zwischen Einnahmen und Ausgaben, so gilt für g:

$$g = (E - A) - K_0 \; \frac{\dfrac{p}{100} \left(1 + \dfrac{p}{100}\right)^n}{\left(1 + \dfrac{p}{100}\right)^n - 1} \; . \tag{21.26}$$

Die Größe $K_D = K_0\, a$ mit der Annuität

$$a = \frac{\dfrac{p}{100} \left(1 + \dfrac{p}{100}\right)^n}{\left(1 + \dfrac{p}{100}\right)^n - 1} \tag{21.27}$$

wird als jährlicher Kapitaldienst bezeichnet. Insgesamt gilt dann

$$g = (E - A) - K_D \; . \tag{21.28}$$

Der Kapitaldienst K_D ist der Betrag, der jährlich wenigstens erwirtschaftet werden muß, damit der Anschaffungspreis der Investition sowie die gewünschte Mindestverzinsung des Kapitals während der Nutzungsdauer erwirtschaftet werden. Falls nach n Jahren Betrieb noch ein Restwert R_n der Anlage vorhanden sein sollte, wird der Kapitaldienst zu K_D^* modifiziert.

$$K_D^* = (K_0 - R_n)\, a + R_n \, \frac{p}{100} \; . \tag{21.29}$$

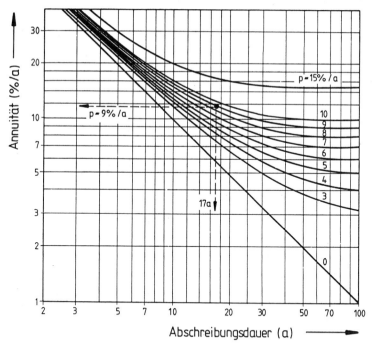

Abb. 21.7.   Annuitätsfaktor a (21.27) in Abhängigkeit von Zinssatz und Abschreibungszeitraum

Die Annuitätenmethode wird in der Elektrizitätswirtschaft häufig beim wirtschaftlichen Vergleich von Kraftwerkskonzepten eingesetzt. Der Kehrwert des Annuitätsfaktors *a* wurde in Abschnitt 21.2.6 als Barwertfaktor abgeleitet (21.21) und beschreibt die Abzinsung von gleichbleibenden Zahlungen über *n* Jahre. Der Annuitätsfaktor ist in Abhängigkeit von den Größen *n* und *p* in Abb. 21.7 dargestellt und für viele Abschätzungen zur Wirtschaftlichkeit von Anlagen hilfreich.

21.2.9   Methode der Life-cycle-Kosten

Bei vielen wirtschaftlichen Bewertungen müssen Eskalationen von Energiekosten, Bedienungskosten usw. während der Betriebszeit berücksichtigt werden. Grundsätzlich können so zwei Varianten an Hand der Gesamtaufwendungen über die gesamte Zeit verglichen werden. Die Betriebskosten aus der gesamten Betriebszeit werden mit entsprechenden Zins- und Eskalationsraten auf den Zeitpunkt der Inbetriebnahme zurückgerechnet. Man erhält so den Gegenwartswert aller variablen Kosten über *n* Jahre. Zusammen mit der Kapitalinvestition erhält man so eine Vergleichsbasis für verschiedene Verfahren bei eskalierenden Kostenparametern.

Man bezeichnet mit PV den Gegenwartswert einer Ausgabe (PV = Present Value). Für die Gegenwartswerte über *n* Jahre gilt

$$PV_T = PV_1 + PV_2 + ... + PV_n \qquad (21.30)$$

mit *e* Eskalationsrate, *p* Zinsfuß und

$$PV_i = C_i \left(\frac{1 + e}{1 + p} \right)^i .$$

(21.31)

Wenn $C_1 = C_2 = \ldots = C_n = C$ gewählt wird, kann die für PV_T entstehende geometrische Reihe aufsummiert werden und man erhält dann

$$PV_T = C \left(\frac{1 + e}{1 + p} \right) \frac{1 - \left(\dfrac{1 + e}{1 + p} \right)^n}{1 - \dfrac{1 + e}{1 + p}} = C \, \phi(e, p, n) .$$

(21.32)

Die Funktion $\phi(e, p, n)$ ist in Abhängigkeit von den entsprechenden Parametern in Abb. 21.8 wiedergegeben. Für die Differenz von zwei Varianten kann im Hinblick auf die Betriebskosten ein Betrag von

$$\Delta K = (C_1 - C_2) \, \phi(e, p, n)$$

(21.33)

erwartet werden. Die gemeinsame Bezugsbasis ist dann der Inbetriebnahmezeitpunkt.

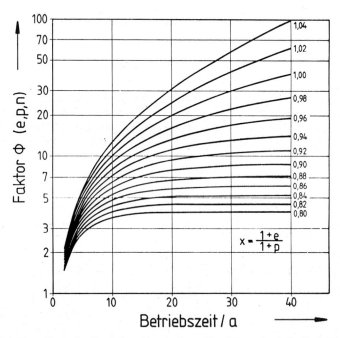

Abb. 21.8.   Darstellung der Funktion ϕ(e, p, n) zur Ermittlung der Life-Cycle-Kosten

22 Spezielle Kostenanalysen in der Energiewirtschaft

22.1 Stromerzeugungskosten

22.1.1 Kostenformel

Bei Überlegungen zur Gestaltung der zukünftigen Versorgung mit elektrischer Energie wird im Rahmen von Kostenanalysen [22.1-22.5] sehr häufig die schon in Kapitel 21 erwähnte Annuitätenmethode eingesetzt, um verschiedene Kraftwerksvarianten miteinander zu vergleichen. Geht man von der Bedingung aus, daß die jährlichen Erlöse die jährlichen Aufwendungen für ein gesamtes Kraftwerk mindestens decken müssen, so gewinnt man folgende Beziehung:

$$\int_0^{1a} P(t)\, x\, \mathrm{d}t \ \geq \ K_{\text{inv}}\, \frac{\bar{a}}{100} + \int_0^{1a} \dot{m}_B(t)\, k_B\, \mathrm{d}t + C\, k_C$$
$$+ \int_0^{1a} \dot{m}_E(t)\, k_E\, \mathrm{d}t + \sum_j \int_0^{1a} \dot{m}_{H_j}(t)\, k_{H_j}\, \mathrm{d}t \ . \tag{22.1}$$

Die Bedeutung der verwendeten Formelzeichen ist hierbei durch die folgenden Größen gegeben: $P(t)$ Kraftwerksleistung (kW), x Kosten der elektrischen Energie (DM/kWh$_{\text{el}}$), K_{inv} Gesamtinvestition (DM), $\bar{a}$ Kapitalfaktor (%/a), $\dot{m}_B$ Brennstoffmenge (t/h), k_B Brennstoffkosten (DM/t), C Zahl der Bedienungspersonen (-), k_C Kostensatz für Bedienungspersonal (DM/a), $\dot{m}_E$ Entsorgungsmenge (t/h), k_E Entsorgungskosten (DM/t), $\dot{m}_{H_j}$ Hilfsstoffmenge (m³/h) und k_{H_j} Hilfsstoffkosten (DM/m³).

Die Integrale in obiger Formel können leicht über geordnete Jahresdauerlinien und die Definition von Vollaststunden T ausgewertet werden und ergeben z.B. für den Brennstoffkostenanteil:

$$\int_0^{1a} P(t)\, \mathrm{d}t = P_0\, T = \frac{\bar{\eta}}{100} \int_0^{1a} \dot{m}_B(t)\, H_u\, \mathrm{d}t = \frac{\bar{\eta}}{100}\, \dot{m}_B^0\, H_u\, T \ . \tag{22.2}$$

Der Index 0 bezeichnet jeweils den Auslegungswert der betreffenden Größe. Mit H_u unterer Heizwert des eingesetzten Brennstoffs (z.B. kWh/t, kWh/m³), $\bar{\eta}$ mittlerer Wirkungsgrad (%), T jährliche Vollaststunden (h/a). Damit kann die Stromkostenformel auf die Form

$$x = \frac{K_{\text{inv}}\, \dfrac{\bar{a}}{100}}{P_0\, T} + \frac{C\, k_C}{P_0\, T} + \frac{k_B}{H_u\, \dfrac{\bar{\eta}}{100}} + \frac{\dot{m}_E^0}{P_0}\, k_E + \sum_j \frac{\dot{m}_{H_j}^0}{P_0}\, k_{H_j} \tag{22.3}$$

gebracht werden. Grundsätzlich sind also in den Stromerzeugungskosten Anteile für den Kapitaldienst x_{Kap}, für Bedienung x_{Bed}, für den Brennstoff x_{Br}, für Entsorgung x_E sowie für Hilfsstoffe x_H enthalten:

$$x = x_{\text{Kap}} + x_{\text{Bed}} + x_{\text{Br}} + x_{\text{E}} + x_{\text{H}} \; . \tag{22.4}$$

Der Abschreibungsfaktor $\bar{a}$ enthält Aufwendungen für die Kapitalabschreibung und -verzinsung, für Steuern und Versicherung sowie für Reparaturen. Angaben zu dieser Größe finden sich in Abschnitt 22.1.2.

Die starke Abhängigkeit der Stromerzeugungskosten von der Auslastung ist unmittelbar aus der Beziehung

$$x = \frac{C_1}{T} + C_2 \tag{22.5}$$

zu erkennen. Falls die Stromerzeugungskosten von Kraftwerken mit Gaseinsatz berechnet werden sollen, sind die Größen k_B in DM/m^3, H_u in kWh/m^3 zu benutzen. Bei Kernkraftwerken tritt an die Stelle des Heizwertes der Brennstoffabbrand B (MWd/t Schwermetall), weiterhin sind die Kosten der fertigen Brennelemente k_B (DM/t$_{\text{Uran}}$) einzusetzen. Insgesamt gilt dann

$$x_{\text{Br}} = \frac{k_B}{B\,\bar{\eta}} \; , \quad 1 \text{ MWd} = 2{,}4 \cdot 10^4 \text{ kWh} \; . \tag{22.6}$$

Bei Wasserkraftwerken oder Kraftwerken auf der Basis von regenerativen Energiequellen (Solaranlagen, Windenergiekonverter, Gezeitenkraftwerke, geothermische Anlagen) entfallen die Brennstoffkostenanteile vollständig.

Es sei darauf hingewiesen, daß in den Kostenanalysen [22.1-22.11] heute durchaus erhebliche Aufwendungen für die Entsorgung z.B. Ablagerung von Entschwefelungsrückständen, Deponierung von Aschen, Endlagerung von radioaktiven Spaltprodukten eingerechnet werden, nicht jedoch z.B. Pönalen für die Freisetzung von Kohlendioxyd bei fossilen Kraftwerken oder für die Abgabe von Abwärme in die Umgebung. Diese Formen von Umweltbelastungen könnten bei Kostenanalysen der Zukunft von erheblicher Bedeutung werden.

22.1.2 Kostenparameter

Wesentliche Kostenparameter, die vor der Durchführung von Wirtschaftlichkeitsberechnungen im einzelnen analysiert werden müssen, sind z.B. die Investitionskosten, die Kapitalfaktoren, Auslastungszeiten sowie mittlere Wirkungsgrade.

22.1.2.1 Investitionskosten

Die Bestimmung genügend zuverlässiger Werte für Investitionskosten ist äußerst schwierig und erfordert u.a. eine umfangreiche Analyse gebauter und betriebener Anlagen, genaue Kenntnisse der Randbedingungen des Einsatzes, die Untersuchung von Standortfragen, Genehmigungsfragen und von vielen Parametern mehr.

Zunächst ist zwischen direkten und indirekten Anlagenkosten zu unterscheiden, die der Lieferant dem Käufer in Rechnung stellt. Die Summe beider Größen ergibt die Gesamtinvestition. Für den Anlagenbetreiber fallen weitere Kosten, die ebenfalls zu den Investitionskosten beitragen, bis zur Inbetriebnahme der Anlage an. Hierzu zählen Bauherreneigenleistungen wie Grundstück, Infrastruktur und Netzanbindung, Planung und Genehmigungen, Inbetriebnahme und Versicherung sowie Versteuerung des Kapitals während der Bauzeit. Auch Preissteigerungen und Inflationseinflüsse bis zur Inbetriebnahme sind in die Kalkulation einzubeziehen. Dieses sehr komplexe System von Kosten, die zudem noch entsprechend dem Baufortschritt zeitlich variabel anfallen, kann mit Hilfe eines vereinfachten Rechenschemas näherungsweise behandelt werden. Entsprechend Abb. 22.1 können aus den jährlich erforderlichen Zahlungen direkte und indirekte Investitionskosten ermittelt werden. Es gilt

$$K_{inv}(\text{direkt}) = \sum_{i=1}^{n} \Delta K_i \quad (\triangleq \text{Anlagenabschlußpreis}) \,, \qquad (22.7)$$

$$K_{inv}(\text{gesamt}) = \sum_{i=1}^{n} \Delta K_i \left(1 + \frac{p}{100} \right)^i + K_B + K_I + K_V + K_{Infl} + K_{St} \qquad (22.8)$$

mit p Zinssatz, K_B Bauherreneigenleistungen, K_I Inbetriebnahmekosten, K_V Versicherungskosten, K_{Infl} Inflationszuschläge und K_{St} Steuern.

Aus diesem Ansatz können näherungsweise die direkten Investitionskosten berechnet werden. Hierzu zählen Komponenten (Material und Fertigung), Ingenieurleistungen der Komponentenhersteller, Prüfkosten für die Komponenten, Fracht, Verpackung, Montage, Probebetrieb, spezielle Prüfeinrichtungen sowie Risiken. In den indirekten Anlagenkosten sind übergeordnete Ingenieurleistungen (Projektleitung, Planung der Anlage, Genehmigungsverfahren, Qualitätssicherung, Komponentenbearbeitung), Versicherungen (Transport, Montage, Maschinen, Haftpflicht, Feuer), kalkulatorische Kosten (Rückstellungen für Wagnisse, Forschung und Entwicklung, Gewinn) und Baustellenkosten (Einrichtung, Leitung, Versorgung, Montagehilfsmittel, Schutzmaßnahmen) enthalten.

$$K_{inv} (\text{gesamt}) = K_{inv} (\text{direkt}) \left(1 + \sum_{i=1}^{7} \frac{\alpha_i}{100} \right) \qquad (22.9)$$

Die Zuschläge α_i (%) enthalten dann im einzelnen folgende Positionen: α_1 Verzinsung, α_2 Versicherung, α_3 Versteuerung, α_4 Preisgleitung, Inflation, α_5 Inbetriebnahme, α_6 Bauherreneigenleistung und α_7 Stillegung. In vielen Ländern kommt besonders der Position Inflation eine ganz erhebliche Bedeutung zu. Die Größen α_i sind u.a. stark vom Kraftwerkstyp und vom Land, in dem die Anlage stehen soll, abhängig. Um einen Eindruck von den Größenordungen zu vermit-

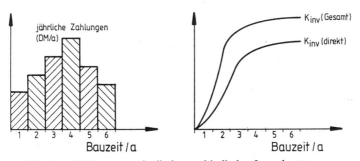

Abb. 22.1.   Jährliche Zahlungen sowie direkte und indirekte Investkosten

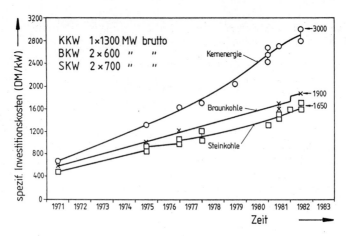

Abb. 22.2. Spezifische Investitionskosten für Kraftwerke in Abhängigkeit vom Inbetrieb-nahmezeitpunkt (KKW: Kernkraftwerk, BKW: Braunkohlekraftwerk, SKW: Steinkohlekraftwerk) [22.3]

teln, seien in Tab. 22.1 Werte, die derzeit (1989) in der BRD annähernd zutreffend sein könnten, für ein Steinkohlekraftwerk und für ein Kernkraftwerk wiedergegeben.

Tab. 22.1.   Charakteristische Zuschlagsfaktoren für Kraftwerke in der BRD (Stand 1989)

Kraftwerkstyp	K_{inv}^{direkt} (DM/ kW$_{el}$)	Bau-zeit (a)	α_1 (%)	α_2 (%)	α_3 (%)	α_4 (%)	α_5 (%)	α_6 (%)	α_7 (%)	K_{inv}^{gesamt} (DM/ kW$_{el}$)
Steinkohle (700 MW$_{el}$)	2000	4	12	2	2	5	1	3	-	2500
Kernkraft (1300 MW$_{el}$)	3400	7	18	3	3	7	2	5	8	5000

Bei Kostenanalysen ist weiterhin sehr genau darauf zu achten, aus welchen Zeiten Informationen über Investkosten von Anlagen stammen. Dies wird sehr deutlich aus Abb. 22.2, in der die Fertigstellungskosten von Kraftwerken in Abhängigkeit vom Zeitpunkt der Inbetriebnahme wiedergegeben sind. Ältere, jüngere und neue Kernkraftwerke unterscheiden sich demnach extrem in ihren Kostenstrukturen.

Es wurde bereits darauf hingewiesen, daß die Bedingungen für die Errichtung von Kraftwerken und damit die Kosten in verschiedenen Ländern sehr unterschiedlich sein können. Ein wesentlicher Kostenfaktor bei Kernkraftwerken sind die Bauzeiten. Diese sind in den vergangenen Jahren weltweit recht unterschiedlich gewesen.

22.1.2.2 Kapitalfaktoren

Wenn die Investitionskosten eines Kraftwerkes bestimmt sind, müssen die Abschreibungsmodalitäten und insgesamt die kapitalabhängigen Kosten bestimmt werden. Aus der Fülle von Möglichkeiten sei hier die schon in Kapitel 21 erwähnte Annuitätenmethode gewählt. Der Kapitalfaktor $\bar{a}$ kann aus vier Anteilen zusammengesetzt werden, einem Faktor a, der die Abschreibung und Verzinsung des Investkapitals charakterisiert, einem Faktor b_1 für Versicherung, einem Faktor b_2 für Versteuerung sowie einem Faktor b_3 für Reparaturen

$$\bar{a} = a + b_1 + b_2 + b_3 \ . \tag{22.10}$$

Alle Faktoren werden in %/a bezogen auf das investierte Kapital ausgedrückt. Insbesondere bei Ansätzen für Reparaturen ist der Rückgriff auf langjährige Erfahrungen an einer Vielzahl von Anlagen notwendig. Für viele Kraftwerkstypen stehen heute geeignete, gut abgesicherte, Langzeitmittelwerte zur Verfügung. Bei der Ermittlung des Faktors a wird bei Rückgriff auf die Annuitätenmethode mit einem konstanten Kapitaldienst während der gesamten Laufzeit gerechnet. Diese Methode ist insbesondere für den Vergleich verschiedener Kraftwerke gut geeignet. Der Annuitätsfaktor a kann aus einer recht einfachen Überlegung hergeleitet werden. Es sei der Verzinsungsfaktor

$$q = 1 + \frac{p}{100} \ . \tag{22.11}$$

Das gesamte Investkapital wird vom Anfang bis Ende der Betriebszeit (N Jahre) mit Zinseszins verzinst, während einzelne jährliche Zahlungen für das Kraftwerk verzinst werden und insgesamt aufsummiert werden. Aus der Gleichheit dieser Geamtbeträge folgt

$$K q^N = g \left(1 + q + q^2 + \dots + q^{N-1} \right) = g \ \frac{\left(q^N - 1 \right)}{q - 1} \ . \tag{22.12}$$

Der Annuitätsfaktor a nach (21.27) ergibt sich dann aus

$$g = K a \ . \tag{22.13}$$

Die funktionale Abhängigkeit $a = a(N, p)$ wurde bereits in Abb. 21.7 auf Seite 321 wiedergegeben und gestattet es, z.B. für die heute üblichen Abschreibungsbedingungen in der Kraftwerkstechnik ($N = 17$ a, $p = 8$ %/a) einen Annuitätsfaktor $a = 11$ %/a abzulesen. Im Verbund mit heute üblichen Erfahrungswerten aus der Kraftwerkstechnik (z.B. $b_1 + b_2 = 3$ %/a, $b_3 = 3$ %/a) stellt sich damit der Kapitalfaktor auf derzeit $\bar{a} = 17$ %/a.

22.1.2.3   Anlagenauslastung

Die in der Kostenformel auftretende Größe T, die Vollaststunden eines Kraftwerkes innerhalb eines Jahres, ist aus den Gangkurven für den Kraftwerkseinsatz zu bestimmen. Ausgehend von Tageslastkurven, Wochen- und Monatsbelastungen kann über die sog. geordnete Jahresdauerlinie die Zahl der Vollaststunden bestimmt werden (s. Abb. 22.3). Die Bestimmung der Vollaststundenzahl, die entsprechend der Darlegung in Abb. 22.3 durch Ausplanimetrieren der Belastungsfläche erfolgen kann, läßt sich natürlich auch mit Hilfe der integralen Beziehung

$$\int_0^{1a} P(t) \, dt = P_0 \, T \tag{22.14}$$

durchführen. Das hier dargestellte Verfahren gilt im übrigen sinngemäß für alle Verfahren der Energiewirtschaft, sei es nun Heizwärmeversorgung oder die Herstellung von Produkten in kontinuierlich arbeitenden Verfahren. Die Höhe der

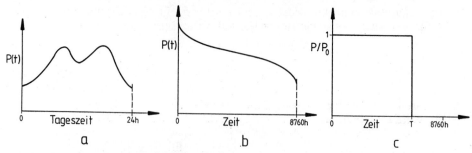

Abb. 22.3.   Berechnung der jährlichen Vollaststunden

　　　a: Tagesgänge der Kraftwerksleistung
　　　b: geordnete Jahresdauerlinie
　　　c: Vollaststundendiagramm

Vollaststunden für die ein bestimmter Kraftwerkstyp tatsächlich eingesetzt wird, hängt stark von den Kostensituationen, den Bedingungen des Netzes und besonders von der Höhe der Brennstoffkosten ab. An dieser Stelle seien in Tab. 22.2 bereits einige Werte der vergangenen Jahre, die wegen wechselnder Bedingungen stark schwankende Werte aufweisen, aufgeführt.

Tab. 22.2.   Auslastung der Kraftwerke in der BRD in den letzten Jahren [nach 22.6]

Kraftwerkstyp	1982 (h/a)	1983 (h/a)	1984 (h/a)	1985 (h/a)	1986 (h/a)	1987 (h/a)
Laufwasser	5953	5635	5562	5194	5408	5997
Kernenergie	6119	5834	7159	7490	6828	6889
Braunkohle	6856	6891	6973	6606	6090	5687
Steinkohle	4841	5030	4991	4517	4567	4427
Gas	2143	2253	1890	1216	1164	1395
Öl und Gas	1126	666	664	579	788	634
Mittelwert	4098	4124	4287	4286	4130	4110

22.1.2.4   Mittlerer Anlagenwirkungsgrad

Der über Jahre gemittelte Wirkungsgrad von Kraftwerken hängt von der Einsatzweise und vom Zustand der Anlagen ab. Auch Stillstandsverluste spielen eine gewisse Rolle. Der Wirkungsgrad eines Kohlekraftwerks z.B. wird bei Leistungsabsenkung merklich reduziert. Ähnliche Verläufe gelten auch für andere thermische Kraftwerke.   Entsprechend der Einsatzweise der verschiedenen Kraftwerkstypen im Zeitablauf (s. Abschnitt 22.1.5) können mittlere Wirkungsgrade entsprechend der Näherungsbeziehung (22.15) gebildet werden. Für Kostenanalysen können so mittlere Werte entsprechend Tab. 22.3 angesetzt werden.

$$\bar{\eta} = \frac{\displaystyle\int_0^{1a} P_{el}(t)\, dt}{\displaystyle\int_0^{1a} \dot{m}_B(t)\, H_u\, dt} \qquad (22.15)$$

Tab. 22.3.   Mittlere Wirkungsgrade verschiedener Kraftwerkssysteme

Kraftwerkstyp	Wirkungsgrad (%)	Bemerkung
Steinkohle	36...37	mit Naßkühlturm, REA und DENOX-Anlage
Braunkohle	34...35	mit Naßkühlturm, REA und DENOX-Anlage
offene Gasturbine	25...32	ohne bzw. mit Rekuperator
Kombianlage (Gas/Dampf)	45...48	je nach Eintrittstemperatur der Gasturbine
Leichtwasserreaktor	33	
Hochtemperaturreaktor	39...45	Dampfkraftprozeß, höhere Werte für Gasturbinen möglich

22.1.2.5 Sonstige Kostenparameter

Die Höhe der Bedienungskosten für Kraftwerke ist stark von der Anlagenleistung abhängig. In früheren Jahrzehnten, in denen die Kraftwerksleistungen noch bei 50 bis 100 MW_{el} lagen, stellten die Bedienungskosten noch erhebliche Anteile an den Gesamtkosten dar. Bei heutigen Großkraftwerken sind sie von untergeordneter Bedeutung, wie folgende einfache Abschätzung belegen möge.

Ausgehend von (22.3) gewinnt man für x_{Bed} z.B. mit $C = 250$ Personen, $k_C = 7 \cdot 10^4$ DM/a, $P_0 = 700\ MW_{el}$, $T = 6000$ h/a einen Wert von $x_{Bed} = 0,4$ Dpf/kWh. Dieser Wert macht bei heutigen Kosten der Steinkohleverstromung von 18 Dpf/kWh rund 2,5 % der Gesamtsumme aus.

Ähnliche Überlegungen gelten auch für Kernkraftwerke. Anlagen kleiner Leistung und geringer Auslastung wie Spitzenlastgasturbinenanlagen und Pumpspeicheranlagen werden fast ohne Personaleinsatz automatisch gefahren.

Bezüglich des Einsatzes von Hilfsstoffen sind für die verschiedenen Kraftwerkssysteme gesonderte Betrachtungen anzustellen. In die Rechnung einzubeziehen sind z.B. für Kohlekraftwerke heute Kosten von Kalk für die Rauchgasentschwefelung, Kosten für Ammoniak und Katalysatoren für die Entstickungsanlagen sowie Aufwendungen für die Speisewasseraufbereitung wie Ionenaustauscher und spezielle Chemikalien.

Entsorgungskosten machen heute, anders als in der Vergangenheit, wesentliche Anteile bei den Stromerzeugungskosten aus. Nicht nur in der Kerntechnik sind erhebliche Aufwendungen für die Entsorgung notwendig (s. Abschnitt 22.1.3 und Kapitel 12). Auch bei der Verstromung von Kohle fallen erhebliche Mengen von Abfallstoffen an, die entsorgt werden müssen. Neben Asche, deren Verwertung schon seit langem erfolgen mußte, stehen heute bei vielen Rauchgasentschwefelungsverfahren Gips und aus der Entstickungsanlage verbrauchte Katalysatoren zur Entsorgung an.

22.1.3 Rechenbeispiele zur Kostenformel

Die Kostenformel sei nun benutzt, um an Hand eines vereinfachten Rechenbeispiels zunächst für ein Steinkohlekraftwerk dessen wirtschaftliche Einsatzbedingungen zu diskutieren. Es mögen die in Abb. 22.4 vermerkten Daten angenommen werden. Die starke Abhängigkeit der Stromerzeugungskosten von der Auslastung ist unmittelbar erkennbar. Eine Kurve für den Einsatz von Importkohle mit Kosten von 150 DM/t unter sonst gleichen Bedingungen ist in Abb. 22.4 ebenfalls eingezeichnet. Diese Kurve verdeutlicht den starken Einfluß der Kohlekosten auf die Stromerzeugungskosten.

Bei Kernkraftwerken gestaltet sich die Beurteilung der wirtschaftlichen Verhältnisse recht ähnlich. Wesentliche Unterschiede ergeben sich bei der Ermittlung der Brennstoffkosten. Zunächst möge ein Blick auf die verschiedenen Phasen eines Kernkraftwerkprojektes verdeutlichen, daß gewisse Vereinfachungen im Rahmen der Berechnung unbedingt notwendig sind. So werden die Planungskosten sowie die Kosten des gesicherten Einschlusses und des Abrisses der Anlage in die Investitionskosten einbezogen. Desgleichen werden die Kosten für den Erstkern, der über die gesamte Anlagenbetriebszeit wie eine Komponente im Reaktor eingesetzt bleibt, den Investkosten zugerechnet (s. Abb. 22.5). Die Brennstoffkosten bei Kernkraftwerken werden nach (22.6) bestimmt. Meist werden die Entsorgungskosten x_E mit den Brennstoffkosten zu den sog. Brennstoffkreislaufkosten zusammengefaßt. Die Kosten für angereichertes Uran k_B können in verschiedene Anteile aufgegliedert werden

$$k_B = k_U \, \zeta_U + k_A \, \zeta_A + k_K + k_F \, , \qquad (22.16)$$

mit k_U Uranerzkosten (DM/t Uranerz), ζ_U Mengenfaktor für Uran (t Uranerz/t U_{anger}), k_A Anreicherungskosten (DM/kg TAE), ζ_A spezifische Trennarbeit (kg TAE/t U_{anger}), k_K Konversionskosten (DM/t U_{anger}) und k_F Brennelementfertigungskosten (DM/t U_{anger}). Die Faktoren ζ_U und ζ_A folgen aus einfachen stöchiometrischen Rechnungen bzw. aus der Theorie der Isotopentrennung und nehmen in Abhängigkeit von der Urananreicherung die in Tab. 12.3 auf Seite 171 angegebenen Werte an. Hierbei ist bis auf einen Restanteil von 0,2 Gew. % (Tail)

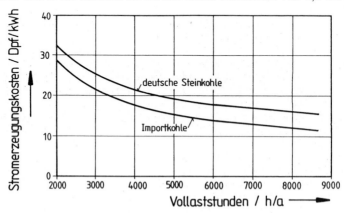

Abb. 22.4. Stromerzeugungskosten eines Steinkohlekraftwerks (Inbetriebnahme 1986: $P_0 = 700$ MW$_{el}$, $K_{inv} = 2500$ DM/kW$_{el}$, $\bar{a} = 17$ %/a, $H_u = 30\,000$ kJ/kg ($\stackrel{\wedge}{=} 8,3$ kWh/kg), $\bar{\eta} = 37$ %, $k_B = 270$ DM/t, $C = 200$, $k_C = 7 \cdot 10^4$ DM/a, $x_E = 10^{-2}$ DM/kWh$_{el}$, $\sum_i x_{H_i} = 0,5 \cdot 10^{-2}$ DM/kWh$_{el}$)

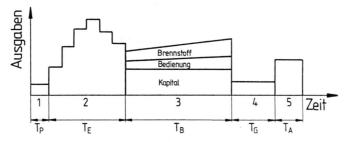

Abb. 22.5. Zeitliche Struktur der Aufwendungen bei einem Kraftwerksprojekt (Zeitachse und Höhe der Aufwendungen sind nicht maßstäblich gezeichnet)

Phasen: 1: Planung, 2: Errichtung, 3: Betrieb, 4: gesicherter Einschluß, 5: Abriß.

alles spaltbare Uran in die angereicherte Fraktion überführt. Konversionskosten für die Überführung des Uranoxyds in das bei der Anreicherung angesetzte Uranhexafluorid (k_K) sowie Fertigungskosten für einsatzfähige Brennelemente (k_F) sind aus der langjährigen weltweiten Erfahrung mit Leichtwasserreaktoren gut bekannt. Die technische Grenze für den Abbrand von Leichtwasserreaktorbrennelementen liegt heute bei maximal 40 000 MWd/t U_{anger} (bei etwa 3,4 % Anreicherung), ein Wert von 34 000 MWd/t U_{anger} kann als guter Mittelwert für praktische Rechnungen angesehen werden, so daß sich dann annähernd das in Tab. 22.4 auf Seite 332 wiedergegebene Bild für den Brennstoffzyklus des LWR ergibt.

Es sind die Entsorgungskosten, d.h. die Kosten die für etwa 10-jährige Zwischenlagerung der abgebrannten Brennelemente, Aufwendungen für die Wieder-

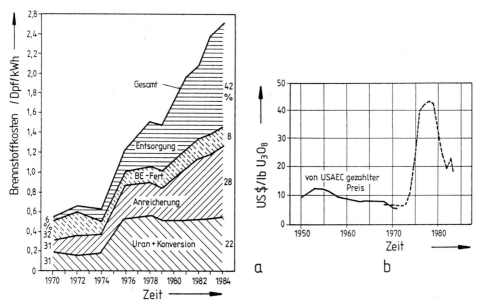

Abb. 22.6. Änderungen in den Kostenstrukturen des Kernbrennstoffkreislaufs während der vergangenen Jahre [22.8]

a: Brennstoffkreislaufkosten, b: Uranpreis

aufarbeitung sowie für die Endlagerung der verglasten radioaktiven Spaltprodukte, mit in die Brennstoffkreislaufkosten eingerechnet. Derartige Kostenbilanzen ändern sich im Laufe der Betriebszeit von Kraftwerken nicht nur bezüglich der Gesamthöhe, sondern auch im Hinblick auf die Aufteilung der Kostenanteile. Abb. 22.6 zeigt dies recht deutlich für den Kernbrennstoffkreislauf. Auch die Urankosten waren im Laufe der Jahre erheblichen Schwankungen unterworfen.

Tab. 22.4. Brennstoffkreislaufkosten für Leichtwasserreaktoren (BRD 1988) (Annahme: $\bar{\eta}$ = 33 %, mittlerer Abbrand B = 34 000 MWd/t)

Position	spezifische Größe	spezifische Kosten	Kosten (DM/t)	Kosten (Dpf/ kWh$_{el}$)	Anteil (%)
Natururan	$\dfrac{6,3 \text{ tU}_3\text{O}_8}{1 \text{ t U } (3,4 \text{ %})}$	$130 \dfrac{\text{DM}}{\text{kg}}$	0,82 Mio	0,30	11,7
Konversion $UO_2 \rightarrow UF_6$		$15 \dfrac{\text{DM}}{\text{kg}}$	0,1 Mio	0,04	1,4
Urananreicherung	$\dfrac{5,2 \text{ kg TAE}}{1 \text{ kg U } (3,4 \text{ %})}$	$230 \dfrac{\text{DM}}{\text{kg TAE}}$	1,2 Mio	0,43	17,1
Brennelementfertigung		$550 \dfrac{\text{DM}}{\text{kg}}$	0,55 Mio	0,20	7,8
Zwischenlagerung	$\dfrac{1 \text{ Castor}}{2 \text{ t U (abgebr)}}$	$\dfrac{1,5 \text{ Mio DM}}{1 \text{ Castor}}$	0,75 Mio	0,27	10,7
Wiederaufarbeitung und Endlagerung	$\dfrac{0,2 \text{ m}^3 \text{ Glas}}{1 \text{ t U (abgebr)}}$	$\dfrac{4000 \text{ DM}}{\text{kg U (abgebr)}}$	4 Mio	1,44	57
Plutoniumgutschrift	$\dfrac{20 \text{ kg Pu} + U^{235}}{1 \text{ t U (abgebr)}}$	$\dfrac{20\,000 \text{ DM}}{\text{kg Pu}}$	- 0,4 Mio	- 0,14	- 5,7
gesamt			7,02 Mio	2,53	100

Um zu einer Gesamtbeurteilung der Stromerzeugungskosten eines Kernkraftwerkes (Inbetriebnahme 1996) zu gelangen, seien nun die in Abb. 22.7 genannten Zahlenwerte unterstellt. Bei diesem Beispiel wird die große Bedeutung der Auslastung evident. Um den Einfluß des Inbetriebnahmezeitpunktes zu verdeutlichen, ist die Kostenkurve für ein altes Kraftwerk (z.B. Inbetriebnahme 1976) ebenfalls eingetragen. Es wird hier sehr klar, daß bei Vergleichen der Kosten von Kraftwerken unbedingt der gleiche Inbetriebnahmezeitpunkt gewählt werden muß, da sonst völlig falsche Schlüsse gezogen werden können. Auf einen Vergleich der Stromerzeugungskosten von Kernkraftwerken mit anderen Systemen, z.B. Kohlekraftwerken oder Gasturbinenanlagen, wird in Abschnitt 22.1.5 im Zusammenhang mit Fragen des Kraftwerkseinsatzes eingegangen.

Hier sei abschließend noch auf den geringen Anteil der Urankosten, d.h. der eigentlichen Rohstoffkosten, an den Kosten des Endproduktes Strom hingewiesen. Mit rund 12 % Anteil an den Brennstoffkreislaufkosten und rund 20 % Anteil

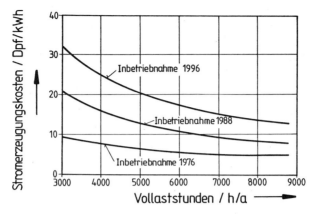

Abb. 22.7. Kosten der Stromerzeugung bei Kernkraftwerken
($P_0 = 1300$ MW$_{el}$, $\bar{a} = 17$ %/a, $C = 350$, $k_C = 7 \cdot 10^4$ (DM/a), $x_{Br} + x_E = 3$
Dpf/kWh$_{el}$, Inbetriebnahme 1976: $K_{inv} = 1000$ DM/kW$_{el}$, 1988: $K_{inv} = 3500$
DM/kW$_{el}$, 1996: $K_{inv} = 5000$ DM/kW$_{el}$)

der Brennstoffkreislaufkosten an den gesamten Stromerzeugungskosten bei neuen
Anlagen trägt Uran nur zu etwa 2,5 % zur Gesamtkostenbelastung bei. Erhebliche Steigerungen der Urankosten sind damit ohne weiteres bei der Kernenergie
vertretbar. Damit steigt auch die insgesamt verfügbare Uranmenge an. Nimmt
man z.B. eine Verfünffachung des heutigen Natururanpreises an, so wird die
Menge des wirtschaftlich verfügbaren Urans um einen Faktor 10 erhöht.

22.1.4 Diskussion der Kostenformel

Die Kostenformel ist in der Form

$$x = \frac{K\bar{a}}{T} + \frac{k_B}{H_u \eta} + x_E \qquad (22.17)$$

gut geeignet, verschiedene Analysen durchzuführen. Zunächst seien zwei Kraftwerke mit den jeweiligen Stromerzeugungskosten

$$x_i = \frac{K_i \bar{a_i}}{T} + \frac{k_{B_i}}{H_{U_i} \eta_i} + x_{E_i} , \quad i = 1, 2 \qquad (22.18)$$

betrachtet und es sei nach der Vollaststundenzahl gefragt, von der ab das
kapitalintensivere Kraftwerk Vorteile aufweist. Aus der Bedingung $x_1 = x_2$ folgt
der Schnittpunkt der Kostenkurven bezüglich T zu

$$T^* = \frac{K_1 \bar{a_1} - K_2 \bar{a_2}}{\dfrac{k_{B_2}}{H_{U_2} \eta_2} - \dfrac{k_{B_1}}{H_{U_1} \eta_1} + x_{E_2} - x_{E_1}} \; . \qquad (22.19)$$

Veranschaulicht sind diese Verläufe einer brennstoffkosten- und einer kapital-
kostenintensiven Technik qualitativ in Abb. 22.8. Am Beispiel realer Daten kann
dieser Zeitpunkt aus Abb. 22.12 auf Seite 338 zwischen der offenen Gasturbine
als brennstoffintensive Technik und dem Steinkohle- oder Kernkraftwerk als
Vertreter der kapitalintensiven Technik abgelesen werden. Auch Sensitivi-

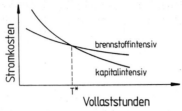

Abb. 22.8. Vergleich zweier Kraftwerke

tätsanalysen zur Änderung wichtiger Kostenparameter lassen sich leicht auf der Basis der Kostenformel führen. Ausgehend von (22.19) ergibt sich durch Bildung des totalen Differentials

$$dx = \sum_i \frac{\partial x}{\partial \xi_i}\, d\xi_i , \qquad (22.20)$$

$$dx = \frac{dK\,\bar{a}}{T} + \frac{K\,d\bar{a}}{T} - \frac{K}{T^2}\,\bar{a}\,dT + \frac{dk_B}{H_u\,\eta} - \frac{k_B}{H_u\,\eta^2}\,d\eta + dx_{E'} . \qquad (22.21)$$

Diese Formel kann zunächst benutzt werden, um Änderungen von Parametern zu untersuchen. So ändern sich z.B. die Stromerzeugungskosten bei Änderung der Auslastung zu

$$\Delta x = -\frac{K\,\bar{a}}{\bar{T}^2}\,\Delta T , \qquad (22.22)$$

mit $\bar{T} = T_0 + \Delta T/2$. Dieser Fall ist meistens bei Betrachtung der Anlage über eine 20 jährige Betriebszeit zu erörtern. Bei Änderungen der Brennstoffkosten gilt

$$\Delta x = \frac{\Delta k_B}{H_u\,\eta} . \qquad (22.23)$$

Auch dieser Fall ist, wie ein Blick auf die zeitliche Entwicklung der Brennstoffkosten lehrt, äußerst bedeutsam.

Zwei einfache Beispiele mögen die hier aufgeführten Beziehungen erläutern. Ein Steinkohlekraftwerk werde statt mit 4000 h/a in späteren Jahren mit 3000 h/a betrieben. Bei $\bar{a} = 17$ %/a und spezifischen Investkosten von 2500 DM/kW$_{el}$ bedeutet dies eine Erhöhung der Stromerzeugungskosten um 3,5 Dpf/kWh$_{el}$. Erhöhungen der Steinkohlekosten um 100 DM/t führen bei einem Wirkungsgrad von 37 % und einem Heizwert von 8300 kWh/t zu einer Kostensteigerung von 3,3 Dpf/kWh$_{el}$. Entsprechend reduzieren sich die Verstromungskosten um diesen Betrag bei Übergang auf Importkohle, die derzeit um einen ähnlichen Betrag kostengünstiger ist.

Auch Äquivalenzrelationen lassen sich sehr leicht unter Benutzung des totalen Differentials aus der Kostenformel ableiten. So können für $dx = 0$ eine ganze Reihe von äquivalenten Beziehungen angegeben werden, wie z.B.

$$\frac{\Delta K\,\bar{a}}{T} = \frac{k_B}{H_u\,\eta^2}\,\Delta\eta \quad , \quad \frac{\Delta K\,\bar{a}}{T} = \frac{K\,\bar{a}}{T^2}\,\Delta T . \qquad (22.24)$$

Derartige Beziehungen sind bei Überlegungen zur Anlagenoptimierung hilfreich, da sie Aufwendungen (z.B. bei Investkosten: ΔK) mit Vorteilen (hier $\Delta\eta$) korrelieren.

22.1.5 Kraftwerkseinsatz

Der Einsatz der Kraftwerke im Versorgungsnetz muß orientiert an den technisch-wirtschaftlichen Merkmalen der einzelnen Typen sowie mit Rücksichtnahme auf die speziellen Bedingungen in der Elektrizitätswirtschaft erfolgen. Zu diesen speziellen Bedingungen zählt in der BRD der Grundsatz, daß elektrische Energie zu jeder Zeit in ausreichender Menge sicher und preisgünstig bereitgestellt werden muß. Diese Erfordernis leitet sich aus dem Energiewirtschaftsgesetz ab. Da praktisch keine großtechnischen Speicherungsverfahren für elektrische Energie bekannt sind und kaum Lieferzeiten vereinbart werden können, muß jederzeit ein Gleichgewicht zwischen Erzeugung und Verbrauch aufrecht erhalten werden. Die Kraftwerksleistung im gesamten Netz muß nach der Jahreshöchstlast ausgelegt werden, auch wenn diese Last für weniger als eine Stunde pro Jahr auftritt. Nur bei Vorhaltung einer genügend großen Reserve ist eine uneingeschränkte Versorgung mit elektrischer Energie möglich. Größen zur Kennzeichnung von Leistung und Auslastung der Kraftwerke, die sinngemäß auf Netze übertragen werden können, sind in Abb. 22.9 vermerkt. Für die Wirtschaftlichkeitsrechnung wurde insbesondere der Begriff Vollaststunden, der hier mit den Jahresbenutzungsstunden gleichzusetzen wäre, benutzt.

Zur Beurteilung der Einsatzweise von Kraftwerken seien zunächst einige Begriffe erklärt (s. Abb. 22.10b). In der Kurve der geordneten Jahresdauerlinie werden zunächst die Bereiche Spitzenlast, Mittellast und Grundlast unterschieden. Als Grundlast wird diejenige Last bezeichnet, die innerhalb eines Zeitraumes nicht unterschritten wird. Die Ausnutzung in diesem Bereich liegt in der BRD derzeit bei etwa 4500 h/a. In der Regel werden hier die Kraftwerke mit hohen Investitionskosten und niedrigen Betriebskosten eingesetzt. Dies sind derzeit Laufwasserkraftwerke, Braunkohlekraftwerke und Kernkraftwerke (s. Tab. 22.5). Daran schließt sich der Bereich der Mittellast mit einer Auslastung zwischen etwa 1500 und 4500 h/a an. Hier finden zur Zeit im wesentlichen Steinkohlekraftwerke ihren Einsatzbereich. Tägliches An- und Abfahren der Anlage sowie Teillast sind erforderlich, an Wochenenden werden evtl. die Anlagen vollständig in ihrer Leistung zurückgefahren (s. Abb. 22.11). Als Spitzenlast wird schließlich der Be-

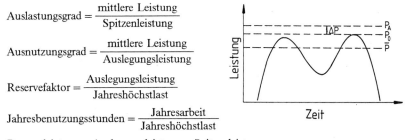

$$\text{Auslastungsgrad} = \frac{\text{mittlere Leistung}}{\text{Spitzenleistung}}$$

$$\text{Ausnutzungsgrad} = \frac{\text{mittlere Leistung}}{\text{Auslegungsleistung}}$$

$$\text{Reservefaktor} = \frac{\text{Auslegungsleistung}}{\text{Jahreshöchstlast}}$$

$$\text{Jahresbenutzungsstunden} = \frac{\text{Jahresarbeit}}{\text{Jahreshöchstlast}}$$

Reserveleistung = Auslegungsleistung − Spitzenleistung

Abb. 22.9. Kenngrößen zwischen Leistung und Auslastung beim Kraftwerkseinsatz (P_A Auslegungsleistung, P_0 Spitzenleistung, $\bar{P}$ mittlere Leistung, ΔP Reserveleistung)

reich der Auslastung bis zu etwa 1500 h/a bezeichnet. Hier sind kurze Zugriffszeiten erforderlich, um kurzzeitig auftretende Spitzenbelastungen des Netzes zuverlässig beherrschen zu können. In diesem Lastbereich werden Pumpspeicheranlagen, offene Gasturbinen und in den letzten Jahren auch zunehmend Kombikraftwerke eingesetzt. Teilweise sind die Anlagen nur wenige Stunden pro Jahr in Betrieb. Spitzenlastanlagen sollten geringe kapitalabhängige Kosten aufweisen. Wegen der geringen Benutzungszeit können die brennstoffabhängigen Kosten gegebenenfalls überdurchschnittlich hoch sein.

Tab. 22.5.   Kraftwerkseinordnung in die verschiedenen Lastbereiche

Bezeichnung	Auslastung (h/a)	Kraftwerkstypen
Grundlast	T > 4500	Laufwasser Braunkohle Kernenergie
Mittellast	1500 < T < 4500	Steinkohle
Spitzenlast	0 < T < 1500	Pumpspeicher offene Gasturbinen Kombianlagen

Ein typisches Einsatzdiagramm für Kraftwerke an einem Wintertag ist in Abb. 22.10a wiedergegeben, die oben geschilderten Einsatzweisen der verschiedenen Kraftwerkstypen sind deutlich erkennbar. Auch ein gewisser Bezug aus industriellen Eigenanlagen ist vorhanden, für diese Anlagen gelten die obigen Bemerkungen teils sinngemäß. In den letzten Jahrzehnten haben sich die Energieversorgungsunternehmen um eine Nivellierung der Tagesgangkurven z.B. durch Einführung von Speicherheizungen im Winter zur Auffüllung der Nachttäler,

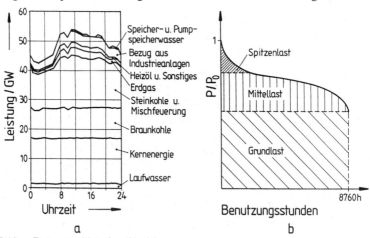

Abb. 22.10.   Daten zur Netzcharakterisierung

a: Lastgang der Nettostromerzeugung der öffentlichen Versorgung der BRD am 15.1.1986 [22.6]

b: Einordnung von Spitzenlast, Mittellast und Grundlast an Hand der geordneten Jahresdauerlinie

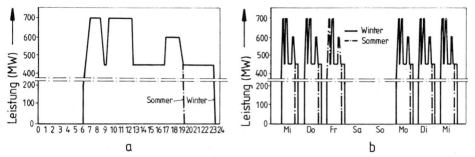

Abb. 22.11.   Einsatzdiagramm von Steinkohlekraftwerken im Mittellastbereich

a: Tageslastdiagramm, b: Wochenlastdiagramm

bemüht. Hierdurch können Nachteile durch den hohen Verschleiß der Anlage infolge häufiger Lastwechsel und geringere Wirkungsgrade bei Teillast verringert werden.

Der vorhandene Kraftwerkspark wird jeweils nur zu einem gewissen Anteil eingesetzt. Ein Teil der Anlagen ist z.B. wegen Revision, Umrüstung oder Brennelementwechsel bei Kernkraftwerken nicht einsetzbar, ein anderer Teil muß auch in Reserve gehalten werden. Im Augenblick können einige Kraftwerke nicht beschäftigt werden, da der Zuwachs an Leistung auf der Verbraucherseite nicht mit dem Ausbau der Kraftwerkskapazität Schritt gehalten hat. So ergab sich z.B. am 13.1.1986 für den Kraftwerkseinsatz folgendes Bild [22.6]: vorhandene Kapazität 88,6 GW, Höchstlast 55,2 GW, nicht einsetzbare Leistung 6,9 GW und in Revision waren 3,2 GW. Als Reserve mußten 15,5 GW bereitgehalten werden, so daß sich ein Überschuß von 8 GW ergab. Diese Situation wird offenbar den Zubau neuer, moderner Kraftwerke für einige Jahre behindern.

Die in den bisherigen Ausführungen angedeuteten Abgrenzungen der Einsatzbereiche von Kraftwerken können aus den Verläufen der Stromerzeugungskosten, wie sie sich heute für verschiedene Kraftwerkstypen darstellen, unmittelbar abgelesen werden. In der folgenden Abb. 22.12 sind die Tendenzen für eine offene Gasturbinenanlage, für ein Steinkohlekraftwerk sowie für ein Kernkraftwerk dargestellt. Die wesentlichen Daten für die Durchführung der Kostenrechnung sind in der Bildunterschrift aufgeführt. Bezieht man die in Abb. 22.7 gezeigte Kostenkurve für ein altes Kernkraftwerk mit in die Betrachtung ein, so tritt der Vorteil einer kapitalintensiven Investition gegenüber einem brennstoffintensiven Kraftwerk sehr deutlich hervor. Das zum Bauzeitpunkt vor ca. 12 Jahren gegenüber alternativen Möglichkeiten kostspieligere Projekt ist heute aufgrund der zwischenzeitlichen Kostensteigerungen der preisgünstigere Stromlieferant. Aufbauend auf den Ergebnissen dieser Rechnungen kann eine Einpassung der Kraftwerkstypen in die geordnete Jahresdauerlinie vorgenommen werden, wie dies qualitativ in Abb. 22.13 dargestellt ist. Es ist oft auch hilfreich, die Jahreskosten K_i für jedes Kraftwerk in der Form

$$K_i(T) = K_{\mathrm{inv}_i}\, \bar{a}_i + \dot{m}_{\mathrm{B}_i}^0\, k_{\mathrm{B}_i}\, T \qquad (22.25)$$

aufzutragen und die Schnittpunkte zur Abgrenzung der Einsatzbereiche herauszuziehen. Innerhalb eines Lastbereiches besteht natürlich auch eine gewisse Konkurrenz zwischen den hier einsetzbaren Kraftwerkstypen. Der wirtschaft-

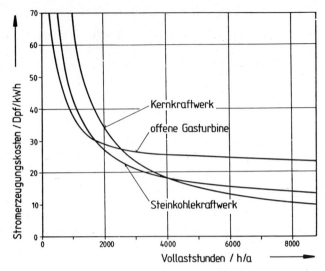

Abb. 22.12. Kostencharakteristiken verschiedener Kraftwerke im Vergleich Inbetriebnahme 1988: Kernenergie: $P_0 = 1300$ MW$_{el}$, $K_{inv} = 3500$ DM/kW$_{el}$, $\eta = 33$ %, $\bar{a} = 17$ %/a, $k_B = 2{,}6 \cdot 10^6$ DM/t, $H_u = 7{,}9 \cdot 10^8$ kWh/t, $C = 350$, $k_C = 7 \cdot 10^4$ DM/a, $x_E = 2$ Dpf/kWh$_{el}$; Steinkohle: $P_0 = 700$ MW$_{el}$, $K_{inv} = 1800$ DM/kW$_{el}$, $\eta = 37$ %, $\bar{a} = 17$ %/a, $k_B = 270$ DM/t, $H_u = 8300$ kWh/t, $C = 200$, $k_C = 7 \cdot 10^4$ DM/a, $x_E + x_H = 1{,}5$ Dpf/kWh$_{el}$; offene Gasturbine: $P_0 = 70$ MW$_{el}$, $K_{inv} = 800$ DM/kW$_{el}$, $\eta = 25$ %, $\bar{a} = 17$ %/a, $k_B = 600$ DM/t, $H_u = 11\,000$ kWh/t, $C = 10$, $k_C = 7 \cdot 10^4$ DM/a.

liche Einsatz eines Pumpspeicherkraftwerks im Vergleich zu einer offenen Gasturbinenanlage soll hier als typisches Beispiel angeführt sein (s. Abschnitt 17.2). Heute werden allerdings oft die rein wirtschaftlichen Überlegungen und Entscheidungen von weiteren Gesichtspunkten überlagert. Genannt seien hier energiepolitische Überlegungen zum bevorzugten Einsatz heimischer Energieträger, genehmigungstechnische Hindernisse und ökologische Randbedingungen. Es ist denkbar, daß zukünftig eine Randbedingung, wie die Reduktion oder gar die Vermeidung von CO_2-Emissionen eine ausschlaggebende Rolle bei der Kraftwerksplanung bzw. beim Kraftwerkseinsatz spielen wird. In diesem Zusammenhang stellt sich natürlich auch die Frage nach den Chancen eines zukünftigen Einsatzes von regenerativen Energiequellen zur Stromerzeugung.

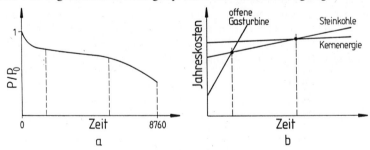

Abb. 22.13. Qualitative Darstellung zur Abgrenzung des Kraftwerkeinsatzes

a: geordnete Jahresdauerlinie
b: Jahreskosten verschiedener Kraftwerkstypen

22.1.6 Kosten beim Einsatz regenerativer Energieträger

Beim Einsatz von Kraftwerken auf der Basis von Wind-, Solar-, Wasser- oder Gezeitenenergie fallen keine Brennstoffkosten an. Auch bei geothermischen Kraftwerken oder Anlagen, die Biomassen zur Stromerzeugung nutzen, ist dieser Sonderfall gegeben. Es kann also folglich angesetzt werden

$$x = \frac{K_{\text{inv}}\, \bar{a} + C\, k_{\text{C}}}{P_0\, T} \ . \tag{22.26}$$

Auch Entsorgungskosten fallen in der Regel, bis auf den Einsatz von geothermischer Energie, nicht an. Die derzeitige Situation der Konkurrenzfähigkeit einzelner Verfahren sei durch die in Tab. 22.6 zusammengestellten Daten, die als Anhaltszahlen gewertet sein mögen, charakterisiert [22.9, 22.10].

Tab. 22.6.   Daten zur Stromerzeugung aus regenerativen Energiequellen

Typ	Größe (MW)	K_{invest} (DM/kW$_{\text{el}}$)	Auslastung (h/a)	x (DM/ kWh$_{\text{el}}$)	Bemerkung
Windenergiekonverter	0,1...1	3000	2000	0,25	in Küstengegenden
solarthermisches Kraftwerk	5...20	6000	2000	0,5	Kalifornien USA
Fotovoltaikanlage	0,1...0,5	15 000	2000	1,2	Kalifornien USA
geothermisches Kraftwerk	100...1000	2000	8000	0,05	Italien (Lardarello)
Gezeitenkraftwerk	200	3000	4000	0,12	Frankreich (Rance)

Einige Techniken sind für die BRD nicht relevant wie z.B. die Nutzung der Gezeiten- und geothermischer Energie. Bezüglich Solarenergienutzung sind die Auslastungen in der BRD um einen Faktor 2 geringer als in der Tabelle angegeben, d.h. die Erzeugungskosten sind doppelt so hoch. In jedem Fall sind Reservekapazitäten für die installierten Leistungen vorzuhalten, um die Versorgung jederzeit sicherzustellen. Diese Kosten sind den Stromerzeugungskosten hinzuzurechnen.

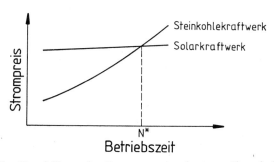

Abb. 22.14.   Zeitliche Entwicklung der Stromerzeugungskosten während der Betriebszeit eines brennstoff- und eines kapitalintensiven Kraftwerks

Sicher verursachen heute noch alle verfügbaren regenerativen Energiequellen zu hohe Erzeugungskosten. Unter rein wirtschaftlichen Bedingungen wird dadurch die Einführung noch für Jahrzehnte behindert. Allerdings wird bei derartigen Überlegungen zu bedenken sein, daß die fossilen Brennstoffkosten im Laufe der Zeit ansteigen und sich damit der Abstand der Kosten zu den regenerativen Energien verringert (s. Abb. 22.14).

22.1.7 Kosten bei Extrapolation der Kraftwerksleistung

Die Einheitsleistungen von fossil befeuerten sowie von Kernkraftwerken werden in den letzten Jahren beständig gesteigert. Abb. 22.15a zeigt den zeitlichen Verlauf dieser Entwicklung und weist aus, daß innerhalb einer Zeitspanne von zwei Jahrzehnten eine Verzehnfachung der Einheitsleistung durchgeführt wurde. Ähnliche, wenn auch nicht so starke Extrapolationen, waren bei fossilen Kraftwerken zu beobachten. Der Anteil von Großkraftwerken am gesamten Kraftwerkspark der BRD hat damit ständig zugenommen (s. Abb. 22.15b). Der wesentliche Grund für diese Entwicklung ist zunächst darin zu sehen, daß die spezifischen Investkosten von Kraftwerken, ähnlich wie bei anderen industriellen Anlagen auch, mit der Einheitsgröße abnehmen. Allgemein gilt für eine Leistung $N > N_0$:

$$k(N) \sim k(N_0) \left(\frac{N_0}{N} \right)^m . \tag{22.27}$$

Die Größe m wird als Degressionskoeffizient bezeichnet und liegt bei Kraftwerken in der Größenordnung von 0,7. Speziell für Kohlekraftwerke ist der Verlauf der spezifischen Anlagekosten über der Einheitsleistung in Abb. 22.15c dargestellt.

Nicht alle Kraftwerkskomponenten unterliegen jedoch einer Kostendegression. Während Bauteile, Nebenanlagen und Elektro- bzw. Leittechnik starke Degressionen aufweisen, weisen einige spezielle Komponenten wie z.B. Rohrleitungen und Armaturen tendenziell steigende Kosten mit der Einheitsleistung auf. Auch der spezifische Wärmeverbrauch kann bei Steigerung der Einheitsleistung geringfügig gesenkt werden (rund 1 % bei Verdopplung der Leistung). Allerdings wirken sich technische Fortschritte, die in der Verwendung besserer Materialien oder verbesserter Prozeßführung bestehen können, weitaus stärker auf eine Erhöhung des Wirkungsgrades aus. Auch kontinuierlicher Betrieb begünstigt, wie schon erwähnt, das Erreichen günstiger Wärmeverbrauchswerte. Ein weiterer wesentlicher Faktor im Hinblick auf die Senkung der Gestehungskosten bei Kraftwerken war die Reduktion des spezifischen Personaleinsatzes (s. Abb. 22.15d). Während früher die Bedienungskosten einen wesentlichen Anteil an den Gesamtkosten hatten, liegt dieser Anteil heute nur bei einigen Prozent bezogen auf die gesamten Stromerzeugungskosten. Bei Anlagen kleinerer Leistung, die überwiegend im Spitzenlastbereich Einsatz finden (offene Gasturbinen), ist darüber hinaus eine Tendenz zur weitgehenden Automatisierung zu erkennen.

Der Anreiz für eine weitere Größenextrapolation kann aus heutiger Sicht wohl folgendermaßen beurteilt werden. Ab einer Leistung von 1000 MW$_{el}$ werden die Steigerungen relativ flach, so daß der Anreiz sinkt, noch größere Leistungen zu realisieren. Zudem ist der gesamte Erfahrungsschatz, der mit den heute verfügbaren Betriebsergebnissen vorliegt, ein wesentliches Argument, keine nennens-

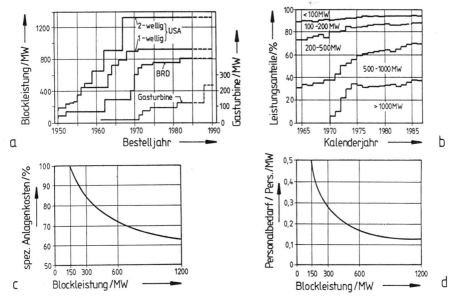

Abb. 22.15. Übersicht zur Größenextrapolation bei Kraftwerken in der BRD

a: Entwicklung der Blockgrößen bei verschiedenen Kraftwerkstypen im Laufe der letzten Jahrzehnte [22.11]

b: Anteil der Leistungsgrößen an der Gesamtkapazität [22.6]

c: Abhängigkeit der spezifischen Anlagekosten von der Blockleistung am Beispiel von Steinkohlekraftwerken [22.11]

d: Abhängigkeit des spezifischen Personalbedarfs von der Blockleistung am Beispiel von Steinkohlekraftwerken [22.11]

werte Steigerung der Einheitsleistung, zumindest bei Kern- und Kohlekraftwerken, mehr vorzunehmen. Auch zeigen sich technische Grenzen, die ohne wesentliche Innovationen nicht überwunden werden können, so z.B. bei Kernkraftwerken die Größe des Reaktordruckbehälters und die Leistungsgröße der Sattdampfturbinen. Vielfach helfen auch Zwillingsanlagen (z.B. Steinkohle heute 2 x 700 MW$_{el}$), die spezifischen Investkosten durch Verbilligung der Planung und Ausführung sowie durch Nutzung gemeinsamer Anlagen der Infrastruktur zu senken.

Es kann nach dem heutigen Stand der Technik wohl erwartet werden, daß z.B. bei Kernkraftwerken mit 1300 MW$_{el}$ Nettoleistung eine obere Grenze erreicht ist. Auch bei Kohlekraftwerken heutiger Technik ist dies offenbar der Fall. Bei anderen Kraftwerkstypen (z.B. offene Gasturbinen, Kombianlagen) sind die heutigen Leistungen mit ca. 100 MW$_{el}$ ebenfalls unter den Gesichtspunkten des Einsatzes und der Verfügbarkeit als den Netzverhältnissen gut angepaßt anzusehen.

22.2 Kostenbewertung bei Koppelproduktion

22.2.1 Grenzkostenbetrachtungen bei der Kraft-Wärme-Kopplung

Prozesse der Kraft-Wärme-Kopplung wurden in Kapitel 4 im Detail dargestellt. Als wesentliche Beurteilungsgröße wurde die Strom-Wärme-Kennziffer $\sigma = P_{el}/Q_H$ definiert. Die wirtschaftliche Bewertung der gleichzeitigen Produktion von elektrischer Energie und von Nutzwärme ist mit Hilfe recht unterschiedlicher Verfahren möglich [22.12, 22.13]. Wenn beide Produkte unabhängig von ihrem Exergiefaktor gleich bewertet werden, kann die Methode des Kostendreiecks angewendet werden. Hierbei werden, wie schon bei der Berechnung von Stromerzeugungskosten im Detail gezeigt wurde, Aufwendungen und Erlöse in der Form

$$
\int_0^{1a} P_{el}(t)\, x_{el}\, dt + \int_0^{1a} \dot{Q}_H(t)\, x_W\, dt = K_{inv}\, \bar{a} + \int_0^{1a} \dot{m}_B(t)\, k_B\, dt
$$
$$
+ C\, k_C + \int_0^{1a} \dot{m}_E(t)\, k_E\, dt + \sum_j \int_0^{1a} \dot{m}_{H_j}(t)\, k_{H_j}\, dt \ .
$$

(22.28)

bilanziert. Nach Einführung von Vollaststunden in der schon früher beschriebenen Art und Weise folgt die Beziehung

$$
x_{el} = \frac{C_3}{P_0\, T_1} - \frac{T_2}{\sigma\, T_1}\, x_W \ ,
$$

(22.29)

$$
C_3 = K_{inv}\, \bar{a} + \frac{P_{th}}{H_u}\, k_B\, T + K_E + \sum_j K_{H_{ij}} + k_C\, C \ .
$$

(22.30)

In K_E bzw. $\sum K_{H_{ij}}$ sind alle Aufwendungen für die Entsorgung der Anlage bzw. für Hilfsstoffe zusammengefaßt, P_{th} kennzeichnet die gesamte thermische Leistung der Anlage. Die obige Beziehung läßt sich nun in einem Diagramm $x_{el} = f(x_W)$ auftragen (s. Abb. 22.16). Für Produzenten, die sich an einem Strompreis des Netzes in Höhe von x_{el}^* orientieren, folgt so ein zulässiger Wärmepreis x_W^*. Umgekehrt kann von einem Wärmepreis x_W^*, der etwa durch ein Netz vorgegeben sein kann, ein zulässiger Strompreis festgelegt werden. Durch Verwendung unterschiedlicher Vollaststundenzahlen T_1 und T_2 kann die Einsatzweise der Kraft-Wärme-Kopplungsanlage in einem weiten Bereich erfaßt werden.

Die Methode der Grenzkostenrechnung berücksichtigt nicht, daß elektrische Energie und Nutzwärme exergetisch unterschiedlich zu bewerten sind. Es sind aber Methoden verfügbar, die besser thermodynamisch begründet sind [22.2]. Im wesentlichen sind drei methodische Ansätze zu unterscheiden. Es handelt sich hier um das kalorische, um das thermodynamische sowie um das exergetische Verfahren. Bei diesen Bewertungsprinzipien wird der Versuch unternommen, brennstoff- und kapitalabhängige Kosten zweckmäßiger auf die Produkte zu verteilen.

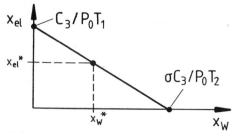

Abb. 22.16. Kostendreieck zur Bewertung von Strom und Wärme

22.2.2 Koppelproduktion bei industriellen Prozessen

In vielen industriellen Verfahren werden gleichzeitig mehrere Produkte erzeugt, die in die Bewertung einbezogen werden müssen. Erwähnt sei hier zunächst die Kokerei, bei der im Verkokungsprozeß aus Kohle die Produkte Koks, Kokereigas, Teer, Öl, Phenole und Ammoniak entstehen. Mengen- und wertemäßig überwiegen hier Koks und Kokereigas. Die weiteren Nebenprodukte können als Gutschriften von den Aufwendungen abgezogen werden.

Ein weiteres Verfahren, bei dem eine Vielzahl von Produkten erzeugt wird, ist der Raffinerieprozeß. Rohöl wird durch atmosphärische Destillation und Vakuumdestillation sowie durch eine Vielzahl von Schritten der Weiterverarbeitung wie z.B. Reformieren, Cracken, Hydrocracken, Alkydrieren usw. in eine ganze Reihe von Produkten wie Leichtbenzin, Benzin, Heizöl, Koks, Bitumen und Gas umgewandelt. Im allgemeinen sind je nach Herkunft des Rohöls mehrere dieser Komponenten für das wirtschaftliche Gesamtergebnis wichtig. Hier müssen im Rahmen von Untersuchungen mit variablen Gutschriften die Einflüsse auf das Gesamtergebnis untersucht werden. Auch bei der Erzeugung von Äthylen und Propylen auf der Basis etwa von Leichtbenzin durch das Steam-Cracking-Verfahren fallen zusätzliche Nebenprodukte wie Pyrolysebenzine, Pyrolysegase und höhere Olefine an, die geeignet bewertet werden müssen.

Die Reihe der Prozesse mit einer gewissen Produktpalette ließe sich noch fortsetzen. Hier soll beispielhaft der Verkokungsprozeß kurz behandelt werden. Ausgehend von einem vereinfachten Schema (s. Abb. 22.17) ergibt sich die im Prinzip bekannte Bilanz von Erlösen und Aufwendungen. Die Summe der Aufwendungen umfaßt, wie schon früher erwähnt, kapitalabhängige Kosten, bedienungsabhängige Kosten, Kohlekosten sowie Kosten für Hilfsstoffe und für Prozeßenergie. Als Prozeßenergie werden hier im wesentlichen Gichtgase zur Unterfeuerung eingesetzt. Die Summe der Aufwendungen sei insgesamt mit A bezeichnet. Als Summe der Erlöse kann dann ein Ausdruck der Form

$$\sum E = \dot{m}_K x_K T + \dot{m}_G x_G T + \dot{m}_{T\ddot{O}} x_{T\ddot{O}} T + \dot{m}_P x_P T + \dot{m}_N x_N T \quad (22.31)$$

angesehen werden. Die Indizes stehen für K Koks, G Kokereigas, TÖ Teer + Öl, P Phenole, N Ammoniak (NH_3). Um die bequeme Form eines Kostendreiecks benutzen zu können, werden die Erlöse für Teer und Öl, Phenole und Ammoniak bei Annahme bestimmter Marktpreise für diese Produkte als Gutschriften behandelt. Man erhält so mit einer Gesamtgutschrift G

$$A - G = \dot{m}_K x_K T + \dot{m}_G x_G T \quad (22.32)$$

und hat das Problem auf eine gleichartige Form wie in Abschnitt 22.2.1 zurückgeführt. Unterschiedliche Gutschriften stellen sich im Kostendreieck als Parallelverschiebungen der Kostengeraden dar.

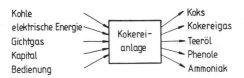

Abb. 22.17. Schema zur Wirtschaftlichkeitsanalyse einer Kokerei

Diese Methode ist immer dann besonders gut geeignet, falls zwei wesentliche das Gesamtergebnis bestimmende Produkte vorhanden sind. Bei einer größeren Zahl bestimmender Produkte sind kompliziertere Parameterdarstellungen erforderlich.

22.3 Kostenbewertung bei der Energienutzung

22.3.1 Heizwärmeversorgung

Für die Beurteilung der wirtschaftlichen Verhältnisse bei der Endenergienutzung können ähnliche Verfahren, wie zuvor bei der Energieumwandlung beschrieben, eingesetzt werden. Bei der Ermittlung von Kosten der Heizwärmeversorgung geht man am besten von den Jahreskosten aus. Für diese kann der Ansatz

$$K = K_{\text{inv}}\, \bar{a} + \int_0^{1a} \dot{m}_{\text{B}}(t)\, k_{\text{B}}\, \mathrm{d}t \tag{22.33}$$

in Analogie zur Berechnung von Stromerzeugungskosten gemacht werden. Zwischen dem Heizwärmebedarf sowie den jährlichen Brennstoffaufwendungen kann nach Ermittlung von Vollaststunden für die Heizlast eine Beziehung der Form

$$\dot{m}_{\text{B}}^0\, H_{\text{u}}\, \bar{\eta} = \dot{Q}_{\text{W}}^0 \tag{22.34}$$

abgeleitet werden. $\bar{\eta}$ ist ein geeigneter Jahresmittelwert für den Wirkungsgrad, $\dot{Q}_{\text{W}}^0$ ist die Heizlast am kältesten Tag. Die Jahresaufwendungen für ein Heizsystem steigen damit in bekannter Weise linear mit der Zahl der Vollaststunden an.

$$K = K_{\text{inv}}\, \bar{a} + \frac{\dot{Q}_{\text{W}}^0\, T}{H_{\text{u}}\, \bar{\eta}}\, k_{\text{B}} \tag{22.35}$$

Häufig stellt sich auch die Frage des Vergleichs zweier verschiedener Endenergieträger. Aus der Bedingung, daß beide Systeme gleiche Jahreskosten verursachen, kann eine lineare Beziehung beispielsweise zwischen den spezifischen Energiekosten hergeleitet werden mit dem Resultat

$$k_{\text{B}_1} = C_1\, k_{\text{B}_2} + C_2/T \tag{22.36}$$

und $C_1 = H_{\text{u}_1}\, \bar{\eta}_1 / H_{\text{u}_2}\, \bar{\eta}_2$ und $C_2 = (K_{\text{inv}_1} - K_{\text{inv}_2})\, \bar{a}\, H_{\text{u}_1}\, \bar{\eta}_1 / \dot{Q}_{\text{W}}^0$. Analog können bei vorgegebenen Brennstoffpreisen natürlich auch Äquivalenzrelationen zwischen Investkosten verschiedenartiger Heizsysteme hergeleitet werden. Tatsächlich stellt die Bewertung des Betriebes von Heizungssystemen über ein bis zwei Jahrzehnte angesichts variabler, zumeist eskalierender Energiekosten, ein schwieriges Problem dar (s. Abb. 22.18). Auf Möglichkeiten, derartige Fragestellungen in Modellrechnungen zu quantifizieren, wurde bereits in Kapitel 21 hingewiesen. Insbesondere die Methode der Life-cycle-Kosten kann hier helfen, Einflüsse von Eskalationsraten zu erkennen. Es ist wohl langfristig zu erwarten, daß kapitalintensive Techniken gegenüber rohstoffintensiven Verfahren auf dem Sektor der Heizwärmeversorgung Vorteile erlangen werden. Die in Abb. 22.14 qualitativ skizzierten Verläufe über der Betriebszeit können entsprechend auf die Heizwärmeversorgung übertragen werden. Hieraus kann abgeleitet werden, daß diese Tendenz langfristig insbesondere auch den Einsatz regenerativer Energiequellen in diesem Sektor der Energiewirtschaft begünstigen wird.

In den bislang aufgeführten Formeln beinhalten die Energiepreise k_B stets die Aufwendungen für Transport und Speicherung. Für die Absetzbarkeit von Fernwärme beim Verbraucher sind zusätzliche Überlegungen bezüglich der Transportkosten anzustellen. Zwischen dem Ort des Verbrauchs und der Erzeugung liege eine Strecke L. Bedingt durch diese Transportentfernung kommt es zu Wärmeverlusten. Dann gilt mit den Größen x_A Wärmekosten beim Abnehmer, x Wärmekosten beim Erzeuger

$$\int_0^{1a} \dot{Q}_{N_A} x_A \, dt = \int_0^{1a} \dot{Q}_N x \, dt + \bar{a}\, k_L\, L \; . \tag{22.37}$$

k_L kennzeichnet die durchschnittlichen spezifischen Anlagekosten des Fernwärmenetzes in (DM/km), während $\bar{a}$ den Kapitalfaktor für die Abschreibung des Netzes vorstellt. Es können ein Wirkungsgrad für den Energietransport η und längenbezogene Verluste ε definiert werden:

$$\eta_L = \frac{\displaystyle\int_0^{1a} \dot{Q}_{N_A} \, dt}{\displaystyle\int_0^{1a} \dot{Q}_N \, dt} \quad , \; \varepsilon = \frac{1}{L} \int_0^{1a} (\dot{Q}_N - \dot{Q}_{N_A}) \, dt \tag{22.38}$$

Für die Fernwärmekosten ab Verbraucher x sowie für die erzielbaren Preise p folgt dann

$$x = \eta_L\, x_A - \frac{\bar{a}\, k_L}{\varepsilon} (1 - \eta_L) \quad , \; p = \eta_L \left(p_A - \frac{\bar{a} \cdot k_L}{\varepsilon} \right) , \tag{22.39}$$

falls vom Versorgungsunternehmen die Wärme zum Preis p_A zur Verfügung gestellt wird. Diese Bedingung schränkt unter anderem oft die verstärkte Nutzung von Fernwärme ein.

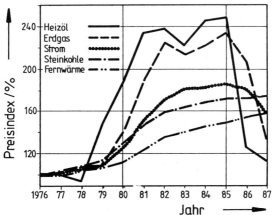

Abb. 22.18. Entwicklung der Wärmepreise in der BRD auf der Basis verschiedener Rohstoffe bezogen auf das Jahr 1976 [22.14]

22.3.2 Einsatz von mechanischer Energie im Verkehrssektor

Die Bewertung von Transportleistungen kann ebenfalls in Analogie zu den Formalismen, die bei der Berechnung von Stromerzeugungskosten angewandt wurden, erfolgen. Die Jahreskosten eines Transportsystems können allgemein mit

$$K = \bar{a}\,K_{\text{inv}} + C\,k_{\text{C}} + 100\,L\,(\varepsilon\,\gamma + \delta) \tag{22.40}$$

angesetzt werden. Neben den schon bekannten Größen werden hier folgende Bezeichnungen neu eingeführt: ε spezifischer Verbrauch (l/100 km), γ Treibstoffkosten (DM/l), δ spezifische Unterhaltskosten (DM/100 km) und L jährliche Transportstrecke (km/a). Falls schienengebundener Verkehr z.B. mit Elektroloks betrachtet wird, tritt anstelle der oben benutzten Dimension von ε die neue Dimension (kWh/100 km), sinngemäß wird für γ die Dimension (DM/kWh) eingeführt.

Aus obiger Formel folgen die jährlichen Kosten je zurückgelegtem Kilometer zu:

$$k = \frac{K}{L} = \frac{\bar{a}\,K_{\text{inv}} + C\,k_{\text{C}}}{L} + 100\,(\varepsilon\,\gamma + \delta)\ . \tag{22.41}$$

Die zurückgelegte Wegstrecke L ist also ein Maß für die Ausnutzung der Umwandlungseinrichtung und tritt sinngemäß an die Stelle der Vollaststunden T. Ebenso ist es möglich, in derartigen Formeln die über bestimmte Entfernungen transportierten Mengen zu berücksichtigen und so Transportkosten pro Längen- und Gewichtseinheit zu ermitteln.

Für Vergleiche verschiedener Transportsysteme müssen in bereits bekannter Weise beide Systeme mit ihren jeweiligen Parametern angesetzt werden und so gegebenenfalls Äquivalenzrelationen zwischen verschiedenen Energiepreisen oder Investkosten abgeleitet werden. Auch eine Abgrenzung verschiedener Systeme nach der Transportentfernung ist möglich.

22.3.3 Kosten der Herstellung von industriellen Produkten

Nach dem allgemeingültigen Schema "Summe der Aufwendungen gleich Summe der Erlöse" kann auch bei Kostenanalysen zur Herstellung von industriellen Produkten vorgegangen werden [22.15]. Man erhält so für j Produkte eines Prozesses den Ausdruck

$$\sum_j \int_0^{1a} \dot{m}_{\text{P}_j}\,x_{\text{P}_j}\,dt = K_{\text{inv}}\,\bar{a} + C\,k_{\text{C}} + \sum_i \int_0^{1a} \dot{m}_{\text{R}_i}\,k_{\text{R}_i}\,dt$$

$$+ \sum_l \int_0^{1a} \dot{E}_l\,k_l\,dt + A_{\text{E}}\ , \tag{22.42}$$

wobei $\dot{m}_{\text{R}_i}$ die eingesetzten Rohstoffe, $\dot{E}_l$ die eingesetzte Energie und A_{E} die Entsorgungsaufwendungen charakterisieren möge. Für die Herstellung eines Produktes kann man daraus vereinfacht eine Gleichung der Form

$$x_{\text{P}} = \frac{K_{\text{inv}}\,\bar{a} + C\,.k_{\text{C}}}{\dot{m}_{\text{P}}\,T} + \sigma_{\text{R}}\,k_{\text{R}} + \sigma_{\text{E}}\,k_{\text{E}} \tag{22.43}$$

mit σ_i als den spezifischen Rohstoff- und Energieeinsätzen herleiten. Nebenprodukte können in schon dargestellter Weise als Gutschriften von den Aufwendungen abgezogen werden, bei zwei Hauptprodukten kann die Methode des Kostendreiecks Verwendung finden.

Oft sind mehrere Verfahrenswege für das gleiche Produkt zu vergleichen. So kann z.B. Ammoniak auf der Basis von Erdgas, Öl oder Kohle hergestellt werden. Die Verfahren unterscheiden sich durch unterschiedliche spezifische Investkosten sowie durch einen unterschiedlichen Wirkungsgrad, d.h. durch die Höhe des spezifischen Energieeinsatzes. Hier sind oft Äquivalenzrelationen hilfreich, um die Chancen der verschiedenen Energieträger im Hinblick auf den Einsatz zur Erzeugung des fraglichen Produktes beurteilen zu können. So gilt für das Verhältnis der Brennstoffpreise wiederum eine lineare Beziehung

$$k_{B_2} = \frac{1}{\sigma_{E_2}} \left\{ (K_{inv_1} - K_{inv_2}) \frac{\bar{a}}{T} + \sigma_{E_1} k_{B_1} \right\} \qquad (22.44)$$

wenn im Falle der NH_3-Produktion Rohstoff- und Energieträger identisch sind. Erweiterungen dieses Formalismus auf andere kompliziertere Prozesse sind evident.

Insbesondere hinter industriellen Prozessen wird heute in vielen Industriebetrieben eine Abhitzenutzung durchgeführt. Aufgabe einer wirtschaftlichen Beurteilung ist es, einen Zusammenhang zwischen zulässiger zusätzlicher Investition für die Rückgewinnung der Abwärme und den Erlösen für diese Abwärme zu finden. Diese Aufgabe wird gelöst durch den Ansatz

$$\int_0^{1a} \dot{Q}_N \, x_W \, dt = \Delta K_{inv} \, \bar{a} + \int_0^{1a} P_{Gebl} \, x_{el} \, dt \, , \qquad (22.45)$$

in dem berücksichtigt wurde, daß durch Einbau eines zusätzlichen Wärmetauschers ein zusätzlicher Druckverlust, der mit Hilfe einer zusätzlichen Gebläseleistung P_{Gebl} überwunden wird, entsteht. x_{el} charakterisiert den Strompreis beim Betrieb des Gebläses. Die Nutzung der Abwärme wird dann wirtschaftlich interessant, wenn ein Absatzpreis

$$x_W = \frac{\Delta K_{inv} \, \bar{a} + P_{Gebl} \, x_{el} \, T}{\dot{Q}_N \, T} \qquad (22.46)$$

erzielt wird. Die Wahl der Kapitalfaktoren $\bar{a}$ hängt stark von den Verfahren und deren Bedingungen ab, auf Bestimmungsmethoden wurde in Kapitel 21 hingewiesen.

22.4 Bewertungskoeffizienten in der Energiewirtschaft

In der Energiewirtschaft sind einige Koeffizienten hilfreich, um zu Beurteilungen über die Kapitalbindung oder über den Einfluß von Zinsen auf das Gesamtergebnis zu gelangen [22.1]. Der Kapitalumschlagkoeffizient φ, definiert durch

$$\varphi = \frac{\text{Jahresumsatz}}{\text{Investkapital}} \, , \qquad (22.47)$$

liefert Anhaltspunkte dafür, wie lange Investkapital gebunden ist und grundsätzlich von Verlust bedroht ist. Der Anteil der Kapitalverzinsung am Erlös δ ist bestimmt durch

$$\delta = \frac{\text{Investkapital} \cdot \text{Zinssatz}}{\text{Jahresumsatz}} = \frac{p}{\varphi} \qquad (22.48)$$

und ist ein Indiz dafür, wie stark ein Verfahren über den Zinsfuß p von Änderungen auf dem Kapitalmarkt abhängig ist. Der Rohstoffkostenanteil ε spiegelt die Abhängigkeit der Produktkosten von der aktuellen Lage auf dem Energiemarkt wieder und ist besonders groß bei brennstoffkostenintensiven Kraftwerken oder weiterverarbeitenden Industriezweigen:

$$\varepsilon = \frac{\text{jährliche Rohstoffkosten}}{\text{Umsatz}} . \qquad (22.49)$$

Diese Faktoren sind für verschiedene Verfahren in der Energiewirtschaft ausgesprochen unterschiedlich, wie ein Blick auf Tab. 22.7 lehrt. Hier sind ein Steinkohlekraftwerk auf der Basis von 18,5 Dpf/kWh$_{el}$, 4000 h/a, 270 DM/t Kohle, ein Kernkraftwerk auf der Basis von 12,5 Dpf/kWh$_{el}$, 6500 h/a, 130 DM/kg U$_{nat}$. und eine Raffinerie auf der Basis von 600 DM/t Produkt, 500 DM/t Rohstoff erfaßt sowie ein mittlerer Industriebetrieb als Vergleichswert einander gegenübergestellt. Man erkennt sofort, daß besonders kapitalintensive Verfahren, wie hier z.B. Kernkraftwerke, hohe Kapitalbindungszeiten und eine starke Abhängigkeit vom Zinssatz aufweisen. Bei Raffinerien ist diese Situation völlig andersartig. Schon nach kurzer Zeit ist eine Rückgewinnung des Kapitals möglich. Die Zinsbelastung auf das Investkapital beeinflußt das wirtschaftliche Ergebnis nicht nennenswert. Stillegungen bei veränderter Marktlage bedeuteten so in der Vergangenheit in der Raffinerietechnik nicht so starke Einschnitte wie in anderen Industriezweigen.

Tab. 22.7.   Bewertungskoeffizienten in der Energiewirtschaft bei einem Zinssatz von 8 %/a

Verfahren	charakteristische Größe	Investkapital (10⁹ DM)	Umsatz (10⁹ DM/a)	φ (1/a)	δ (%)	ε (%)
Steinkohlekraftwerk	700 MW$_{el}$	1,26	0,518	0,41	19,5	44
Kernkraftwerk	1300 MW$_{el}$	4,55	1,06	0,23	34,3	4
Raffinerie	$5 \cdot 10^6$ t/a	1,5	3	2	4	84
mittlerer Industriebetrieb	-	-	-	1,5	8	10...50

23 Optimierungsfragen

23.1 Grundsätzliche Überlegungen

Um Energie möglichst rationell, wirtschaftlich oder umweltschonend umzuwandeln, zu transportieren und zu nutzen sind vielfältige Optimierungsüberlegungen anzustellen. In diesem Sinne sind sowohl einzelne Apparate, vollständige Verfahren als auch gesamte Bereiche der Energietechnik zu optimieren. Optimierung bedeutet hierbei immer, daß die Extremwerte bestimmter Zielgrössen als Funktion von im allgemeinen Fall vielen variablen Prozeßgrößen bestimmt werden. Dabei sind gewisse Randbedingungen einzuhalten, wodurch der Variationsbereich der Prozeßgrößen eingeschränkt wird. Im Rahmen derartiger Optimierungsbetrachtungen sind im allgemeinen Kompromisse verschiedener Art zu finden: So können ökonomisch-technische Kompromisse angestrebt werden, auch ökologisch-technische oder ökologisch-ökonomische Kompromisse sind von Bedeutung. Die Notwendigkeit der Optimierung und die Vielfalt der Möglichkeiten sei hier beispielhaft für das Gebiet der Kraftwerkstechnik aufgezeigt. Als Zielgrößen $z(x_i)$ für ein Kraftwerk können z.B. folgende Gesichtspunkte definiert werden:

- minimale Stromerzeugungskosten,
- maximaler Wirkungsgrad der Energieumwandlung,
- minimale Umweltbelastungen,
- minimale Investkosten,
- minimaler Bedienungsaufwand,
- optimale Verfügbarkeit der Anlage,
- höchstmöglicher Sicherheitsstand.

Variable Prozeßgrößen x_i, durch die die zuvor genannten Zielfunktionen beeinflußt werden, sind beispielsweise in folgenden Parametern zu sehen:

- Frischdampfzustand (T, p),
- Zahl und Zustand (T, p) der Zwischenüberhitzungen,
- Speisewassereintrittstemperatur in den Dampferzeuger,
- Zahl der regenerativen Speisewasservorwärmstufen,
- Höhe des Kondensatorgegendrucks oder Wahl des Kühlverfahrens,
- Kesselwirkungsgrad,
- Dimensionierung von Apparaten und Rohrleitungen,
- Konstruktionsmerkmale von Apparaten (z.B. innere Wirkungsgrade von Turbomaschinen, Isolationsdicken) und
- Grad der Entschwefelung, der Entstaubung sowie der Entstickung.

Der Variationsbereich der Prozeßparameter ist durch vielfältige Randbedingungen, die sowohl technischer als auch betrieblicher, genehmigungstechnischer oder wirtschaftlicher Natur sein können, festgelegt. Typische technische Grenzen sind z.B. gezogen durch

- zulässige Temperaturen von Materialien,
- Umgebungstemperatur bei der Abwärmeabfuhr,

- Apparatedimensionen,
- Spannungswerte,
- Grenzen durch Korrosion.

Einige betriebliche Grenzen sind gegeben durch

- Laständerungsgeschwindigkeiten,
- Teillastbetrieb,
- Verfügbarkeit,
- Komponentenlebensdauer.

Genehmigungstechnische Grenzen sind heute besonders in folgenden Bereichen zu beachten:

- Reinhaltung von Luft, Wasser und Boden,
- Abwärmeabfuhr,
- Lärmschutz,
- Abfallentsorgung,
- Größe der Gesamtanlage.

Schließlich werden immer wirtschaftliche Randbedingungen den Rahmen der Anlagenplanung stark beeinflussen. Beispielhaft seien hier genannt:

- Bauzeit,
- Kostenentwicklung für den Brennstoff,
- Netzentwicklung,
- Bedingungen von Genehmigungsverfahren,
- konkurrierende Energieträger,
- technische Weiterentwicklungen.

Es bleibt also insgesamt festzustellen, daß das Auffinden eines Extremums einer jeweiligen Zielgröße als Funktion charakteristischer Prozeßvariablen unter Einhaltung einer Vielzahl von Randbedingungen ein schwieriges Problem sein wird. Technische Weiterentwicklungen und Verbesserungen vollziehen sich daher im allgemeinen relativ langsam und in kleinen Schritten. Die Auswertung gut abgesicherter technischer Erfahrungen hat dabei einen besonders hohen Stellenwert.

23.2 Mathematische Methoden der Optimierung

In mathematischer Hinsicht besteht bei der Optimierung eines Prozesses die Aufgabe darin, Extremwerte einer aus technischen Überlegungen bestimmten Zielfunktion, im allgemeinen unter Einhaltung von Rand- oder Nebenbedingungen, zu bestimmen [23.1-23.7]. Im Falle einer Variablen gestaltet sich dieses Verfahren recht einfach. Entsprechend Abb. 23.1 wird für die Funktion $z(x_1)$ die erste und die zweite Ableitung bestimmt. Die notwendige und die hinreichende Bedingung für ein lokales Extremum werden durch die Forderungen

$$\left.\frac{dz}{dx}\right|_{x_0} = 0 \; , \quad \left.\frac{d^2z}{dx_1^2}\right|_{x_0} \begin{array}{l} < \\ > \end{array} 0 \quad \begin{array}{l} \text{Maximum} \\ \text{Minimum} \end{array} \qquad (23.1)$$

gesetzt. Nebenbedingungen können durch Funktionen der Form

$$g(x_1) = \text{const} \qquad (23.2)$$

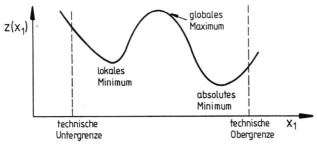

Abb. 23.1. Bestimmung von Extremwerten bei Abhängigkeit der Zielfunktion von einer Prozeßvariablen

vorgegeben sein. Der zulässige Bereich wird in Abb. 23.1 durch Angabe technischer Grenzen definiert. Bei praktischen Anwendungen hängt die Zielfunktion oft von zwei oder mehr Prozeßvariablen ab. Im Falle von 2 Variablen gelten für die lokalen Extrema der Funktion $z(x_1, x_2)$ die notwendigen Bedingungen

$$\frac{\partial z}{\partial x_1} = 0 \ , \quad \frac{\partial z}{\partial x_2} = 0 \ . \tag{23.3}$$

Die Art des Extremums wird durch Bildung und Berechnung der Determinanten der Hesseschen Matrix H

$$H = \begin{pmatrix} \dfrac{\partial^2 z}{\partial x_1^2} & \dfrac{\partial^2 z}{\partial x_1 \partial x_2} \\[2ex] \dfrac{\partial^2 z}{\partial x_2 \partial x_1} & \dfrac{\partial^2 z}{\partial x_2^2} \end{pmatrix} \tag{23.4}$$

bestimmt. Es gelten

$$\det H \ < \ 0 \ , \quad \frac{\partial^2 z}{\partial x_1^2} \ < \ 0 \quad \text{Maximum} \ , \tag{23.5}$$

$$\det H \ > \ 0 \ , \quad \frac{\partial^2 z}{\partial x_1^2} \ < \ 0 \quad \text{Minimum} \ , \tag{23.6}$$

$$\det H = 0 \quad \begin{array}{l} \text{Extremaleigenschaften müssen} \\ \text{detailliert untersucht werden} \end{array} \ . \tag{23.7}$$

Oft ist es möglich, die Funktion $z(x_1, x_2)$ mit Hilfe von Höhenlinien $z =$ const. zu verdeutlichen (s. Abb. 23.2). Randbedingungen der verschiedensten vorher erwähnten Formen können durch die Funktion

$$g_i(x_1, x_2) = \text{const} \tag{23.8}$$

formuliert werden. Durch diese Funktion wird im Koordinatensystem x_1, x_2 ein zulässiger Bereich festgelegt.

Dieses mathematische Verfahren der Optimierung ist auf n variable Prozeßgrößen unmittelbar erweiterbar. Für die lokalen Extrema der Zielfunktion $z(x_1, x_2, ..., x_n)$ gilt dann als notwendige Bedingung

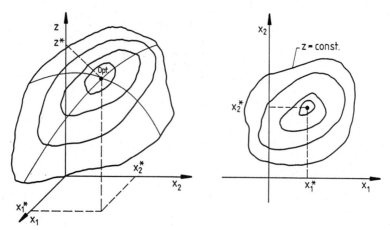

Abb. 23.2. Extremwert einer Zielfunktion bei zwei Prozeßvariablen

$$\text{grad } z = \left(\frac{\partial z}{\partial x_1}, \frac{\partial z}{\partial x_2}, ..., \frac{\partial z}{\partial x_n} \right) = 0 \, , \tag{23.9}$$

während zur Überpüfung der hinreichenden Bedingung die Hessesche Matrix dann mit n^2 Elementen untersucht werden muß. Die Matrix muß im Falle eines Extremums (Minimum) positiv definit sein, d.h. die zugehörige Determinante und alle zur Hauptachse symmetrischen Unterdeterminanten einschließlich der Elemente der Hauptachsen müssen positiv sein. Auch Nebenbedingungen werden wie in den Fällen zuvor durch Funktionen

$$g_i(x_1, x_2, ...x_n) = 0 \tag{23.10}$$

berücksichtigt. Einige Beispiele für Fälle mit ein oder zwei Prozeßvariablen werden in Abschnitt 23.3 angeführt. Oft ist es schwierig, analytische Zielfunktionen aufzustellen oder aber die notwendigen formalen mathematischen Operationen durchzuführen. In diesen Fällen führen eventuell Suchverfahren zum Ziel. Eine Vielzahl spezieller Optimierungsverfahren sind bekannt und erfolgreich in Gebrauch. Aus der Fülle dieser Möglichkeiten seien hier beispielhaft einige wenige kurz erläutert. Im übrigen sei auf die umfangreiche Literatur verwiesen [23.1-23.5].

Oft führt ein Rasterverfahren bei nicht linearen Problemen ohne Restriktionen zum Erfolg. Hierbei werden die unabhängigen Variablen in den gewählten Rastergrenzen mit vernünftiger Schrittweite geändert und die Zielfunktion für die jeweiligen Koordinatenpunkte berechnet. Die Anzahl N der durchzurechnenden Varianten beträgt bei n Variablen mit jeweils m Variationsschritten $N = m^n$. Diese Methode kann einen guten Überblick über den Gesamtbereich liefern, in Abb. 23.3a ist die Methode für $n = 2$ erklärt.

Suchverfahren in Koordinatenrichtungen basieren auf dem in Abb. 23.3b dargestellten Prinzip. Es werden ausgehend vom Startpunkt willkürliche Schrittweiten vorgegeben und dann eine Variation der Funktion $z(x_1, x_2)$ in beiden Koordinatenrichtungen vorgenommen. Möglich ist ein Ansteigen oder ein Abfallen des Funktionswertes von z. Soll z.B. ein Minimum der Funktion gesucht werden, so muß bei Annäherung an das Minimum ein Absenken der Werte von z bei Fort-

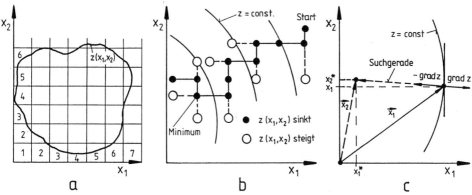

Abb. 23.3. Optimierungsverfahren

a: Prinzip des Rasterverfahrens
b: Suchverfahren in Koordinatenrichtungen zum Auffinden eines Minimums
c: Prinzipdarstellung zum Gradientenverfahren

schreiten in x_1, x_2-Richtung festgestellt werden. Sukzessive wird so ständig wechselnd in beide Richtungen gesucht. Bei Feststellen eines Anstieges der Funktion z wird die Richtung um 90° geändert. Ein Herantasten an das Minimum der Funktion ist so nach hinreichend vielen Schritten möglich.

Beim Gradientenverfahren wird diejenige Richtung bestimmt, in der sich die größte Veränderung der Zielfunktion ergibt. Normalerweise wird eine Bewegung entlang des Gradienten, d.h. rechtwinklig zur Niveaulinie z = const., am entsprechenden Punkt betrachtet (s. Abb. 23.3c). Wenn $z(x_1, x_2)$ stetig differenzierbar ist, hat der Gradient der Funktion z die Eigenschaft, daß er senkrecht auf der entsprechenden Niveaulinie (oder allgemein bei n Koordinaten auf der Niveaufläche) steht und daß er in Richtung einer maximalen Änderung der Funktion zeigt. -grad z zeigt demnach in Richtung des Funktionsminimums. Aufbauend auf diesen Eigenschaften kann folgende Suchstrategie verfolgt werden: Man wählt einen Ausgangspunkt $\vec{x}_1$ und bestimmt grad z für $\vec{x}_1$. Durch -grad z für $\vec{x}_1$ wird eine Suchgerade festgelegt. Man bestimmt dann auf der Suchgeraden den kleinsten Funktionswert, also

$$\min_{\lambda} z(\vec{x}_1 - \lambda \,\mathrm{grad}\, z(\vec{x}_1)) \quad \text{für } \lambda \geq 0 \,. \tag{23.11}$$

Das Verfahren mit den sich ergebenden Versuchspunkten wird solange wiederholt, bis eine gestellte Genauigkeitsanforderung erfüllt wird. Im Idealfall wäre grad $z(\vec{x}_k) = 0$.

23.3 Beispiele für die Optimierung in der Energietechnik

Aus der Fülle anschaulicher und praktisch wichtiger Beispiele seien einige hier näher erläutert, da sich in diesen Fällen die Zielfunktionen sehr einfach analytisch formulieren lassen.

Zunächst sei ein Kraftwerksprozeß betrachtet, für den entsprechend den Ausführungen in Kapitel 22 die Stromerzeugungskosten gemäß der Beziehung

$$x(\eta) = \frac{K_{inv}(\eta)\,\bar{a}}{T} + \frac{k_B}{H_U\,\eta} \tag{23.12}$$

ermittelt werden können. Bei Verwendung des Wirkungsgrades als Prozeßvariable folgt aus der notwendigen Bedingung für das Vorliegen eines Minimums

$$\eta_{opt} = \sqrt{\frac{k_B\,T}{\bar{a}\,H_U}\;\frac{1}{\dfrac{dK_{inv}}{d\eta}}}\;. \tag{23.13}$$

Die spezifischen Investitionskosten können im einfachsten Fall proportional zum Wirkungsgrad angesetzt werden, d.h.

$$K_{inv}(\eta) = K_{inv}^0(1 + \alpha\,\eta)\;, \tag{23.14}$$

so daß für η_{opt} schließlich

$$\eta_{opt} = \sqrt{\frac{k_B\,T}{H_U\,\bar{a}\,\alpha\,K_{inv}^0}} \tag{23.15}$$

folgt. Man wird also einen hohen Anlagenwirkungsgrad anstreben, wenn die Brennstoffkosten k_B hoch sind und wenn die Anlage mit hoher Vollaststunden-zahl betrieben wird. Dagegen sprechen hohe Kapitalfaktoren $\bar{a}$ und hohe zusätzliche Investkosten $\alpha\,K_{inv}^0$ zur Steigerung des Wirkungsgrades gegen die Wahl eines hohen Wirkungsgrades. Es sei darauf hingewiesen, daß eine Optimierung auch unter Beachtung der Entwicklung von Kostenfaktoren während der Gesamtlauf-zeit der Anlage durchgeführt werden muß. Hier können z.B. die Faktoren k_B, $\bar{a}$, T im Laufe der Jahrzehnte starken Änderungen unterliegen.

Beeinflussungen des Wirkungsgrades können z.B. durch die in Abschnitt 23.1 genannten Maßnahmen erreicht werden. Eine besonders naheliegende Maßnah-me ist die Anhebung des Frischdampfzustandes. In diesem Fall steigt der Wirkungsgrad praktisch linear mit der Temperatur. Auf der anderen Seite steigen die Investkosten ebenfalls an, da in den vom Frischdampf beaufschlagten Anlagenbereichen statt ferritischer Stähle oberhalb einer Frischdampftemperatur von 530°C teurere austenitische Stähle eingesetzt werden müssen (s. Abb. 23.4a). Mit den Ansätzen

$$\frac{\eta}{\eta_0} = 1 + \alpha\,(T_{FD} - T_{FD}^0)\;,\quad \frac{K_{inv}}{K_{inv}^0} = 1 + \beta\,(T_{FD} - T_{FD}^0) \tag{23.16}$$

wird das Problem leicht analytisch behandelbar. Qualitativ ergibt sich über der Frischdampftemperatur der in Abb. 23.4b angedeutete Verlauf der einzelnen Kostenanteile. Eine ganz wesentliche Bedeutung bei der Beurteilung der Resultate derartiger Optimierungsüberlegungen haben allerdings vorliegende gute Betriebserfahrungen mit bestimmten Prozeßparametern - so hier die Frisch-dampftemperatur von rund 530°C. Der Übergang zu höheren Temperaturen wird selbst wenn Optimierungsrechnungen dies nahelegen nur sehr langsam vollzogen.

Anstelle der Frischdampftemperatur könnte sinngemäß auch die Zahl der re-generativen Speisewasservorwärmstufen betrachtet werden. In Abb. 3.8c auf Seite 49 ist der Verlauf der Wirkungsgradänderung über der Stufenzahl aufge-tragen. Man ersieht, daß hier bis zum Maximum ein Ansatz

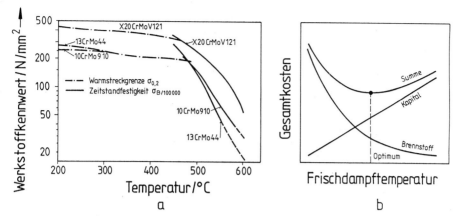

Abb. 23.4. Details zur Optimierung des Dampfturbinenprozesses bei Variation der Frischdampftemperatur

a: Werkstoffkennwerte für Kesselstähle in Abhängigkeit von der Temperatur
b: Kostenverläufe in Abhängigkeit von der Frischdampftemperatur

$$\eta \sim \sqrt{N} \qquad (23.17)$$

zweckmäßig wäre. An diesem Beispiel wird auch das Problem technischer Grenzen offenkundig. An der Niederdruckturbine lassen sich praktisch konstruktiv
nicht mehr als 4 Anzapfungen unterbringen, so daß die Gesamtzahl der Stufen
in der Praxis auf etwa 6 bis 8 - je nach Zahl der Zwischenüberhitzungen - beschränkt bleibt.

Eine entsprechende Betrachtung für den Einfluß der Höhe des Kondensator-
vakuums auf den Wirkungsgrad und auf die Investkosten - je niedriger das
Vakuum, desto größer die Fläche des Kondensators - führt auf eine Randbedingung, die durch die Umgebung fixiert ist. Das Kondensatorvakuum kann nicht
unter einen Wert entsprechend $T_{Ko} = T_U + \Delta T_{Ko}$ mit ΔT_{Ko} als Grädigkeit des
Kondensators abgesenkt werden.

Ein für den Sektor Haushalt und Kleinverbrauch sehr wichtiges Optimierungsproblem stellt sich in der Frage, mit welcher Isolationsdicke s Häuser ausgestattet
werden müssen, damit die Jahreskosten für Heizung minimal werden. Als Zielfunktion diene der Ausdruck (s. Kapitel 22)

$$K_{ges} = K_{inv}\, \bar{a} + \int_0^{1a} \dot{m}_B(t)\, H_U\, k_B\, dt \, . \qquad (23.18)$$

Nach Einführung des Wärmeverbrauchs $\dot{Q}_0$ und von Vollaststunden T für das
Heizsystem erhält man

$$K_{ges} = K_{inv}^0\, (1 + \alpha s)\, \bar{a} + \dot{Q}_0\, T\, \frac{k_B}{\bar{\eta}} \left(1 + \frac{\beta}{1 + \gamma s}\right) . \qquad (23.19)$$

Hier wurde berücksichtigt, daß die Investkosten mit der Dicke der Isolation ansteigen und daß der Brennstoffverbrauch mit steigender Isolationsdicke sinkt, da
die Wärmedurchgangszahl isolierter Wände gemäß

$$k \sim \frac{1}{1 + \gamma s} \qquad (23.20)$$

reduziert wird. Die Kostenfunktion nimmt also in diesem Fall die Form an

$$K_{ges}(s) = c_1 + c_2 s + \frac{c_3}{1 + \gamma s} \; . \qquad (23.21)$$

Auf die weitere Behandlung und Ausformulierung der Ergebnisse, die völlig analog zu dem schon beschriebenen Formalismus erfolgt, sei hier verzichtet.

Nicht nur vollständige Anlagen werden optimiert, sondern auch einzelne wichtige Komponenten. Beispielhaft sei hier die optimale Auslegung eines Wärmetauschers angeführt. Abb. 23.5 zeigt das Apparateschema sowie das T-Q-Diagramm, welche den Überlegungen zugrunde liegen. Ausgehend von der Bilanzierung der durch die Rohrwände eines Wärmetauschers übertragenen Wärmemenge

$$\dot{Q} = \dot{m}_1 \, c_{p_1} \, (T_1 - T_2) = \dot{m}_2 \, c_{p_2} \, (T_4 - T_3) = k \, A \, \Delta T_{log} \qquad (23.22)$$

und unter Benutzung der logarithmischen Temperaturdifferenz

$$\Delta T_{log} = \frac{(T_1 - T_3) - (T_2 - T_4)}{\ln \left(\dfrac{T_1 - T_3}{T_2 - T_4} \right)} \qquad (23.23)$$

erhält man für die Heizfläche des Apparats

$$A = \frac{\dot{Q}}{k \, \Delta T_{log}} \; . \qquad (23.24)$$

Betrachtet man als spezielles Beispiel für den Wärmeübertrag Wasser in den Rohren und Luft oder Rauchgase im Außenraum, so kann die Wärmedurchgangszahl k proportional zur Wärmeübergangszahl α auf der Rohraußenseite angesetzt werden, da der Wärmeübergangswiderstand zum Wasser sowie der Widerstand bei der Leitung durch die Rohrwand vernachlässigbar gegenüber der Gasseite ist, also $k \approx \alpha_a$. Entsprechend den Gesetzen für konvektiven Wärmeübergang kann ein Ansatz

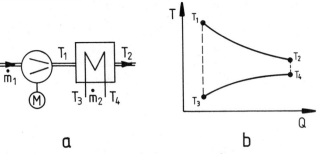

Abb. 23.5.   Schemata zur Optimierung eines Wärmetauschers

        a: Anlagenschema mit Gebläse und Wärmetauscher
        b: T-Q-Diagramm

$$k \approx \alpha_a \sim v^m \tag{23.25}$$

mit $m \approx 0,8$ für die Abhängigkeit der Wärmedurchgangszahl von der Geschwindigkeit gewählt werden. Die Gebläseleistung zur Kompensation der auf der Außenseite des Wärmetauschers auftretenden Druckverluste folgt aus

$$P = \frac{\Delta p \, \dot{m}_1}{\rho_1 \, \eta} \; . \tag{23.26}$$

Die Druckverluste steigen mehr als quadratisch mit der Mediumsgeschwindigkeit gemäß

$$\Delta p = \xi(v) \, \frac{\rho \, l}{2 \, d} \, v^2 \; . \tag{23.27}$$

Aus einem Ansatz für die gesamten Jahreskosten des Wärmetauschers

$$K_{ges} = k_A \, \bar{a} + \int_0^{1a} P(t) \, x_{el} \, dt \tag{23.28}$$

folgt bei Verwendung einer linearen Abhängigkeit der spezifischen Investkosten des Wärmetauschers k_A von der Heizflächengröße A die Kostenfunktion für K_{ges}

$$k_A = k_A^0 \, (1 + \beta \, A) \; , \tag{23.29}$$

$$K_{ges}(v) = c_1 + \frac{c_2}{v^{0,8}} + c_3 \, f(v) \, v^2 \; . \tag{23.30}$$

Das Minimum der Jahreskosten kann unter Verwendung der bekannten Methoden leicht berechnet werden.

Als ein typisches Beispiel für ein Optimierungsproblem, bei dem die Zielfunktion von zwei Prozeßvariablen abhängt, möge der Transport eines heißen Mediums, z.B. Dampf oder Heißwasser, durch eine isolierte Rohrleitung angesprochen werden. Hier sind der Rohrdurchmesser D und die Isolationdicke s sinnvolle Variablen. Bei Anwendung der Kesselformel folgt für das Gewicht der Rohrleitung und für den Isolationsaufwand

$$G \sim D^2 \; , \; V_{iso} \sim s \, D \; . \tag{23.31}$$

Die Druckverluste hängen unter Benutzung der Kontinuitätsgleichung nach

$$\dot{m} = \rho \, v \, \frac{\pi}{4} \, D^2 \tag{23.32}$$

und (23.27) vom Rohrdurchmesser in der Form

$$\Delta p \sim D^{-5} \tag{23.33}$$

ab. Mit Hilfe des naheliegenden Ansatzes für die Jahreskosten

$$K_{ges} = K_{inv} \, \bar{a} + \int_0^{1a} P \, x_{el} \, dt + \int_0^{1a} \dot{Q}_V \, x_W \, dt \tag{23.34}$$

mit $\dot{Q}_V$ Wärmeverluste und x_W Wärmekosten kann man schließlich die Abhängigkeit der Zielgröße K_{ges} von den Prozeßvariablen zu

$$K_{ges}(D, s) = \dot{K}_{inv}^{0}\,(1 + c_1\,D^2 + c_2\,D\,s) + c_3\,x_{el}\,D^{-5}\,T +$$
$$c_4\,(D + 2s)\,x_W\,T\,\frac{\lambda_{iso}}{s} \tag{23.35}$$

bestimmen. Diese Funktion kann nun mit den in Abschnitt 23.2 dargestellten Methoden zur Behandlung eines Optimierungsproblems mit zwei Variablen behandelt werden. Vereinfacht können auch in diesem speziellen Fall Abhängigkeiten bei jeweils konstant gehaltenen Größen s und D bestimmt werden.

Alle bislang erläuterten Beispiele zielten auf die Auffindung eines wirtschaftlich-technischen Kompromisses ab. Zielgröße waren jeweils immer minimale Kosten. In vielen Bereichen der Energietechnik sind jedoch auch rein technische Optimierungen durchzuführen. Als ein häufig auftretendes Problem sei ein Dampferzeugerrohr, welches durch Innendruck und Wärmefluß von außen nach innen beansprucht wird, betrachtet. Infolge dieser Beanspruchung tritt zunächst eine mechanische Spannung

$$\sigma_{mech} = \frac{\Delta p\,D_i}{2s} \tag{23.36}$$

mit Δp Druckdifferenz, D_i Innendurchmesser und s Rohrwandstärke auf. Weiterhin bildet sich unter einem Wärmefluß $\dot{q}''$ durch die Wand eine Wärmespannung mit dem Betrag

$$\sigma_W = \frac{\alpha\,E}{2\,(1 - v)}\,\dot{q}''\,\frac{s}{\lambda} \tag{23.37}$$

aus. Dabei sind α Wärmeausdehnungskoeffizient, E Elastizitätsmodul, v Querkontraktionszahl und λ Wärmeleitfähigkeit des Rohrmaterials. Die Krümmung der Rohrwand wird hier vernachlässigt. Es wird eine Gesamtspannung von

$$\sigma_{ges} = \sigma_{mech} + \sigma_W = \frac{c_1}{s} + c_2\,s \tag{23.38}$$

auftreten. Die Anwendung des Minimierungsprinzips für die Gesamtspannung liefert mit $d\sigma_{ges}/ds = 0$

$$s(\sigma_{min}) = \sqrt{\frac{c_2}{c_1}} = \sqrt{\frac{\Delta p\,D_i\,\lambda\,(1 - v)}{\alpha\,E\,\dot{q}''}}\;, \tag{23.39}$$

wobei $d^2\sigma_{ges}/ds^2 > 0$ erfüllt ist. Im Interesse einer Minimierung der Gesamtspannung sollte s bei hohem Wärmefluß und großem α bzw. E klein und bei hohem Druck und guter Leitfähigkeit groß gewählt werden. Die beiden Spannungsanteile sind dann für $s(\sigma_{min})$ gleich groß. Abschließend sei darauf hingewiesen, daß bei genauer Analyse der Verhältnisse die Zylindergeometrie des vorliegenden Problems sowie transiente Spannungen durch Temperaturwechsel mit in die Berechnung einbezogen werden müssen.

24 Ökologische Fragen

24.1 Übersicht

Die Bereitstellung von Endenergie für verschiedene Nutzungsbereiche sowie der Umsatz der Endenergie bei den Verbrauchern führen auf Abfallprodukte und Endprodukte der Umwandlungskette, die Luft, Wasser und Boden belasten. Besonders die Belastung der Luft mit Schadstoffen steht seit einigen Jahren im Mittelpunkt des Interesses [24.1-24.4].

Bei der Verbrennung von Kohle, Öl, Erdgas sowie von Biomassen entstehen Stoffe wie C_nH_m, CO, SO_2, NO_x, Staub und Ruß, in jedem Fall jedoch CO_2. Alle Bereiche unserer Energiewirtschaft treten hier als Verursacher in Erscheinung, wie Tab. 24.1 ausweist. Hier sind auch mögliche Schäden sowie praktikable Abhilfemaßnahmen vermerkt. Eine bewertende Bemerkung zur derzeitigen Einschätzung des jeweiligen Problems ist ebenso angeführt. Demnach kommt für die Zukunft besonders den Vermeidungsstrategien der weiteren Anreicherung von CH_4 und CO_2 in der Atmosphäre besondere Bedeutung zu. Auf technische Lösungen zur Reduktion von Stäuben, SO_2 und NO_x wurde bereits in Kapitel 8 hingewiesen. Der Bereich radioaktiver Emissionen wird in Abschnitt 24.3 noch näher angesprochen.

Bei der langfristigen Beurteilung der Weiterentwicklung der Energietechnik werden voraussichtlich zwei Fragen im Mittelpunkt des Interesses stehen:

1. Ist die CO_2-Frage und die offenbar damit verbundene Klimaänderung ein globales Problem?
2. Sind die denkbaren Störfälle bei heutigen kerntechnischen Anlagen beherrschbar und tolerierbar oder sind verbesserte Lösungen denkbar?

24.2 Das Kohlendioxidproblem

CO_2 entsteht bei allen Prozessen der Verbrennung von fossilen Brennstoffen, bei der Veratmung sowie bei Verfaulungs- und Verrottungsprozessen. Insbesondere die Umwandlung der fossilen Energieträger führt jährlich auf erhebliche Mengen an CO_2, wie Tab. 24.2 für die spezifischen Emissionen ausweist. Erdgas liefert demnach die geringsten spezifischen CO_2-Emissionen.

Der jährliche Ausstoß an CO_2 beträgt derzeit weltweit rund $20,6 \cdot 10^9$ t CO_2. Davon stammen rund $7,1 \cdot 10^9$ t aus der Verbrennung von Steinkohle, $1,1 \cdot 10^9$ t aus Braunkohle, $9,1 \cdot 10^9$ t aus Erdöl und $3,3 \cdot 10^9$ t aus Erdgas. Auch aus der Veratmung und Verfaulung von Biomassen werden jährlich erhebliche Mengen an CO_2 freigesetzt, wie im folgenden noch dargelegt wird. Für diese Prozesse gilt näherungsweise eine Beziehung der Form

$$C_6H_{12}O_6 + 6O_2 \quad \rightarrow \quad 6CO_2 + 6H_2O .$$

Tab. 24.1.   Anthropogene Belastung der Atmosphäre durch Schadstoffe

Schadstoffart	Verursacher	Schaden	Abhilfe	Bemerkung
Stäube, Ruß	Verkehr, industrielle Prozesse, Kraftwerke	Atemwegerkrankungen, Belästigungen	Filteranlagen, Waschverfahren, Zyklone	Lösungen heute befriedigend
SO₂, NOₓ, andere Spurenstoffe	Verkehr, industrielle Prozesse, Kraftwerke	Atemwegerkrankung, Bodenübersäuerung, Waldschäden, Gewässerschäden	Katalysatoren, Brennstoffreinigung, Waschverfahren, Anlagenoptimierung	in der BRD heute nahezu akzeptabler Stand
FCKW	privater Bereich, industrielle Anlagen	Zerstörung der Ozonhülle der Atmosphäre	Einsatz von Ersatzstoffen	Lösungen sind bekannt, aber noch nicht ausreichend praktiziert
CH₄	Reisanbau, Tierhaltung, Rohstoffgewinnung	Treibhauseffekt		keine Lösung in Sicht
CO₂	Kraftwerke, Verkehr, industrielle Prozesse, privater Verbrauch	Treibhauseffekt	Reduktion des spezifischen Energieumsatzes, regenerative Energiequellen, Kernenergie	keine durchgreifende Lösung in Sicht
radioaktive Stoffe	Kernkraftwerke, fossile Verbrennungsprozesse	Cancerogenität, Förderung von Mutationen	Filteranlagen, Endbeseitigung, passiv sichere Kernreaktoren	Lösungen sind absehbar

Nach dieser Reaktion gelangt Kohlenstoff aus dem Boden in die Atmosphäre. Durch Fotosynthese wird Kohlenstoff wieder aus der Atmosphäre entnommen und unter der Einwirkung von Sonnenlicht unter Beteiligung von Chlorophyll in Sauerstoff zurückverwandelt:

$$6H_2O + 6CO_2 \overset{UV}{\to} C_6H_{12}O_6 + 6O_2$$

Tab. 24.2.   Spezifische Kohlendioxid-Emission bei der Umsetzung fossiler Brennstoffe

Energieträger	Heizwert (kWh/kg)	spezifische Emission (kg CO_2/kWh)	spezifische Emission (t CO_2/t SKE)	Bemerkung
Steinkohle	8,3	0,35	2,92	~ 80 % C
Braunkohle	2,2	0,40	3,33	60 % H_2O, 24 % C
Erdöl	11	0,30	2,50	C_nH_m, 90 % C
Erdgas	10	0,275	2,29	CH_4, 75 % C

Die heute allgemein akzeptierte Vorstellung über den Kreislauf sowie über die Mengen an Kohlenstoff sind in Abb. 24.1 wiedergegeben [24.5-24.9]. Demnach befinden sich in der Atmosphäre $720 \cdot 10^9$ t C. Die jährliche Zunahme an C beträgt $2 \cdot 10^9$ t C/a aus Wald- und Bodenzerstörung sowie $5 \cdot 10^9$ t C/a aus Verbrennungsprozessen. Der Fotosynthese kommt mit einem Abbau von $120 \cdot 10^9$ t C/a eine ganz wesentliche Bedeutung im Rahmen des derzeitigen Gleichgewichtes in der Atmosphäre zu. Dieser Wert nimmt allerdings ständig durch die weltweite Reduktion des Blattgrüns ab. Insgesamt ist also zu erwarten, daß das C-Inventar in der Atmosphäre weiter zunimmt und die Zunahme beschleunigt wird. Größenordnungsmäßig kann offenbar davon ausgegangen werden, daß der CO_2-Gehalt der Atmosphäre derzeit um rund 1 %/a bezogen auf den derzeitigen Gehalt zunimmt. Diese Tendenz wird durch Messungen der atmosphärischen CO_2-Konzentration bestätigt (s. Abb. 24.2). Es handelt sich teils um direkte Messungen (Mauna Loa) teils um Rekonstruktionen aus Eisbohrungen in der Antarktis. Der Anstieg der atmosphärischen CO_2-Konzentration in den letzten 100 Jahren kann

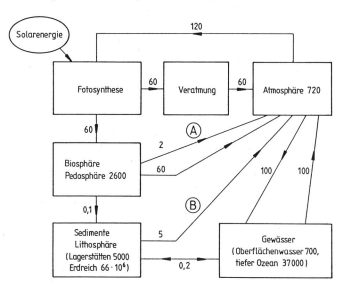

Abb. 24.1.   Reservoire [10^9 t C] und Stoffströme [10^9 t C/a] beim Kohlenstoffkreislauf (A = aus Wald- und Bodenzerstörung, B = aus Verbrennungsprozessen)

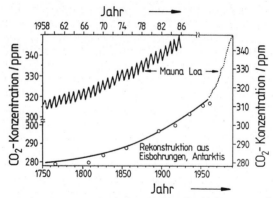

Abb. 24.2.   Entwicklung der atmosphärischen Kohlendioxid-Konzentration [24.7]

ohne weiteres mit der zunehmenden Umsetzung von fossilen Brennstoffen korreliert und somit als anthropogen ausgewiesen werden.

Ein zunehmender CO_2-Gehalt in der Atmosphäre ist für den Wärmehaushalt der Erde bedeutsam. Wie Abb. 24.3 zeigt, beruhen die heutigen Temperaturen - und damit die Lebensbedingungen auf der Erde - auf einem empfindlichen Gleichgewicht zwischen Sonneneinstrahlung auf die Erde und Wärmeabstrahlung von der Erde. Die lebenserhaltende Temperatur von im Mittel $+15°C$ auf der Erdoberfläche wird durch rund 1 % Spurengase in der Luft, im wesentlichen CO_2 und H_2O garantiert. Diese Spurengase sorgen für eine gewisse Reduktion der Wärmeabstrahlung von der Erde ins Weltall. Ohne diese Spurengase würde sich eine Temperatur von nur $-15°C$ einstellen.

Ein Anstieg der CO_2-Konzentration in der Atmosphäre wird als eine wesentliche Ursache für den sogenannten Treibhauseffekt angesehen. Hierbei wirkt das CO_2-Gas in der Atmosphäre wie eine partiell isolierende Schicht. Für einfallendes kurzwelliges Sonnenlicht ist CO_2 durchlässig, vom Erdboden ausgehende langwellige, infrarote Wärmestrahlung wird reflektiert. Diese Erscheinung hängt mit den Absorptionsspektren von CO_2 und H_2O zusammen. Die beschriebene Störung des Energiehaushaltes der Erde führt zu einem Anstieg der mittleren Temperatur auf der Erdoberfläche. Gleichzeitig werden offenbar die Tempera-

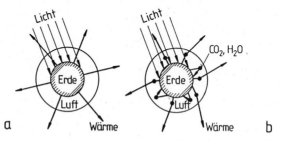

Abb. 24.3.   Zum Strahlungsgleichgewicht der Erde

      a: **ohne** Kohlendioxid und Wasserdampf in der Atmosphäre liegt die Oberflächentemperatur der Erde bei $-15°C$

      b: **mit** Kohlendioxid und Wasserdampf in der Atmosphäre liegt die Oberflächentemperatur der Erde derzeit im Mittel bei $+15°C$

turdifferenzen zwischen Äquator- und Polarzonen verringert. Es würde nach allgemeiner Erwartung zu einem Abklingen von Meeresströmungen, zu Klimaveränderungen sowie durch Abschmelzen von Eisregionen zu einem Anstieg des Wasserspiegels der Ozeane kommen. Wesentliche Änderungen der Lebensbedingungen in verschiedenen Ländern wären die Folge. Aufgrund von Klimamodellen besteht heute die Auffassung, daß eine Verdopplung des CO_2-Gehaltes in der Atmosphäre mit einer Temperaturerhöhung von 2 bis 4 K einhergehen würde. Da auch andere Spurengase (CH_4, Fluorkohlenwasserstoffe) ähnliche Effekte bewirken, rechnet man mit einem mittleren Temperaturanstieg von 3 bis 5 K bei Verdopplung des CO_2-Gehalts innerhalb der nächsten 50 Jahre. Abhilfemaßnahmen, um diese fatale Entwicklung rechtzeitig zu stoppen, müssen demnach sofort ergriffen werden. Mögliche Gegenmaßnahmen zur Entschärfung der CO_2-Frage sind bekannt: Reduktion des C-Umsatzes durch effizientere Energienutzung, vermehrter Einsatz von regenerativen Energieträgern und Kernenergie, Aufforstung großer Waldflächen, Stoppen der weltweiten Bevölkerungsexplosion. Vorschläge zur Abtrennung des CO_2 sowie zur Endbeseitigung dieses Gases im Ozean oder in tiefen Erdschichten sind bekannt, aber zumeist unter Beachtung aller technischen und wirtschaftlichen Aspekte nicht realisierbar. Offenbar stellt nur der langfristige Übergang zu Kernenergie und regenerativen Energiequellen eine Lösung des CO_2-Problems dar. Angesichts des weiterhin ansteigenden Weltenergiebedarfs bedürfen diese Energiequellen einer weiteren zügigen Entwicklung und Markteinführung.

24.3 Störfallbetrachtungen zum Leichtwasserreaktor

Die Sicherheit eines Kernkraftwerkes wird gewährleistet, wenn es gelingt, die nukleare Kettenreaktion sicher abzuschalten, die Nachwärme zuverlässig abzuführen und hinreichend viele Barrieren, die gegen den Austritt von Spaltprodukten in die Umgebung vorhanden sind, intakt zu erhalten. Die Abschaltung erfolgt mit diversitär und redundant ausgelegten Abschaltsystemen. Zudem sorgt ein negativer Temperaturkoeffizient der Reaktivität für eine Selbstbegrenzung der Leistungsproduktion bei Temperatursteigerungen im Brennstoff. Als Barrieren für den Austritt von Spaltprodukten werden beim Leichtwasserreaktor heute die Hüllen der Brennelemente, der Primärkreiseinschluß sowie die Stahl- und Betonhülle des Reaktorschutzgebäudes angesehen. Die Integrität dieser Barrieren hängt im Falle von schweren Störfällen bei Leichtwasserreaktoren ganz entscheidend von einer zuverlässigen Wirkung der Nachwärmeabfuhrsysteme ab. Die Nachwärmeproduktion tritt auch nach der Abschaltung der nuklearen Kettenreaktion noch in ganz erheblicher Höhe auf, wie Abb. 10.2f auf Seite 138 zeigt. So ist selbst 1 Stunde nach dem Abschalten noch eine Leistung von rund 1 % der Nominalleistung, bedingt durch β'- und γ-Zerfall der Spaltprodukte, abzuführen. Auch nach langen Zeiträumen ist noch eine wirksame Kühlung des Reaktorkerns notwendig. Die Aufgabe der Nachwärmeabfuhr wird heute bei modernen Kraftwerken von mehrfach redundant und diversitär ausgeführten Kühlsystemen übernommen. Derartige Kreisläufe bestehen in der Regel aus Rohrleitungen, Wärmetauschern, Pumpen mit Antrieben und Versorgungseinrichtungen wie z.B. Notstromdieseln, Ventilen, Kühlanlagen und Steuereinrichtungen. Durch höchste Anforderungen an die technische Ausführung, durch ständige Wiederholungsprüfungen, Erneuerungen und Reparaturen wird erreicht, daß die Nichtverfügbarkeit bei der Anforderung dieser Kühlsysteme außerordentlich gering wird. Im Rahmen von Untersuchungen zum Restrisiko von Kernkraftwerken wird darüber hinaus heute noch folgende Betrachtung angestellt [24.10-24.15]. Es muß davon ausgegangen werden, daß, wenn auch mit außerordentlich geringer Wahrscheinlichkeit - man unterstellt heute in der BRD Werte kleiner als 10^{-6}/a -, die technischen Einrichtungen der Nachwärmeabfuhr während der Betriebszeit versagen könnten. Dann würde sich z.B. beim Druckwasserreaktor folgender Störfallablauf ergeben: Wegen der hohen Kernleistungsdichte im Reaktorkern (100 MW/m³) ist im Kern nur relativ wenig Masse zur Wärmespeicherung vorhanden. Das Primärkühlwasser verdampft, wenn es nicht schon durch Leitungsbruch direkt aus dem Primärkreis ausgeströmt ist, innerhalb von ca. einer Stunde. Nach einer weiteren Stunde ist der Reaktorkern (bestehend aus etwa 100 t Uranoxyd und 110 t Strukturmaterial) zusammengeschmolzen (Schmelztemperatur des UO_2: 2850°C), die Kernschmelze sammelt sich in der unteren Kalotte des Reaktordruckbehälters. Nach weiteren 20 Minuten befindet sich das gesamte geschmolzene Material auf dem Fundament des Reaktorschutzgebäudes. Im Reaktorschutzgebäude befinden sich nun ein Großteil der vorher in den Brennelementen eingeschlossenen radioaktiven Spaltprodukte in freier Form. Diese in der Praxis zum Teil gleichzeitig ablaufenden Vorgänge können in stark vereinfachter Form mit Hilfe von Energiebilanzen, ohne Berücksichtigung der exothermen Zirkon-Wasser-Reaktion oberhalb von 800°C, beschrieben werden:

1. Phase: Wasserverdampfung

$$\int_0^{\tau_1} P_N(t)\, dt = m_W\, r \quad,\quad P_N(t) \cong P_0 \cdot 6,22 \cdot 10^{-2}\, t^{-0,2}\ , \qquad (24.1)$$

2. Phase: Kernschmelzen

$$\int_{\tau_1}^{\tau_2} P_N(t)\, dt = m_{UO_2}\left[c_{UO_2}\left(T_{S_{UO_2}} - \overline{T}_{UO_2}\right) + \Delta h_{UO_2}\right] + $$
$$m_S\left[c_S\left(T_{S_S} - \overline{T}_S\right) + \Delta h_S\right] + \qquad (24.2)$$
$$m_{Zr}\left[c_{Zr}\left(T_{S_{Zr}} - \overline{T}_{Zr}\right) + \Delta h_{Zr}\right]$$

3. Phase: Durchschmelzen des Reaktordruckbehälters

$$\int_{\tau_2}^{\tau_3} P_N(t)\, dt = m_{RDB}\,\varepsilon\left(c_S\left(T_{S_S} - \overline{T}_S\right) + \Delta h_S\right) \qquad (24.3)$$

mit P_N Nachwärmeleistung, P_0 Reaktorleistung vor der Abschaltung, m_W verdampfte Wassermenge, r Verdampfungsenthalpie des Wassers, c spezifische Wärme, T_S Schmelzpunkt, $\overline{T}$ mittlere Temperatur vor Störfalleintritt, Δh Schmelzwärme, $m_{RDB}\,\varepsilon$ Anteil der aufschmelzenden Masse des Reaktordruckbehälters und den Indices UO_2 Brennstoff, S Stahl, Zr Zirkon.

Unter Benutzung charakteristischer Werte des Druckwasserreaktors m_W = 150 t, r = 2400 kJ/kg, m_{UO_2} = 104 t, c_{UO_2} = 0,33 kJ/kg K, Δh_{UO_2} = 250 kJ/kg. $T_{S_{UO_2}}$ = 2850°C, $\overline{T}_{UO_2}$ = 1000°C, m_{Zr} = 60 t, c_{Zr} = 0,25 kJ/kg K, Δh_{Zr} = 260 kJ/kg, $T_{S_{Zr}}$ = 1850°C, $\overline{T}_{Zr}$ = 500°C, m_S = 50 t, c_S = 0,45 kJ/kg K, Δh_S = 260 kJ/kg, T_{S_S} = 1500°C, $\overline{T}_S$ = 300°C, m_{RDB} = 500 t, ε = 0,3 findet man so τ_1 = 1,2 h, $\tau_2 - \tau_1$ = 1,1 h, $\tau_3 - \tau_2$ = 20 min. Somit gelangt die Coreschmelze nach ca. 2,7 h auf den Boden des Reaktorcontainments.

Für den weiteren Ablauf des Störfalls existieren heute im wesentlichen zwei Modellvorstellungen. Nach der ersten kann sich die Coreschmelze aufgrund weiterer Wärmeproduktion durch die Fundamentplatte bis ins Erdreich hindurchschmelzen, dort kann es dann zu einer schwerwiegenden Verseuchung des Grundwassers kommen. Nach der zweiten Vorstellung kann es durch Wechselwirkung der sehr heißen Coreschmelze mit dem Strukturbeton im Containment zur Bildung von Wasserstoff und Kohlendioxyd kommen. Diese Gase bauen im Verbund mit Wasserdampf im Containment einen ständig steigenden Druck auf. Nach rund 3 bis 4 Tagen könnte es so durch Überdruckversagen der Containmenthülle bei rund 8 bar zu Freisetzungen in die Atmosphäre kommen (s. Abb. 24.4). Früher wurden auch schnellablaufende Beschädigungen des Containments durch Dampfexplosion diskutiert. Diese Dampfexplosion wurde auf eine schlagartige Wasserverdampfung beim Einfall der heißen Coreschmelze in Wasser am Boden des Containments zurückgeführt. Man ist heute der Meinung, daß dieser Effekt auszuschließen ist. Das Überdruckversagen des Containments durch Bildung von Gasen kann nach neueren Entwicklungen, insbesondere in Schweden, durch Einbau eines Druckentlastungsventils mit angeschlossenem großzügig ausgelegten Störfallfilter vermieden werden. Der hier vereinfacht dargestellte Störfallablauf und viele weitere Störfallmöglichkeiten sind Gegenstand breit angelegter Risikostudien gewesen, z.B. in den USA der Rasmussen Studie und in der BRD der Deutschen Risikostudie. Als wesentliches Ergebnis derartiger Risikostudien sind Kurven ermittelt worden, in denen die jährliche komplementäre Häufigkeit wiedergegeben ist, mit der Schäden eines Umfanges größer als derjenigen, die auf der Abszisse aufgetragen sind, auftreten könnten (s. Abb. 24.5). Danach sind kerntechnische Unfälle bei Leichtwasserreaktoren mit einer großen Zahl von Personenschäden voraussichtlich sehr selten im Vergleich zu anderen Risiken zu erwarten. Die Wahrscheinlichkeit, daß ein einzelner Mensch durch naturbedingte Ereignisse, z.B. Erdbeben, oder durch technisch bedingte Unfälle, z.B. Flugzeugabsturz, Dammbrüche, Chemieunfälle usw., zu Schaden kommt, ist danach um viele Zehnerpotenzen höher als die, durch kerntechnische Anlagen zu Tode zu kommen.

Diese sicher vergleichsweise sinnvolle Bewertung hat dennoch nicht ausgereicht, in großen Teilen der Bevölkerung Vertrauen in eine zuverlässig durchführbare Technik der Leichtwasserreaktoren zu schaffen. Gründe für diesen Mißerfolg sind wohl in folgenden Tatsachen zu suchen: Bei Leichtwasserreaktoren wird die Sicherheit durch ein umfangreiches System von Maschinen gewährleistet, sie ist damit probabilistisch begründet. Es bleibt ein geringes sogenanntes Restrisiko, daß diese technischen Maßnahmen einmal nicht greifen könnten. Die probabili-

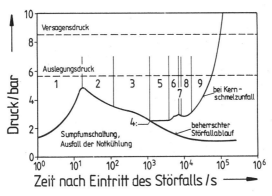

Abb. 24.4.   Druckaufbau im Reaktorschutzgebäude eines Druckwasserreaktors im Ablauf eines Kernschmelzunfalls [24.10]

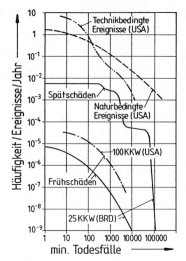

Abb. 24.5.   Risiken beim Einsatz von Leichtwasserreaktoren im Vergleich zu technisch- und zu naturbedingten Risiken [nach 24.10, 24.11]

stische Betrachtung beinhaltet, daß bekanntlich dieses Nichtfunktionieren **jederzeit** auftreten kann. Wie Abb. 24.5 zeigt, kann gegebenenfalls eine sehr große Anzahl von Menschen von einem kerntechnischen Unfall betroffen sein. Zudem tritt das Problem einer möglichen Landverseuchung durch langlebige Spaltprodukte, z.B. Caesium-137, auf, wodurch die Lebensbedingungen nach einem kerntechnischen Unfall in einem weiten Gebiet entscheidend beeinträchtigt würden. Es ist sicher verständlich, daß viele Menschen diese Bedingungen der Kernenergienutzung durch Leichtwasserreaktoren nicht akzeptieren wollen.

24.4   Passives Sicherheitsverhalten von Reaktoren

Die Sicherheit kerntechnischer Anlagen wird unabhängig von Maschinen und deren Ausfallverhalten, wenn die sicherheitsrelevanten Forderungen durch naturgesetzliche Eigenschaften der Systeme erfüllt werden. Hierzu zählen die Forderungen, daß die Abschaltung der nuklearen Kettenreaktion naturgesetzlich erfolgen, daß die Nachzerfallswärme aus dem Reaktorkern passiv sicher abgeführt werden und daß die Integrität aller Spaltproduktbarrieren in allen denkbaren Störfallsituationen erhalten bleiben muß. Die erstgenannte Forderung der Abschaltung wird heute bei allen zweckentsprechend ausgelegten thermischen Reaktoren erfüllt. Die dritte Forderung kann, wie schon in Abschnitt 24.3 dargelegt, bei den heute weltweit eingeführten Leichtwasserreaktoren nur im probabilistischen Sinne erfüllt werden. Die zweite Forderung ist bei diesem Reaktortyp nicht erfüllbar; hier müssen aktive Kühlmaßnahmen eingesetzt werden. Es besteht jedoch bei geeignet ausgelegten Hochtemperaturreaktoren die Möglichkeit, die Nachwärme durch Wärmeleitung und Wärmestrahlung aus dem Kern abzuführen und so die genannte Forderung zu erfüllen. Wenn das gelingt, können die Temperaturen der Brennelemente auch in hypothetischen Störfällen auf so niedrigen Werten gehalten werden, daß ein Austritt von großen Mengen Spaltprodukten vermieden wird. Wenn zudem noch korrosionsfeste Brennelemente eingesetzt werden und damit auch der Eintritt großer Mengen an Fremdmedien in das Reaktorcore nicht mehr sicherheitsrelevant wird, läßt sich eine Kerntechnik

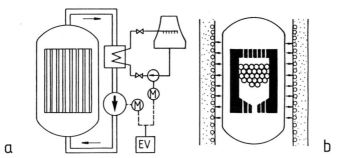

Abb. 24.6.   Aktive und passive Nachwärmeabfuhr

a: aktive Wärmeabfuhr durch Kühlkreisläufe
b: passive Wärmeabfuhr durch Leitung und Strahlung

realisieren, bei der keine katastrophalen Umweltbeeinträchtigungen im Gefolge von hypothetischen Störfällen zu befürchten sind [24.16-24.19].

Bei einem inhärent wirkenden Nachwärmeabfuhrsystem wird die Wärme durch Leitung und Strahlung aus dem Core durch die Reaktorstrukturen an ein einfaches äußeres Kühlsystem übertragen (s. Abb. 24.6). Sollte auch dieses versagen, so kann die Nachwärme in den umgebenden Gebäudestrukturen gespeichert werden, ohne daß die Temperatur der Brennelemente im Inneren des Reaktorcores nennenswert ansteigt. Es werden keinerlei Maschinen benötigt, daher kann dieses System als passiv sicher bezeichnet werden. Es läßt sich bei Kugelhaufen-Hochtemperaturreaktoren mit geeigneten Coreabmessungen und hinreichend niedriger Kernleistungsdichte realisieren [24.13, 24.14]. Abb. 24.7 zeigt die Verhältnisse für eine HTR-Kernauslegung mit den erwähnten Sicherheitseigenschaften. Die das Temperaturprofil bestimmenden Temperaturdifferenzen sind zum einen für den Wärmeübergang Reaktordruckbehälter - äußere Wärmesenke

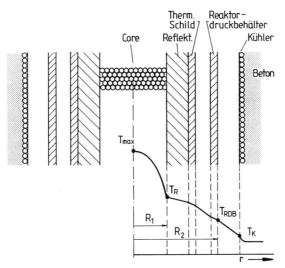

Abb. 24.7.   Prinzip der passiven Wärmeableitung aus dem Kern von Kugelhaufen-Hochtemperaturreaktoren

$$T_{RDB} - T_K = \frac{P_N}{2\,\pi\,R_2\,H\,\bar{\alpha}} \qquad (24.4)$$

mit $P_N = P_R f_N(t)$, P_N Nachwärmeleistung, P_R Reaktorleistung, $f_N(t)$ Nachwärmefunktion und $\bar{\alpha}$ mittlerer Wärmeübergangskoeffizient an der Reaktorbehälteroberfläche (Konvektion und Strahlung) sowie der Ausdruck

$$T_{max} - T_R = \frac{\bar{L}\,f_N\,R_1^2}{4\,\bar{\lambda}} \qquad (24.5)$$

mit $\bar{L}$ mittlerer Kernleistungsdichte, $\bar{\lambda}$ geeigneter Mittelwert der Wärmeleitfähigkeit in der Kugelschüttung für die Temperaturdifferenz in der Kugelschüttung.

Praktische Rechnungen führen unter Benutzung typischer Daten $\bar{L}$ = 3 MW/m³, f_N (nach 100 Stunden) = 0,5 %, R_2 = 3,07 m, $\bar{\alpha}$ = 19 W/m² K, $T_{RDB} - T_K$ = 300 K auf $P_R/H \le 20$ MW/m. Eine Kernhöhe von rund 10 m führt auf 200 MW.

Wenn die Temperatur der Brennelemente unterhalb 1600°C bleibt, kommt es bei HTR-Anlagen auch in hypothetischen Störfällen noch nicht zum Austritt von nennenswerten Spaltproduktmengen [24.16-24.19]. Bei Übergang auf ringförmige oder plattenförmige Coreanordnungen läßt sich das geschilderte Konzept der passiven Wärmeableitung auch für größere Leistungen realisieren. Der Einbruch großer Mengen an Fremdmedien ins Core (Luft, Wasser), der zur Zerstörung von Brennelementen und damit zu Spaltproduktfreisetzungen führen könnte, läßt sich durch Aufbringen von keramischen Schutzschichten, beispielsweise Siliziumcarbid, auf die Brennelementoberfläche beherrschen.

Auch für andere Reaktorsysteme laufen weltweit Überlegungen und Entwicklungen zwecks Implementierung weitgehend passiver Sicherheitseigenschaften. Die sichere Zwischen- und Endlagerung von radioaktiven Abfallstoffen läßt sich insbesondere bei Brennelementen mit geringer Nachwärmeproduktion und bei mehrfacher Einhüllung der Radioaktivität in keramischen Strukturen vergleichsweise unproblematisch realisieren. Generell läßt sich die Feststellung treffen, daß für die zukünftige Energieversorgung kerntechnische Systeme mit den eingangs geforderten passiven Sicherheitseigenschaften zur Verfügung stehen werden und daß damit voraussichtlich ein weltweiter Einsatz der Kernenergie ohne Akzeptanzprobleme möglich sein wird.

24.5   Ökologisch-ökonomisch-technische Kompromisse

Grundsätzlich ist anzustreben, daß alle Verfahren der Energieumwandlung und der Endenergienutzung mit minimalen Auswirkungen auf die Umwelt durchgeführt werden [24.20]. Mit dem Begriff Umwelt sind hier die Bereiche Luft, Boden und Gewässer gemeint. Es zeigt sich, durch die Entwicklungen in der Vergangenheit belegt, daß in der Praxis ein Kompromiß zwischen sich widerstrebenden Forderungen gefunden werden muß. Abb. 24.8 zeigt das Spannungsfeld Ökologie-Ökonomie-Technik, innerhalb dessen praktikable Lösungen anzustreben sind.

Als ein Beispiel für einen typischen ökologisch-ökonomischen Kompromiß, der in der BRD in den letzten Jahren in der Kraftwerkstechnik vollzogen wurde, sei hier die Frage der Rauchgasentschwefelung angesprochen. Es ist unmittelbar einleuchtend und bereits in Kapitel 8 angesprochen worden, daß die Stromerzeu-

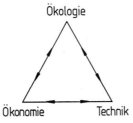

Abb. 24.8. Spannungsfeld Ökologie-Ökonomie-Technik

gungskosten bei Nachschaltung einer Rauchgasentschwefelungsanlage hinter dem Kraftwerkskessel eines Steinkohlekraftwerks und damit die durch das Kraftwerk verursachten Jahreskosten K_1 ansteigen, d.h. es kann ein Ansatz der Form

$$K_1 = K_1^0 \left(\frac{1 + \alpha \, \dfrac{\sigma_{SO_2}^0}{\sigma_{SO_2}}}{1 + \alpha} \right) \tag{24.6}$$

gemacht werden, wenn mit σ_{SO_2} der spezifische SO_2-Gehalt der Rauchgase (mg/m^3) bezeichnet würde. Für den Fall ohne Rauchgasentschwefelung gelten dann die Werte $\sigma_{SO_2}^0$ und K_1^0.

Nach Einführung wirksamer Rauchgasentschwefelungsverfahren werden Umweltschäden zurückgehen, so z.B. Schäden an Gebäuden und Industrieanlagen, Waldschäden sowie Gesundheitsschäden bei Mensch und Tier. Diese Schäden können quantifiziert werden, Schätzungen weisen volkswirtschaftliche Kosten in Höhe von mehreren Milliarden DM/a aus. Qualitativ kann erwartet werden, daß diese die Allgemeinheit betreffenden Schäden mit einem Ausdruck

$$K_2 = C \, \sigma_{SO_2} \tag{24.7}$$

beschrieben werden können. Insgesamt entstehen der Allgemeinheit Aufwendungen in Höhe von

$$K_{ges}(\sigma_{SO_2}) = K_1 + K_2 = K_1^0 \left(\frac{1 + \alpha \, \dfrac{\sigma_{SO_2}^0}{\sigma_{SO_2}}}{1 + \alpha} \right) + C \, \sigma_{SO_2} . \tag{24.8}$$

Diese Funktion weist gemäß Abb. 24.9 ein Minimum bei $\sigma_{SO_2}^*$ auf. Dieser Wert ist jeweils entsprechend dem Stand der Technik mindestens als Auslegungsgrenzwert bzw. als Genehmigungswert einzuhalten. Bei weiterer Verbesserung der Technik bzw. bei geänderter Bewertung der Kosten von Umweltschäden wird der Grenzwert herabgesetzt. Wie mit Hilfe der obigen Betrachtung gezeigt werden soll, kann mit verstärkten Umweltschutzauflagen bzw. -maßnahmen insgesamt sogar ein volkswirtschaftlicher Vorteil erreicht werden. Als Beispiel für einen ökonomisch-ökologischen Kompromiß hätte auch etwa der Übergang von der Frischwasserkühlung von Kernkraftwerken auf Naßkühltürme und später auf Trockenkühltürme herangezogen werden können. Auch hier wurden höhere Stromerzeugungskosten im Kraftwerk in Kauf genommen, um die Gewässer und

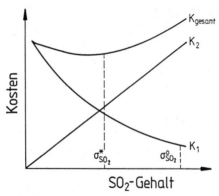

Abb. 24.9. Qualitativer Verlauf von Kostenfunktionen bei der Bestimmung eines sinnvollen zulässigen SO_2-Gehaltes der Rauchgase eines Kraftwerks

damit die Umwelt zu entlasten. Allerdings läßt sich die Kostenfunktion für Umweltschäden hier nicht so einfach ansetzen wie im zuvor genannten Fall.

Als ein typisches Beispiel alleiniger betriebswirtschaftlicher Betrachtungen sind die heutigen Gegebenheiten auf dem Sektor Heizwärmeversorgung in der BRD anzusehen. Im Sinne einer volkswirtschaftlich optimalen Erfüllung dieses Energiebedürfnisses wird man in Zukunft weitgehend auf Einzelheizungen verzichten und auf Fernwärmeversorgungssysteme übergehen müssen. Die erhöhten Umweltbelastungen durch Einzelheizungen, die sich im Prinzip als Umweltkosten ausdrücken lassen, werden diesen Wandel wahrscheinlich erzwingen. Die Bereitstellung von Fernwärme durch Kraft-Wärme Kopplung sowie durch Nutzung industrieller Abwärme wird somit sicher in Zukunft nicht nur unter dem Gesichtspunkt der Ressourcenschonung, sondern auch unter Umweltgesichtspunkten, der Versorgung durch Einzelheizungssysteme vorzuziehen sein.

Auch bei der Beurteilung von industriellen Produktionsverfahren wird immer wieder der Gesichtspunkt deutlich, daß mit steigendem Aufwand für den Umweltschutz die Produkte selbst zwar verteuert werden, daß aber die Umweltkosten für die Allgemeinheit sinken. Insgesamt läßt sich das eingangs diskutierte Verhalten, d.h. daß ein Minimum für die Gesamtkosten in Abhängigkeit vom technischen Aufwand aufzufinden ist, immer wieder verifizieren.

Abschließend sei bemerkt, daß die in diesem Abschnitt angesprochene Problematik des ökologisch-ökonomischen Kompromisses bei Weiterentwicklungen in der Technik immer wieder neu zu diskutieren ist und daß insofern eine dynamische Betrachtung, die dann immer wieder zu neuen, im allgemeinen niedrigeren Genehmigungswerten führt, angezeigt ist. Unerläßlich ist jedenfalls eine Gesamtschau der Aspekte unter den Bedingungen der Volkswirtschaft und nicht, wie in der Vergangenheit oft geschehen, unter denjenigen der Betriebswirtschaft. Diese Forderung gilt ganz besonders im Hinblick auf die Zukunftsfrage der CO_2-Emission in die Atmosphäre bzw. für denkbare Vermeidungsstrategien.

25 Literaturverzeichnis

25.1 Literatur zu Kapitel 1

[1.1]   L. C. Wilbur: Handbook of Energy Systems Engineering, John Wiley & Sons, New York 1985

[1.2]   T. Bohn, W. Bitterlich: Grundlagen der Energie- und Kraftwerkstechnik, Technischer Verlag Resch, Verlag TÜV Rheinland 1982

[1.3]   Vereinigung Industrieller Kraftwirtschaft (Hrsg.): United Nations-Jahrbuch der Weltenergie-Statistik, Statistik der Energiewirtschaft 1982/83, Energieberatung Essen 1989

[1.4]   W. Häfele: Energy in a finite world - a global systems analysis, Ballinger Publication, Cambridge, Massachusetts, 1981

[1.5]   World Energy Conference, Montreal/Kanada 1989

[1.6]   H. Frewer: Strukturwandel in der Technik fossil beheizter Kraftwerke in der Bundesrepublik Deutschland, VGB Kraftwerkstechnik 66(1986), Nr. 4, S. 303-306

[1.7]   C. Marchetti, N. Nakicenovic: The Dynamics of Energy Systems and the Logistic Substitution Model, IIASA Report RR-79-13, Laxemburg, Dezember 1979

[1.8]   Arbeitsgemeinschaft Energiebilanzen: Energiebilanz der Bundesrepublik Deutschland, Jahre bis 1989, Essen

[1.9]   Vereinigung Industrieller Kraftwirtschaft (VIK) (Hrsg.): Statistik der Energiewirtschaft 1987/88, Verlag Energieberatung, Essen 1989

[1.10] Informationszentrale der Elektrizitätswirtschaft e.V.: Energiewirtschaft kurz und bündig, Ausgaben 1985 bis 1989, Essen

[1.11] Vereinigung Deutscher Elektrizitätswerke (VDEW): Die öffentliche Energieversorgung, Statistik für das Jahr 1965...1987, Verlags- und Wirtschaftsgesellschaft der Elektrizitätswerke mbH, Frankfurt 1966...1988

[1.12] H. Junk: 1988: Kernenergie in der Elektrizitätswirtschaft der Bundesrepublik Deutschland, Atomwirtschaft 34(1989), S. 526-531

[1.13] G. Bischoff, W. Gocht: Das Energiehandbuch, München 1976

[1.14] Kraftwerkunion: Energiewirtschaftliche und energietechnische Daten, Jahrgänge bis 1989, Broschüre, Mühlheim a. d. Ruhr

[1.15] Shell Nederland B.V.: De Wereldoliemarkt en de OPEC, Druckschrift, Juli 1986

[1.16] Siemens AG: Kraftwerke, Umwelt und Öffentlichkeit, Schriftenreihe Argumente Nr. 77, 14.12.89, SG-Nr. 949

25.2 Literatur zu Kapitel 2

[2.1]   **T. Bohn, W. Bitterlich:** Grundlagen der Energie- und Kraftwerkstechnik, Technischer Verlag Resch, Verlag TÜV Rheinland 1982

[2.2]   **G. Bartsch:** Physikalisch-technische Grundlagen, Bd. III, Springer Verlag, Berlin 1987

[2.3]   **J. Schulze, A. Hassan:** Methoden der Material- und Energiebilanzierung bei der Projektierung von Chemieanlagen, Verlag Chemie, Weinheim 1981

[2.4]   **G. Adolphi, et al.:** Lehrbuch der chemischen Verfahrenstechnik, VEB Deutscher Verlag für Grundstoffindustrie, Leipzig 1973

[2.5]   **W. Fratzscher et al.:** Energiewirtschaft für Verfahrenstechniker, VEB Deutscher Verlag für Grundstoffindustrie, Leipzig 1974

[2.6]   **W. F. Hughes, E. W. Gaylord:** Basic Equations of Engineering Science, Schaum's outline Series, McGraw Hill Book Company, 1964

[2.7]   **H. Duddeck:** DFG-Forschungsmitteilung, 1985

[2.8]   **H. Bakemeier et al.:** Ammoniak, in: Ullmanns Encyklopädie der technischen Chemie, Bd. 7, Verlag Chemie, Weinheim [4]1974, S. 444-513

25.3 Literatur zu Kapitel 3

[3.1]   **E. Schmidt, K. Stephan, F. Mayinger:** Technische Thermodynamik, Bd. I, Springer Verlag, Berlin 1984

[3.2]   **W. Häußler:** Taschenbuch Maschinenbau, Bd. II, Energieumwandlung und Verfahrenstechnik, VEB Verlag Technik, Berlin 1966

[3.3]   **K. Knizia:** Die Thermodynamik des Dampfkraftprozesses, Springer Verlag, Berlin 1966

[3.4]   **S. Kriese:** Grundlagen der Kraftwerksenergetik, Vulkan Verlag Dr. W. Classen, Essen 1968

[3.5]   **T. Bohn (Hrsg.):** Handbuchreihe Energie, Bd. 5, Konzeption und Aufbau von Dampfkraftwerken, Technischer Verlag Resch, Verlag TÜV Rheinland, 1981

[3.6]   **K. Schröder:** Große Dampfkraftwerke, Bd. 3, Teil A und B, Springer Verlag, Berlin 1966 und 1968

[3.7]   **K. Schäff:** Die Weiterentwicklung des Dampfkraftwerks und Ausblick auf andere Möglichkeiten der Stromerzeugung, VDI-Zeitschrift 104(1962), S. 1795-1804

[3.8]   **H. Scholtholt, F. Thelen:** Erste Betriebserfahrungen mit dem steinkohlebefeuerten 747-MW-Block im Steag-VEW-Gemeinschaftskraftwerk Bergkamen A, VGB Kraftwerkstechnik 63(1983), S. 195-203

[3.9]   **J. Kruschik:** Die Gasturbine, Springer Verlag, Berlin 1960

[3.10]   **T. Bohn (Hrsg.):** Handbuchreihe Energie, Bd. 7: Gasturbinenkraftwerke, Kombikraftwerke, Heizkraftwerke und Industriekraftwerke, Technischer Verlag Resch, Verlag TÜV Rheinland, 1984

[3.11]   **W. Traupel:** Thermische Turbomaschinen, Bd. I und II, Springer Verlag, Berlin 1966 und 1968

[3.12]   **N. Gasparovic:** Gasturbinen, VDI-Verlag, Düsseldorf 1967

[3.13]   **H. Ostenrath:** Gasturbinen-Triebwerke, Verlag W. Girardet, Essen 1968

[3.14]   **H. Brückner, E. Wittchow:** Kombinierte Dampf-Gasturbinen-Prozesse, Einfluß auf Auslegung und Betrieb der Dampferzeuger, Energie und Technik 24(1972), Nr. 5, S. 147-152

[3.15]   **K. H. Lange, H. Maghon:** Gasturbinen im Kombi-Block, VGB-Kraftwerkstechnik 56(1976), Nr. 1, S. 17-20

[3.16]   **H. Bormann, J. Buxmann:** Kombinierte Kraftwerksprozesse mit geschlossener Gas- und Dampfturbine, BWK 33(1981), H. 5, S. 215-221

[3.17]   **K. Knizia:** Zur Entwicklung kombinierter Gasturbinen-Dampfturbinenprozesse für unterschiedliche Primärenergien, VGB-Kraftwerkstechnik 65(1985), S. 545-557

[3.18]   **G. Dibelius, P. Walzer:** Gasgefeuerte Gasturbinen, gwf 108(1967), S. 277-285

[3.19]   **J. Ewers et al.:** Gas-Dampfturbinenkraftwerke mit integrierter Braunkohlevergasung nach dem HTW-Verfahren, BWK 41(1989), Nr. 12, S. 22-31

25.4   Literatur zu Kapitel 4

[4.1]   **T. Bohn (Hrsg.):** Handbuchreihe Energie, Bd. 7: Gasturbinenkraftwerke, Kombikraftwerke, Heizkraftwerke und Industriekraftwerke, Technischer Verlag Resch, Verlag TÜV Rheinland, 1984

[4.2]   **W. Häußler:** Taschenbuch Maschinenbau, Bd. II, Energieumwandlung und Verfahrenstechnik, VEB Verlag Technik, Berlin 1966

[4.3]   **W. Pauer, H. Munser:** Grundlagen der Kraft- und Wärmewirtschaft, Verlag Theodor Steinkopf, Dresden 1970

[4.4]   **H. Munser:** Fernwärmeversorgung, VEB Deutscher Verlag für Grundstoffindustrie, Leipzig 1980

[4.5]   **W. Riesner, W. Sieber:** Wirtschaftliche Energieanwendung, VEB Deutscher Verlag für Grundstoffindustrie, Leipzig 1978

[4.6]   **Bräutigam:** Block 9 im Heizkraftwerk Walsum, BWK 39(1987), Nr. 7/8, S. 339-341

[4.7]   **E. Schütz:** Großtechnische Lieferung von Prozeßdampf aus dem Kernkraftwerk Gösgen-Däniken (Schweiz), Siemens-Energietechnik 3(1981), Nr. 7, S. 219-223

[4.8]   **M. Gard:** Anwendung von Gasturbinen für Spitzen- und Grundlastbetrieb, Technische Mitteilungen AEG-Telefunken 68(1978), H.1/2, S. 41-47

[4.9]   **R. Kehlhofer:** Kombinierte Gas-/Dampfturbinenkraftwerke mit Kraft-Wärme-Kopplung, Brown Boveri Mitteilungen 65(1978), H. 10, S. 680-686

[4.10]   **K. Mötz, J. Simon:** Umweltfreundliche Blockheizkraftwerke mit neuen Gasmotoren, MAN forschen, planen, bauen (1988), S. 56-61

25.5 Literatur zu Kapitel 5

[5.1]   **Ruhrkohle AG (Hrsg.):** Ruhrkohlen Handbuch, Verlag Glückauf, Essen 1989

[5.2]   **R. Günther:** Verbrennung und Feuerungen, Springer Verlag, Berlin 1984

[5.3]   **W. Gumz:** Kurzes Handbuch der Brennstoff- und Feuerungstechnik, Springer Verlag, Wien [3]1962

[5.4]   **H. Netz:** Betriebstaschenbuch Wärme, Technischer Verlag Resch KG, München 1974

[5.5]   **U. Wittel (Hrsg.):** Steinmüller-Taschenbuch: Dampferzeugertechnik, Vulkan Verlag, Essen [23]1974

[5.6]   **H. Netz:** Verbrennung und Gasgewinnung bei Festbrennstoffen, Technischer Verlag Resch, München 1982

[5.7]   **H. Koppers GmbH (Hrsg.):** Koppers Handbuch der Brennstofftechnik, Essen [3]1953

[5.8]   **F. Schuster:** Handbuch Brenngase und ihre Eigenschaften, Vieweg & Sohn, Braunschweig 1978

[5.9]   **G. Cerbe et al.:** Grundlagen der Gastechnik, C. Hanser Verlag, München 1981

25.6 Literatur zu Kapitel 6

[6.1]   **R. Dolezal:** Dampferzeugung, Springer Verlag, Berlin 1985

[6.2]   **M. Ledinegg:** Dampferzeugung, Springer Verlag, Berlin 1966

[6.3]   **The Babcock & Wilcox Company (Hrsg.):** Steam, its Generation and Use, New York 1963

[6.4]   **H. J. Thomas:** Thermische Kraftanlagen, Springer Verlag, Berlin 1975

[6.5]   **Schröder:** Große Dampfkraftwerke, Springer, Berlin, Bd. 1: Kraftwerksatlas, 1953; Bd. 2: Die Lehre vom Kraftwerksbau, 1962; Bd. 3a: Die Kraftwerksausrüstung, 1966; Bd. 3b: Die Kraftwerksausrüstung, 1968

[6.6]   **U. Wittel (Hrsg.):** Steinmüller-Taschenbuch: Dampferzeugertechnik, Vulkan Verlag, Essen [23]1974

[6.7]   **STEAG AG (Hrsg.):** Strom aus Steinkohle, Stand der Kraftwerkstechnik, Springer Verlag, Berlin 1988

[6.8]   **H. Effenberger:** Dampferzeuger, VEB Deutscher Verlag für Grundstoffindustrie, Leipzig 1987

[6.9]   **R. Dolezal:** Durchlaufkessel, Vulkan Verlag, Essen 1962

[6.10]   **F. Nuber, K. Nuber:** Wärmetechnische Berechnung der Feuerungs- und Dampfkessel-Anlagen, R. Oldenbourg Verlag, München 1967

[6.11]   **W. Wagner:** Thermische Apparate und Dampferzeuger, Vogel-Buchverlag, Würzburg 1985

[6.12]   **R. Dolezal:** Großkesselfeuerungen, Springer Verlag, Wien 1961

[6.13]   **E. Wied:** Dampferzeuger und Wirbelschichtfeuerung unter atmosphärischen und Über-druckbedingungen, VGB-Fachtagung Dampfkessel und Dampfkesselbetrieb, 10.2 - 24.2 1978, Sonderdruck der Vereinigten Kesselwerke AG, Düsseldorf

[6.14]   Jahrbuch der Dampferzeugungstechnik, Vulkan Verlag, Essen 1980

[6.15]   **E. Wittchow:** Stand und Entwicklung von Dampferzeugern und Feuerungsanlagen, Technische Mitteilungen, 78(1985), H. 10, S. 479-489

[6.16]   Fortschrittliche Stromerzeugung mit Kombikraftwerken, Fachveranstaltung im Haus der Technik, Essen 1988

[6.17]   **W. Wein:** Auslegung und Disposition des Heizkraftwerkes I der Stadtwerke Duisburg AG mit "Zirkulierender atmosphärischer Wirbelschichtfeuerung (ZAWSF)", VGB Kraftwerkstechnik 63(1983), S. 678-684

[6.18]   **D. Kestner:** Stand und Entwicklung von Dampferzeugern und Wirbelschichtfeuerungen, Technische Mitteilungen 78(1985), H. 10, S. 489-497

[6.19]   **W. Wein:** Stand und zukünftige Entwicklung der Wirbelschichtsysteme, VGB Kraftwerkstechnik 68(1988), S. 1252-1258

[6.20]   **H. Voss:** Rauchgasreinigung - angewandte Verfahren und Entwicklungen, Technische Mitteilungen 78(1985), H.10, S. 498-504

[6.21]   **A. Schumacher, H. Waldmann:** Wärme- und Strömungstechnik im Dampferzeugerbau. Grundlagen und Berechnungsverfahren, Ergänzungsband zum Jahrbuch der Dampferzeugungstechnik 1972/73, Vulkan Verlag, Essen 1972

[6.22]   **Verein Deutscher Ingenieure (VDI) (Hrsg.):** VDI-Wärmeatlas, VDI-Verlag, Düsseldorf 1984

[6.23]   **H. Brandes:** 720-MW-Dampferzeuger mit Steinkohle-Trockenfeuerung für das Kraftwerk Wilhelmshafen der NWK, Energie und Technik, 26(1974), H. 9, S. 207-212

25.7   Literatur zu Kapitel 7

[7.1]   **K. Knizia:** Die Thermodynamik des Dampfkraftprozesses, Springer Verlag, Berlin 1966

[7.2]   **K. Schröder:** Große Dampfkraftwerke, Springer Verlag, Berlin, Bd. 1: Kraftwerksatlas, 1959; Bd. 2: Die Lehre vom Kraftwerksbau, 1962; Bd. 3a: Die Kraftwerksausrüstung, 1966; Bd. 3b: Die Kraftwerksausrüstung, 1968

[7.3]   **S. Kriese:** Grundlagen der Kraftwerkstechnik, Vulkan Verlag, Essen 1968

[7.4]   **D. Blank:** Kühlverfahren für Kraftwerke. Stand und Entwicklungstendenzen in der Bundesrepublik Deutschland, Energie und Technik 26(1974), Nr. 12, S. 292-295

[7.5]   **G. Bruckmüller:** Gesättigte und übersättigte Sauerstofflösung in Wasser, Gas Aktuell 4(1972), S. 20-22, Messer Griesheim, Düsseldorf

[7.6]   **Länderarbeitsgemeinschaft Wasser (LAWA):** Grundlagen für die Beurteilung der Wärmebelastung von Gewässern, Teil 1: Binnengewässer, [2]1977

[7.7]   **E. Sauer:** Abwärmetechnik, Verlag TÜV Rheinland, Köln 1984

[7.8]   **P. Berliner:** Kühltürme. Grundlagen der Berechnung und Konstruktion, Springer Verlag, Berlin 1975

[7.9]   **A. Odenthal, K. Spangemacher:** Der Kühlturm im Dampfkraftprozeß, BWK 11(1959), S. 456-562

[7.10]   **G. Ernst, D. Wurz:** Naturzug-Naßkühlturm des Kraftwerkes Philippsburg (Block I), BWK 35(1983) Nr. 7/8, S. 356-358

[7.11]   **F. Beck:** Bedeutung der Luftkühlung in der Industrie, Technische Mitteilungen 59(1966), Nr. 12, S. 634-640

[7.12]   **G. Hirschfelder:** Der Trockenkühlturm des 300-MW-THTR-Kernkraftwerkes Schmehausen-Uentrop, VGB Kraftwerkstechnik, 53(1973), S. 463-471

[7.13]   **S. Kliemann:** Dry Cooling Towers, in: N.N.: Entwicklungslinien der Energietechnik, VDI-Berichte Nr. 236, S. 229-238, VDI-Verlag, Düsseldorf 1975

[7.14]   **G. Christmann:** Der Naß-/Trockenkühlturm, VGB Kraftwerkstechnik 55(1975), Nr. 4, S. 218-225

[7.15]   **P. Fritzsche:** Betriebserfahrungen mit kombinierten Naß-/Trockenkühltürmen, VGB Kraftwerkstechnik, 55(1975), Nr. 4, S. 225-229

[7.16]   **H. Henning:** Stand und Entwicklung im Kühlturmbau, Technische Mitteilungen 78(1985), Nr. 10, S. 511-524

25.8   Literatur zu Kapitel 8

[8.1]   Aktueller Bericht des Bundes für die 28. Umweltministerkonferenz, Bremen, Mai 1987

[8.2]   Jahresberichte des Umweltbundesamtes, Berlin bis 1988

[8.3]   **P. Davis, M. Lange:** Die Großfeuerungsanlagenverordnung, VDI-Verlag, Düsseldorf 1984

[8.4]   **K. J. Vogt:** Ausbreitung von Abluftfahnen und Umgebungsbelastung, Wissenschaft und Umwelt 78(1978), S. 16-24

[8.5]   **F. Pasquill:** Atmospheric diffusion, van Nodstrand, London 1962

[8.6]   **H. D. Brenk, K. J. Vogt:** Meterologische Standortklassen in der BRD als Grundlage von Umweltprognosen für kerntechnische Anlagen, Kernforschungsanlage Jülich, JÜL-1142-ST, 1974

[8.7]   **H. Geiß, M. Paschke:** Radioökologie. Die Emission von Radionukliden und ihr Verhalten in der Nahrungskette und im menschlichen Körper, in: E. Münch (Hrsg.): Tatsachen über Kernenergie, Verlag W. Girardet, Essen [3]1983, S. 204-225

[8.8]   **G. Reichert:** Entwicklungsstand der Rauchgasreinigung in der BRD. Feuerungstechnik und Umweltschutz, Verlag TÜV Rheinland GmbH, Köln 1985

[8.9]   **E. Weber, W. Brocke:** Apparate und Verfahren der industriellen Gasreinigung, R. Oldenbourg Verlag, München 1973

[8.10]   **H. Netz:** Betriebstaschenbuch Wärme, Technischer Verlag Resch KG, München 1974

[8.11]   **P. Davids:** Technische Verfahren zur Entschwefelung von Abgasen und Brennstoffen, VDI-Berichte, Nr. 267, VDI-Verlag, Düsseldorf 1976

[8.12]   **E. V. Deuster, H. Schäffauer:** Betriebserfahrung mit REA aus drei Kraftwerksblöcken, BWK 38(1986), S. 217-223

[8.13]   **H. Jüntgen, E. Richter:** Rauchgasreinigung in Großfeuerungsanlagen, Report Rauchgasreinigung, VDI-Verlag, Düsseldorf 1987

[8.14]   **B. Stellbrink:** Betriebserfahrung mit den Rauchgasentschwefelungsanlagen im Kraftwerk Wilhelmshafen, Anwendungsreport Rauchgasreinigung, VDI-Verlag, Düsseldorf 1986

[8.15]   **K. E. Gude:** Das Sprühabsorptionsverfahren zur Rauchgasentschwefelung, VDI-Berichte Nr. 495, VDI-Verlag, Düsseldorf 1984

[8.16]   **K. D. Rennert:** Möglichkeiten der Stickoxidreduzierung in Feuerräumen, Fachreport Rauchgasreinigung, BWK 1985/86, Steinmüllertagung, März 1985, S. 15-18

[8.17]   **K. Storp:** Entschwefelung und Entstickung von Rauchgasen, BMFT-Statusseminar, 1/2.10.1986, Jülich

[8.18]   **E. Weber, K. Hübner:** Übersicht über rauchgasseitige Verfahren zur Stickoxidminderung, Anwendungsreport Rauchgasreinigung, VDI-Verlag, Düsseldorf 1986

[8.19]   **E. Weber, P. Gillmann:** NO_x-Minderungsverfahren in der BRD, Feuerungstechnik und Umweltschutz, Verlag TÜV Rheinland, Köln 1985

[8.20]   **H. Voss:** Rauchgasreinigung - angewandte Verfahren und Entwicklungen, Technische Mitteilungen 78(1985), H.10, S. 498-504

25.9 Literatur zu Kapitel 9

[9.1]   **H. Frewer:** Strukturwandel in der Technik fossilbeheizter Kraftwerke in der BRD, VGB Kraftwerkstechnik 66(1986), S. 303-325

[9.2]   **STEAG AG (Hrsg.):** Strom aus Steinkohle, Springer Verlag, Berlin 1988

[9.3]   **H. Müller, M. Wegmann:** Das Steinkohlekraftwerk Ibbenbüren Block B, VGB Kraftwerkstechnik 63(1983), S. 275-287

[9.4]   **K. Schröder:** Große Dampfkraftwerke, Springer Verlag, Berlin, Bd. 3a: Die Kraftwerksausrüstung, 1966; Bd. 3b: Die Kraftwerksausrüstung, 1968

[9.5]   **J. Bennert:** Auslegungskriterien für große Steinkohleblöcke, VDI-Bericht Nr. 454, VDI-Verlag, Düsseldorf 1982

[9.6]   **H. Scholtholt, F. Thelen:** Erste Betriebserfahrungen mit dem steinkohlebefeuerten 747-MW-Block im STEAG/VEW-Gemeinschaftskraftwerk Bergkamen A, VGB Kraftwerkstechnik 63(1983), S. 195-203

[9.7]   **F. Peter:** Möglichkeiten zur besseren Nutzung fossiler Brennstoffe in Wärmekraftwerken, BBC-Druckschrift GK 117986D

[9.8]   **Vereinigte Elektrizitätswerke Westfalen AG (VEW):** Der 750-MW-Kombiblock Kraftwerk Werne, Druckschrift, Oktober 1984

[9.9]   **K. Knizia:** Zur Entwicklung kombinierter Gasturbinen- Dampfturbinenprozesse für unterschiedliche Primärenergien, VGB Kraftwerkstechnik 65(1985), S. 545-557

[9.10]   **A. Lezuo, K. Riedle, E. Wittchow:** Entwicklungstendenzen steinkohlegefeuerter Kraftwerke, BWK 41(1989), S. 13-22

[9.11]   **K. Knizia:** Die Kopplung von Kohle und Kernenergie in der langfristigen Energie- und Rohstoffsicherung, BWK 38(1986), S. 418-424

[9.12]   **H. Martin:** Steigerung des Prozeßwirkungsgrades steinkohlebefeuerter Kraftwerke, VGB-Kraftwerkstechnik 68(1988), S. 219-225

[9.13]   **R. Müller, U. Schiffers:** Kohledruckvergasung für den Kombiprozeß. Stand und Entwicklungsziele, VGB-Kraftwerkstechnik 68(1988), S. 1022-1030

[9.14]   **G. Dibelius, R. Pitt:** Gasturbinen für Druckwirbelschichtanlagen-Konzepte, Auslegung, Betriebsverhalten, VDI-Berichte 715, S. 213-236, VDI-Verlag, Düsseldorf 1989

[9.15]   **D. von Lojewski, W. Jansing:** Der Zweifachdampfprozeß: ein wirtschaftliches Konzept der Zukunft?, VGB-Kraftwerkstechnik 69(1989), S. 138-147

25.10 Literatur zu Kapitel 10

[10.1]   **S. Glasstone, M. C. Edlund:** Kernreaktortheorie, Springer Verlag, Wien 1961

[10.2]   **A. Ziegler:** Lehrbuch der Reaktortechnik, Bd. 1: Reaktortheorie, Springer Verlag, Berlin 1983

[10.3]   **W. Oldekop:** Einführung in die Kernreaktor- und Kernkraftwerkstechnik, Teil 1: Kernphysikalische Grundlagen, Verlag Karl Thiemig, München 1975

[10.4]   **H. Etherington:** Nuclear Engineering Handbook, McGraw Hill, New York 1958

[10.5]   **H. Soodak:** Reactor Handbook, Vol. III, Part A: Physics, Interscience Publishers ²1962

[10.6]   **D. Smidt:** Reaktortechnik, Bd. 1: Grundlagen, Bd. 2: Anwendungen, G. Braun, Karlsruhe 1971

[10.7]   **H. S. Isbin:** Introductory Nuclear Reactor Theory, Rheinhold, New York 1963

[10.8]   **J. P. Lamarsh:** Introduction to Nuclear Reactor Theory, Addison Weslay Publishing Company, Reading, Massachusetts 1972

[10.9]   **Preußische Elektrizitätsgesellschaft:** Brennelementzwischenlagerung in Transportbehältern (TBZL) auf dem Gelände des Kernkraftwerks Würgassen, Druckschrift, Hannover, ²1980

[10.10]   **A. M. Weinberg, E. P. Wigner:** The Physical theory of neutron chain reactors, Chicago 1958

[10.11]   **National Neutron Cross Section Center:** Neutron Cross Sections, Brockhaven National Laboratory, BNL-325, Vol. I u. II, New York ³1976

[10.12]   **M. R. Williams:** The slowing down and thermalization of neutrons, North-Holland Publishing Company, Amsterdam 1966

25.11 Literatur zu Kapitel 11

[11.1]   **A. Ziegler:** Lehrbuch der Reaktortechnik, Bd. 1, 2, 3, Springer Verlag, Berlin, Heidelberg, New York 1984

[11.2]   **W. Oldekopp:** Druckwasserreaktoren für Kernkraftwerke, Verlag K. Thiemig, München 1974

[11.3]   **A. Sauer:** Siedewasserreaktoren für Kernkraftwerke, Bd. 10 AEG Telefunken-Handbücher, 1969

[11.4]   **H. Haußmann et al:** Das Kernkraftwerk Grundremmingen B und C, Atomwirtschaft 29(1984), S. 616-628

[11.5]   **W. G. Morison:** Pickering Generating Station, Journal of British Nuclear Energy Society, 14(1975), No. 4, S. 319-326

[11.6]   **J. R. Candlish:** Candu-300-Advances in Constructability, Proceedings of the First International Seminar on Small and Medium sized Nuclear Reactors, Lausanne, Aug. 24.-26., 1987, No. II.12

[11.7]   **J. Wolters, G. Breitbach, W. Kröger:** Der sowjetische Druckröhren-Siedewasserreaktor, Atomwirtschaft 31(1986), S. 286-289

[11.8]   **W. Kröger, S. Chakraborty:** Tschernobyl und weltweite Konsequenzen, Verlag TÜV Rheinland, Köln 1989

[11.9]   **A. E. Waltar, A. B. Reynolds:** Fast Breeder Reactors, Pergamon Press, 1981

[11.10]   **G. V. P. Watzel, G. H. Rasche:** Das Kernkraftwerk Kalkar, BWK 25(1973), Nr. 7, S. 257-301

[11.11]   **E. P. Duffy et al:** Dungeness B Advanced Gas-Cooled Reactor Power Station, Nuclear Engineering, 12(1967), S. 524-538

[11.12]   **P. J. Cameron:** CO_2-Cooled Reactors in the UK, 9. Internationale Konferenz über den HTR, VGB-TB 112, Okt. 1987

[11.13]   **K. Kugeler, R. Schulten:** Hochtemperaturtechnik, Springer Verlag, Berlin 1989

[11.14]   **Die Zukunft der HTR-Baulinie,** VGB-Kraftwerkstechnik 66(1985), Teil 1: J. Schoening, D. Schwarz: Die HTR-Baulinie und ihre Einsatzmöglichkeiten, Heft 1, S. 11-17 Teil 2: K. Knizia, D. Schwarz: Der HTR-500 als nächster Hochtemperaturreaktor, Heft 3, S. 195-207

25.12   Literatur zu Kapitel 12

[12.1]   **C. Keller, H. Möllinger:** Kernbrennstoffkreislauf, Bd. I und II, Dr. A. Hüttig Verlag Heidelberg 1978

[12.2]   **INFCE:** Internationale Bewertung des Kernbrennstoffkreislaufs, zusammenfassende Übersicht IAEA, STI/PUB/534, Vienne 1980

[12.3]   **C. Salander:** Die Nukleare Entsorgung: Zwischenlagerung, Wiederaufarbeitung, Abfallbehandlung, Jahrbuch der Atomwirtschaft 1987, S. A57-A66, Verlagsgruppe Handelsblatt, Düsseldorf 1988

[12.4]   **D. Bünemann (Hrsg.):** Kerntechnik. Fakten-Daten-Zahlen, Kerntechnische Gesellschaft e.V., Bonn ⁴1989

[12.5]   **E. W. Becker:** Das Trenndüsenverfahren zur Anreicherung von U-235, Schriftenreihe des Deutschen Atomforums, Bonn, Heft 20, 1974

[12.6]   **D. Walton:** The Uranium Market 1986-2000, Part I: Supply, Uranium Institute, 11th Annual Symposium, London, Sept. 1986

[12.7]   **H. Mohrhauer:** Urananreicherungsanlage Gronau, Atomwirtschaft 31(1986), S. 366-372

[12.8]   K. Cohen: The Theory of Isotope Separation as Applied to the Large Scale Production of U-235, McGraw Hill, New York 1951

[12.9]   Kraftwerk Union AG: KWU-Brennelemente, Firmenschrift, Erlangen 1986

[12.10]   Deutsche Gesellschaft für Wiederaufarbeitung von Kernbrennstoffen (DWK): CASTOR, der Transport- und Lagerbehälter, Firmenschrift, Hannover, Mai 1984

[12.11]   Preußische Elektrizitätsgesellschaft AG: Brennelementzwischenlagerung in Transportbehältern (TBZL) auf dem Gelände des Kernkraftwerks Würgassen, Druckschrift, Hannover ²1980

[12.12]   A. Matting: Nukleare Entsorgung in der BRD, 8. GRS-Fachgespräch "Sicherheitstechnik bei der Entsorgung radioaktiver Abfälle", Gesellschaft für Reaktorsicherheit, GRS-S8, Köln 1985

[12.13]   G. Baumgärtel, K. L. Huppert, E. Merz: Brennstoff aus der Asche, Die Wiederaufarbeitung von Kernbrennstoffen, Girardet-Verlag, Essen 1984

[12.14]   F. Baumgärtner (Hrsg): Chemie der Nuklearen Entsorgung, Teil III: Chemistry of Nuclear Reprocessing and Radioactive Waste Disposal, Thiemig Taschenbücher, Bd. 91, Verlag Karl Thiemig, München 1980

[12.15]   Deutsche Gesellschaft für Wiederaufarbeitung von Kernbrennstoffen (DWK): Kurzbeschreibung für die Wiederaufarbeitungsanlage Wackersdorf, Druckschrift, Hannover, Januar 1988

[12.16]   C. Bauer, G. Ondracek: Charakterisierung und Lagerung von hochradioaktivem Abfall, Atomwirtschaft-Atomtechnik, 28(1983), Nr. 7/8, S. 393-399

[12.17]   Deutsche Gesellschaft für Wiederaufarbeitung von Kernbrennstoffen (DWK): Pamela: Anlage zur Verglasung radioaktiver Spaltproduktkonzentrate in Mol/Belgien, Druckschrift, Hannover 1986

[12.18]   J. P. Moncouyoux et al: L'Atelier de vitrification de Marcoule: "Trente Mois de Fonctionnement", Proceedings of the International Seminar on Chemistry and Process Engineering for High-Level Liquid Waste Solidification, June 1-5, 1981, Kernforschungsanlage Jülich, JÜL-Conf-42 (Vol 1), June 1981, S. 12-34

[12.19]   A. G. Herrmann: Radioaktive Abfälle. Probleme und Verantwortung, Springer Verlag, Berlin 1983

[12.20]   P. Ploumen, G. Strickmann: Berechnung der zeitlichen und räumlichen Temperaturverteilung bei der säkulären Lagerung hochradioaktiver Abfälle in Salzstöcken, Forschungsauftrag St. Sch. 169, RWTH Aachen, Institut für elektrische Anlagen und Energiewirtschaft, Februar 1977

[12.21]   W. Schüller: Müssen wir wegen der Entsorgung auf Kernenergie verzichten?, Druckschrift, Wiederaufarbeitungsanlage Karlsruhe Betriebsgesellschaft mbH, 1982

[12.22]   F. Baumgärtner (Hrsg): Chemie der Nuklearen Entsorgung, Teil I und II, Thiemig Taschenbücher, Bd. 65/66, Verlag Karl Thiemig, München 1978

[12.23]   H. Röthemeyer: Endlagerung radioaktiver Abfälle in der BRD, Jahrbuch der Atomwirtschaft 1984, Verlagsgruppe Handelsblatt, Düsseldorf 1985

25.13 Literatur zu Kapitel 13

[13.1] **Arbeitsgemeinschaft Energiebilanzen (Hrsg.):** Energiebilanz für die BRD im Jahr 1960...1988, Essen 1961...1989

[13.2] **H. Recknagel, E. Sprenger:** Taschenbuch für Heizung und Klimatechnik, Verlag R. Oldenbourg, München 1978

[13.3] **H. Rietschel, W. Raiß:** Heiz- und Klimatechnik, Springer Verlag, Berlin 1970

[13.4] **Bundesminister für Raumordnung, Bauwesen und Städtebau (Hrsg.):** Praxisinformation Energieeinsparung, Schriftreihe Bau- und Wohnforschung, Nr. 04.093, Bonn 1983

[13.5] **V. N. Bogoslovsky:** Wärmetechnische Grundlagen, Bauverlag GmbH, Wiesbaden 1982

[13.6] **H. Netz:** Betriebshandbuch Wärme, Technischer Verlag Resch, München 1974

[13.7] Ruhrkohlen-Handbuch, Verlag Glückauf GmbH, Essen [6]1984

[13.8] **H. Guder:** Chancen der Kohle im Wärmemarkt, Glückauf 119(1983), S. 1230-1241

[13.9] **H. Netz:** Verbrennung und Gasgewinnung bei Festbrennstoffen, Technischer Verlag Resch, München 1982

[13.10] **H. Munser:** Fernwärmeversorgung, VEB Deutscher Verlag für Grundstoffindustrie, Leipzig 1979

[13.11] **K. Hakanson:** Handbuch der Fernwärmepraxis. Grundlagen für Planung, Bau und Betrieb von Fernheizwerken, Vulkan-Verlag, Essen 1973

[13.12] **D. Bartsch:** Der Aufbau und Betrieb der Fernwärmeschiene Niederrhein, District Heating International 18(1989), S. 16-18

[13.13] **H. Kirn, A. Hadenfeldt:** Wärmepumpen, Bd. 1, Verlag C. F. Müller, Karlsruhe 1979

[13.14] **F. Steimle:** Gaswärmepumpen-Praxis, Vulkan-Verlag, Essen 1980

25.14 Literatur zu Kapitel 14

[14.1] **Arbeitsgemeinschaft Energiebilanzen (Hrsg.):** Energiebilanz für die Bundesrepublik Deutschland im Jahre 1950...1987. Essen 1951...1988

[14.2] **W. Häußler:** Taschenbuch Maschinenbau, Bd. 2: Energieumwandlung und Verfahrenstechnik, VEB Verlag Technik, Berlin [3]1976

[14.3] **F. A. F. Schmidt:** Verbrennungskraftmaschinen, Springer Verlag, Berlin [4]1967

[14.4] **E. Oehler:** Verbrennungsmotoren, Giradet-Verlag, Essen 1965

[14.5] **W. Kalide:** Kolben- und Strömungsmaschinen, Carl Hanser Verlag, München 1974

[14.6] **J. Kruschik:** Die Gasturbine, Springer Verlag, Wien [2]1960

[14.7] **H. Ostenrath:** Gasturbinen-Triebwerke, Verlag W. Giradet, Essen 1988

[14.8] **K. F. Ebersbach et al.:** Technologien zur Einsparung von Energie im Endverbrauchssektor Verkehr, Forschungsstelle für Energiewirtschaft, München, Mai 1976

[14.9]   E. Singer: Brennstoffe, Kraftstoffe, Schmierstoffe, Hermann Schroedel Verlag, Hannover 1980

[14.10]   W. L. Nelson (Hrsg.): Petroleum Refinery Engineering, McGraw-Hill Company, Auckland 1985

[14.11]   Deutsche Shell AG: Kraftstoffe in Gegenwart und Zukunft, Aktuelle Wirtschaftsanalysen, Juli 1986

[14.12]   H. H. Heitland, H. J. Hoffmann: Der Weg zum Methanolmotor, Kernforschungsanlage Jülich GmbH, JÜL-2267, März 1989

[14.13]   W. Henrichsmeyer, P. Moog: Biomasse, in: Energiestudie NRW 88, Energieforschung und -entwicklung, 1988

[14.14]   C. J. Winter, J. Nitsch (Hrsg.): Wasserstoff als Energieträger. Technik, Systeme, Wirtschaft, Springer Verlag, Berlin 1986

25.15   Literatur zu Kapitel 15

[15.1]   Vereinigung Industrielle Kraftwirtschaft (VIK) (Hrsg.): Statistik der Energiewirtschaft 1987/88, Verlag Energieberatung, Essen 1988

[15.2]   Arbeitsgemeinschaft Energiebilanzen (Hrsg.): Energiebilanzen der BRD, Bd. 1, 2, 3, Frankfurt 1971

[15.3]   J. H. Gorg, G. E. Handwerk: Petroleum Refining, Marcel Dekker, New York 1975

[15.4]   W. L. Nelson: Petroleum Refinery Engineering, McGraw Hill Book Company, ⁴1985

[15.5]   LURGI-Gesellschaften (Hrsg.): LURGI-Handbuch, Frankfurt/M. 1970

[15.6]   C. Jentsch: Erdölverarbeitung, in: Ullmanns Encyklopädie der technischen Chemie, Bd. 10, Verlag Chemie, Weinheim ⁴1975, S. 641-714

[15.7]   H. H. Emons et al.: Lehrbuch der technischen Chemie, VEB Deutscher Verlag für Grundstoffindustrie, Leipzig 1974

[15.8]   D. Glietenberg et al.: Äthylen, in: Ullmanns Encyklopädie der technischen Chemie, Bd. 8, Verlag Chemie, Weinheim ⁴1974, S. 158-194

[15.9]   P. Häusinger et al.: Wasserstoff-Gewinnung und -Verwendung, in: Ullmanns Encyklopädie der technischen Chemie, Bd. 24, Verlag Chemie, Weinheim ⁴1983, S. 253-292 und S. 318-330

[15.10]   H. Bakemeier et al.: Ammoniak, in: Ullmanns Encyklopädie der technischen Chemie, Bd. 7, Verlag Chemie, Weinheim ⁴1974, S. 444-513

[15.11]   J. Schmidt: Technologie der Gaserzeugung, Bd. II: Vergasung, VEB Deutscher Verlag für Grundstoffindustrie, Leipzig 1966

[15.12]   Ruhrkohle AG (Hrsg.): Ruhrkohlen Handbuch, Verlag Glückauf, Essen ⁶1984

[15.13]   H. Bertling: Energiewirtschaft des Verkokungsprozesses, Erdöl und Kohle-Erdgas, 34(1981), S. 397-401

[15.14]   L. von Bogdandy, H. J. Engell: Die Reduktion der Eisenerze, Verlag Stahleisen, Düsseldorf 1967

[15.15]   **M. Ottow**: Eisen, in: Ullmanns Encyklopädie der technischen Chemie, Bd. 10, Verlag Chemie, Weinheim ⁴1975, S. 311-410

[15.16]   **I. Class, D. Janke**: Stähle, in: Ullmanns Encyklopädie der technischen Chemie, Bd. 22, Verlag Chemie, Weinheim ⁴1982, S. 1-164

25.16   Literatur zu Kapitel 16

[16.1]   **Vereinigung Industrielle Kraftwirtschaft (VIK) (Hrsg.)**: Statistik der Energiewirtschaft 1987/88, Verlag Energieberatung, Essen 1988

[16.2]   **S. Schwaigerer**: Rohrleitungen, Springer Verlag, Berlin 1967

[16.3]   **F. Langheim, G. Reuter**: Prozeßrohrleitungen, Handbuch, Vulkan Verlag, Essen ²1989

[16.4]   **P. Denzel**: Grundlagen der Übertragung elektrischer Energie, Springer Verlag, Berlin 1966

[16.5]   **Hütte IV A**: Elektrotechnik, Teil A: Starkstromtechnik, Lichttechnik, Verlag von Wilhelm Ernst & Sohn, Berlin ²⁸1957

[16.6]   Handbuch für den Rohrleitungsbau, VEB Verlag Technik, Berlin 1967

[16.7]   **B. Eck**: Technische Strömungslehre, Bd. 1 und 2, Springer Verlag, Berlin 1978

[16.8]   **H. Netz**: Betriebstaschenbuch Wärme, Technischer Verlag Resch, München 1974

[16.9]   **G. Drewes**: Taschenbuch Technische Gase, VEB Deutscher Verlag für Grundstoffindustrie, Leipzig 1973

[16.10]   **Mineralölwirtschaftsverband e.V.**: Karte der Raffinerien und Fernleitungen in der BRD, Stand 31.12.1989, Hamburg 1990

[16.11]   **Ruhrgas AG**: Karte "Europäischer Erdgasverbund 1989", Essen 1990

25.17   Literatur zu Kapitel 17

[17.1]   **Bundesminister für Forschung und Technologie (Hrsg.)**: Energiespeicher in der Wärme- und Stromversorgung, Bonn 1978

[17.2]   **VDI-Gesellschaft Energietechnik (Hrsg.)**: Statusbericht Rationelle Energieverwendung 1983, Thermische Energiespeicherung, Düsseldorf 1984

[17.3]   **L. Musil**: Allgemeine Energiewirtschaftslehre, Springer Verlag, Wien 1972

[17.4]   **L. C. Wilbur**: Handbook of Energy Systems Engineering, John Wiley & Sons, New York 1985

[17.5]   **P. Quast**: Druckluftspeicher, VDI-Berichte Nr. 652, VDI Verlag, Düsseldorf 1987, S. 89-107

[17.6]   **P. H. Margan**: Thermal Storage in Rock Chambers, Nuclear Engineering, 4(1959), S. 259-262

[17.7]   **E. Bitterlich, H. Brandes**: Kraftwerksprojekt zur Heißwasserspeicherung für elektrische Spitzenlast und Fernwärme, VGB-Kongress Kraftwerke 77, Kopenhagen 1977

[17.8]   **P. V. Gilli, G. Beckmann:** Covering peak load by means of thermal energy, VDI-Berichte 236, VDI-Verlag, Düsseldorf 1975

[17.9]   **H. Birnbreier:** Der Entwicklungsstand von Natrium-Schwefel-Akkumulatoren, in: Energiespeicherung zur Leistungssteuerung, VDI-Berichte 652, VDI-Verlag, Düsseldorf 1987, S. 201-216

[17.10]   **H. Reiss, B. Ziegenbein:** Der thermische Haushalt der Natrium-Schwefel-Hochenergie-Batterie, BBC-Nachrichten 66(1984), S. 90-96

[17.11]   **W. Häußler:** Taschenbuch Maschinenbau, Bd. 2: Energieumwandlung und Verfahrenstechnik, VEB-Verlag Technik, Berlin ³1976

[17.12]   **T. Mathenia:** Erweiterungsmöglichkeiten der Fernwärme bei forcierter Nutzung der Abwärme aus industriellen Anlagen, die dabei auftretenden Speicherprobleme sowie wirtschaftliche Verlegetechnik, Fortschrittsberichte der VDI-Zeitschriften, Reihe 6 Energietechnik, Wärmetechnik, VDI-Verlag, Düsseldorf 1984

[17.13]   **H. Netz:** Wärmewirtschaft, Teubner Verlagsgesellschaft, Stuttgart 1956

[17.14]   **F. Lindner:** Latentwärmespeicher, Teil I: Physikalisch-technische Grundlagen, BWK 36(1984), S. 323-326

[17.15]   **P. Kesselring:** Zur Energietechnik in Latentwärmespeichern - einige grundsätzliche physikalische Überlegungen, VDI-Berichte 288, VDI-Verlag, Düsseldorf 1977, S. 87-95

[17.16]   **G. Cerbe et al.:** Grundlagen der Gastechnik, C. Hanser Verlag, München 1981

[17.17]   **K. Kurth et al.:** Flüssiggas-Handbuch, VEB-Verlag für Grundstoffindustrie, Leipzig 1975

[17.18]   **G. Leggewie:** Flüssiggase - technische und wissenschaftliche Grundlagen ihrer Anwendung, Bd. 1, R. Oldenbourg-Verlag, München ²1971

[17.19]   **H. Laurien (Hrsg.):** Taschenbuch Erdgas, R. Oldenbourg-Verlag, München ²1970

[17.20]   **R. Koksnitz:** Mineralöl-Taschenbuch, 1966

[17.21]   **Deutsche Gesellschaft für chemisches Apparatewesen (DECHEMA) (Hrsg.):** Wasserstofftechnologie. Perspektiven für Forschung und Entwicklung, Frankfurt 1986

[17.22]   **C. J. Winter, J. Nitsch (Hrsg.):** Wasserstoff als Energieträger. Technik, Systeme, Wirtschaft, Springer Verlag, Berlin 1986

25.18 Literatur zu Kapitel 18

[18.1]   **Arbeitsgemeinschaft Energiebilanzen (Hrsg.):** Energiebilanz der Bundesrepublik Deutschland im Jahre 1987, Essen 1988

[18.2]   **Vereinigung Deutscher Elektrizitätswerke (VDEW):** Marktforschung - Elektrizitätsanwendung, Endenergieverbrauch in der Bundesrepublik nach Anwendungsbereichen im Jahre 1987, Elektrizitätswirtschaft 88(1989), Heft 5, S. 254-263

[18.3]   **N. N.:** Wettbewerb der Wirkungsgrade, Energiespektrum, 3(1988), S. 26-30

[18.4]   Fortschrittliche Stromerzeugung mit Kombikraftwerken, Vorträge der Fachveranstaltung, Haus der Technik, Essen 18/19.10.1988

[18.5]   R. Müller: Kohlevergasungsverfahren - Anwendung in kombinierten Gas- und Dampf-turbinenprozessen, Energiewirtschaftliche Tagesfragen 37(1987), Heft 3, S. 238-244

[18.6]   **Bundesminister für Raumordnung und Städtebau (Hrsg.):** Praxisinformation Energie-einsparung, Schriftenreihe "Bau- und Wohnforschung", Heft 093, 1983

[18.7]   **W. Feist:** Stromsparpotentiale bei den privaten Haushalten in der Bundesrepublik Deutschland, in: D. Sievert (Hrsg.): Zukünftiger Strombedarf, Bedeutung von Einspar-möglichkeiten, Köln 1987, S. 49-106

[18.8]   **Bundesminister für Raumordnung und Städtebau (Hrsg.):** Energetisches Bauen, Energiewirtschaftliche Aspekte zur Planung und Gestaltung von Wohngebäuden, Schriftenreihe "Bau- und Wohnforschung", Heft 086, 1983

[18.9]   **Deutsche Shell AG:** Kraftstoffe in Gegenwart und Zukunft, Aktuelle Wirtschaftsanaly-sen, Juli 1986

[18.10]   **H. H. Heitland, H. J. Hoffmann:** Der Weg zum Methanolmotor, Kernforschungsanlage Jülich, JÜL-2267, März 1989

[18.11]   **K. Feucht, R. Povel, W. Gelse:** Wasserstoffantrieb für Kraftfahrzeuge, VDI-Berichte Nr. 602, VDI Verlag, Düsseldorf 1987, S. 185-201

[18.12]   **P. Koch:** Entwicklungen im automobilen Individualverkehr - Anforderungen an die Kraftstoffproduzenten, in: RWE AG (Hrsg.): Tagungsbericht 10. Hochschultage Ener-gie, 4./5. Oktober 1989, Verlag P. Pomp, Essen 1990, S. 33-57

[18.13]   **H. Schaefer et al.:** Technologien zur Einsparung von Energie im Endverbrauchssektor Verkehr, Forschungsstelle für Energiewirtschaft, München, Mai 1976

[18.14]   **Th. Jobsky, M. Pohlmann:** Der industrielle Strombedarf im Jahre 2000, Kernfor-schungsanlage Jülich, JÜL-Spez-389, 1987

[18.15]   **Bundesverband Steine und Erden e.V.:** Zahlen zum Energieverbrauch 1987, Frankfurt 1988

[18.16]   **Rheinisch-Westfälisches Elektrizitätswerk (RWE):** Energieeinsatz in der Industrie, Sonderdruck der RWE-Anwendungstechnik, herausgegeben zur ENERGY 81, 19. bis 22. Mai 1981 in Essen

[18.17]   **W. Maier, G. Angerer et al.:** Rationelle Energieverwendung durch neue Technologien, Verlag TÜV Rheinland, Köln 1986

[18.18]   **A. Voß (Hrsg.):** Perspektiven der Energieversorgung, Möglichkeiten der Umstrukturie-rung der Energieversorgung Baden-Württembergs unter besonderer Berücksichtigung der Stromversorgung, Gutachten im Auftrag der Landesregierung von Baden-Württemberg, Gesamtbericht, Stuttgart 1987

[18.19]   **M. Ottow:** Eisen, in: Ullmanns Encyklopädie der technischen Chemie, Bd. 10, Verlag Chemie, Weinheim ^{4}1975, S. 311-410

[18.20]   Lurgi-Zeitschrift, Frankfurt 1989

[18.21]   **H. Schaefer et al.:** Technologien zur Einsparung von Energie im Endverbrauchssektor Industrie, Forschungsstelle für Energiewirtschaft, München, November 1975

[18.22]   **R. Billet:** Verdampfung und ihre technischen Anwendungen, Verlag Chemie, Weinheim 1981

[18.23]   **A. Frank et al.**: Anwendung der Wärmepumpe in Industrie, Gewerbe und Landwirtschaft, Verlag C. F. Müller, Karlsruhe 1984

[18.24]   **F. Moser**: Energieeinsparung durch Wärmepumpen in Industrie und Gewerbe, Springer Verlag, Wien 1983

[18.25]   **H. R. Engelhorn**: Nutzung heißer Raumluft zur Stromerzeugung mittels ORC-Anlage, BWK 39(1987), Nr. 9, S. 417-423

[18.26]   **G. Fleischer**: Abfallvermeidung in der Metallindustrie, Verlag für Energie- und Umwelttechnik, Berlin 1989

[18.27]   **K. J. Thomé-Kozmiensky (Hrsg.)**: Recycling von Abfällen 1, Verlag für Energie- und Umweltschutz, Berlin 1989

[18.28]   **C. Marchetti, N. Nakicenovic**: The Dynamics of Energy Systems and the Logistic Substituation Model, IIASA Report RR-79-13, Laxemburg, Dezember 1979

25.19   Literatur zu Kapitel 19

[19.1]   **M. Hulbert**: The energy resources of the earth, Sci. Am. 225(1971), S. 61-70

[19.2]   **M. Kleemann, M. Meliß**: Regenerative Energiequellen, Springer Verlag, Berlin 1988

[19.3]   **Deutsches Institut für Wirtschaft (DIW)**: Erneuerbare Energiequellen, Abschätzung des Potentials in der BRD bis zum Jahre 2000, Berlin, Karlsruhe 1984

[19.4]   **K. Heinloth**: Energie, physikalische Grundlagen ihrer Gewinnung, Umwandlung und Nutzung, B. G. Teubner Verlag, Stuttgart 1983

[19.5]   **W. Häfele**: Energy in a finite world - a global systems analysis, Ballinger Publication, Cambridge, Massachusetts, 1981

[19.6]   **J. A. Duffie, W. A. Beckmann**: Sonnenenergie - thermische Prozesse, Verlag Pfriemer, München 1976

[19.7]   **G. Lehner et al.**: Solartechnik, Lexika Verlag, Grafenau/Württ. 1978

[19.8]   **B. Stoy**: Wunschenergie Sonne, Energie-Verlag, Heidelberg 1980

[19.9]   **P. Wensierski**: Analyse und Optimierung solarer Warmwasser- und Raumheizungssysteme von Wohnbauten mit verschiedenem Wärmeschutz, Kernforschungsanlage Jülich, JÜL-Spez-301, Febr. 1985

[19.10]   **M. Meliß**: Möglichkeiten und Grenzen der Sonnenenergienutzung in der BRD mit Hilfe von Niedertemperaturkollektoren, Grundlagen, technische Systeme, Wirtschaftlichkeit, Kernforschungsanlage Jülich, JÜL-Spez-25, 1978

[19.11]   **H. Zewen**: A Solarfarm with parabolic dishes. ISPRA-Courses, Solarthermal Power Generation, Sept. 3-7, 1979

[19.12]   **H. Hopmann**: Solarthermische Elektrizitätserzeugung, Solartechnik, Technische Akademie Esslingen (Hrsg.), Lexika-Verlag, Grafenau 1978

[19.13]   **F. K. Boese et al.**: A consideration of possible receiver designs for solar tower plants, Solar Energy 26(1981), S. 1-7

[19.14]   **Arbeitsgemeinschaft GAST**: Gasgekühltes Sonnenturm-Kraftwerk-Leistung 20 MW$_{el}$, 1. Statusseminar GAST, 13. Mai 1980 bei der DFVLR, Köln

[19.15]   **E. F. Schmid:** Grundlagen der photovoltaischen Energiewandlung, Elektrotechnische Zeitschrift 14(1981), S. 748-753

[19.16]   **D. Bonnet, E. Rickus:** Photovoltaische Nutzung der solaren Strahlung, in: T. Bohn (Hrsg.): Handbuchreihe Energie, Bd. 14, Nutzung regenerativer Energie, Technischer Verlag Resch, Verlag TÜV Rheinland, 1982

[19.17]   **Y. Hamakawa:** Recent advances in amorphous silicon solar cells and their technologies, INTERSOL '85, Montreal, 23.-29.6.1985

[19.18]   **B. Sorensen:** Renewable Energy, Academic Press, London 1979

[19.19]   **J. P. Molly:** Windenergie in Theorie und Praxis, Verlag C. F. Müller, Karlsruhe 1978

[19.20]   **L. Jarras:** Windenergie, Springer Verlag, Berlin 1981

[19.21]   **F. von König:** Windenergie in praktischer Nutzung, Verlag Pfriemer, München 1981

[19.22]   **J. P. Molly:** Design criteria and application of wind energy converters, Seminar: Einsatz kleiner Windenergieanlagen in Entwicklungsländern, Kernforschungsanlage Jülich, JÜL-Spez-328, Mai 1985

[19.23]   **E. Rummich:** Nichtkonventionelle Energienutzung, Springer Verlag, Berlin 1978

[19.24]   **D. Schliephake:** Nachwachsende Rohstoffe, Kordt, Bochum 1986

[19.25]   **R. Braum:** Biogas-Methangärung organischer Abfallstoffe. Grundlagen und Anwendungsbeispiele, Springer Verlag, Berlin 1982

[19.26]   **L. Musil:** Allgemeine Energiewirtschaftslehre, Springer Verlag, Wien 1972

[19.27]   **G. A. Kaschube:** Geothermische Kraftwerke im Gebiet "The Geysiers" Kalifornien, USA. Brennstoff-Wärme-Kraft 27(1975), S. 413-418

[19.28]   **R. Di Pippo:** Geothermal Energy as a source of electricity - A worldwide Survey of the Design an Operation of Geothermal Power Plants, United States Department of Energy Report, DOE/RA/28320-1, Jan. 1980

[19.29]   **H. Rau:** Geothermische Energie, Verlag Pfriemer, München 1978

[19.30]   **Electricite de France:** Das Gezeitenkraftwerk an der Rance, La Rance/St. Malo 1975

25.20 Literatur zu Kapitel 20

[20.1]   **S. M. F. Ali:** Oil recovery by steam injection, Producers Publishing Co., Bradfort/Pa. 1970

[20.2]   **B. Höfling:** Das Potential von tertiären Erdölgewinnungsverfahren in der Bundesrepublik Deutschland, Erdöl-Erdgas-Zeitschrift 95(1979), S. 407-412

[20.3]   EOR Thermal Prozesses, Fossil Energy Report IV-I Annex IV, USA-DOE, April 1983

[20.4]   Entwicklung von Verfahren zur Nutzung von Ölschiefer mit nuklearer Prozeßwärme und/oder nuklearem Prozeßdampf, Projektstudie Kernforschungsanlage Jülich/KWU Erlangen/RBW Köln, August 1979

[20.5]   **R. T. Pessine, R. Y. Hukai:** Nuclear for shale extraction, IEA-Brazil, persönliche Mitteilung

[20.6]   **Kirk-Othmer:** Encyclopedia of Chemical Technology, Vol. 17, Wiley & Sons, New York 1982

[20.7]   **H. Jüntgen, K. H. van Heek:** Kohlevergasung. Grundlagen und technische Anwendung, Thiemig Taschenbücher Bd. 94, Verlag Karl Thiemig, München 1981

[20.8]   **H. D. Schilling, B. Bonn, U. Krauss:** Kohlevergasung. Eine Basisstudie über bestehende Verfahren und neue Entwicklungen, Verlag Glückauf, Essen 1979

[20.9]   **J. Schmidt:** Technologie der Gaserzeugung, Bd. II: Vergasung, VEB Deutscher Verlag für Grundstoffindustrie, Leipzig 1966

[20.10]   **F. Bieger:** Kohlevergasung, in: Ullmanns Encyklomädie der technischen Chemie, Bd. 14, Verlag Chemie, Weinheim [4]1977, S. 372-392

[20.11]   **H. G. Frank, A. Knop:** Kohleveredlung. Chemie und Technologie, Springer Verlag, Berlin 1979

[20.12]   **H. Witte (Hrsg.):** Handbuch der Energiewirtschaft, Bd. IV: Gasversorgung, VEB Deutscher Verlag für Grundstoffindustrie, Leipzig 1965

[20.13]   **Ruhrkohle AG, STEAG AG:** Kohleöl. Studie für den Minister für Wirtschaft, Mittelstand und Verkehr des Landes NRW, Düsseldorf 1975

[20.14]   **T. Kammash:** Fusion Reactor Physics. Principles and Technology, ann arbor science Publishers Inc., Michigan 1975

[20.15]   **S. Glasstone, R. H. Lovberg:** Kontrollierte thermonukleare Reaktionen. Einführung in die theoretische und experimentelle Plasmaphysik, Verlag Karl Thiemig, München 1964

[20.16]   **U. Schumacher:** Forschung zur thermonuklearen Fusion, Atomwirtschaft 34(1989), S. 449-452

[20.17]   **J. Darvas:** Anwendung des Fusionsreaktors in Kraftwerken, EtZ/A 96(1975), S. 29-34

25.21   Literatur zu Kapitel 21

[21.1]   **L. C. Wilbur:** Handbook of Energy Systems Engineering, John Wiley & Sons, New York 1985

[21.2]   **L. Musil:** Allgemeine Energiewirtschaftslehre, Springer Verlag, Wien, New York 1972

[21.3]   **H. K. Schneider:** Die Wirtschaftlichkeitsberechnung, Berichte des Energiewirtschaftsinstituts der Universität Köln, 1956

[21.4]   **W. Zimmermann:** Betriebliches Rechnungswesen, Verlag F. Vieweg & Sohn, Braunschweig 1978

[21.5]   **U. Hansen:** Kernenergie und Wirtschaftlichkeit, Verlag TÜV Rheinland, Köln 1983

[21.6]   **D. Schmitt et al.:** Parameterstudien zur Ermittlung der Kosten der Stromerzeugung aus Steinkohle und Kernenergie, R. Oldenbourg Verlag, München 1978, Aktualisierung 1981

25.22 Literatur zu Kapitel 22

[22.1]   **L. Musil:** Allgemeine Energiewirtschaftslehre, Springer Verlag, Wien 1972

[22.2]   **W. Riesner, W. Sieber:** Wirtschaftliche Energieanwendung, VEB Deutscher Verlag für Grundstoffindustrie, Leipzig 1978

[22.3]   **U. Hanser:** Kernenergie und Wirtschaftlichkeit, Verlag TÜV Rheinland, Köln 1983

[22.4]   **L. C. Wilbur:** Handbook of Energy Systems engineering, John Wiley & Sons Inc., 1985

[22.5]   **Th. Wessels:** Die volkswirtschaftliche Bedeutung der Energiekosten. Schriftenreihe des Energiewirtschaftlichen Instituts an der Universität Köln, Bd. XI, Verlag R. Oldenbourg, München 1966

[22.6]   **W. Oldekop:** Druckwasserreaktoren für Kernkraftwerke, Verlag Karl Thiemig, München 1974

[22.7]   **Vereinigung Deutscher Elektrizitätswerke (VDEW):** Statistik für das Jahr 1965...1987, Verlags- und Wirtschaftsgesellschaft der Elektrizitätswerke mbH, Frankfurt 1966...1988

[22.8]   Nach Angaben der Fa. NUKEM GmbH, Hanau, Stand 1985

[22.9]   **H. Schäfer (Hrsg.):** Nutzung regenerativer Energiequellen. Zusammenstellung von Daten und Fakten für die Bundesrepublik Deutschland, VDI Verlag, Düsseldorf 1987

[22.10] **A. Voß:** Perspektiven der Energieversorgung, Gutachten im Auftrag der Landesregierung von Baden-Württemberg, Stuttgart, Nov. 1987

[22.11] Nach Angaben deutscher Kraftwerkshersteller, private Mitteilung, 1989

[22.12] **W. Fratzscher et al.:** Energiewirtschaft für Verfahrenstechniker, VEB Deutscher Verlag für Grundstoffindustrie, Leipzig 1982

[22.13] **W. Pauer, H. Munser:** Grundlagen der Kraft- und Wärmewirtschaft, Verlag Theodor Steinkopf, 1970

[22.14] **Vereinigung Deutscher Elektrizitätswerke (VDEW) e.V.:** Jahresbericht 1988, Verlags- und Wirtschaftsgesellschaft der Elektrizitätswerke mbH, Frankfurt, Juni 1988

[22.15] **H. J. Hildebrandt, P. Hedrich, D. Ufer:** Wirtschaftlichkeitsberechnung mit Beispielen aus der Grundstoffindustrie, VEB Deutscher Verlag für Grundstoffindustrie, Leipzig 1970

25.23 Literatur zu Kapitel 23

[23.1]   **H. Erfurth, G. Just:** Modellierung und Optimierung chemischer Prozesse, VEB Deutscher Velag für Grundstoffindustrie, Leipzig 1973

[23.2]   **U. Hoffmann, H. Hofmann:** Einführung in die Optimierung, Verlag Chemie GmbH, Weinheim/Bergstr. 1971

[23.3]   **R. Fletcher:** Optimization, Academic Press, New York 1969

[23.4]   **H. Erfurth, G. Bieß:** Optimierungsmethoden, VEB Verlag für Grundstoffindustrie, Leipzig 1975

[23.5]   **G. M. Ostrowski, H. M. Wolin:** Methoden zur Optimierung chemischer Reaktoren, Akademieverlag, Berlin 1973

[23.6]   **W. W. Kafarow:** Kybernetische Methoden in der Chemie und chemischen Technologie, Akademie Verlag, Berlin, Verlag Chemie, Weinheim 1971

[23.7]   **G. L. Nemhauser:** Einführung in die Praxis der dynamischen Optimierung , Verlag R. Oldenbourg, München 1969

25.24   Literatur zu Kapitel 24

[24.1]   **P. Cloud:** Die Biosphäre, Spektrum der Wissenschaft, (1983), H. 11, S. 126

[24.2]   **S. M. Stanley:** The new evolutionary timetable, Spektrum der Wissenschaft Verlagsgesellschaft mbH & Co., Heidelberg 1988

[24.3]   **P. Fabian:** Atmosphäre und Umwelt, Springer Verlag, Berlin 1987

[24.4]   **G. Kolb et al.:** CO_2-Reduction Potential through Rational Energy Utilization and use of Renewable Energy Sources in the Federal Republic of Germany, Kernforschungsanlage Jülich, JÜL-Spez-502, Mai 1989

[24.5]   **N. N.:** Zur Sache. Themen parlamentarischer Beratung, Schutz der Erdatmosphäre (5/88), Zwischenbericht der Enquete-Kommisson des deutschen Bundestages, Bonn 1989

[24.6]   **H. Flohn:** CO_2-Belastung der Atmosphäre, Atomwirtschaft, 33(1988), S. 137-141

[24.7]   **G. Beckmann, B. Klopries:** CO_2-Anstieg in der Troposphäre - ein Kardinalproblem der Menschheit, Der Lichtbogen, 38(1989), Nr. 2, S. 4-13

[24.8]   **C. D. Schönwiese, B. Diekmann:** Der Treibhauseffekt, Deutsche Verlagsanstalt, Stuttgart 1987

[24.9]   **F. Niehaus:** Langzeitaspekte der Umweltbelastung durch Energieerzeugung. CO_2 und H_3, Kernforschungsanlage Jülich, JÜL-1165, Februar 1975

[24.10]   **Gesellschaft für Reaktorsicherheit:** Deutsche Risikostudie Kernkraftwerke. Eine Untersuchung zu dem durch Störfälle in Kernkraftwerken verursachten Risiko, Verlag TÜV Rheinland, Köln ²1980

[24.11]   **N. C. Rassmussen:** Reactor Study - An Assessment of Accident Risks in US - Commercial Nuclear Power Plants, United States Nuclear Regulatory Commission WASH-1400/NUREG-75/014, Oct. 1975

[24.12]   **K. Hassmann, H. Alsmeyer:** Bildung und Verhalten brennbarer Gase bei Störfällen und schweren Unfällen in Druckwasserreaktoren, Atomkernenergie/Kerntechnik, 47(1985), Nr. 2, S. 97-103

[24.13]   **H. Albrecht:** Zum Ablauf von Kernschmelzunfällen: Spaltprodukt-Freisetzung, Source-Terme und Tschernobyl-Emission, KFK-Nachrichten 18(1986), H. 3, S. 150-157

[24.14]   **Gesellschaft für Reaktorsicherheit:** Deutsche Risikostudie Kernkraftwerke Phase B. Eine zusammenfassende Darstellung, GRS-72, Juni 1989

[24.15]   **W. Kröger, S. Chakraborty:** Tschernobyl und weltweite Konsequenzen, Verlag TÜV Rheinland, Köln 1989

[24.16]   **Kraftwerksunion AG:** Hochtemperaturreaktor-Modulkraftwerksanlage, Bd. 1: Anlagen- und Sicherheitskonzept, Jan. 1984

[24.17]   **H. Reutler, G. H. Lohnert:** Advantages of going modular in HTR′s. Nuclear Engineering and Design 78(1984), S. 129-136

[24.18]   **R. Schulten. K. Kugeler, P. W. Phlippen:** Zur technischen Gestaltung von passiv sicheren Hochtemperaturreaktoren, Forschungszentrum Jülich, JÜL-2352, April 1990

[24.19]   **Siemens/Interatom:** Hochtemperatur-MODUL-Kraftwerksanlage, Sicherheitsbericht, Bd. 1-3, November 1988

[24.20]   **O. Hohmeyer:** Soziale Kosten des Energieverbrauchs, Springer Verlag, Berlin 1988

25.25   Literatur zum Anhang

[A.1]   **H. Netz:** Betriebshandbuch Wärme, Technischer Verlag Resch, München 1974

[A.2]   **U. Grigull (Hrsg.):** Zustandsgrößen von Wasser und Wasserdampf in SI-Einheiten, Springer-Verlag, Berlin 1982

[A.3]   **N. N.:** VDI-Wärmeatlas, VDI-Verlag, Düsseldorf ⁴1984

[A.4]   **V. V. Sychev et al.:** Thermodynamic Properties of Air, National Standard Reference Data Service of the USSR: A Series of Property Tables, Bd. 6, Hemisphere Publishing Co., Washington 1987

Abkürzungen

AGR	advanced gascooled reactor
amu	atomare Masseneinheit, atomic mass unit
API	Average true-boiling gravity
A.V.M	Atelier de Vitrification Marcoule
AVR	Arbeitsgemeinschaft Versuchsreaktor Jülich
BBC	Brown Boveri Co.
BE	Brennelement
BKW	Braunkohlenkraftwerk
BRC	Binary Rankine Cycle
Candu	kanadischer Druckwasserreaktor
D	Deuterium
DENOX	Entstickung
DT	Dampfturbine
DWR	Druckwasserreaktor
e	Elektron
ECO	Economiser
FCKW	Fluor-Chlor-Kohlenwasserstoff
GFAVO	Großfeuerungsanlagenverordnung
GT	Gasturbine
GUD-Prozeß	kombinierter Gas- und Dampfturbinenprozeß
HTR	Hochtemperaturreaktor
KKW	Kernkraftwerk
KWU	Siemens AG, Unterbereich Kraftwerkunion
LD-Konverter	Linz-Donawitz-Konverter
LKW	Lastkraftwagen
LNG	Liquid Natural Gas
LUVO	Luftvorwärmer
LWR	Leichtwasserreaktor
n	Neutron
NEV	nichtenergetischer Verbrauch
ÖE	Öleinheit
ORC	Organic Rankine Cycle
OTEC	Ocean Thermal Energy Conversion
OTM	organische Trockenmasse
p	Proton
PAMELA	Pilotanlage Mol zur Erzeugung lagerfähiger Abfälle
PKW	Personenkraftwagen

PUREX	Plutonium-Uranium Separation by Extraction
RBMK	sowjetischer Druckröhrenreaktor
REA	Rauchgasentschwefelungsanlage
SCR	Selective Catalytic Reaction
SKE	Steinkohleneinheit
SKW	Steinkohlenkraftwerk
SNCR	Selective Non Catalytic Reaction
SNG	Synthetic Natural Gas
SNR	schneller natriumgekühlter Brutreaktor
SWR	Siedewasserreaktor
T	Tritium
TAE	Trennarbeitseinheit
TBP	Tributylphosphat
THTR-300	Thorium-Hochtemperatur-Reaktor, 300 MW_{el}
TOTEM	Total Energy Module
Ü	Überhitzer
VEW	Vereinigte Elektrizitätswerke Westfalen AG
ZÜ	Zwischenüberhitzer

Anhang A. Wichtige Zahlenwerte und Diagramme

Tab. A.1.   Wärmetechnische Größen und deren Umrechnung

Größe	neue Einheit	alte Einheit	Umrechnung
Brennwert, Heizwert	J/kg, J/m^3	$kcal/kg$, $kcal/m^3$	1 kcal/kg = 4,187 kJ/kg = 1,163 Wh/kg
spezifische Enthalpie	J/kg, J/m^3	$kcal/kg$, $kcal/m^3$	1 kcal/kg = 4,187 kJ/kg = 1,163 Wh/kg
spezifische Entropie	$J/kg\ K$	$kcal/kg$ grd	1 kcal/kg grd = 1,163 Wh/kg K = 4,187 kJ/kg K
Verdampfungswärme	J/kg	$kcal/kg$	1 kcal/kg = 1,163 Wh/kg = 4,187 kJ/kg
Wärmeübergangs-/ durchgangskoeffizient	$W/m^2\ K$	$kcal/m^2$ h grd	1 kcal/m²h grd = 1,163 W/m²K = 4,187 kJ/m²hK
spezifische Wärmekapazität	$J/kg\ K$ $J/m^3\ K$	$kcal/kg$ grd $kcal/m^3$ grd	1 kcal/kg grd = 1,163 Wh/kg K = 4,187 kJ/kg K
Wärmeleitfähigkeit	$W/m\ K$	$kcal/m$ h grd	1 kcal/m h grd = 1,163 W/m K = 4,187 kJ/m h K
Wärmemenge	J MeV	kcal t SKE erg	1 kcal = 4187 J 1 t SKE = 2,93 · 10¹⁰ J 1 MeV = 1,602 · 10⁻¹³ J; 1 erg = 10⁻⁷ J
Wärmestrom	W, kJ/h	$kcal/h$	1 kcal/h = 1,163 W
Wärmestromdichte	W/m^2 $kJ/m^2\ h$	$kcal/m^2$ h	1 kcal/m² h = 1,163 W/m² = 4,187 kJ/m² h

Tab. A.2.   Spezifische Wärmekapazität (J/kg K) von Wasser bei höheren Drücken [A.2]

Druck (bar)	Temperatur (°C)							
	50	**100**	**150**	**200**	**250**	**300**	**350**	**400**
1	4181							
5	4180	4215	4310					
10	4179	4214	4308					
20	4177	4211	4305	4494				
30	4174	4209	4302	4488				
50	4170	4205	4296	4477	4853			
100	4158	4194	4281	4450	4789	5692		
150	4148	4183	4266	4425	4733	5483		
200	4137	4173	4252	4401	4683	5321	8117	6476
250	4127	4163	4239	4379	4637	5189	7027	13504

Tab. A.3.   Dichte (kg/m^3) von Wasser bei höheren Drücken [A.2]

Druck (bar)	Temperatur (°C)						
	50	**100**	**150**	**200**	**250**	**300**	**350**
1	988						
5	988	958	917				
10	988	959	917				
25	989	960	918	865			
50	990	961	919	867	800		
75	991	962	921	869	803		
100	992	963	922	871	806	716	
150	995	965	925	874	811	726	
200	997	967	927	878	816	735	601
250	999	970	930	881	821	743	625

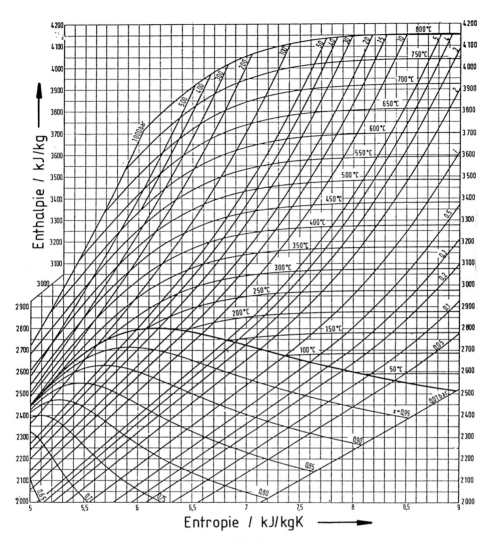

Abb. A.1.   h-s-Diagramm für Wasserdampf [A.1]

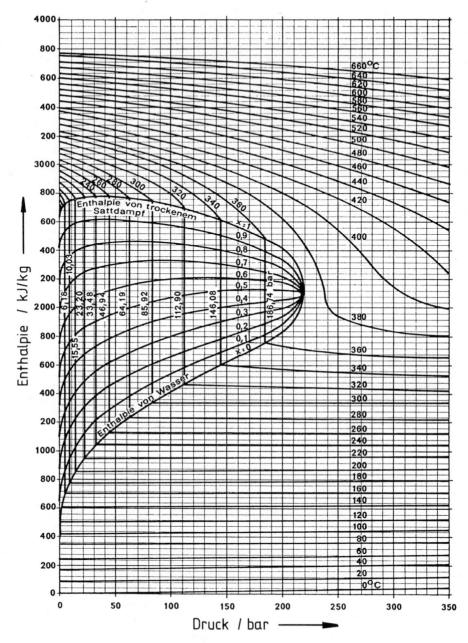

Abb. A.2. h-p-Diagramm für Wasserdampf [A.1]

Tab. A.4.   Dichte (kg/m^3) von trockener Luft [A.3, A.4]

Tempe-ratur (°C)	Druck (bar)								
	1	5	10	20	30	40	50	60	70
-25	1,404	7,049	14,16	28,58	43,23	58,09	73,13	88,30	103,6
0	1,275	6,391	12,82	25,77	38,83	51,98	65,20	78,46	91,73
25	1,168	5,848	11,71	23,48	35,30	47,14	58,98	70,83	82,65
50	1,078	5,391	10,79	21,59	32,39	43,19	53,96	64,70	75,39
100	0,9329	4,663	9,321	18,61	27,87	37,09	46,25	55,36	64,41
200	0,7356	3,674	7,336	14,63	21,86	29,05	36,18	43,25	50,26
300	0,6072	3,032	6,053	12,06	18,02	23,94	29,80	35,61	41,38
400	0,5170	2,581	5,153	10,27	15,34	20,38	25,37	30,32	35,23
500	0,4502	2,248	4,487	8,941	13,36	17,75	22,10	26,42	30,70
600	0,3986	1,990	3,974	7,919	11,84	15,72	19,58	23,41	27,22
700	0,3577	1,786	3,566	7,108	10,63	14,12	17,59	21,03	24,45
800	0,3243	1,620	3,234	6,447	9,640	12,81	15,96	19,09	22,20
900	0,2967	1,482	2,959	5,900	8,823	11,73	14,61	17,48	20,33
1000	0,2734	1,365	2,727	5,438	8,133	10,81	13,48	16,13	18,76
1100	0,2554	1,267	2,539	5,047	7,556	10,04	12,52	14,99	17,75
1200	0,2354	1,182	2,363	4,706	7,044	9,373	11,68	13,99	16,28

Tab. A.5.   Spezifische Wärmekapazität (J/kg K) von trockener Luft bei konstantem Druck [A.3, A.4]

Tempe-ratur (°C)	Druck (bar)				
	1	5	10	50	100
-25	1006	1016	1029	1136	1274
0	1006	1015	1026	1112	1216
25	1007	1014	1022	1089	1169
50	1008	1013	1020	1072	1133
100	1012	1015	1020	1055	1096
200	1026	1028	1030	1049	1072
300	1046	1047	1049	1061	1075
400	1069	1070	1071	1080	1090
500	1093	1094	1094	1101	1108
600	1116	1116	1117	1122	1128
700	1137	1137	1137	1141	1146
800	1155	1155	1156	1159	1163
900	1171	1172	1172	1175	1178
1000	1185	1186	1186	1189	1191
1100	1198	1198	1198	1199	1201
1200	1208	1208	1208	1210	1211

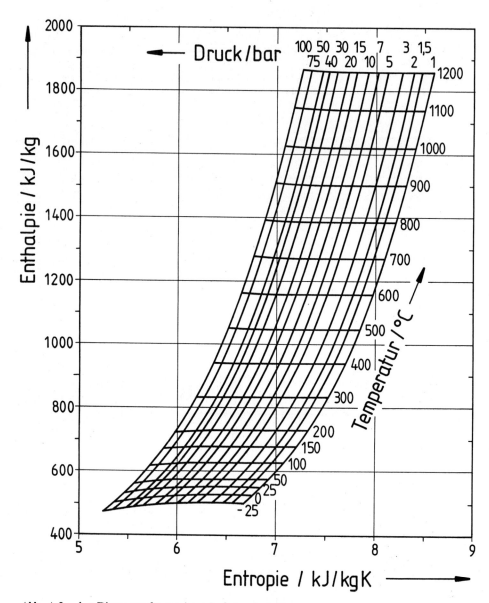

Abb. A.3.   h-s-Diagramm für trockene Luft [nach A.4]

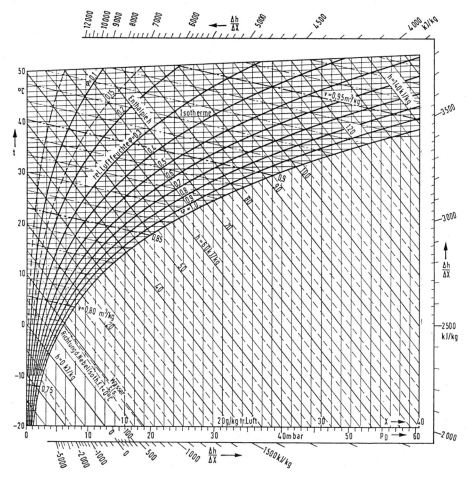

Abb. A.4.   h-x-Diagramm für feuchte Luft [A.1]
($x \stackrel{\wedge}{=}$ Wassergehalt, $p_D \stackrel{\wedge}{=}$ Dampfdruck, $t \stackrel{\wedge}{=}$ Temperatur)

Index

K. Kugeler, R. Schulten

Hochtemperaturreaktortechnik

1989. XI, 475 S. 389 Abb. Brosch. DM 98,– ISBN 3-540-51535-6

Inhaltsübersicht: Allgemeines zu Hochtemperaturreaktoren. – Überblick über HTR-Anlagen. – Gesichtspunkte der HTR-Kernauslegung. – Komponenten des HTR. – Betriebsfragen bei HTR-Anlagen. – Sicherheitsfragen bei HTR-Anlagen. – Weiterentwicklung des HTR zur Stromerzeugung. – Weiterentwicklung des HTR zur Prozeßwärmebereitstellung. – Brennstoffversorgung und -entsorgung bei HTR-Anlagen. – Wirtschaftliche Fragen bei HTR-Anlagen. – Literaturverzeichnis. – Verzeichnis der Abkürzungen. – Umrechnung von Einheiten. – Sachverzeichnis.

M. Kleemann, M. Meliß

Regenerative Energiequellen

1988. XXIII, 264 S. 228 Abb. 59 Tab. Brosch. DM 64,– ISBN 3-540-18097-4

Inhaltsübersicht: Überblick über die Nutzungsmöglichkeiten regenerativer Energiequellen. – Darbietung solarer Strahlungsenergie. – Niedertemperaturkollektoren (NT-Kollektoren). – Niedertemperaturanwendungen. – Konzentrierende Kollektoren. – Solarthermische Stromerzeugung mit konzentrierenden Kollektoren. – Photovoltaische Energiewandlung. – Darbietung der Biomasse. – Techniken zur energetischen Nutzung der Biomasse. – Darbietung der Windenergie. – Windenergiekonverter. – Literaturverzeichnis. – Sachverzeichnis

H.-J. Thomas

Thermische Kraftanlagen

Grundlagen, Technik, Probleme

Hochschultext

2., überarb. u. erw. Aufl. 1985.
X, 422 S. 294 Abb. Brosch. DM 84,–
ISBN 3-540-15142-7

Springer-Verlag
Berlin
Heidelberg
New York
London
Paris
Tokyo
Hong Kong
Barcelona

D. Winje, R. Hanitsch (Hrsg.)

Energieberatung/ Energiemanagement

1. Band
G. Borch, M. Fürböck, D. Winje, L. B. Mansfeld

Energiemanagement

1986. 320 S. Geb. DM 84,–
ISBN 3-540-16614-9

2. Band
D. Winje, D. Witt

Energiewirtschaft

1990. Etwa 300 S. Geb. DM 84,–
ISBN 3-540-16612-2

3. Band
G. Bartsch

Physikalisch- technische Grundlagen

1987. VII, 281 S. Geb. DM 84,–
ISBN 3-540-16615-7

4. Band
K. Endrullat, P. Epinatjeff, D. Petzold, H. Protz

Wärmetechnik

1987. VIII, 463 S. Brosch. DM 84,–
ISBN 3-540-16616-5

5. Band
R. Hanitsch, U. Lorenz, D. Petzold

Elektrische Energietechnik

1986. VII, 278 S. Geb. DM 84,–
ISBN 3-540-16613-0

6. Band
P. Epinatjeff, B. Weidlich

Rationelle Energieverwendung im Hochbau

1986. VII, 277 S. Geb. DM 84,–
ISBN 3-540-16617-3

Koproduktion mit Verlag TÜV Rheinland

Springer-Verlag
Berlin
Heidelberg
New York
London
Paris
Tokyo
Hong Kong
Barcelona